U0877064

流量测量仪表应用技巧

第三版

纪　纲　纪波峰　编著

化学工业出版社

·北京·

内容简介

全书共 11 章，详细阐述流量测量仪表实际应用中的技巧，是作者几十年来实践经验的总结。本书以实用为出发点，尽量减少数学推导，以大量的实例说明相应的应用技巧，深入浅出，通俗易懂，思维严谨。

本书的读者对象主要是从事流量测量仪表设计选型、安装调试、计量检定、现场维修的工程师、计量自控管理人员和高级仪表工，也可作为本科院校、高职院校的辅助教材。

图书在版编目（CIP）数据

流量测量仪表应用技巧 / 纪纲，纪波峰编著.
3 版. -- 北京 : 化学工业出版社，2025. 10. -- ISBN
978-7-122-48968-5

Ⅰ. TH814

中国国家版本馆 CIP 数据核字第 2025DM2857 号

责任编辑：葛瑞祎　　文字编辑：侯俊杰　温潇潇
责任校对：宋　夏　　装帧设计：张　辉

出版发行：化学工业出版社
（北京市东城区青年湖南街 13 号　邮政编码 100011）
印　　装：大厂回族自治县聚鑫印刷有限责任公司
787mm×1092mm　1/16　印张 20¾　字数 509 千字
2026 年 1 月北京第 3 版第 1 次印刷

购书咨询：010-64518888　　售后服务：010-64518899
网　　址：http://www.cip.com.cn
凡购买本书，如有缺损质量问题，本社销售中心负责调换。

定　　价：88.00 元　版权所有　违者必究

序

20 世纪 90 年代，世界进入信息化、智能化、网络化的时代。回顾近年来仪器仪表技术发展的主流，就是计算机技术、微电子技术、网络技术、新材料技术等在仪器仪表领域的广泛应用。在市场迫切需求和知识、物质基础更新优化双重推动下，一场牵动着仪器仪表更新换代的变迁已经到来。

新颖仪器仪表的知识结构和技术内涵已超过传统仪器仪表的学科和框架，有人断言："软件就是仪器。"这说明仪器仪表本身的硬件、软件界线已经模糊化，传统仪器仪表由精密机械零部件加工，电子器件、电路质量决定仪器仪表水平和质量的时代已经过去，仪器仪表软件（包括操作软件和应用软件）已经成为仪器仪表总体设计的主要基础和决定仪器仪表水平及应用的主要因素。进入信息时代后，网络已铺天盖地，无处不在，作为信息源头的仪器仪表，若不能以现代信息手段快速多方位采集、处理、传送信息，就不可能满足新世纪科技产业发展的需要。

信息时代的到来，使新技术得到迅猛发展，世界正面临从工业大生产向知识经济转变的重大历史时期，仪器仪表科技工作者从观念到知识素质都应该适应新技术发展潮流，要以信息技术和网络思想指导仪器仪表的设计和应用，将构成仪器仪表的传感、数据采集、处理、传输和控制等功能，通过计算机专用或公用平台，配上功能强大的软件，通过局域网或远程网来实现，从而使仪器仪表功能更强、效率更高、适用性更好。

随着国民经济的发展和现代生产过程自动化程度的不断提高，在流程工业中多种物料的流量作为主要的过程参数，已成为判断生产过程的效率、工作状况和经济性能的重要指标。近年来，各工业部门对流量测量仪表的重视程度日趋突出，提出了精确测量、稳定可靠、多功能、智能化等要求。

流量测量技术是一门迅速发展着的技术，流量测量仪表的应用更是一项复杂程度较高的工作，有待解决的问题很多。流量测量和当前新技术的应用是相互促进的：一方面应用新技术正有力地促进探索新方法，开发新颖流量仪表，以满足生产需求；另一方面新技术本身和工业设计使用单位也开发出许多仪表测量系统和应用技术，双方共同推动着流量仪表的技术进展。

本书是一本新颖的流量测量仪表专业技术书籍，立足于应用，从用户的角度和特定的测量任务出发，根据具体的要求和条件选好、用好仪表。本书也是作者长期对流量测量仪表和应用技术方面积累的丰富实践经验总结。

本书除叙述各种不同原理的流量仪表外，还通过许多实例对以下内容作了重点分析和介绍，便于读者理解掌握应用要点。

① 微小流量测量、大流量测量、腐蚀介质流量测量及多相流测量。

② 热量及冷量测量和流量批量控制系统。

③ 脉动流的流量测量和流量测量系统的现场校验。

④ 提高流量测量精确度的实用方法。

⑤ 流量测量系统误差生成与处理。

⑥ 通用流量演算器的数字通信和数据采集监控系统。

本书对流量测量在继承传统技术和采用信息网络新技术方面，具有很多创新意义，值得我们学习、借鉴和参考。应该说取得这些技术创新，离不开作者一点一滴的实践累积和长期不懈的努力。本书的部分文章曾在中国石化集团《医药工程设计》杂志上连续刊登六期，得到读者的良好评价，认为作者在熟悉掌握流量测量理论的基础上，对流量仪表应用技术的国外设计规范和国内工程实际、传统测量技术与高新技术的采用，都完全结合起来，思路新颖，现场实例通俗易懂。

我们知道，创新是一个相对的概念，创新既有质的飞跃，也有量的变化，既有大的突破，也有小的改进，既有内容的更新，也有形式的改变。社会实践是不断发展的，人的认识是不断深化的，创新活动是永无止境的。我们应该认真向本书作者学习，学习他们勇于和善于根据实践要求进行技术创新的可贵精神，把我国自动化测量仪表应用技术推向新水平。

中国自动化学会仪表与装置专业委员会主任委员

中国仪器仪表学会过程检测控制仪表学会前理事长　吴钦炜

前言

《流量测量仪表应用技巧》第二版于 2009 年出版，受到仪表专业和能源管理行业的广泛欢迎。先后共印刷了 6 次计 7000 多册，对节能环保事业有一定贡献。从出版之日至今的十多年时间里，流量测量方法有了新的发展，流量测量仪表有了很多改进，与流量测量仪表有关的标准、规范也发生了很大的变化。与变化了的形势相比，第二版中的部分内容已显得陈旧落后，因此有必要与时俱进，删除部分陈旧落后的内容，增补一些新鲜内容，以满足广大读者的期望与要求。

过去的十五年，适逢我国经济建设高速发展阶段，这为仪表应用技术的发展注入了强大的动力。要建设资源节约型、环境友好型社会，节能减排和加强能源与物料的计量工作得到各行各业的重视，同时也对流量测量仪表的应用提出了更高的要求。

与第二版相比，第三版内容主要有以下变化。

1. 为了使章节设置更合理，使之主题清晰明了，将原来的第 3 章拆分成第 3、4、5、6 章，其中：第 4 章增加了变组分气体流量测量和火炬气流量测量两节；第 5 章增加了凝结水流量测量内容；第 6 章增加了易结晶强腐蚀气体流量测量一节。

2. 原第 4 章改编为第 7 章，增加无人值守换热站及六通道热量计量一节，还增加了导热油供热系统及其热量计量一节。

3. 原第 5 章改编为第 8 章，增加了 IC 卡发货及在液碱自动定量装车控制系统中的应用一节，还增加了二阶段阀及防爆型批量发货系统内容。

4. 原第 6 章改编为第 9 章，增加了流动脉动影响的另外三个实例。

5. 原第 7 章改编为第 10 章，增加了流量演算器的若干个新功能。

6. 全面更新了原第 9 章的内容，作为新版的第 11 章。

7. 附录中的水的焓值和密度表，改用 GB/T 32224 数据，表名相应改为水的密度值和质量焓值。流量积算仪检定规程，改用 JJG 1003—2016。

8. 为了压缩篇幅适应读者的喜好，删除了第二版中的第 8 章和第 10 章，这两章的内容与原第 3 章中的部分蒸汽流量测量内容，连同根据 IAPWS IF97 公式编制的水和蒸汽性质表（附录）一起合编成另一本书《蒸汽计量与能源数据采集监控》，该书将对蒸汽计量技术讨论得更深入，欢迎读者参阅。

在此要感谢斯派莎克工程（中国）有限公司蔡方明高级工程师，花了很多宝贵时间审阅了全书，并提出了极其重要的指导性意见。也要感谢斯派莎克工程（中国）有限公司张毅高级工程师，为修订工作提供了许多重要材料和数据。另外还要感谢上海同欣自动化仪表有限公司曾令飞工程师校阅了全稿，并纠正了差错，同时要感谢上海同欣自动化仪表有限公司姜璐女士，为本书的文档处理付出了艰辛的劳动。

由于编著者水平有限，书中不妥之处在所难免，敬请读者批评指正。

编著者

第一版前言

流量参数是流程工业中温度、流量、压力、液位等主要参数中难度较高、有待解决的问题最多的一个参数。

流量测量技术是一门迅速发展的技术，据称现已有百余种的流量计投向市场，几乎每年还有新型流量仪表问世。

流量测量仪表的应用是一项复杂程度较高的工作，即使是长期从事流量测量的人员有时也会感到困难。

迄今为止已经出版的流量方面的技术书籍大多以流量计为中心，分别叙述各种不同原理的流量计，然后再介绍该种流量计可以用来测量哪些流量。本书试图站在用户的立场，从特定的测量任务出发，根据具体的要求、具体的工况、使用环境和其他条件，在可选的范围内选择那些精确度满足要求，工作可靠，使用安全，维修方便，价格合适的流量计产品。要将这些仪表用好，还须合理安装，精心调试，认真做好维护和校准工作。

本书的第 1、第 2 章为基础知识，第 3 章以量大面广的蒸汽、空气、煤气、天然气、组分变化的气体、水、油品、高饱和蒸汽压液体等流体为主线，介绍仪表选型、应用，并对相关的流量测量仪表工作原理作简要介绍。对于流量测量专业难度较高的微小流量测量、大流量测量、腐蚀性介质流量测量以及多相流测量也作了较详细的分析，并介绍了一些新进展。

第 4 章和第 5 章介绍建立在流量测量基础上的热量（冷量）测量和流量批量控制，第 6 章介绍脉动流和流量准确度的现场验证，第 7 章介绍典型的流量显示仪表功能、软件结构及检查校验，第 8 章介绍提高系统精确度问题，第 9 章介绍误差生成问题，第 10 章介绍流量仪表的数字通信和所组成的流量数据采集监控系统。在附录中，列举了常用流量显示仪表检定规程和精确到 5 位小数的水和蒸汽性质表等参考资料。

本书以实用为出发点，尽量减少数学推导，而以大量的实例说明道理，以便做到通俗易懂。这些实例均来自现场，有借鉴和参考价值。

本书主要供从事仪表工程设计的设计院、工程公司技术人员阅读，也适合使用单位从事仪表安装、维修和管理工作的工程技术人员及高级技术工人参考，也可作为培训班教材和有关专业教学参考书。本书是在编著者为几次培训班编写的幻灯片和讲稿的基础上经补充修改和重新编排而成，是流量测量仪表应用经验的总结。

一本技术书籍的问世有很多环节，其中管理部门的支持、技术上的协助和书稿的打印绘图是必不可少的三个条件。对于本书来说，上海宝科自动化仪表研究所陈少华所长提供了具有决定意义的支持，上海同欣自动化仪表有限公司王建忠总经理给予精神上的鼓励和许多具体的帮助，在此深表谢意。

中国自动化学会仪表与装置专业委员会秘书长吴斌昌高级工程师对本书的出版作了策划并提供宝贵意见。中石化上海医药工业设计院邱宣振教授级高级工程师对部分内容提出建设性意见。烟台经济技术开发区热力总公司臧立波高级工程师审阅了本书第 4 章和第 3 章的部分内容。华东理工大学吴勤勤教授审阅了本书的第 10 章，在此特致谢意。

特别要感谢上海光华仪表厂蔡武昌教授级高级工程师，审阅了全书，并提出了不少修改意见。

费希尔-罗斯蒙特公司毛雅芳工程师，Endress＋Hauser 公司季建华副教授，上海光华·爱而美特公司沈海津高级工程师，Panametrics 驻华代表处刘毅首席代表，上海横河电机有限公司韦国胜高级工程师，Spirax-Sarco 工程（中国）有限公司冷小军高级工程师，上海计量测试研究院朱家良高级工程师为本书提供了有关技术资料，他们的技术支持是极其宝贵的。为此，致以衷心的感谢。

还要感谢上海同欣自动化仪表有限公司陈洪飞工程师，为本书的第 10 章提供了详细资料；冯宏生工程师、顾耀明工程师校阅了部分书稿并提供宝贵意见。最后我想对姜璐同志和吴玉华同志致以特别的感谢，他们以忘我的精神打印最终的文本，绘制图表，他们坚定的毅力和熟练的技巧使本书得以按时出版。

由于水平有限，书中不足在所难免，敬请读者批评指正。

编著者

第二版前言

《流量测量仪表应用技巧》第一版于2003年出版，从那时至今的五年多时间里，流量测量方法有了新的发展，流量测量仪表有了很多改进，与流量测量仪表有关的标准、规范也发生了很大的变化。与变化了的形势相比，第一版中的部分内容已显得陈旧落后，因此有必要与时俱进，删除部分陈旧落后的内容，增补一些新鲜内容，以满足广大读者的期望与要求。

过去的五六年，适逢我国经济建设高速发展阶段，这为仪表应用技术的发展注入了强大的动力。要建设资源节约型、环境友好型社会，节能减排和加强能源与物料的计量工作得到各行各业的重视，同时也对流量测量仪表的应用提出了更高的要求。

与第一版相比，第二版内容主要有以下变化。

1. “7.3 智能流量积算仪”一节中删除双路流量指示积算仪一段。

2. “8.4 孔板流量计变更量程与不确定度的变化”一节中删除了简便计算方法一段。

3. 差压式流量计中增补了双量程节流式差压流量计和内锥型差压流量计，并采用了ISO 5167：2003（E）的最新计算公式。

4. 空气流量测量部分增补了负压条件下的空气流量测量。

5. 流量测量准确度的现场验证部分增补了流量增量验证法。

6. 通信技术的应用部分增补了以GPRS为介质和以无线HVB为介质组成的SCADA系统。

7. 流量显示仪表检定部分改用国家计量检定规程。

在第二版的编写过程中，斯派莎克工程（上海）有限公司徐华东高级工程师，艾默生过程控制有限公司王隽高级工程师，上海同欣自动化仪表有限公司总经理王建忠高级工程师、陈杰工程师给予大力支持与帮助，在此表示衷心的感谢。

由于水平有限，书中还会存在不足，敬请读者批评指正。

编著者

目录

第1章 绪论

1.1 流量测量的意义

流量测量是研究物质量变的科学，质与量的互变规律是事物联系与发展的基本规律，因此其测量对象已不限于传统意义上的管道流体，凡是需要掌握流体流动的地方都有流量测量的问题。

工业生产过程是流量测量与仪表应用的一大领域，流量与温度、压力和物位一起统称为过程控制中的四大参数，人们通过这些参数对生产过程进行监视与控制。对流体流量进行正确测量和调节是保证生产过程安全、经济运行，提高产品质量，降低物质消耗，提高经济效益，实现科学管理的基础。在整个过程检测仪表中，流量仪表的产值约占 1/5～1/4。

在能源计量中，使用了大量的流量计。例如石油工业，从石油开采、储运、炼制直到贸易销售，任何一个环节都离不开流量计。

在天然气工业蓬勃发展的现在，天然气的计量引起了人们的特别关注，因为在天然气的采集、处理、储存、运输和分配过程中，需要数以百万计的流量计，其中有些流量计涉及的结算金额数字巨大，对测量准确度和可靠性要求特别高。除此之外，在煤气、成品油、液化石油气、蒸汽、压缩空气、氧气、氮气、水的计量中，也使用大量的流量计，其中很大一部分用于贸易结算，计量准确度需满足国家的有关标准。这对流量测量提出了很高的要求。

能源计量用流量计往往跟企业的效益有直接的联系，是进行贸易结算的依据，是进行能源的科学管理、提高经济效益的重要手段。

在环境保护领域，流量测量仪表也扮演着重要角色。人们为了控制大气污染，必须对污染大气的烟气以及其他温室气体排放量进行监测。废液和污水的排放，使地表水源和地下水源受到污染，人们必须对废液和污水进行处理，对排放量进行控制。于是数以百万计的烟气排放点和污水排放口都成了流量测量对象。

废气和污水流量的测量具有较高的难度。其中烟气的难度在于脏污、含尘、有腐蚀性，流速范围宽广，流通截面不规则，直管段长度难以保证。而污水的难度在于介质脏污、压头低、口径大、流通截面特殊和非满管。

在科学实验领域，种类繁多的流量计提供了大量的实验数据。这一领域中使用的流量计特殊性更多，其中流体的高温、高压、高黏度，以及变组分、脉动流和微小流量等都是经常要面对的测量对象。

除了上述的应用领域之外，流量计在现代农业、水利建设、生物工程、管道输送、航天航空、军事领域等也都有广泛的应用。

流量测量是一门复杂、多样的技术，这不仅由于测量精确度的要求越来越高，还由于测量对象复杂多样。如流体种类有气体、液体、混相流体，流体工况有从高温到极低温的温度范围，从高压到低压的压力范围，既有低黏度的液体，也有黏度非常高的液体，流量范围更是悬殊，微小流量只有每小时数毫升，大流量可能每秒就达数万立方米。脉动流、多相流更增加了流量测量的复杂性。另一方面，这种复杂性和多样性促进了人们对流量测量仪表的应用研究。

1.2 流量测量仪表应用研究的意义

流量测量技术和仪表类型繁多，测量对象复杂多样，决定了流量测量仪表在应用技术上的复杂性。它与传统意义上度量衡计量器具的应用有很大差别，它不是简单地将流量计安装好，开表投运就一定能达到测量目的。有两位专家对现场装用着的千余台流量仪表进行调查，发现约有 60%所选择的测量方法不是最合适或不正确，其余的 40%中，约有一半虽然测量方法合适，却存在现场布置和安装的不合理现象，这些不合适、不正确和不合理，带来了相应的测量误差。因此流量测量是一种强烈依赖于使用条件的测量，在实验室，流量计可以得到极高的精确度，但是在使用现场一旦流体条件或环境条件有大的变化，不仅精确度无法保证甚至无法进行正常测量。

一台流量计出厂校验其误差优于±0.5%，但是新的仪表安装到现场开表后误差可能增至±5%～±10%并不罕见。造成这种情况的原因多种多样，如选型不合理、量程不合适、上下游直管段长度不足、安装不正确、流体物性偏离设计状态太大、工况条件超过允许值、脉动流影响、振动等环境条件太严酷等。因此流量测量是一个系统问题，包括检测装置、显示装置、前后直管段、辅助设备。而应用技术的研究，还包括测量对象本身，仅仅流量计本体性能好并不能保证获得要求的测量效果。

流量测量仪表应用技术研究的目标是正确的使用，主要有下面几个具体内容。

(1) 提高开表率

在仪表设备管理中，开表率的定义是：(仪表总台数－未正常使用的仪表台数）/仪表总台数。因此，提高开表率就是要减少无法投入正常使用的仪表。在设计院中，自控专业所设计的测量系统，开表率是反映设计人员工作质量和技术熟练程度的重要指标之一，经验丰富和认真负责的设计人员，能使开表率达到 95%以上，或通过整改达到 95%以上。但是在市场经济的条件下，工程公司往往对业主实行交钥匙承包做法，要求做到的开表率就不是 95%，而是 100%，所设计的仪表系统如果不能正常投入使用，若为工程公司责任，那就得进行整改或更换仪表，这就意味着经济损失。因此，仪表应用技术的研究具有现实的经济意义。

开表率是仪表应用技术水平和仪表本身品质的综合表现。测量方法和仪表对测量对象、使用环境匹配、协调、优化，以及在此之前的设计选型和安装调试等环节都是影响开表率的重要因素。

(2) 保证测量精确度

流量测量精确度指的是流量测量系统所获得的精确度，它同流量计本身的精确度是有区别的。仅仅流量计本身性能好，精确度高，并不一定能获得较高的测量精确度。

要保证流量测量系统的精确度，除了合理的选型、正确的安装与调试、及时的维护和保养之外，应用智能化技术对测量部分可能引入的误差进行恰到好处的补偿和校正也是一项有效的方法，例如对液体的温度膨胀系数进行补偿，对气体的温度、压力和压缩系数进行补偿，对差压式流量计的雷诺数影响和流束膨胀系数进行补偿，对各种流量计流量系数的非线性进行补偿，对容积式流量计、涡街流量计的温度影响进行补偿，对超声流量计的速度分布进行补偿，等。这种补偿和校正是用系统的方法将检测部分所固有的、依靠其本身无法克服的误差进行处理，使之消除或基本消除。实践表明这一方法简单有效，很有发展前途。这一方法将在本书第 10 章作详细介绍。

在保证测量精确度诸多的方法中，在线实流校准占有重要地位。以前大多采用离线方法校准流量计，使用该方法检定的流量计经误差修正后虽然精确度较高，但因其检定时管路的参比条件与实际使用时不同、检定时流体性质与实际使用的流体有差异、检定时的环境条件与仪表使用场所的实际环境不相同，从而造成附加的使用误差，降低了测量精确度。在线实流校准法是解决这一问题的有效方法，例如油品计量站在建设阶段就预留标准体积管连接口，接入标准体积管后，通过阀门切换可以实现对计量站中各台流量计实现在线实流校准。现在，在天然气的分配站也要求采用在线实流校准的方法。

(3) 提高流量测量系统的可靠性

用于安全联锁报警的流量仪表如果不可靠，应该联锁动作时不动作，容易酿成事故，不该动作时乱动作，容易导致不应有的停车，造成损失。

工业炉窑中的燃料流量计如果不可靠，造成流路堵塞，容易导致炉子熄火，酿成事故。

用于过程控制的流量仪表如果不可靠，容易为调节系统发出错误信息，导致调节系统失调，破坏生产过程的稳定，影响产品的质量、产量和物耗，造成损失。

用于财务结算计量的流量计如果不可靠，容易引起计量失准，引发计量纠纷和为企业带来损失。可以看出，流量仪表的可靠性是极为重要的。

提高流量测量可靠性的途径主要是提高仪表本身的可靠性，选用可靠性高的仪表和进行可靠性设计。近年来，流量测量仪表的可靠性获得了显著的提高，主要表现在以下几方面：

a. 仪表本身的可靠性有了显著提高。

b. 通过改进仪表的结构设计，使系统可靠性获得提高。例如采用不断流插入式结构，可在不影响工艺操作的情况下更换流量计。

超声流量传感器的夹装式结构、电磁流量传感器电极的带压更换结构、涡街流量传感器采用管外安装超声探头的结构等，都能在仪表损坏后的修理过程中，大大缩短修复时间。

c. 引入冗余技术。如采用双传感器，并对传感器的正常与否进行自动判断，将发生故障的那路信号予以剔除。

d. 引入自诊断技术，并通过现场总线将诊断结果送到操作站或专用的设备管理系统（Asset Management System，AMS）予以显示报警，以及时发现故障，及早采取措施。

(4) 节省费用

这里所说的费用除了仪表购置费之外还应计入附件购置费、安装调试费、运行费、备品备件费、维护和定期校准（检定）费，而仪表的平均寿命摊入的折旧费也是不可忽视的。

有些类型的流量计虽然购置费较低，但必须增设上下游切断阀和旁通阀等辅助设备，有时辅助设备的费用大大超过流量计本身的购置费。

在仪表选型中应避免片面追求高性能、高精确度，因为这样做不仅增加了购置费，而且往往备品备件费也相应增加。最优的设计选型是在满足使用要求的前提下，仪表的可靠性最高，维修方便、费用最省的那个方案。

(5) 安全性

有些被测流体属易燃易爆介质，有些仪表安装场所属易燃易爆场所，仪表的选型、系统设计和安装都应符合防爆规程。

除了上述目标之外，还应满足使用的其他要求，如压损要求、卫生要求、防护要求等，还应注意维修方便，有的还应考虑便于实施强制检定。

第2章
流量测量的行业特点及其对仪表的要求

2.1 流量测量的术语

2.1.1 封闭管道中流体流量的测量——术语和符号

本书所使用的术语和相应的符号符合 GB/T 17611—1998《封闭管道中流体流量的测量 术语和符号》（等同 ISO 4006：1991），其中下列术语和相应符号的意义如下[1]。

(1) 流量 flow-rate

流经管道横截面的流体数量与该量通过该截面所花费的时间之商。

① 质量流量 mass flow-rate，q_m

流体数量用质量来表示的流量。

② 体积流量 volume flow-rate，q_v

流体数量用体积来表示的流量。

(2) 平均流量 mean flow-rate

在一段时间内流量的平均值。

(3) 速度分布 velocity distribution

在管道横截面上流体速度轴向矢量的分布模式。

① 充分发展的速度分布 fully developed velocity distribution

一种一经形成则从流体流动的一个横截面到另一个横截面不会发生变化的速度分布。它通常是在足够长的管道直管段末端形成。

② 规则速度分布 regular velocity distribution

非常近似于充分发展的速度分布，以便进行精确的流量测量。

(4) 雷诺数 Reynolds number，*Re*

表示惯性力与黏性力之比的无量纲参数。它由下式给出：

$$Re=\frac{Ul}{\upsilon}$$

式中 U——通过规定面积的平均轴向流速；

l——产生流动的系统的特征尺寸；

υ——流体的运动黏度。

注：当规定雷诺数时，应指明一个作为依据的特征尺寸（例如管道的直径、差压装置中孔板的直径、皮托管测量头的直径等）。

(5) 斯特劳哈尔数 Strouhal number，S_r

使具有特征尺寸 l 的某物体所产生的旋涡分离频率 f 与流体速度相联系的无量纲参数。它由下式给出：

$$S_r=\frac{fl}{\upsilon}$$

(6) 比热容比 ratio of specific heat capacities

定压比热容与定容比热容之比。

(7) 等熵指数 isentropic exponent

在基本可逆绝热（等熵）转换条件下，压力 p 的相对变化与密度 ρ 的相对变化之比。

$$\kappa=\frac{\rho}{p}\left(\frac{\partial p}{\partial \rho}\right)_S$$

对于理想气体，等熵指数等于比热容比，在所选定的积分区间内这个比被认为是恒定的。

(8) 压缩因子 compressibility factor

在给定温度和压力下，真实气体与理想气体定律不一致的修正系数。

$$z=\frac{pM}{\rho RT}$$

注：R 为通用气体常数，其值为 8.3143J/(mol·K)。

(9) 真值 true value

表征在研究一个量时在它所处的条件下严格定义的值。

真值是一个理想值，只有排除了所有的测量误差的起因才能得到。

(10) 校准 calibration

在规定条件下确立由测量装置所指示的值与采用适用于被测量流量的测量标准器所获得的相应已知值之间关系的一组操作。

(11) 测量的（绝对）误差 (absolute) error of measurement

测量结果减去被测量的（约定）真值。

注：

① 该术语同等地用于示值，未修正结果，已修正结果。

② 测量的误差已知部分可以采用适当的修正值进行补偿。已修正结果的误差只能用不确定度来表征。

③ “绝对误差”是有符号的，不应把它与误差的绝对值相混淆，后者是误差的模。

(12) 疏忽误差　spurious errors

使测量值无效的误差。通常这些误差起因于诸如记录的一个或多个有效数字不正确或者仪表的误动作。

(13) 随机误差　random error

同一测量值在多次测量过程中以不可预计的方式变化的测量误差的一个分量。

注： 随机误差是不可能修正的。

(14) 系统误差　systematic error

同一测量值在多次测量过程中保持不变或以可预计的方式变化的测量误差的一个分量。

注：

① 系统误差及其起因可以是已知的也可以是未知的。

② 系统误差的已知部分不包含在已校准仪表所预计的不确定度中（作为一种偏移误差，应预先扣除掉）。

(15) 不确定度　uncertainty, *U* ( )

表征被测量的真值处在某个量值范围内的一种估计。

注： 符号 e 有时用来代替 U 表示不确定度。

测量不确定度一般包括多个分量，其中一些分量可在测量结果列统计分布的基础上进行估计，并可用标准偏差表征。其他分量只能基于经验或其他信息做估计。

① 随机不确定度　random uncertainty, U_r ( )

与随机误差有关的不确定度分量。它对平均值的影响可以多次通过测量予以减小。

② 系统不确定度　systematic uncertainty, U_s ( )

与系统误差有关的不确定度分量。它对平均值的影响不能通过多次测量来减小。

图 2.1 所示为与误差和不确定度有关术语的说明。

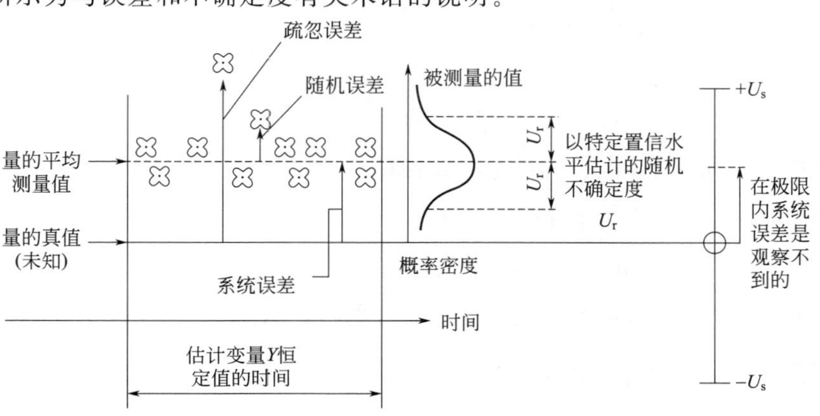

图 2.1　与误差和不确定度有关术语的说明

(16) 精确度 accuracy

被测量的测量结果与（约定）真值间的一致程度。精确度的定量表示应采用不确定度。好的精确度意味着小的随机误差和系统误差。

注：应避免用术语精密度代替精确度。

(17) 被测量 measurand

受到测量的量。

注：它可以是测得的量或待测的量。

(18) 最大流量 maximum flow-rate

对应于流量范围［见（20）］上限的流量值。这是在某个限定的和预定的时间间隔内要求装置给出信息的最高流量值，而该信息误差不超过最大容许误差。

注：对于水表，最大流量称为过载流量。

(19) 最小流量 minimum flow-rate

对应于流量范围［见（20）］下限的流量值。

(20) 流量范围 flow-rate range

由最大流量和最小流量所限定的范围，在该范围内仪表的示值误差不超过最大允许误差。

(21) 分界流量 transitional flow-rate

在最大流量和最小流量之间出现的流量值，它将流量范围一般分割成两个区，即“高区”和“低区”，它们各自由一个最大允许误差来表征。

(22) 满标度流量 full scale flow-rate

对应于最大输出信号的流量。

(23)（一次装置引起的）压力损失 pressure loss (caused by a primary device)

由于管道中存在一次装置而产生的不可恢复的压力损失。

(24) 流动调整器（整直器） flow conditioner (straightener)

安装在管道中以减少为达到规则速度分布所需直管段的装置。

2.1.2 关于可调比的术语

国际标准化组织（ISO）于1998年颁发国际标准ISO 11631《流体流动测量——规定流量仪表性能的方法》，对两条术语作了重新定义[2]。

(1) 可调比 turn down，turn down ratio

测量范围的最大流量与最小流量的比值。

(2) 上限（值）范围度 rangeability

最大“范围上限值”与最小“范围上限值”之间的比。

2.1.3 通用计量术语及定义

本书所使用的下列计量术语及定义符合国家计量技术规范JJF 1001—2011《通用计量术

语及定义》[3]。

(1) 影响量 influence quantity [VIM2.52]

在直接测量中不影响实际被测的量，但会影响示值与测量结果之间关系的量。

例：

① 用电流表直接测量交流电流恒定幅度时的频率。

② 在直接测量人体血浆中血红蛋白浓度时，胆红素的物质的量浓度。

③ 测量某杆长度时测微计的温度（不包括杆本身的温度，因为杆的温度可以进入被测量的定义中）。

④ 测量摩尔分数时，质谱仪离子源的本底压力。

注：

① 间接测量涉及各直接测量的合成，每项直接测量都可能受到影响量的影响。

② 在GUM中，"影响量"按VIM第二版定义，不仅覆盖影响测量系统的量（如本定义），而且包含影响实际被测量的量。另外，在GUM中此概念不限于直接测量。

(2) 分辨力 resolution [VIM4.14]

引起相应示值产生可觉察到变化的被测量的最小变化。

注：分辨力可能与诸如噪声（内部或外部的）或摩擦有关，也可能与被测量的值有关。

(3) 准确度等级 accuracy class [VIM4.25]

在规定工作条件下，符合规定的计量要求，使测量误差或仪器不确定度保持在规定极限内的测量仪器或测量系统的等别或级别。

注：

① 准确度等级通常用约定采用的数字或符号表示。

② 准确度等级也适用于实物量具。

(4) 最大允许测量误差 maximum permissible measurement errors [VIM4.26]

简称最大允许误差（maximum permissible errors），又称误差限（limit of error）。

对给定的测量、测量仪器或测量系统，由规范或规程所允许的，相对于已知参考量值的测量误差的极限值。

注：

① 通常，术语"最大允许误差"或"误差限"是用在有两个极端值的场合。

② 不应该用术语"容差"表示"最大允许误差"。

(5) 引用误差 fiducially error

测量仪器或测量系统的误差除以仪器的特定值。

注：该特定值一般称为引用值，例如，可以是测量仪器的量程或标称范围的上限。

2.2 流量测量的行业特点及其对仪表的要求

2.2.1 概述

从事流量测量技术应用的单位往往会发现不同的行业流量测量仪表应用有各自的特点和

规律，这些特点是由该行业测量对象的介质特点、用途特点、环境特点、企事业单位技术经济基础和传统习惯所决定的。研究这些特点，掌握其规律，并在实践中应用这些规律，将会给设计院、仪表工程公司等单位带来事半功倍的效果，反之，如果不对具体情况做深入的调查研究，生搬硬套，违背客观规律，就容易走弯路，造成浪费。

2.2.2 钢铁行业流量测量的特点

钢铁行业是耗能大户，大量燃料在各种炉窑内燃烧，还需要助燃气体，有的属富氧燃烧，需要吹入氧气。有的炉子燃烧产生大量的荒煤气，经洗涤除尘等处理后，送到另一些炉窑作燃料。因此，助燃气体流量、煤气流量、烟道气流量等占了很大比例。这些测量对象流体压力低、流速低、密度低、管径大，要准确测量有一定难度。尤其是煤气，往往含水量、含尘量较高，有的还含有焦油，有的煤气管道内有排不尽的水，这些都要求仪表有适应能力，不能因凝液析出而影响测量，不能因灰尘而发生故障。

厂制水流量测量对象也有其特点，测量结果多半用于过程监视与控制，精确度要求不高，但稳定性、可靠性要求高。有时口径较大，常常选用均速管差压式流量计和夹装式超声流量计等。

2.2.3 电力行业中的流量测量特点

提到电力行业自然就联想到火电厂中的大型锅炉和高温高压蒸汽，联想到热电厂的大口径管网将蒸汽供给各个用户。因此火电和热电行业中蒸汽流量测量对象是大量的。按其用途和特点分，大致可分为与发电有关的流量测量和供热网中的流量测量。

(1) 与发电有关的蒸汽流量测量

此类流量测量的特点是流体温度高、压力高，连数兆瓦的小机组，蒸汽温度都要高达420℃以上。尽管经常有新型流量计推出，但多数原理流量计承受不了如此严酷的工作条件。目前还是节流式差压流量计稳稳地占据着这块传统领地。

由于此类测量对象流量变化范围不大，经常是满载满发，所以差压式流量计可调比较小的弱点不会带来实际影响。

(2) 供热网中的蒸汽流量测量

热电厂供热网中所用的流量计，由于流体温度和压力均大大降低，所以可以选择的空间大大扩展，但由于沿袭电厂仪表选型的传统，多数对象仍选用节流式差压流量计，部分选用涡街流量计。

2.2.4 石油和化工行业中流量测量的特点

石化、化工行业流量测量对象由于被测介质的多样性，测量范围的要求也异常广阔，从测量添加剂和小试验装置使用的微小流量，到测量原料气流量的大流量，流体从最常见的水蒸气、空气、煤气等，到各类化工成品和半成品以及渣油、液氨、液态烃之类测量难度较高的对象，应有尽有。

石化行业资金实力较雄厚，是品质优、价格贵的高端产品的重要市场。除了上面所述的一些基本特点之外，还有下面的两个鲜明的特点：

a. 多数石化和化工企业有防爆要求，即使被测流体本身不是易燃易爆物质，但整个区域属易燃易爆场所，因此仪表选型时应符合防爆规程。

b. 有腐蚀性。有很多被测流体有腐蚀性，仪表选型时必须考虑与腐蚀性介质接触部分的耐腐蚀问题。除了被测介质腐蚀之外还有大气腐蚀，例如氯碱厂、氮肥厂、硫酸厂厂区的雨水对仪表外露部分都有一定的腐蚀作用，这就需要考虑室外仪表的防护，以免过早损坏。

2.2.5　石油储运行业的流量测量特点与要求

石油储运行业也是流量仪表的一大用户，每年数以亿吨计的成品油从油库经计量后转运到加油站或下一级油库，然后再经计量发送到最终用户。数以万计的加油站遍布各地，每个加油站都装有数量不等的加油机。

成品油主要有汽油、柴油、煤油、润滑油、航空汽油等品种。由于接收油品的槽车、槽船或车辆的油箱等都是装在可移动的设备上，因此油品经流量计计量后通过鹤管、挠管之类的柔性管道发送到接收方。因为油品属易燃易爆物质，所以安全是人们关注的首要问题。由于高速流动的油品与管件及管道内壁摩擦易产生静电，因此管路设计中都应有静电接地措施，将所产生的静电电荷导入大地。静电接地系统还要求与发油控制系统联锁，一旦静电接地失灵，立即停止发油。除此之外，石油储运行业流量测量还有下面的特点与要求。

a. 被测介质昂贵，对计量精确度要求高，一般要求达到 0.5%R。

b. 除重油、渣油之外的其他成品油都较清洁。发油时管道中的油品流速较高而且较稳定，因此容易得到较高的计量精确度。

c. 计量数据用于贸易结算，因而要求计量结果的显示供需双方都便于观察，从而体现公平和透明。

有些计量表如加油机除了显示发油总量外还应同时显示单价和总价。

d. 流量测量仪表大多与批量控制设备配合使用，可以按预先设定的发油量进行自动控制，如本书第 8 章所讨论的批量控制系统。新型的加油机还配有读卡设备和打印机，以便读出用户预先购买的 IC 卡中剩余金额，并在此金额即将用完时通知控制系统，关闭阀门。加油完毕自动打印加油报告。

2.2.6　供水行业的流量测量特点

水厂从河流、湖泊或水库抽取原水，需根据原水计量结果向国家支付费用。水厂的成品是自来水，自来水的管理和分配管网需大量大口径流量计。这些测量对象有下列特点。

a. 计量数据用于贸易结算，测量精确度要求高，按照 GB 17167 的规定应达到 2.5%R 的精确度（见表 2.3）。对于大口径计量表，有些用户要求高达 0.5%R。

b. 设置在原水和自来水主管道上的流量计口径大，为减少泵送费用，要求阻力小。

c. 对测量可调比要求高。家庭用户均为间歇使用，即使是大的企事业机构，日夜之间、不同季节之间、生产、经营、管理或服务的各个不同阶段，耗水量也差异很大。

d. 环境恶劣，大口径管道通常为埋地敷设，因此流量计大多数被安装在仪表井中，稍有不慎就会出现雨水淹没仪表的事件，所以，流量计应有 IP 68 的环境防护能力。

e. 原水洁净程度较差，压力不高，在大口径管道中低速流动的条件下，管壁上易积淤泥，所以仪表设计选型应考虑淤泥的影响，工程设计和安装时应考虑淤泥的清理。

目前的仪表选型意见趋于一致，用于贸易结算的大口径流量计，选用电磁流量计，它能全面满足上述各项要求，小口径水流量测量，选用旋翼式、螺翼式水表。

2.2.7 天然气流量测量的特点及其对仪表的要求

天然气作为一次能源，在世界一次能源结构中的比重逐年上升，天然气贸易交接计量所涉及的金额是巨大的。引起国际上的广泛重视。为了保证天然气生产及利用企业的贸易计量公正合理，维护贸易双方的正当权益，欧洲最早制订了 EN 1776：2015《天然气基础设施．气体测量系统．功能要求》。我国在这一标准基础上也制订了相应的标准 GB/T 18603—2023《天然气计量系统技术要求》。

天然气计量系统具有下列主要特点和基本要求。

(1) 防爆要求

流体易燃易爆，可能的危险区域应按 GB 3836 进行分级，在危险区域内，任何仪表和电器设备选型和安装都应符合 GB 3836 的规定。

(2) 不中断供气要求

为了保证连续输气，不能因计量仪表维修等中断供气，计量站和计量回路宜设置旁通，对于重要的大流量用户，推荐采用并联双计量回路。旁通阀和并联双计量回路上游阀（或下游阀）应选择关闭性能好、耐用、有检漏装置的截断阀，避免非计量流失。

(3) 工况的多样性

天然气从采集、处理、运输到分配的各个环节都需要计量，采集环节流体脏污，气体带液甚至混有固相。不同的气井压力差异大。运输环节流体压力也较高，但分配到最终用户处，压力可能降得很低。因此，不同环节的流量测量应了解清楚流体工况和具体条件，不能一概而论。

(4) 不同的准确度要求

天然气计量属大宗能源计量，而且流量值越大，涉及的结算金额越大。而所配置的计量仪表的价格与准确度有关，准确度越高，价格也越高，计量值相对较小的计量系统，一般承担不起价格昂贵得多的高准确度仪表，因此，只能降低要求，但仍应达到有关标准的要求。表 2.1 所列是不同等级的天然气计量系统仪器仪表配备指南。表 2.2 是不同等级的计量系统配套仪表准确度要求[4]。

表 2.1 不同等级的天然气计量系统仪器仪表配备指南

设计能力 $q_n/(m^3/h)$（标准参比条件）	$q_n \leqslant 1000$	$1000 < q_n \leqslant 10000$	$10000 < q_n \leqslant 100000$	$q_n > 100000$
流量计的曲线误差校正		√		√
在线核查(校对)系统				√
温度转换	√	√		√

续表

设计能力 q_n/(m^3/h)（标准参比条件）	$q_n \leqslant 1000$	$1000 < q_n \leqslant 10000$	$10000 < q_n \leqslant 100000$	$q_n > 100000$
压力转换	√	√		√
压缩因子转换		√		√
在线发热量和气质测量				√
离线或赋值发热量值测定	√	√		
每一时间周期的流量记录				√
密度测量（代替 P、T、Z）				√
准确度等级	C(3%)	B(2%)	B(2%)或 A(1%)❶	A(1%)

❶ 可选择 A 级或 B 级计量系统。

表 2.2 计量系统配套仪表准确度

测量参数	最大允许误差		
	A 级	B 级	C 级
温度	0.5℃	0.5℃	1.0℃
压力	0.2%	0.5%	1.0%
密度	0.35%	0.7%	1.0%
压缩因子	0.3%	0.3%	0.5%
在线发热量	0.5%	1.0%	1.0%
离线或赋值发热量	0.6%	1.25%	2.0%
工作条件下体积流量	0.7%	1.2%	1.5%
计算结果	1.0%	2.0%	3.0%

注：当使用超声流量计并计划开展使用中检验时，温度测量不确定度应该优于 0.3℃。

(5) 计量系统不同的输出量类型和计量单位

计量系统由天然气流量计和进行不同参数测量的变送器、流量计算及确定各输出参数的转换装置组成。根据系统的组成和需要，输出量可以是标准体积流量、质量流量和能量流量。标准状态体积流量以 Nm^3/s 为单位，工作状态体积流量以 m^3/s 为单位，质量流量以 kg/s 为单位，能量流量以 MJ/s 为单位[4]。

(6) 天然气组分变化

由天然气组分变化引起的标准状态密度变化、压缩因子变化，都将影响流量测量准确度，因此在计量值大的计量系统中，应根据天然气组分稳定度定时取样，进行全组分分析。

(7) 超压缩系数变化

天然气超压缩系数 F_Z 是因天然气特性偏离理想气体定律而导入的修正系数。超压缩系数不仅受流体温度、压力影响，而且随天然气组分变化。因此应实时计算其数值。

(8) 实流校准

天然气干线流量计的主要特点为高压（2MPa 以上）、大口径（DN150 以上）、高精度（0.5 级以上）。我国从塔里木盆地到上海的输气干线总长为 4000 多千米，压力为 12MPa，管径为 DN 1200，这些特点要求输气干线流量计应具有高精确度、稳定可靠的计量系统和配备相应的校准装置。

校准是使用可溯源至国家基准的方法和相应准确度的标准仪表或校准装置，对计量系统和组成计量系统的仪表及设备进行检验和测试，将计量系统的计量性能调整到最佳工作状态所从事的工作。

实流校准应在与实际操作条件相近的条件下进行，然而，如果将条件差异所引起的不确定度估算考虑在内，在不同条件下校准也是可行的。

在计量值大的计量站，应在计量管道上串联安装一套校准用附加流量计，以便定期进行实流校准。

2.2.8 楼宇中的流量测量特点

城市高楼大厦也需要很多流量仪表。按照其用途可分成两类，其一是楼宇自动化（BA）系统使用的流量计，其二是能源费用结算用计量仪表。

（1）楼宇自动化系统中的流量测量

在楼宇自动化系统中，对进出重点设备或装置的流体流量进行测量，测量结果用于设备运行状态监视、控制和设备管理。测量结果一般不用于贸易结算，所以对测量精确度要求不高。仪表一般由楼宇自动化工程公司选型，主要考虑的是安装方便、价格合适，以及仪表故障后不影响系统运行。

（2）以能源计量为目的的流量测量

楼宇中的自来水、燃气、燃油等要靠外部供给，空调冷冻水、热水、冷却水等要供给用户使用，自己的蒸汽有时还外供到其他单位，因此，需对这些流体进行计量，计量精确度必须满足贸易结算的要求，计量结果用于对外收费的表计，还应按规定进行强制检定。

冷冻水、热水等流体供给用户，其实用户并未将冷冻水、热水等消耗掉，仅仅是取走了冷冻水中的冷量和热水中的热量，所以测量的参数确切地说应是冷量和热量，相应的表计是冷量表和热量表。另外对自来水、燃气和蒸汽进行计量需水表、气表和蒸汽流量计。

由于空调用冷冻水温度不是很低，一般为5～6℃的淡水，空调用热水主要用于采暖、洗澡、洗漱等，所以温度不很高，大多在90℃以下，这样的使用要求和流体条件，合理的选型是电磁流量计。

2.2.9 企业能源计量器具性能要求

GB 17167规定了用能单位能源计量器具性能要求，其中不同用途流量计准确度要求如表2.3所示[5]。

表 2.3 用能单位能源计量器具准确度等级要求[5]（流量计部分）

计量器具类别	计量目的	准确度等级要求
油流量表（装置）	进出用能单位的液体能源计量	成品油 0.5
		重油、渣油 1.0
气体流量表（装置）	进出用能单位的气体能源计量	煤气 2.0
		天然气 2.0
		蒸汽 2.5

续表

计量器具类别	计量目的		准确度等级要求
水流量表（装置）	进出用能单位水量计量	管径不大于250mm	2.5
		管径大于250mm	1.5
温度仪表	用于液态、气态能源的温度计量		2.0
	与气体、蒸汽质量计算相关的温度计量		1.0
压力仪表	用于气态、液态能源的压力计量		2.0
	与气体、蒸汽质量计算相关的压力计量		1.0

当计量器具是由传感器（变送器）、二次仪表组成的测量装置或系统时，表2.3给出的准确度等级应是装置或系统的准确度（装置或系统未明确给出其准确度时，可用传感器与二次仪表的准确度等级按误差合成方法合成[5-6]）。

能源作为生产原料使用时，其计量器具的准确度应满足相应的生产工艺要求。

能源计量器具的性能必须满足相应的生产工艺特点及使用环境要求，如抗腐蚀、耐高温、耐振动、防粉尘、抗电磁干扰等。

2.3 贸易结算对流量仪表的计量要求

与过程控制、环境保护以及医疗卫生中的流量测量相比，贸易结算中的流量测量仪表具有鲜明的特点，而且不同流体的贸易结算对流量测量仪表的要求也有差异。下面以目前使用量较大的热能贸易结算为例，说明流体贸易结算对流量测量仪表的要求，其中有一部分要求是热能贸易结算所特有的，而另一些则是共同的。

在区域集中供热中，热力公司将热能卖给众多的用户，并按热能计量结果及双方协议结算费用，由于这种计量是热力公司结算费用的主要依据，因此受到结算双方的普遍重视，它是热力公司经营的基础，如果处理得不得当，往往会使热力公司的效益大大流失，这种以贸易结算为主要目的的计量，除了需满足流量测量仪表的一般要求之外，还须满足贸易结算所需的专门要求。在测量精确度和范围度方面与过程控制相比，还有一些其他要求，现归纳如下[7]。

(1) 对测量精确度要求方面

热能贸易结算费用是依据系统计量结果，因此，流量仪表的精确度比过程控制用要求高。对于差压式流量计，当差压测量选用0.055级精确度差压变送器，流量演算器选用0.2级，压力变送器选用0.055级，测温元件选用A级Pt100铂热电阻，仪表安装使用也符合规程要求，按照方和根的误差合成法[5]，10% *FS* 以上各测量点一般能得到1.5%的系统精确度。对于涡街流量计组成的系统，流量变送器在制造厂推荐的测量范围之内，有1%*R* 的准确度，与上述测温测压元件及流量演算器配合之后，能得到约1.5%的系统精确度。

如果无大的干扰进入，系统长时期稳定运行，上述两种测量方法所能达到的系统精确度，供需双方是比较满意的。

(2) 对可调比方面要求

在热网中，各类用户对热能计量系统的可调比要求差异很大：有的用户连续生产，终年热负荷都很稳定；有的用户负荷随季节变化较明显，如以采暖设备为主要负荷的用户，夏季流量与冬季流量相差较大；而另有一类用户，仅单班生产，多数时间热负荷为零。但总的来说，可调比是这种用途的仪表须考虑的重要问题。

在常用的热能计量仪表中，涡街流量计的可调比是较大的，以 0.8MPa 饱和蒸汽为例，不同通径的仪表保证精确度的下限流速略有差异，但测量管中的流体流速在 2.5m/s 或 5.5m/s（高静压时为 2.5m/s，低静压时为 5.5m/s）以上就已进入“正常测量范围”[6]，设计时只要合理选定其通径，一般都能得到满意的可调比。

差压式流量计可调比没有涡街流量计那么大。在使用 1.5 级差压计的发展阶段，一般公认其可调比只能达到 3∶1。

制约差压式流量计可调比的因素还不仅仅是差压计精确度，因为相对流量很小时，流出系数 C 和可膨胀性系数 ε 都发生了明显的变化，如果仍将它们当作常数来处理，就将产生额外误差。

自从计算机技术引入仪表后，差压式流量计的测量性能有了新的提高。差压变送器的精确度已从以前的 0.5 级提高到 0.055 级，甚至更高。被测流量在全量程范围内变化所引起流出系数的变化，在可编程流量演算器中能得到修正。可膨胀性系数 ε 的变化也同时得到自动修正，相应增大了可调比。有不少研究者认为可以做到 10∶1。

(3) 下限流量计费功能要求[7]

如果流量远远低于保证精确度的最小流量，将导致无输出（如涡街流量计）或输出信号被当作小信号予以切除（如差压式流量计），这对供方来说是不利的，有失公正。为了防止效益的流失，对于一套具体的热能计量设备，供需双方往往根据流量测量范围和能够达到的可调比，约定某一流量值为“约定下限流量”，而且约定若实际流量小于该约定值，按照“下限收费流量”收费。这一功能通常在流量显示仪表中实现。

(4) 停汽判断功能要求

有些用户在休息天将蒸汽完全关闭，停止用汽，如果采用二部计费法，这时不能再按“下限收费流量”计费，方法是由仪表根据停汽后流体温度、压力参数的变化作出判断，判断结果一旦为“停汽”，即停止积算。

由仪表对停汽作出灵敏而正确的判断，以流体温度或压力为标志信号具有相同的效果。当供汽总阀关闭后，管道内温度很快降低到饱和温度，随着管内流体的进一步冷却，温度和压力同步降低，当低于“标志值”时，仪表即作出停汽的判断。从现场运行情况来看，为了加快温压降低的速度，还可在总阀关闭后开一下其后的排汽阀。

运用这一功能的供需双方必须协商设置一个合适的“标志值”。

(5) 超计划耗用计费功能要求

流量计如果超过设定范围运行，一般均导致计量值偏低。除此之外，在热网中如果超计划耗能，还将影响热网的供热品质。这不仅损害供方利益，而且损害其他用户利益。遇此情况，热力公司为了保证供热品质，需要启动调峰机组而相应增加运行成本。为了鼓励用户计划用能，热力公司一般同需方约定最大用能量，如果超过此量，一般约定超过部分加 1 倍或数倍收费。这一功能通常也在流量显示仪表中实现。

(6) 分时段计费功能要求

热力公司为了鼓励夜间用能，促使负荷的日夜平衡，往往规定夜间用能按 0.8 系数计费，日间用能按 1.2 系数计费。

对于单班用汽的用户，如果要在计划的时段外用汽，则必须支付计划外的计费系数。分时段计费功能也应能满足这一需求。

(7) 掉电记录功能要求

用于热能计量的表计一般都为电动式，当其电源中断后，仪表停止工作，累积值虽能保持但不会继续增加。有时需方为了少付热费，就将仪表电源拉掉一段时间，显然这是不允许的。流量演算器的掉电记录功能就是要将这种有意拉电和无意掉电事件一次不漏地记录下来。

掉电记录数据应可通过仪表面板上的操作键调阅，但无法擦掉。使用者可按供需双方的约定，依一定的计算方法对掉电期间少计的累积值进行处理。

(8) 定时抄表功能要求

定时抄表功能就是仪表在抄表员所指定的抄表时刻（在菜单中预先设置），读取流量累积值并存放在仪表的一个单元中，当抄表人员按下抄表键时，仪表显示抄表符号和该单元中的数据。该单元中的累积值一直保持到下一天的“抄表时间”才被刷新。如果全厂流量演算器设置同一抄表时间，那么，抄表人员巡回路线和时间的差异都不影响抄录结果，因此有利于分表和总表的平衡计算。

(9) 31 天累积值和 12 个月累积值存储功能

将最近 31 天抄表时刻的累积值和最近 12 个月的月累积值存储在规定的单元中，可通过面板上的操作键调阅，但不能修改。

该功能可为供需双方核对抄表记录提供方便。

(10) 断电保护功能要求

断电保护功能是可编程流量演算器的重要功能，它指的是在主电源中断时，对设定数据和累积值进行保护，使之不丢失和不被修改。

(11) 密码设置功能要求

密码设置功能是可编程仪表防止未被授权的人员修改关键数据的重要手段。

(12) 打印功能要求

有些用户提出，用于贸易结算的数据应以仪表自动打印数据为准，因为这样更客观，不会因人工抄表而引入人为因素。打印内容一般包括设备号、打印日期和时间、瞬时流量、累积流量、流体压力、流体温度等。

打印方式应有定时打印、召唤打印和越限加速打印。

召唤打印只需按照仪表说明书规定的方法按一下面板上有关按键就可实现。

越限加速打印是某个变量满足指定的表达式的要求时，自动将打印间隔时间缩短为“加速打印间隔时间”。

(13) 面板清零有效性选择功能要求

选择“面板清零有效”时，按一下面板上的复位键就可将流量累积值复零，以便为仪表校验带来方便。

选择“面板清零无效”时，按复位键则不能实现流量累积值的复零，但当打入的密码相符时，仍可按规定的操作方法实现清零。这就相当于给流量累积数据加上一把电子锁。

(14) 通信功能要求

随着通信技术的发展和 PC 越来越便宜，计算机在热网中的应用越来越普遍。常见的用法是数据自动采集和远程自动抄表，这都要求流量二次表或流量变送器需具有数据通信能力。

制造厂应可提供 RS-232 和 RS-485（可选）串行通信口。

(15) 无纸记录功能要求

有许多流量测量系统都希望具备记录功能，记下重要数据和信息，但是传统的记录仪不仅体积大、价格高、维修工作量大，而且能够记入的数据和信息通道不够多，因此，人们渴望有新型的记录仪充当这一角色。

在智能流量显示仪表中加上一片海量存储器，在软件的支持下，使仪表具有无纸记录功能，从而可收到简单、可靠、价廉、存储的信息量大的效果。例如在一片“E^2PROM”存储器中可存入 65536 组与流量测量有关的重要数据和信息，每一组数据除了日期和时间数据之外还可以包含其他重要数据和信息。这样，如果每 1min 存储一组最新数据，则一片海量存储器中可存放 45 天的最新数据。如果每 10min 存储一组数据，则可存放 455 天的最新数据。

这些数据存放在具有无纸记录功能的流量二次表中，便于查询和抄录。

海量存储器存入的数据，第二个用途是通过二次表的通信口传送到计算机中，从而用于历史曲线和报表制作、事件登录等。

对于具体的一台流量显示仪表，上述各项要求不一定每一项都需要，由于功能的增多不仅软件相应丰富，有时硬件也相应增多，因而仪表价格升高。所以应根据实际需要选用。

2.4 过程控制用流量测量仪表的特点

过程控制是使用流量仪表（不包括家用水表、燃气表）最多的领域，流量仪表在过程控制中的作用是对封闭管道中的流体流量进行监测，有些部位还将流量测量仪表同调节仪表、执行器等组成调节系统，将流量稳定在合适的数值，从而实现过程的稳定化。对这样一个特定任务，流量测量仪表就要有以下一些要求。

(1) 可靠性要求

① 仪表应具有高度的可靠性

现代工业装置趋向于大型化的连续过程，仪表故障容易导致过程的不稳定，而安装在管道上的流量计一旦发生故障，又不可能为了修理特地将流程停下来，因此仪表制造和系统设计都要首先考虑可靠性，包括用于温度补偿的热电阻的可靠性。

有些仪表制造商对相比之下容易发生故障不便维修的部件实行双重化，如 8800D 型涡街流量计有双传感器的产品，在 CPU 的控制下，可以自动判别两只传感器的信号，一旦其中一只发生故障，则将其舍弃，从而提高变送器的可靠性。也有一些制造商设计了在不断流条件下更换传感器的方法。有的电磁流量计制造商提供了不断流更换电极的方法和工具，这些都为提高可靠性创造了良好的条件。

② 故障诊断

仪表一旦发生故障，故障诊断部分应能自动提示发生故障的部位和故障性质，以便维修者缩短排除故障的时间。

在仪表用数字通信的方法将诊断信息送入计算机后，计算机可对仪表的运行状况进行监视，在仪表故障时发出报警信号，并显示故障内容，甚至采取必要的安全措施。

(2) 稳定性要求

a. 流量测量仪表的输出应具有良好的稳定性，如果流量信号本身有噪声，应可通过表内的阻尼调整，使示值稳定到便于读数，在与调节器组成调节系统时，应使调节器输出无明显振荡。

b. 流量测量仪表示值的环境温度影响应在规定的技术指标范围内。

c. 仪表应有良好的长期稳定性。现在多数仪表公司对智能差压变送器已有这方面的指标，例如 EJA110E 型变送器承诺其长期稳定性为每 24 个月示值漂移不大于±0.1%FS，2010 TD 型变送器承诺每 12 个月示值漂移不大于±0.05%FS。

(3) 响应时间要求

有许多流量测量仪表与调节器等一起组成调节系统，要求流量测量仪表的响应时间在 1s 以内。在流量定值调节系统中，流量测量环节的总时间常数如果大于 1s，就可能对调节品质产生明显影响，严重时导致系统振荡，无法工作。

(4) 抗干扰能力要求

① 抗振动干扰能力

流量传感器大多安装在管道上，现场环境条件较恶劣，其中振动是一大干扰，所以流量传感器、转换器等都应有较强的抗干扰能力。有些型号的涡街流量计和科里奥利质量流量计就是因为抗振动干扰能力不够理想，在现场用不好，出现“无中生有”和示值偏高等现象。

② 抗射频干扰能力

在安装流量计的工业现场有多种干扰源，例如厂房内的行车开过、铲车开过或附近有人使用对讲机，都会引起某些流量测量仪表示值升高，这是因为行车中的电器、铲车的火花塞发出的射频电磁波，对讲机天线发出的射频电磁波经某些途径进入仪表，干扰其工作。

近几年来，人们对射频干扰影响开始重视起来，测量仪表增设射频干扰影响指标，并采取很多措施提高抗干扰能力。

(5) 输出信号的多样性

① 模拟输出

流量测量仪表应有 4~20mA 的模拟输出，而且应有恒流特性。

② 频率输出

流量变送器（转换器）用频率将流量信号传送到显示仪表或调节器，可以基本不损失精度。这是这种方法的突出优点。

③ 数字量输出

流量测量仪表 RS-232、RS-485 之类的通信口与计算机连接，在专用软件的支持下，不仅可将流量测量仪表测量到的各种参数传送到计算机，将自诊断结果和有关组态数据、表征仪表状况的有关数据传送到计算机，而且可以通过计算机在控制室修改现场仪表的组态，进行检查、校验、维护和管理等各项工作。

(6) 输出信号的隔离要求

流量测量仪表信号输出端应与地端以及交流电源相隔离，以免为后续仪表引入干扰以及由于共地引发故障。

(7) 准确度和可调比要求

对于仪表准确度的要求，用于贸易结算的流量计有明确的规定，用于过程控制的流量计没有明确规定。但总的来说要求没有贸易结算用流量计那样严格。这是因为在过程控制中，操作控制得是否适当的最终指标是成分量等所表明的品质指标。例如燃烧过程中的空气-燃料比，有可能因流量测量精确度不够高而偏离最佳值，但可通过氧含量、烟色等指标进行判断，修改空气-燃料比，使其保持在合理范围内。

对于测量可调比的要求也不像贸易结算那样高，在 40～50 年前现在已广泛应用的许多新型流量计还未问世时，过程控制中的流量测量绝大多数还是靠节流式差压流量计，当时的技术水平一般只能达到 3∶1 的可调比，基本上能满足需要。现在市场上销售的流量计大多已实现智能化，当系统设计时所选定的测量上限被实践证明属太大或太小时，通过手持终端予以修改，使之合理化，这是流量测量技术的一大进步，这一进步使过程控制中的流量测量仪表的可调比极少出现问题。

参考文献

[1] ISO 4006：1991 Measurement of fluid flow in closed conduits—Vocabulary and symbols [S]. 1991.

[2] ISO 11631 Measurement of fluid flow—Method of specifying flowmeter performance [S]. 1998.

[3] JJF 1001—2011 通用计量术语及定义 [S]. 2011.

[4] GB/T 18603—2023 天然气计量系统技术要求 [S]. 2023.

[5] GB 17167—2006 用能单位能源计量器具配备和管理通则 [S]. 2006.

[6] 纪纲，章小风，郝建庆．孔板流量计扩大可调比的一种方法 [J]. 自动化仪表，1998（6）：10-13.

[7] 余小寅，纪纲．流量测量应用技术——热能贸易结算中的计量要求及表计功能（二）[J]. 医药工程设计，2001（2）：33-36.

第3章

蒸汽流量的测量

蒸汽流量测量方法如果按工作原理细分，可分为直接式质量流量计和推导式（也称间接式）质量流量计两大类。前者直接检测与质量流量成函数关系的变量求得质量流量。后者用体积流量计和其他变量测量仪表，或两种不同测量原理流量计组合成的仪表，经计算求得质量流量。

现在人们广泛使用的蒸汽质量流量计绝大多数仍为推导式。其中，以节流式差压流量计和涡街流量计为核心组成的蒸汽质量流量计是主流，这两种方法有各自的优点和缺点，而且具有良好的互补性。在差压式流量计中，线性孔板以其可调比广、稳定性好的优势占有一定市场份额，除此之外，科利奥里质量流量计、均速管流量计、超声流量计等在蒸汽流量测量中也有应用。

3.1 用节流式差压流量计测量蒸汽质量流量

节流式差压流量计的一般表达式为[1,2]

$$q_m=\frac{\pi}{4}\times\frac{C}{\sqrt{1-\beta^4}}\varepsilon_1 d^2\sqrt{2\Delta p\rho_1} \tag{3.1}$$

式中 q_m——质量流量，kg/s；

C——流出系数；

β——直径比，$\beta=d/D$；

D——管道内径，m；

ε_1——节流件正端取压口平面上的可膨胀性系数；

d——工作条件下节流件的开孔直径，m；

Δp——差压，Pa；

ρ_1——节流件正端取压口平面上的流体密度，kg/m^3。

在式(3.1)中，β 和 d 为常数，由差压装置设计计算书提供。C 和 ε_1 是常用流量条件下的设计参数，也由设计计算书提供，在一定的流量范围之内也可看作常数，因此式(3.1)可简化为

$$q_m = \mathrm{k}\sqrt{\rho_1}\sqrt{\Delta p} \tag{3.2}$$

从式(3.2)可清楚看出，仪表示值同 ρ_1 密切相关。而蒸汽工况（温度 t，压力 p）的变化，必然使 ρ_1 产生相应的变化。因此，差压式流量计必须与用以求取蒸汽密度的工况测量仪表配合，并同计算部分一起组成推导式质量流量计，才能保证测量精确度。

在实际应用系统中，常用测量点附近的流体温度、压力，经计算后求得相应的密度，再经演算求得瞬时质量流量，通常称作温度、压力补偿。根据水蒸气的性质和特点，在过热状态和饱和状态时可有不同的补偿方法。

(1) 过热蒸汽质量流量测量

当流体为过热蒸汽时，ρ_1 取决于差压装置正端取压口流体压力 p_1 和上游流体温度 t_1。图 3.1 所示为测量系统。

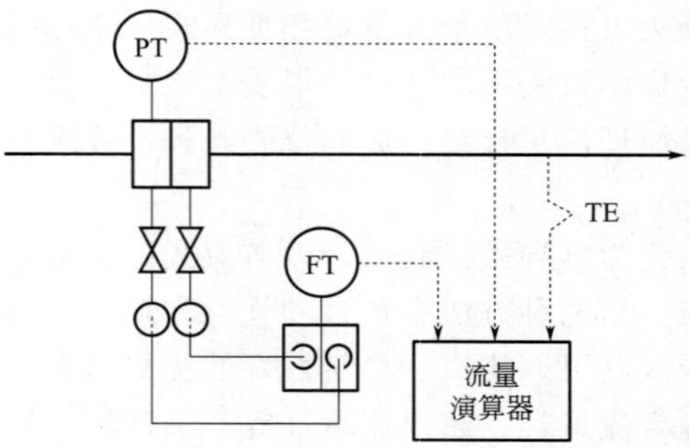

图 3.1　节流式差压流量计测量过热蒸汽质量流量系统

(2) 饱和蒸汽质量流量测量

饱和蒸汽的压力和温度是密切相关的，临界饱和状态的蒸汽从其压力查得的密度同从其温度查得的密度是相等的，所以推导式质量流量计测量其流量时，既可采用压力补偿也可采用温度补偿。采用压力补偿时，是利用 $\rho_1 = f(p_1)$ 的关系获得 ρ_1，采用温度补偿时，是利用 $\rho_1 = f(t_1)$ 的关系获得 ρ_1。两种方法中以压力补偿较宜。

图 3.2(a) 所示为压力补偿法，图 3.2(b) 所示为温度补偿法。

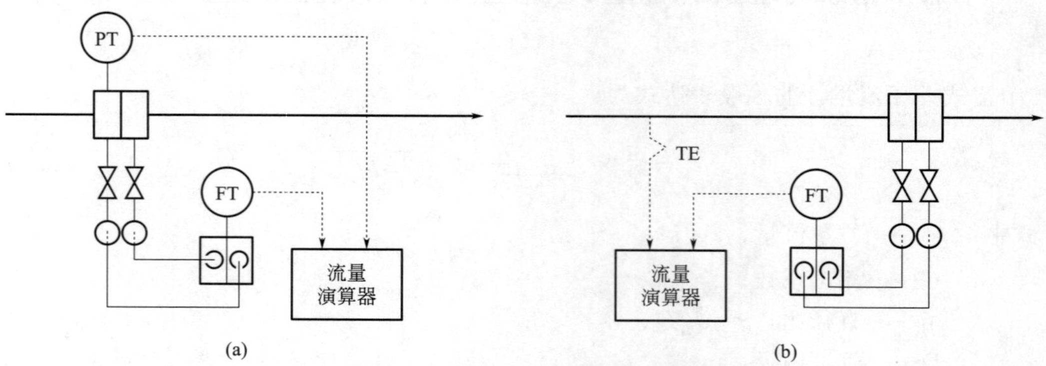

图 3.2　差压式流量计测量饱和蒸汽质量流量系统

如果想得到更大的可调比，可增设一台低量程差压变送器，组成双量程差压流量计，可调比可达 30∶1。

3.2 用线性孔板差压流量计测量蒸汽质量流量

传统的孔板流量计最大的不足是在被测流量相对于满量程流量较小时，差压信号很小，这一缺点大大影响其可调比和测量精确度。人们针对其不足在传统的孔板式差压流量计基础上开发了可变面积可变压头孔板流量计。因为其输出的差压信号与被测流量之间有线性关系，所以也称线性孔板差压流量计。

(1) 线性孔板流量计工作原理

线性孔板又称弹性加载可变面积可变压头孔板，其环隙面积随流量大小而自动变化，曲面圆锥形塞子在差压弹簧力的作用下来回移动，环隙变化使输出信号（差压）与流量成线性关系，并大大地扩大可调比，其结构如图 3.3 所示。

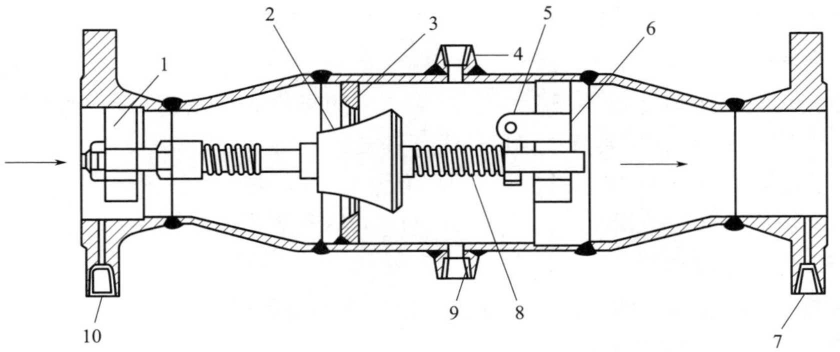

图 3.3 线性孔板（GILFLO 型差压装置）

1—稳定装置；2—纺锤形活塞；3—固定孔板；4—排气孔；5—标定和锁定蜗杆装置；6—轴支撑；7—低压侧差压检出接头；8—高张力精密弹簧；9—排水孔；10—高压侧差压检出接头

在孔板流量计中，当流体流过开孔面积为 A 的孔板时，流量 q 与孔板前后产生的差压之间有如下关系，即：

$$q=K_1A\sqrt{\Delta p} \tag{3.3}$$

式中 q——流量；

K_1——常数；

A——孔板开孔面积；

Δp——差压。

在如图 3.3 所示的线性孔板中，于孔板处插入一个纺锤形活塞，由差压引起的活塞-弹簧组件的压缩量（活塞的移动距离）为 X，则式(3.4) 成立：

$$\Delta p=K_2X \tag{3.4}$$

式中 K_2——弹簧系数。

当活塞向前移动时，流通面积受活塞形状的影响而发生变化，其关系为

$$A = K_3\sqrt{X} \tag{3.5}$$

式中 K_3——常数。

由式(3.4)和式(3.5)得：

$$A = K_3\sqrt{\Delta p / K_2} \tag{3.6}$$

将式(3.6)代入式(3.3)得：

$$q = K_1 K_3\sqrt{\Delta p / K_2}\sqrt{\Delta p} = K\Delta p \tag{3.7}$$

式中 K——常数（$K = K_1 K_3\sqrt{1/K_2}$）。

由式(3.7)可知，流量与差压成线性关系，所以取出差压信号即可得到流量。

(2) 特点

① 可调比宽

在使用0.1%精确度的差压变送器时，典型的线性孔板差压式流量计可测范围为1%FS～100%FS（若使用更高精确度的差压变送器，如0.055%精确度，可调比可进一步提高），保证精度的范围为5%FS～100%FS，因此，对于流量变化大的测量对象，一台流量计就可解决。能适应蒸汽、燃油测量的夏季、冬季负荷变化。

② 线性差压输出

差压信号与流量成线性关系，被测流量相对于满量程流量较小时，差压信号幅值也较大，有利于提高测量精确度。

③ 直管段要求低

由于孔板的变面积设计，使其成为在高雷诺数条件下工作的测量机构，可在紧靠弯管、三通下游的部位进行测量（为了保证测量精确度，制造厂还是要求上游直管段≥6倍管径，下游直管段≥3倍管径）。

(3) 保证测量精确度的措施

典型的线性孔板流量计GILFLO承诺具有1%精确度，为了达到这一指标，采取了以下几项重要措施。

① 对线性孔板逐台用水标定

从式(3.4)和式(3.5)可知，只要线性孔板中的弹簧线性好，而且活塞被加工成理想形状，使得流通面积A与位移X的1/2次方成线性关系，就能使差压与流量之间的线性关系成立，但是，活塞的曲面加工得很理想是困难的，最终不得不用逐台标定的方法来弥补这一不足。

Spirax-sarco公司对线性孔板进行逐台标定是以水为介质，不同口径的线性孔板均选择14个标定点，其中流量较小时，标定点排得较密，图3.4所示为一台DN200线性孔板的标定曲线。图中的差压单位为英寸水柱（1英寸水柱＝249.0889Pa），表3.1所列是一台DN200的线性孔板的实际标定数据，其中从体积流量换算到质量流量是建立在水的密度ρ＝

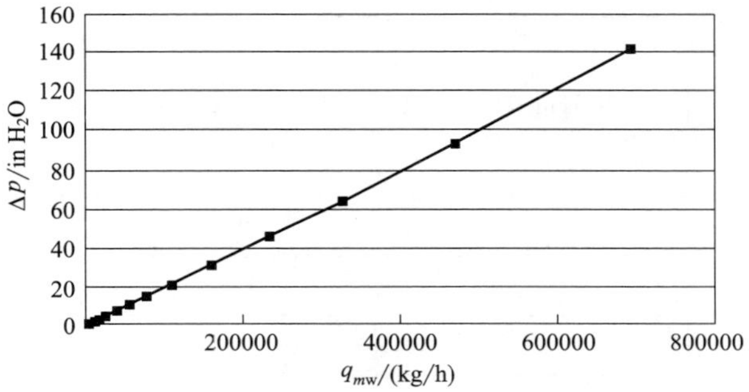

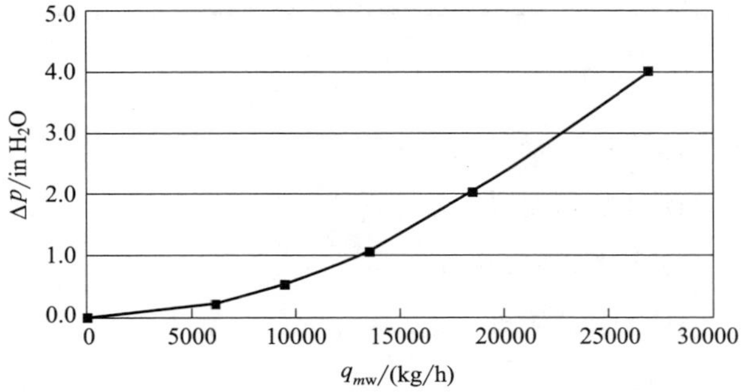

图 3.4 线性孔板标定曲线（介质：水）

998.29kg/m^3 基础上的。

而利用标定数据对线性孔板的非线性误差进行校正还须借助于流量二次表。具体做法是将标定数据写入二次表中的折线表，然后二次表根据输入的差压信号（电流值）用查表和线性内插的方法求得水流量值 q_{mw}。

得到水流量值还不是最终目的，因为被测流体不一定是水，当被测流体为其他流体时，用式(3.8) 进行密度校正。

表 3.1 GILFLO 线性孔板水标定数据（DN200）

标定数据		查表数据	
水的实际流量(20℃)/(kg/h)	差压/in H_2O	差压变送器输出电流/mA	工作流体流量/(L/min)
0.0000	0.0000	4.0000	0.0000
6247.4055	0.2450	4.0280	104.3018
9475.9305	0.5425	4.0620	158.2027
13543.0335	1.0938	4.1250	226.1039
18556.5315	2.0300	4.2320	309.8053
26804.5443	3.9813	4.4550	447.5076
40256.9694	6.8250	4.7800	672.0988
55856.3351	10.2988	5.1770	932.5336
78318.6682	14.7263	5.6830	1307.5470
111950.1528	21.5600	6.4640	1869.0319

续表

标定数据		查表数据	
水的实际流量(20℃)/(kg/h)	差压/in H_2O	差压变送器输出电流/mA	工作流体流量/(L/min)
163394.0063	31.7363	7.6270	2727.8981
235423.2212	45.7363	9.2270	3930.4414
327416.7604	63.7175	11.2820	5466.2934
469675.5153	92.8900	14.6160	7841.3340
693845.3638	141.3038	20.1490	11583.8979

$$q_m = q_{mw}\sqrt{\rho_f/\rho_w} \tag{3.8}$$

式中 q_m——被测流体质量流量，kg/h；

q_{mw}——标定流体（水）流量，kg/h；

ρ_f——被测流体密度，kg/m^3；

ρ_w——标定流体（水）密度，kg/m^3。

② **雷诺数校正**

孔板流量计的流量系数同雷诺数之间有确定的函数关系[1]，当质量流量变化时，雷诺数呈正比变化，因而引起流量系数的变化。在 GILFLO 型流量计中，采用较简单的经验公式(3.9) 进行雷诺数校正。

$$k_{re} = \left(1 - \frac{n}{q_{mw}}\right)^{-1} \tag{3.9}$$

式中 k_{re}——雷诺数校正系数；

n——常数，kg/h。

但若计算结果大于 m 值时，则取 $k_{re}=m$。n 和 m 数值同孔板的口径 DN 有关，已经固化在制造商提供的流量二次表内。

③ **温度对线性孔板的影响及其校正**

温度对线性孔板影响使之产生误差主要通过三条途径。

a. 流体温度变化引起流体密度变化，从而导致差压与流量之间的关系变化。

b. 流体温度变化引起管道内径、孔板开孔直径以及活塞几何尺寸的变化，温度升高，环隙面积增大，导致流量计示值有偏低趋势。

c. 流体温度变化，线性孔板中的承载弹簧温度相应变化，引起式(3.4) 中的弹簧常数 K_2 发生变化。温度升高，K_2 减小，活塞位移 X 增大，用通俗的话来说就是温度升高，弹簧变软，在相同的差压条件下，活塞位移增大。因此，环隙面积相应增大，流量计示值也有偏低趋势。

上述三条途径对流量示值的影响都可以进行校正，其中途径 a，可由式(3.12) 中的流体密度进行补偿。在线性孔板用来测量蒸汽流量时，流体温度作为自变量，参与查蒸汽密度表。从而可由二次表自动进行此项补偿。

上述途径 b 和 c 流量示值的影响关系较复杂，在 GILFLO 型流量计中，采用式(3.10)所示的经验公式进行校正。

$$k_t = 1 + B(t - t_c) \tag{3.10}$$

式中　k_t——温度校正系数；

B——系数，℃$^{-1}$（取 B=0.000189℃$^{-1}$）；

t——流体温度，℃；

t_c——标定时流体温度，℃（t_c 常为 20℃）。

此项校正也是在流量二次表中完成的，其中 t 为来自温度传感器（变送器）的流体温度信号。

④ 可膨胀性校正

节流式差压流量计用来测量蒸汽、气体流量时，必须进行流体的可膨胀性（expansibility）校正，线性孔板也不例外。在 GILFLO 型流量计中用式(3.11) 进行校正。

$$k_\varepsilon = 1 - (0.41 + 0.35\beta^4)\frac{\Delta p}{\kappa P_1} \tag{3.11}$$

式中　k_ε——可膨胀性系数；

β——直径比（孔板开孔直径与管道内径之比）；

Δp——差压，Pa；

κ——等熵指数；

P_1——节流件正端取压口绝压，Pa。

可膨胀性校正也在流量二次表中完成，由二次表进行在线计算。

⑤ 蒸汽质量流量的计算

用 GILFLO 型流量计测量蒸汽流量时，蒸汽质量流量在二次表中由式(3.12) 计算得到。

$$q_{ms} = k_{re} k_\varepsilon k_t \sqrt{\frac{\rho_f}{\rho_w}} q_{mw} \tag{3.12}$$

式中　q_{ms}——蒸汽质量流量，kg/h；

k_{re}——雷诺数校正系数；

k_ε——可膨胀性系数；

k_t——温度校正系数；

ρ_f——被测流体工作状态密度，kg/m^3；

ρ_w——标定流体（水）的密度，kg/m^3；

q_{mw}——水的质量流量，kg/h。

在流量二次表中，先由差压输入信号查折线表得到 q_{mw}，再由蒸汽温度、压力值查蒸汽密度表得 ρ_f，然后与校正系数 k_{re}、k_ε、k_t 一起（ρ_w 为设置数据）计算得到蒸汽质量流量 q_{ms}。

GILFLO 型流量计的安装如图 3.5 所示。

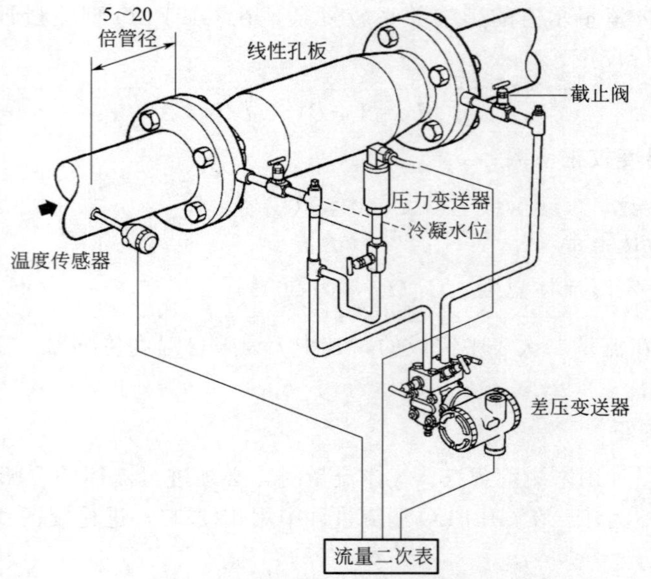

图 3.5 GILFLO 型流量计的安装

3.3 用涡街流量计测量蒸汽质量流量

涡街流量计是体积流量计，即流体雷诺数在一定范围内，其输出只与体积流量成正比。

涡街流量计的输出有频率信号和模拟信号两种，模拟输出是在频率输出的基础上经 f/I 转换得到的。这一转换大约要损失 0.1%精确度。所以用来测量蒸汽流量时，用户更爱选用频率输出。

频率输出涡街流量计测量质量流量的表达式为

$$q_m = 3.6\frac{f}{K_t}\rho_f \tag{3.13}$$

式中 q_m——质量流量，kg/h；

f——涡街流量计输出频率，P/s；

K_t——工作状态下的流量系数，P/L；

ρ_f——流体密度，kg/m^3。

当被测流体为过热蒸汽时，可从

$$\rho_f = f(p_f, t_f) \tag{3.14}$$

式中 ρ_f——流体密度，kg/m^3；

p_f——涡街流量传感器出口蒸汽压力，MPaA[1]；

t_f——涡街流量传感器出口蒸汽温度，℃。

[1] MPaA 中 A 代表绝对压力。后文中 MPaG 中 G 代表表压。

查表求得工作状态下的流体密度。测量系统图见图3.6。

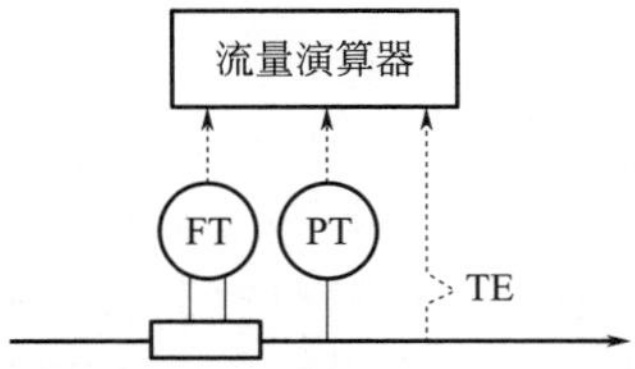

图3.6 用涡街流量计测量过热蒸汽质量流量的系统

当被测流体为饱和蒸汽时，可从

$$\rho_f = f(p_f) \tag{3.15}$$

或

$$\rho_f = f(t_f) \tag{3.16}$$

符号意义同式(3.14)。

查表求得工作状态下的流体密度，其原理同前节所述。其测量系统见图3.7。

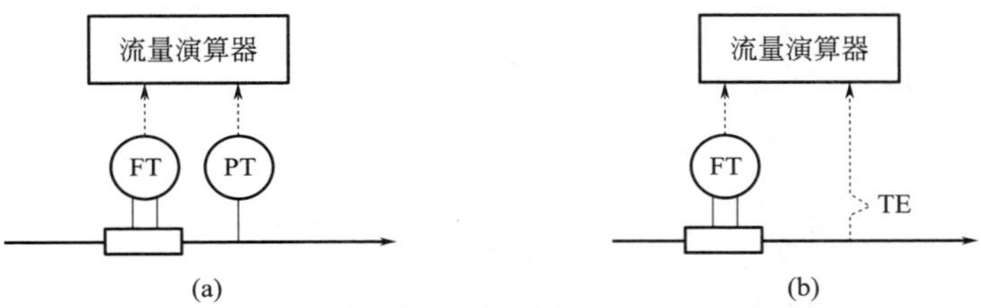

图3.7 用涡街流量计测量饱和蒸汽质量流量的系统

在式(3.13)中，ρ_f应是涡街流量计出口的流体密度，因此，p_f的测压点应取在涡街流量计出口的规定管段上。

有些研究成果表明，临界饱和状态蒸汽经减压后会发生相变，即从饱和状态变为过热状态，这时，将其仍作为饱和蒸汽从式(3.15)或式(3.16)的关系求取ρ_f，必将引入较大误差[3]。如果出现这种情况，应进行温度压力补偿[3]。

3.4 蒸汽密度求取方法

从上面的分析可知，工程上普遍使用的推导式蒸汽质量流量测量系统，关键是求取蒸汽密度。归纳起来主要是采用数学模拟法和查表法两类方法。

3.4.1 用数学模型求取蒸汽密度

在工程设计和计算中，工程师们经常需要求取蒸汽密度数据，采用的传统方法是由蒸汽的状态数据查蒸汽密度表。但是未采用微处理器前，这种人工查表的方法还无法移植进仪表而仍采用数学模型的方法。人们建立了多种的数学模型以满足不同的需要，下面列举使用最广泛的几种。

(1) 一次函数法

这种方法的显著特点是简单，适用于饱和蒸汽，其表达式为

$$\rho=AP+B \tag{3.17}$$

式中 ρ——蒸汽密度，kg/m^3；

P——流体绝对压力，MPa；

A、B——系数和常数。

式(3.17) 不足之处是仅在较小的压力范围内变化适用，压力变化范围较大时，由于误差太大，就不适用了。因为对于饱和蒸汽来说，$\rho=f(P)$是一根曲线，用一根直线拟合它，范围越大，当然误差越大。

解决这个矛盾的方法是分段拟合，即在不同的压力段采用不同的系数和常数（表 3.2）。

表 3.2 不同压力段对应的密度计算式

压力范围/MPa	密度计算式 $\rho/(kg/m^3)$	压力范围/MPa	密度计算式 $\rho/(kg/m^3)$
$0.10 \leqslant P < 0.32$	$\rho_1=5.2353P+0.0816$	$1.00 \leqslant P < 2.00$	$\rho_4=4.9008P+0.2465$
$0.32 \leqslant P < 0.70$	$\rho_2=5.0221P+0.1517$	$2.00 \leqslant P < 2.60$	$\rho_5=4.9262P+0.1992$
$0.70 \leqslant P < 1.00$	$\rho_3=4.9283P+0.2173$		

(2) 指数函数法

指数函数法使用较多的是：

$$\rho_f=AP^{\frac{15}{16}} \tag{3.18}$$

式(3.18) 描述的是一根曲线，用它来拟合饱和蒸汽的 $\rho=f(P)$曲线能得到更高的精确度，但是在压力变化范围较大的情况下，仍有千分之几的误差。

(3) IAPWS-IF97 公式法

1997 年，在德国埃朗根召开的水和蒸汽性质国际协会年会上，采用了新公式作为水和蒸汽热力学性质的国际工业标准。该标准为水和蒸汽热力学性质的 IAPWS 1997 工业公式（简称 IAPWS-IF97）。新公式 IAPWS-IF97 取代了前 IFC-67 工业标准公式[4]。

IAPWS-IF97 公式中，已知蒸汽温度 T 和压力 P 的条件下，蒸汽密度的倒数 v''，用式(3.19) 计算。

① 已知蒸汽温度 T 和压力 P，按式(3.19) 计算蒸汽的比容 $v''(T,P)$

$$v''(T,P)=\frac{\pi RT}{1000P}(\gamma_\pi^{o}+\gamma_\pi^{r}) \tag{3.19}$$

式中 R——气体常数，$R=0.461526kJ\cdot kg^{-1}\cdot K^{-1}$；

π——对比压力，无量纲，$\pi=P/P^*$，$P^*=1MPa$；

γ_π^{o}——无量纲形式的比吉布斯能理想气体部分对对比压力的偏导数，按式（3.20）计算；

γ_π^{r}——无量纲形式的比吉布斯能过余部分对对比压力的偏导数，按式（3.21）计算。

$$\gamma_\pi^o = \left(\frac{\partial \gamma^o}{\partial \pi}\right)_\tau = \frac{1}{\pi} \tag{3.20}$$

式中 π——对比压力，无量纲，$\pi = P/P^*$，$P^* = 1\text{MPa}$。

$$\gamma_\pi^r = \left(\frac{\partial \gamma^r}{\partial \pi}\right)_\tau = \sum_{i=1}^{43} n_i I_i \pi^{I_i - 1} (\tau - 0.5)^{J_i} \tag{3.21}$$

式中 n_i——第 i 个 n 系数，见表3.3；

I_i——第 i 个 I 系数与 I 指数，见表3.3；

π——对比压力，无量纲，$\pi = P/P^*$，$P^* = 1\text{MPa}$；

J_i——第 i 个 J 指数，见表3.3；

τ——反对比温度，无量纲，$\tau = T^*/T$，$T^* = 540\text{K}$。

表3.3 无量纲吉布斯能过余部分 γ_π^r 方程（2区）的系数与指数

I	I_i	J_i	n_i
1	1	0	$-1.7731742473213\times10^{-3}$
2	1	1	$-1.7834862292358\times10^{-2}$
3	1	2	$-4.5996013696365\times10^{-2}$
4	1	3	$-5.7581259083432\times10^{-2}$
5	1	6	$-5.0325278727930\times10^{-2}$
6	2	1	$-3.3032641670203\times10^{-5}$
7	2	2	$-1.8948987516315\times10^{-4}$
8	2	4	$-3.9392777243355\times10^{-3}$
9	2	7	$-4.3797295650573\times10^{-2}$
10	2	36	$-2.6674547914087\times10^{-5}$
11	3	0	$2.0481737692309\times10^{-8}$
12	3	1	$4.3870667284435\times10^{-7}$
13	3	3	$-3.2277677238570\times10^{-5}$
14	3	6	$-1.5033924542148\times10^{-3}$
15	3	35	$-4.0668253562649\times10^{-2}$
16	4	1	$-7.8847309559367\times10^{-10}$
17	4	2	$1.2790717852285\times10^{-8}$
18	4	3	$4.8225372718507\times10^{-7}$
19	5	7	$2.2922076337661\times10^{-6}$
20	6	3	$-1.6714766451061\times10^{-11}$
21	6	16	$-2.1171472321355\times10^{-3}$
22	6	35	$-2.3895741934104\times10^{1}$
23	7	0	$-5.9059564324270\times10^{-18}$
24	7	11	$-1.2621808899101\times10^{-6}$
25	7	25	$-3.8946842435739\times10^{-2}$

续表

I	I_i	J_i	n_i
26	8	8	$1.1256211360459\times10^{-11}$
27	8	36	$-8.2311340897998\times10^{0}$
28	9	13	$1.9809712802088\times10^{-8}$
29	10	4	$1.0406965210174\times10^{-19}$
30	10	10	$-1.0234747095929\times10^{-13}$
31	10	14	$-1.0018179379511\times10^{-9}$
32	16	29	$-8.0882908646985\times10^{-11}$
33	16	50	$1.0693031879409\times10^{-1}$
34	18	57	$-3.3662250574171\times10^{-1}$
35	20	20	$8.9185845355421\times10^{-25}$
36	20	35	$3.0629316876232\times10^{-13}$
37	20	48	$-4.2002467698208\times10^{-6}$
38	21	21	$-5.9056029685639\times10^{-26}$
39	22	53	$3.7826947613457\times10^{-6}$
40	23	39	$-1.2768608934681\times10^{-15}$
41	24	26	$7.3087610595061\times10^{-29}$
42	24	40	$5.5414715350778\times10^{-17}$
43	24	58	$-9.4369707241210\times10^{-7}$

用 IAPWS-IF97 公式还可以求取蒸汽比焓 $h''(T,P)$。

② 已知蒸汽温度 T 和压力 P，按式(3.22) 计算蒸汽的比焓 $h''(T,P)$

$$h''(T,P)=\tau(\gamma_\tau^o+\gamma_\tau^r)RT \tag{3.22}$$

式中 R——气体常数，R=0.461526kJ·kg^{-1}·K^{-1}；

τ——反对比温度，无量纲，$\tau=T^*/T$，$T^*=540$K；

γ_τ^o——无量纲形式的比吉布斯能理想气体部分对对比温度的偏导数，按式(3.23) 计算；

γ_τ^r——无量纲形式的比吉布斯能过余部分对对比温度的偏导数，按式(3.24) 计算。

$$\gamma_\tau^o=\left(\frac{\partial\gamma^o}{\partial\tau}\right)_\pi=\sum_{i=1}^{9}n_i^oJ_i^o\tau^{J_i^o-1} \tag{3.23}$$

式中 n_i^o——第 i 个 n^o 系数，见表 3.4；

J_i^o——第 i 个 J^o 系数与指数，见表 3.4。

表 3.4 无量纲吉布斯能理想气体部分 γ^o 方程（2 区）的系数与指数

I	J_i^o	n_i
1	0	$-9.6927686500217\times10^{0}$

续表

I	J_i^o	n_i
2	1	$1.0086655968018\times10^{1}$
3	−5	$-5.6087911283020\times10^{-3}$
4	−4	$7.1452738081455\times10^{-2}$
5	−3	$-4.0710498223928\times10^{1}$
6	−2	$1.4240819171444\times10^{0}$
7	−1	$-4.3839511319450\times10^{0}$
8	2	$-2.8408632460772\times10^{-1}$
9	3	$2.1268463753307\times10^{-2}$

$$\gamma_\tau^r=\left(\frac{\partial\gamma^r}{\partial\tau}\right)_\pi=\sum_{i=1}^{43}n_i\pi^{I_i}J_i(\tau-0.5)^{J_i-1} \tag{3.24}$$

式中 n_i——第 i 个 n 系数，见表 3.3；

π——对比压力，无量纲，$\pi=P/P^*$，$P^*=1\text{MPa}$；

I_i——第 i 个 I 指数，见表 3.3；

J_i——第 i 个 J 系数与 J 指数，见表 3.3；

τ——反对比温度，无量纲，$\tau=T^*/T$，$T^*=540\text{K}$。

3.4.2 计算机查表法

国际水和蒸汽性质的 IAPWS-IF97 公式精度非常高，但非常复杂，一般使用者很难直接使用它，工业仪表直接使用它不仅编程复杂，而且每一个计算周期，计算一次密度也需占用很多机器时间。研究者根据这个公式编制了蒸汽性质表格，供人们查阅。

下面以典型智能流量演算器为例说明自动查表的实施方法。

在智能流量演算器的 EPROM 中写入 3 个蒸汽密度表，1 号表是过热蒸汽密度表，另外两个是饱和蒸汽密度表，采用的都是基于 IAPWS-IF97 的国际蒸汽密度表。其中，过热蒸汽密度表有蒸汽温度和蒸汽压力两个自变量，2 号表是蒸汽压力为自变量，3 号表是蒸汽温度为自变量。这样，测得蒸汽温度或测得蒸汽压力都能通过查表求得蒸汽密度。究竟是选查 $\rho=f(P)$ 表格还是 $\rho=f(t)$ 表格，则在填写组态菜单时由用户自己选定。

① 查表的优先权问题

过热蒸汽的密度随蒸汽温度、压力变化的关系是三维空间中的一个曲面，有两个自变量，因此在查密度表时就存在一个优先权的问题。若先从压力查起，就称压力优先，若先从温度查起，就称温度优先。

而对于饱和蒸汽，若选压力补偿，则为压力优先，若选温度补偿，则为温度优先。

上述三种情况优先关系，由用户在填写菜单时指定，如表 3.5 所示。

表 3.5 优先权指定表

蒸汽温度	蒸汽压力	补偿运算优先	项目代码
测定值	测定值	压力	0

续表

蒸汽温度	蒸汽压力	补偿运算优先	项目代码
测定值	手动设定值	温度	1
手动设定值	测定值	压力	2
手动设定值	手动设定值	压力	3

② 蒸汽状态判别问题

典型流量演算器具有蒸汽状态判别功能。根据判别结果，查不同的密度表。以过热蒸汽为例，在图 3.8 所示的查表示意图中，从压力测定值 P_0 出发去查温度，如果温度测定值大于饱和温度 t_1，则判别蒸汽为“过热蒸汽”，查 1 号密度表，例如，$t=t_2$ 则 $\rho=\rho_{f2}$。如果温度测定值小于 t_1，则判别蒸汽状态为“过饱和蒸汽”，查 2 号密度表，$\rho=\rho_{f1}$，此时，温度信号与压力信号不平衡，所以，仪表自诊断显示“000800”代码，表示蒸汽状态已进入饱和区。

③ 饱和蒸汽密度求取方法

如果优先指定栏内填入 2（压力优先），则手动设定温度置 100℃，从压力测定值出发查出饱和温度。因为此时温度信号取手动设定值，所以判别蒸汽状态为“过饱和蒸汽”（如图 3.9 所示），查 2 号表。

如果优先指定栏内填入 1（温度优先），则手动设定压力一般置 22MPa（密度表中压力上限），从温度测定值出发查饱和压力。因为此时压力信号取手动设定值，所以判别蒸汽状态为“过饱和蒸汽”（如图 3.10 所示），查 3 号表。

上面所谈的蒸汽密度求取方法，用户不一定都要搞清楚，其原因在于用户只需根据自己所用的流体参数选择合适的补偿方法，并在菜单中填入有关数据即可。但是对于饱和蒸汽究竟是采用压力补偿还是温度补偿倒是很重要的。

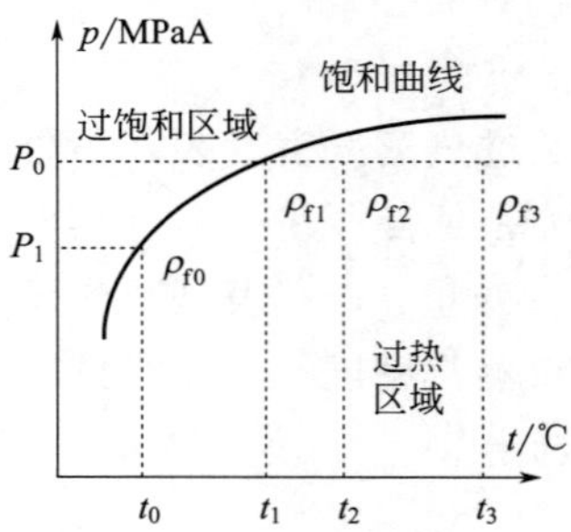

图 3.8 过热蒸汽密度查表示意

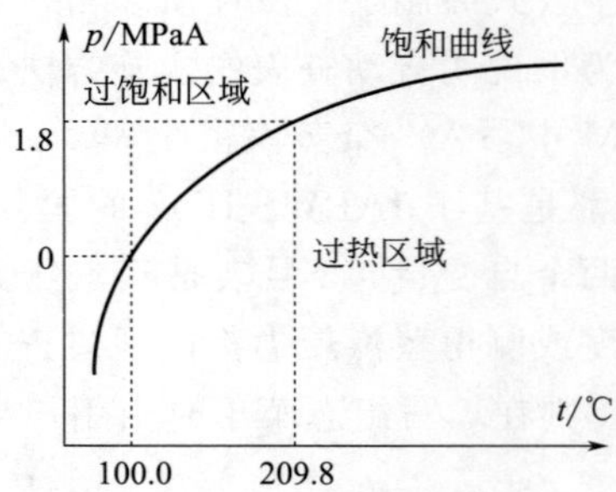

图 3.9 压力优先求取饱和蒸汽密度

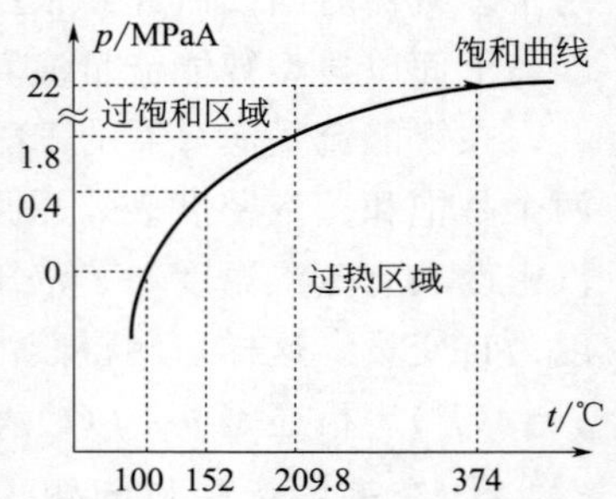

图 3.10 温度优先求取饱和蒸汽密度

④ 直接查表法

有的仪表制造商采用的是直接查表法，即仪表内存放的三张蒸汽密度表由编码开关指定其选用：采用压力补偿的饱和蒸汽，经编码开关选择直接查以压力为自变量的饱和蒸汽密度表；采用温度补偿的饱和蒸汽，经编码开关选择直接查以温度为自变量的饱和蒸汽密度表；对于过热蒸汽，经编码开关选择直接查以温度和压力为自变量的过热蒸汽密度表。编码开关设置完毕，长期使用。

3.4.3 温度压力测口位置的合理选择

实施流体温度、压力补偿时，应合理选择温度、压力测口的位置，因为蒸汽以一定流速流过流量测量仪表时，测压口选在不同的位置得到的测量值是不同的。测温口也有类似的情况。

(1) 孔板流量计的测温测压口位置

① 标准中的要求

国家标准 GB/T 2624—2006 提出的质量流量与各自变量的关系，用三个公式表述，其中一个是前面所述的式(3.1)，另外两个如下：

$$q_m=\frac{\pi}{4}\times\frac{C}{\sqrt{1-\beta^4}}\varepsilon_2 d^2\sqrt{2\Delta p\rho_2} \tag{3.25}$$

$$\varepsilon_2=\varepsilon_1\sqrt{1+\frac{\Delta p}{P_2}} \tag{3.26}$$

式中 ε_2——节流件负端取压口平面上的流体可膨胀性系数；

ρ_2——节流件负端取压口平面上的流体密度，kg/m^3；

P_2——节流件负端取压口平面上的流体压力，Pa (A)。

假定流体为可压缩性流体，而且在 P_1、P_2 差别不大的情况下，流体符合理想气体定律，这时将式(3.26) 代入 (3.25)，就可得到式(3.1)，因此，式(3.25) 和式(3.1) 是等价的。

关于流体的密度，GB/T 2624—2006 在 5.4.2 条中规定，上游或下游取压口平面处的密度可直接测量，亦可根据相应平面处静压、温度等特性的资料计算出来。

该标准中的关键数据如流出系数 C 和可膨胀性系数 ε，都是根据大量实验数据经处理得到的，因此在采用这些实验结果进行差压装置的设计和由此设计的差压装置测量流量时，实际上是实验方法的“逆过程”。

至于将取压口开在差压装置前一定距离的管段上测得的压力比标准规定的方法测得的压力差多少，照理可以按伯努利方程、连续性方程和热力学过程方程[1] 计算出来，但具体计算时还有一些困难，而如果在现场实测，却是不困难的。

② 测温问题

GB/T 2624—2006 中规定，“流体温度最好在节流件下游测得”“如温度计插孔或套管位于下游，它与节流件之间的距离应等于或大于 5D”“如温度计插孔或套管位于上游，它与节流件之间的距离应满足表 2（直流段长度——编著者注）的规定”，显然，节流件上游和下游均允许设置温度计插孔，只是不能对流体的流动状态带来较大的干扰。

从原理分析，如果流体为处于过热状态的气体或蒸汽，温度计插孔最好选在节流件下游。而若流体为处于饱和状态的蒸汽，而且又是根据测温结果去查密度表 $\rho=f(t)$，进而进行密度补偿，为了能使查表得到的密度恰巧为 ρ_1、ρ_2，温度计插孔从原理分析应选在正端取压口平面处［按式(3.1) 计算 q_m］或负端取压口平面处［按式(3.25) 计算 q_m］。但这又因测温套管距节流件太近而对流动状态产生太大的干扰而变得不可行。因此，用来测量饱和蒸汽的差压式流量计，通过测量流体温度求取 ρ_1 或 ρ_2，由于实施中的困难，具体执行时，与理想情况总是有差距，这必定要带来一定误差。

(2) 涡街流量计测温测压口位置

涡街流量计是利用流体流过旋涡发生体时产生的稳定旋涡，通过测量其旋涡产生频率，得到体积流量。

实验指出，流过旋涡发生体的流体不论是液体、气体还是蒸气，只要雷诺数 Re_D 在 $2\times10^4\sim7\times10^6$ 范围内，就能得到稳定的流量系数[5]。

实验同时指出，旋涡产生的频率，反映了旋涡发生体处的流体平均流速，此流速与流通截面积的乘积即为体积流量。要将蒸汽的这种体积流量换算成质量流量，必不可少的是测量出旋涡发生体处的流体静压力。此处静压力由于流体流速较高，比涡街流量计上游管道内的流体压力低一些。若在此处准确地测量静压力，由于多种原因有一定困难，但在流量计下游一定距离的管道上，测量到能与发生体后面传感器处的静压相等或接近的静压，则是一个可行的方法。横河公司要求，这个合适的距离为 3.5～7.5 倍管道内径[5]。E＋H 公司要求，这个合适的距离为从流量传感器下游法兰算起 3.5 倍管道内径。

若用上游压力代替下游压力会引入误差，其估算方法如下例所述。

例如有一台 DY080 型旋涡流量计，用来测量过热蒸汽流量，从流量二次表可读出：

a. 上游流体压力　　$p_1=0.9\text{MPa}$（表面值）。

b. 流体温度　　$t_f=250℃$。

c. 瞬时流量显示值　　$q_m=3.0\text{t/h}$。

从温度、压力数据查表得到流体密度为 $\rho_1=4.3060\text{kg/m}^3$（当地大气压以 0.101325MPa 计），进一步计算得到此时体积流量为 $696.7\text{m}^3/\text{h}$，从横河公司说明书中数据可计算得到管道中流体流速约为 48.8m/s，按说明书中提供仪表的压力损失公式计算可得：

$$\begin{aligned}\Delta p&=1.08\rho v^2\\&=0.0111\text{MPa}\end{aligned}$$

令流量计上游管道内的压力与仪表下游 $3.5D\sim7.5D$ 处的压力相差即为仪表的压力损失，则下游压力为 $p_1-\Delta p$，据此查得下游流体密度 $\rho_2=4.2554\text{kg/m}^3$，根据质量流量与流体密度的关系，可计算由于压力测点位置选择不当引入的误差为

$$\begin{aligned}\delta_{q_m}&=\frac{\rho_1-\rho_2}{\rho_2}\\&=1.19\%\end{aligned}$$

从上面的分析可清楚地看出，流速越高，由此引入的误差越大。

3.4.4 饱和蒸汽应采用何种补偿

(1) 查表法求取密度的一致性

饱和蒸汽采用温度补偿和压力补偿，在本质上是一样的。其原因在于饱和状态的蒸汽，其压力和温度之间呈单值函数关系，从蒸汽温度查出的密度同与此温度对应的压力查出的密度是一致的。因此，采用温度补偿和压力补偿在原理上都是可行的。

(2) 投资的差异

从节约投资和减少安装工作量的角度考虑，因为一支铂热电阻的价格只及压力变送器的

几十分之一到几分之一，所以采用温度补偿较经济。

(3) 补偿精确度的差异

采用温度补偿和压力补偿分别能得到多少补偿精确度，不仅同温度传感器和压力变送器的准确度有关，而且同流量计类型、具体测量对象的工况和压力变送器的量程选择有关。总体来说测温对补偿精确度影响较大，具体分析如下。

① 测温误差对流量测量结果的影响

温度测量误差同流量测量结果的关系，对于过热蒸汽来说影响并不大，例如温度为250℃的过热蒸汽，若测温误差为1℃，在作温度补偿时引起流量测量结果不确定度约为0.096%*R*（差压式流量计）到0.19%*R*（涡街流量计）。影响较大的是温度信号用于饱和蒸汽流量测量中的补偿，例如压力为0.7MPa的饱和蒸汽，其平衡温度为170.5℃，对应密度为4.132kg/m^3，如果测温误差为−1℃，并据此查饱和蒸汽密度表，则查得密度为4.038kg/m^3，引起流量测量误差约为−1.14%*R*（差压式流量计）到−2.27%*R*（涡街流量计）。

② 温度传感器精确度等级的考虑

测温误差同温度传感器的精确度等级和被测温度数值有关，例如压力为0.7MPa的饱和蒸汽，用A级铂热电阻测温，其误差限为±0.49℃[6]，如果用此测量结果查蒸汽密度表，以进行补偿，则流量补偿不确定度约为0.56%*R*（差压式流量计）到1.11%*R*（涡街流量计）。而若用B级铂热电阻测温，其误差限就增为±1.15℃，则流量补偿不确定度就增为1.31%*R*（差压式流量计）到2.61%*R*（涡街流量计）。显然，B级铂热电阻用于此类用途可能引起的误差是可观的，所以一般不宜采用。这里仅就不同精确度等级的测温元件作相对比较。当然，这里所说的误差还仅为测温元件这一环节，至于流量测量系统的不确定度，还须计入流量二次表、流量传感器、流量变送器等的影响。

③ 压力变送器精确度等级测压误差及其影响

压力测量误差同压力变送器的精确度等级和量程有关，例如选用0.2级精确度、0～1MPa测量范围的压力变送器测量0.7MPa饱和蒸汽压力，其误差限为±2kPa。如果用此结果查蒸汽密度表，以进行补偿，则此误差限引起的流量补偿不确定度约为0.13%*R*（差压式流量计）到0.25%*R*（涡街流量计）。显然，压力补偿能得到的补偿精确度比温度补偿高。

(4) 具体实施时的困难

上面所述的两种补偿方法都是可行的这一观点，仅仅是从原理上所作的讨论，在具体实施时还会出现其他问题。

① 安装困难

如前面3.4.3小节中所述，用来测量饱和蒸汽质量流量的差压式流量计，若选择温度补偿，常因测温套管距节流件太近而对流动状态造成干扰或根本就无法安装到理想部位而修改方案。

② 由于相变而进入过热状态

对于干饱和蒸汽，以较高的流速流过涡街流量计时，由于压损引起的绝热膨胀往往使蒸汽进入过热状态，这时仍旧将它看作饱和蒸汽，并根据蒸汽温度去查饱和蒸汽密度表，得到的数值明显偏高。

由于上述种种原因，使得在测量饱和蒸汽质量流量时，仅仅测量温度，并据此查密度表，进而计算质量流量，在实践中应用的并不多。

3.4.5 液柱高度的影响及其消除

在蒸汽计量系统中，由于流体容易被压缩，为了保证计量精确度，一般引入流体压力补偿（饱和蒸汽）或流体温度压力补偿（过热蒸汽）。那么，流体压力就成为蒸汽计量的重要变量。在蒸汽压力的测量中，由于引压管内凝结水的重力作用会使压力变送器测量到的压力同蒸汽压力之间出现一定的差值。

(1) 引压管中液柱高度对压力测量的影响

在压力变送器安装现场，为了维修的方便，压力变送器安装地点与取压点往往不在同一高度，这样，引压管中的凝结水就会对压力测量带来影响。图 3.11 所示为 4 种常见的情况。其中：p_s 为蒸汽压力；p_0 为变送器压力输入口处实际压力；h 为高度差，m；g 为重力加速度，m/s^2；ρ_w 为凝结水密度，kg/m^3。

在图 3.11 中，图 3.11(b) 因变送器在取压点下方，如果引压管中充满凝结水，则变送器示值偏高 $g\rho_w h$，在 $h=6m$，g 以 $9.80665m/s^2$ 计，ρ_w 以 $998.2kg/m^3$（假定液温为 20℃）计，对变送器的影响值为 58.7kPa。图 3.11(c) 因变送器在取压点上方，如果引压管充分排气，引压管中充满凝结水，则对变送器的影响值为 $-g\rho_w h$。而图 3.11(d) 因引压管中凝结水高度难以确定，所以变送器输出低多少也就难以确定，故不宜采用。

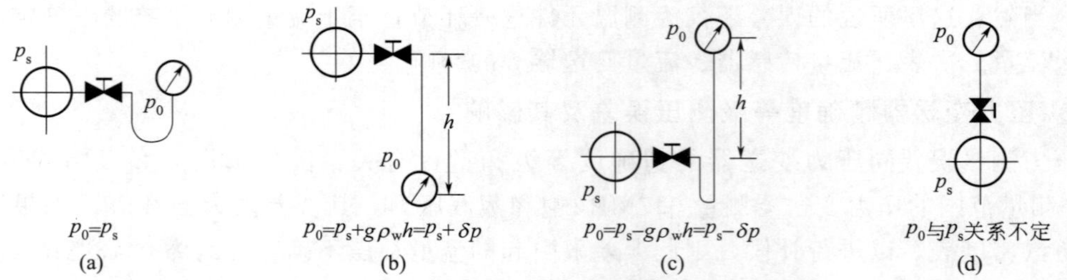

图 3.11 压力变送器和取压口的相互位置

(2) 测压误差对流量示值的影响

测压误差如果不予校正，对流量测量系统精确度一般都有影响。而影响程度不仅同流体的常用工况有关，而且同流量计的类型有关。

以上面所举的例子为例，在流体常用压力等于 0.7MPa（表面值），常用温度等于 250℃ 的工况条件下（即为过热蒸汽），压力测量偏高 58.7kPa，对于差压式流量计将引入 3.69%R 的误差，对于涡街流量计将引入 7.52%R 的误差。

在流体的常用压力等于 0.7MPa 的饱和蒸汽条件下，压力测量偏高 58.7kPa，对于差压式流量计将引入 3.42%R 的误差，对于涡街流量计将引入 6.95%R 的误差。

因此，引压管中液柱高度对压力测量影响必须予以校正。

(3) 液柱高度影响的校正

压力变送器引压管中凝结水液柱高度对压力测量的影响通常可用两种方法校正，即在变送器中校正和在二次表中校正。

① 在压力变送器中校正

这种校正方法的实质是对变送器的零点作迁移。在上面的例子中，如果变送器的测量范围为0～1.0MPa，零点作-58.7kPa迁移后其测量范围就变为-58.7～941.3kPa。在现场操作中，就是用手持终端将测量范围设置为-58.7～941.3kPa。对于非智能型变送器，就是变送器压力输入口通大气的条件下，将输出迁移到3.0608mA。

这种方法仪表人员往往不喜欢使用，因为要对变送器零点作迁移，需要对设计文件和设备卡片作相应的修改，手续烦琐。而且，如果迁移量较大，对于非智能型变送器根本就无法实现，相比之下，在二次表中作校正就成为受欢迎的方法。

② 在二次表中校正

这里说的二次表是广义的，不仅包括普通的二次表也包括DCS、智能调节器等。但校正方法是相同的。以FC 6000型智能流量演算器为例，对上面的情况作校正就是将菜单的第23条（测量起始点）写入-58.7kPa（或-0.0587MPa），而将第24条（测量满度）写入941.3kPa（或0.9413MPa）即可，因此省力、省时又准确。

3.4.6 蒸汽相变对流量测量的影响

水蒸气顾名思义是气相，但在一定条件下会变成液相，饱和水蒸气中的水滴本是液相，但在一定条件会被蒸发变成气相。这是蒸汽质量流量测量中常常碰到的汽水相变。

在推导式质量流量计中，关键环节是蒸汽密度的求取，蒸汽相变发生后，就使得通常由蒸汽温度压力求取其密度的关系发生变化，因此必须认真对待。

(1) 气相变液相

过热蒸汽在经过长距离输送后，往往会因为热量损失温度降低使其从过热状态进入饱和状态，甚至部分蒸汽冷凝出现相变而变成水滴。这些水滴对流量测量结果究竟有多大影响，下面举例说明。

有一常用压力为1.0MPa的过热蒸汽，其流量为q_m，假设经长距离输送后有10%q_m冷凝成水滴，令其为q_{m1}，而保持气态的部分为q_{ms}，从定义知，此时湿蒸汽的干度X为

$$X=\frac{q_{ms}}{q_m}=\frac{q_m-q_{m1}}{q_m}=90\% \tag{3.27}$$

由于采用温压补偿，所以按照临界饱和状态查表，得到此时的蒸汽（干部分）密度为$\rho_s=5.6808\text{kg/m}^3$，查水密度表知此时水滴的密度为$\rho_L=882.47\text{kg/m}^3$，显然水滴与蒸汽干部分的体积流量为

$$q_{v1}=q_{m1}/\rho_1 \tag{3.28}$$

$$q_{vs}=q_{ms}/\rho_s \tag{3.29}$$

式中 q_{v1}——水滴的体积流量，m^3/s；

q_{vs}——蒸汽干部分的体积流量，m^3/s。

由定义知，蒸汽干部分体积流量q_{vs}占湿蒸汽总体积流量q_v之比R_v为

$$R_v=\frac{q_{vs}}{q_v}=\frac{q_{vs}}{q_{vs}+q_{vl}}=\frac{1}{\frac{\rho_s}{\rho_l}\times\frac{q_{ml}}{q_{ms}}+1} \tag{3.30}$$

因为
$$\frac{q_{ml}}{q_{ms}}=\frac{q_m-q_{ms}}{q_{ms}}=\frac{1}{q_{ms}/q_m}-1 \tag{3.31}$$

所以
$$R_v=\frac{1}{\frac{\rho_s}{\rho_l}\left(\frac{1}{X}-1\right)+1} \tag{3.32}$$

在该例中，R_v=99.93%，由此可见，在湿蒸汽中，水滴所占的体积比可忽略不计。

① 选用涡街流量计时湿度对测量结果的影响

涡街流量计的输出仅与流过测量管的流体体积流量成正比，在测量湿饱和蒸汽时，水滴对涡街流量计输出的影响可忽略，故可认为，涡街流量计的输出完全是由湿蒸汽的干部分所引起。而干部分的密度，无论是压力补偿或温度补偿，都可较精确地查出。

蒸汽计量的结果往往作为供需双方经济结算的依据，如果双方约定按蒸汽干部分结算费用，凝结水不收费，则在本例中相变对测量的影响微不足道，可以忽略。如果凝结水也按照蒸汽一样收费，则涡街流量计的计量结果偏低值为（1−X）。

② 选用孔板流量计时湿度对测量结果的影响

从 GB/T 2624—2006 标准知[1]，孔板流量计测量蒸汽质量流量时有式(3.1)。

当过热蒸汽热量损失而脱离过热状态后，只可能出现两种情况：一种是进入临界饱和状态，另一种是进入过饱和状态。如果进入临界饱和状态，从理论上讲，流量计不会因此而增大误差，因为在式(3.1）中，根据蒸汽压力查出的 ρ_1 与实际密度是相符的。如果进入过饱和状态，情况就复杂了。

一般认为，蒸汽干度较高（$X\geqslant95\%$）时流体表现为均相流动。温压补偿可按通常方法进行，但出现一定误差。在式(3.1）中，ρ_1 是实际流体湿饱和蒸汽的密度，其值比临界饱和状态的大，而且干度越低密度越大。而人们根据压力查出的是临界饱和状态的密度，比实际密度小，所以质量流量计算结果出现负误差。在湿度不进行测量的情况下，X 是未知数，因此，测量结果偏低多少是个未知数。

在蒸汽干度较低（$X\leqslant95\%$）时，管道中的流体出现分层流动，产生误差更大。

(2) 湿饱和蒸汽变成过热蒸汽

湿饱和蒸汽变成过热蒸汽，一般发生在湿饱和蒸汽突然较大幅度减压，流体出现绝热膨胀时。

① 相变过程

湿饱和蒸汽中的蒸汽和水滴，处于汽液相平衡状态，在压力突然降低而低于平衡压力时，水滴部分蒸发，同时从液相和汽相中吸收汽化热，使汽液相温度降低。如果压力降低得不多或蒸发前湿度较高，都会使温度迅速降低到与新的压力所对应的饱和温度，建立新的平衡。这时蒸汽仍为湿饱和蒸汽。如果压力降低得很多或蒸发前湿度较低，则因水滴蒸发而使温度降低后仍高于新的压力所对应的饱和温度，则蒸汽变为过热状态[3]。

② 蒸发对流量测量的影响

a. 上述蒸发发生后得到的两种结果，前一种对补偿无影响，仅仅是蒸汽中的干部分增加，干度相应增大。

b. 如果蒸发发生后，蒸汽变为过热状态，而流量计又恰巧安装在减压之后的管道上。这时对流量计的影响分以下三种情况。

- 设计时已经考虑到蒸汽变为过热状态或处于何种状态难以确定或有时是过热状态有时是饱和状态，所以采用温压补偿，则上述相变对测量结果无影响。
- 设计时按饱和蒸汽考虑，而且采用压力补偿，则上述相变将带来较小的误差，即过热蒸汽温度同饱和温度之差所对应的密度差造成的补偿误差。
- 设计时按饱和蒸汽考虑，但采用温度补偿，则将过热蒸汽温度当作饱和温度去查密度表。一般会引起较大的误差。

③ 举例

有一化工厂[3]，锅炉房供饱和蒸汽，并根据各用户中蒸汽压力要求值最高的一个决定锅炉供汽压力为1MPa，多数用户在蒸汽总管进装置时先经减压阀减压。现从图3.12所示的示意图着手进行分析。

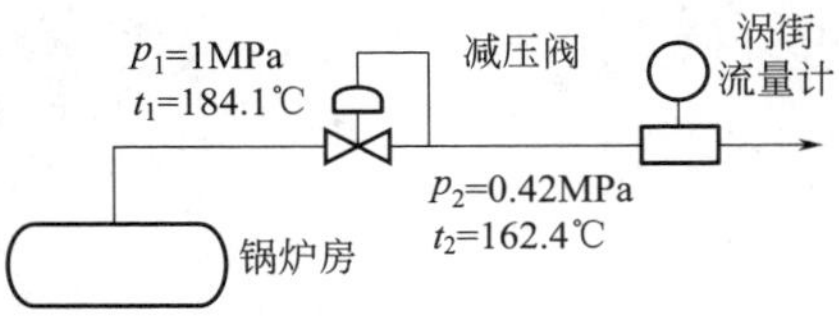

图3.12 蒸汽减压和流量测量示意

用作进入装置蒸汽计量的涡街流量计安装在减压（稳压）阀之后。原设计按饱和蒸汽考虑，采用温度补偿。经减压，蒸汽总管带入的水滴蒸发完后汽温仍高于饱和温度，呈过热状态，现场采集到的数据如图3.12所示。这时流量二次表按照所测量到的温度 $t_2=162.4$℃，查饱和蒸汽密度表，得 $\rho_2=3.4528\text{kg/m}^3$，而按照 t_2 和 p_2 两个测量值查过热蒸汽密度表，得密度 $\rho_2'=2.6897\text{kg/m}^3$，所以质量流量计算结果出现28.37%的误差，即

$$\delta_{\text{mt}}=\frac{\rho_2-\rho_2'}{\rho_2'}=28.37\%$$

在本例中，如果采用压力补偿，则根据 $p_2=0.42$MPa的信号查饱和蒸汽密度表，应得到 $\rho_2''=2.7761\text{kg/m}^3$，则补偿误差为

$$\delta_{\text{mp}}=\frac{\rho_2''-\rho_2'}{\rho_2'}=3.2\%$$

④ 解决办法

a. 将总蒸汽流量计安装在减压阀之前。由于上述蒸汽未经减压时，确属饱和蒸汽，所以，将流量计安装在减压阀之前，按饱和蒸汽补偿方法处理，可保证测量精确度。

b. 如果流量计只能安装在减压阀后面，则可增装一台压力变送器，进行温压补偿。

参考文献

[1] GB/T 2624—2006 用安装在圆形截面管道中的差压装置测量满管流体流量 [S]. 2006.

[2] ISO 5167：2022 Measurement of fluid flow by means of pressure differential devices inserted in circular cross-section conduits running full [S]. 2022.

[3] 汪里迈，纪纲. 蒸汽流量测量中的温压补偿实施方案 [J]. 石油化工自动化，1998，(3)：41-44.

[4] W. 瓦格纳，A. 克鲁泽. 水和蒸汽的性质 [M]. 项红卫，译. 北京：科学出版社，2001.

[5] 姜仲霞，姜川涛，刘桂芳. 流量计应用指南：涡街流量计 [M]. 北京：中国石化出版社，2006.

[6] IEC 60751：2022 工业铂电阻温度计和铂温度传感器 [S]. 2022.

第4章 气体流量的测量

需要测量流量的气体种类繁多，本章讨论其中最常见的空气、城市煤气、天然气和组分变化的气体。可用来测量气体流量的仪表种类繁多，本章结合四种典型气体重点讨论差压式（含均速管）、涡街式、旋进旋涡式、超声式、气体涡轮式、气体腰轮式流量计的应用。

4.1 压缩空气流量的测量

压缩空气是企事业单位重要的二次能源，大多由电能或热能经压缩机转化而来。当空气压力值要求较低时，则由鼓风机产生。对由大量能源转化而来的工质进行管理以收到节约能源和提高设备管理水平的效果，是压缩空气流量计量的主要目的。

在化工等生产过程中，有一种重要的工艺过程氧化反应，它是以空气作原料，和另外某种原料在规定的条件下进行化学反应。空气质量流量过大和过小，都会对安全生产、产品质量和贵重原料的消耗产生关键影响。在这种情况下，空气流量测量精确度要求特别高，多半还配有自动调节。

锅炉和各种工业炉窑中的燃烧过程，其本质也是氧化反应，对助燃空气流量的测量，虽然准确度要求不像化工生产中的氧化反应那样高，但对环境保护和经济燃烧、节约燃料也有重要意义。

4.1.1 压缩空气流量测量的特点

(1) 振动大

安装在压缩厂房和鼓风机房的空气流量计都得考虑振动问题。这种振动主要来自压缩机和鼓风机，机器的振动通过空气管道或风管可以传到很远的地方。其中振动最大的要数往复式压缩机，大型往复式压缩机运行时产生的振动往往带动厂房和周围地面一起振动。对相关空气流量计准确而可靠的运行带来威胁。它引发杠杆式差压变送器支点移动而使仪表产生示值漂移。振动导致涡街流量传感器产生同振动频率相对应的干扰信号，引起流量示值大幅度偏高。

(2) 气体带水

压缩空气取自大气，而大气中总是含有一定数量的水蒸气。水蒸气的含量用水蒸气分压 p_s 表示。大气中的水蒸气饱和分压是大气温度的函数（见表 4.1）。在雨天和雾天，室外大气中的水蒸气分压达到饱和程度，即相对湿度达到 100%，这时将大气压缩就如同压迫吸足水的海绵，随着体积的缩小就有相应数量的水析出。这是压缩空气带水的简单原理。在晴好的天气，大气相对湿度较低，但随着其被压缩，体积缩小到原来的几分之一后，水蒸气分压会相应升高，也有可能进入饱和状态而析出水滴。

表 4.1 空气中水分饱和含量

空气温度 t/℃	0	10	20	30	40	50
饱和水蒸气压力 p_s/kPa	0.6080	1.2258	2.3340	4.2463	7.3746	12.337
饱和水蒸气密度 ρ/(kg/m³)	0.0048	0.0094	0.0173	0.0304	0.0512	0.083

用来测量压缩空气流量的较大口径孔板流量计，孔板前常有积水，会影响测量准确度。引压管线中常有一段水，导致差压变送器测到的差压同差压装置所产生的差压不一致。这些都是空气带水引起误差的常见原因。除此之外，由于城区大气中氮氧化物含量较高，使得压缩空气所含水滴呈酸性，引起环室表面腐蚀、管道内壁腐蚀，使其表面变得粗糙。腐蚀产生的氧化铁在一定条件下变干燥时，很容易从管内壁脱落而被气流带到孔板前，这也会对流量示值产生影响。所以在停车检修时，应将这些粉状和块状的垃圾予以清除。

(3) 脉动流

压缩机和鼓风机出口流体多数包含一定的脉动。例如往复式压缩机，表现为半波脉动，如图 4.1 所示。在现场可观察到压缩机和鼓风机的出口压力有明显摆动。其中正（定）排量鼓风机出口脉动频率较高，一般有几十赫兹，而往复式压缩机出口脉动频率较低，一般为几赫兹。流动脉动引起差压式流量计、涡街流量计等多种流量计示值偏高，引起浮子式流量计中的浮子上下跳动。消除和减弱流动脉动对流量计示值影响的常用方法有两个，一是在压缩机出口设置一只缓冲罐滤除脉动，而将流量计安装在缓冲器后面。实际上往复式压缩机的系统都是这样设计的。二是将流量计安装在远离脉动源的地方，这样可利用工艺管道的气容同其管阻构成低通滤波器衰减脉动。

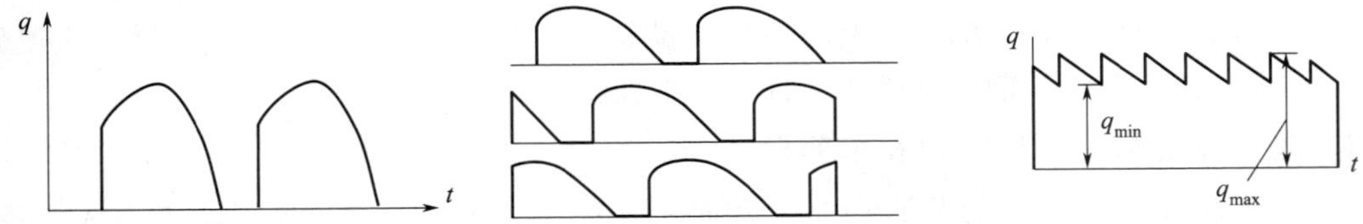

(a) 双作用单缸压缩机　(b) 双作用三缸压缩机　(c) 三缸压缩机合成曲线

图 4.1 流动脉动典型波形

4.1.2 仪表选型

能够用来测量空气流量的仪表有多种，但是在现场实际使用的空气流量计，按其原理分，种类并不多。最主要的有浮子流量计、节流式差压流量计、涡街流量计和差压式均速管流量计等。

(1) 浮子流量计

浮子流量计在中型和小型实验装置上使用很广泛，这是因为浮子式流量计简单、直观、价格低廉，适合作一般指示。浮子流量计有玻璃锥管型和金属锥管型两大类，玻璃锥管型的不足之处是耐压不高和玻璃锥管易碎，另外流体温度压力对示值影响大，一般可根据流体实际温度和压力按式(4.1) 进行人工换算。式中由于引入 ρ_n，在被测气体不为空气时，也可利用该公式进行换算。

$$q_v = q_{vf}\sqrt{\frac{\rho_n}{\rho_{an}}}\sqrt{\frac{P_f T_n}{P_n T_f}} \tag{4.1}$$

式中 q_v——实际体积流量，Nm^3/h；

q_{vf}——仪表示值，m^3/h；

ρ_n——被测气体在标准状态下的密度，kg/Nm^3；

ρ_{an}——空气在标准状态下的密度，kg/Nm^3；

T_n、P_n——分别为气体在标准状态下的绝对温度、绝对压力；

T_f、P_f——分别为气体在工作状态下的绝对温度、绝对压力。

(2) 节流式差压流量计

节流式差压流量计在空气流量测量中有着悠久的历史。节流式差压流量计尽管有可调比窄，安装维护麻烦以及压力损失大等重大缺点，但在振动较明显的压缩机房、鼓风机房，它仍然是可靠性高、稳定性好、抗干扰能力强的首选仪表。

用节流式差压流量计测量空气流量最重要的是要处理好节流件前积水、变送器高低压室内积水以及引压管线中积水问题。

① 节流件前积水问题

解决节流件前积水最简单的方法是在节流件的下部开疏液孔。但是空气管道不像蒸汽管道那样清洁。在蒸汽管道中因为与管道内壁接触的是水蒸气，而水蒸气在发生过程中一般都经过除氧工序，因此蒸汽中基本不含氧，经长期使用的蒸汽管，其内壁可能仅沉积微量的灰色粉末，不会有铁锈，而空气管道内则全然不同，灰尘和氧化铁难以避免，有时疏液孔被堵死。在停车检修时拆下差压装置，发现节流件正端平面上有积水的痕迹，就是证据。

彻底消除节流件前积水的方法是将差压装置安装在垂直工艺管上或改用圆缺孔板或偏心孔板。其中，偏心孔板不确定度较小，优于圆缺孔板。

② 差压变送器高低压室内积水问题

图 4.2(a) 所示是典型的节流式差压流量计信号管路安装图，在被测流体为湿气体时，冷凝液理应不会进入差压变送器高低压室，但从现场反馈信息来看，实际情况是有时还会有微量水滴进入高低压室。变送器差压范围较低时，此微量水滴会引起仪表零点的明显漂移。有些差压变送器设计有两个排放口，打开下排放口就可将凝液顺利排出。但是早期变送器只有中部的一个排放口，打开此口无法将高低压室内的凝液排净。最后只得将变送器拆下，将凝液从信号输入口中倾倒出来。

高低压室内积液的现象，经进一步分析，应该是变送器上方的一段管路由于环境温度变化将信号管中的水蒸气冷凝而沿着信号管往下流入高低压室。

防止冷凝液流入高低压室最简单易行的方法是消除变送器上方的一段信号管路，将信号管路从下方引入变送器如图 4.2(b) 所示，这样，即使高低压室内有微量冷凝液，也能依靠其自身重力沿着管路自动流回母管或沉降器。实践证明，这一方法是有效的。

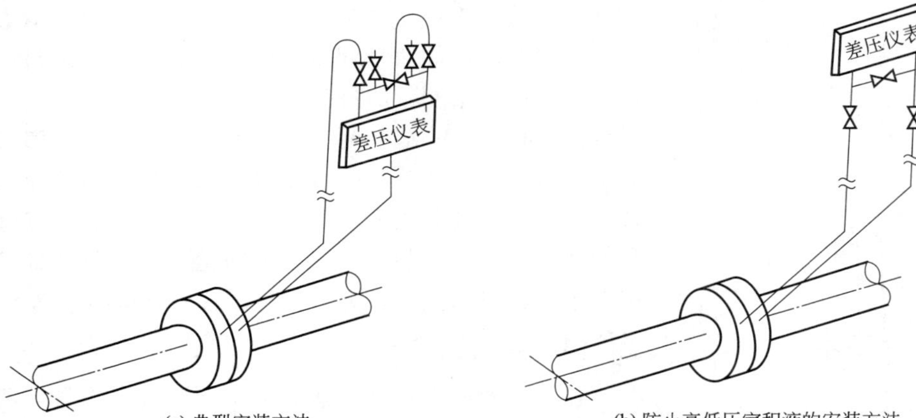

(a) 典型安装方法　　(b) 防止高低压室积液的安装方法

图 4.2　被测流体为湿气体时信号管路安装示意

③ 引压管路内积水问题

在测量湿气体时，虽然安装信号管路已按照规程的要求保持坡度，可以避免冷凝液在信号管路内聚集。但在某些情况下，积水现象仍难以避免，其原因如下文所述。

图 4.3 是环室取压差压装置安装在垂直工艺管道上时信号管路的规定安装方法。假定工艺管道中气体自下而上流动，那么，负压信号管路中可以保证没有凝液，因为信号管路内的凝液能畅通无阻地流回工艺管道。而正压信号管情况就不同了。因为正压信号是从均压环引出的，被测湿气体中的凝液充满差压装置的正端均压环空腔是毫无问题的，如图 4.4 所示，在正压管内气体压力同节流件正压端完全相等时，U 形管两边液位高度相等。在此基础上，如果节流件正端压力上升，则将均压环空腔中的水压向信号管路，按照流体力学关系式可知，正压管内的压力比节流件正端压力低一些，其数值同 U 形管两边液位高度差相等。从而引起差压信号的传送失准。

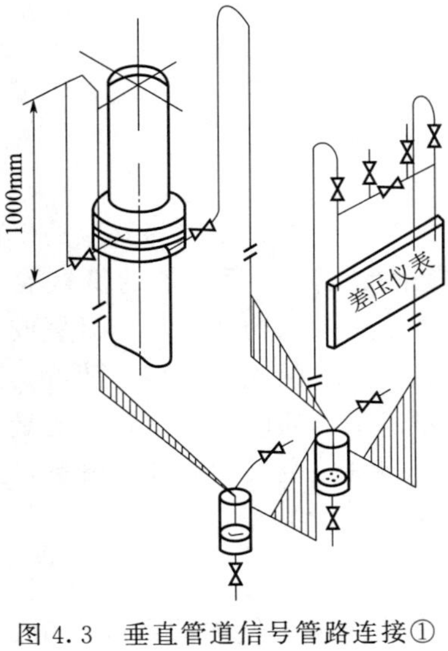

图 4.3　垂直管道信号管路连接①

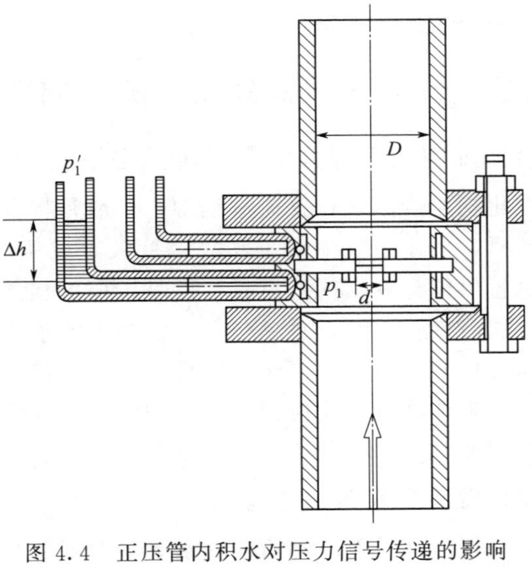

图 4.4　正压管内积水对压力信号传递的影响

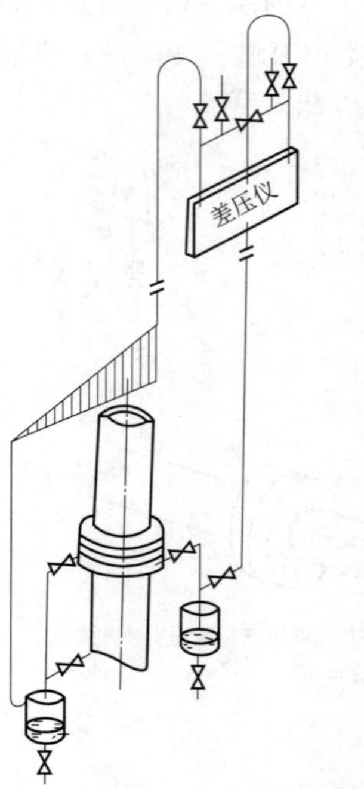

图 4.5 垂直管道信号管路连接②

清除信号管内积水的临时方法是扫线，依靠工艺管中的压力足够高的气体将积水冲走排到管外。但不久又依然如故。

彻底清除上面所述管路内积水的方法是将差压装置取压方法改为法兰 1 英寸（2.54cm）取压或 $D \sim D/2$ 径距取压。

图 4.5 所示的信号管路连接方法也是有关资料中推荐的用于湿气体流量测量的典型连接方法。但是在大管径孔板流量计中，也存在一些问题。尤其是在雨天、雾天和大气湿度高的季节，空气中夹带的水较多，水滴自下而上撞击在节流件上，其中一部分进入均压环的空腔，进而流入沉降器，于是沉降器很容易被装满，现场巡回检查时，每天都可以排出很多水，如果遇上假日无人排污，就极有可能水满为患。

(3) 涡街流量计

在无振动或无明显振动的场所，用涡街流量计测量空气流量，显著的优势是压损小、精确度较高、可调比较宽、维修工作量小。压电式涡街流量计，能耐受 0.2g 的振动。在常压条件下，可测流速下限为 6m/s。电容式涡街流量计，能耐受（0.5～1)g 振动，在常压条件下，可测流速下限为 4m/s。因此在振动大的场所两种涡街流量计都不适用。近年来，一些公司在涡街流量计制造中引入数字信号处理（DSP）技术，使仪表的抗振动性能有了大幅度提高，可测流速下限也有了显著改善。但应用中仍需注意现场的振动问题。

与蒸汽流量测量一样，受涡街流量计最大口径、最大工作压力和最高工作温度的制约，当口径大于 400mm 或流体压力高于 4MPa（有的公司产品为 6.4MPa）或流体温度高于 420℃（有的公司是 450°）时，只能改用其他类型流量计。

(4) 差压式均速管流量计

差压式均速管流量计对大口径空气流量测量具有其独有的优势，价格便宜、简单可靠、安装维修方便是其显著的优点，是涡街流量计和节流式差压流量计的补充。其检测杆选择、阻塞系数计算等将在第 6 章中讨论。

4.1.3 湿空气干部分流量测量问题

(1) 湿空气干部分流量测量的必要性

在化工生产的氧化反应过程中，一般是将空气送入反应器，而真正参与反应的仅仅是空气中的氧，由于空气中的氮和氧保持恒定比例，所以测量得到进入反应器的氮氧混合物流量，也就可以计算出氧的流量。但是压缩机和鼓风机从大气中吸入的空气除了氮氧成分之外（微量成分忽略不计），总是包含一定数量的水蒸气，而且水蒸气的饱和含量是随着其温度的变化而变化的。为了将氧化反应控制在理想状态，须对进入反应器的氮氧混合气流量进行精确测量，也即将进入反应器的空气中的水蒸气予以扣除，得到湿空气的干部分流量，这是湿气体中需要测量干部分流量的一个典型例子。

(2) 湿空气密度的求取

湿空气由其干部分和所含的水蒸气两部分组成。标准状态下湿气体的密度可用式(4.2)

计算。

$$\rho_n = \rho_{gn} + \rho_{sn} \tag{4.2}$$

式中 ρ_n——湿空气在标准状态下（101.325kPa，20℃）的密度，kg/m^3；

ρ_{gn}——湿空气在标准状态下干部分的密度，kg/m^3；

ρ_{sn}——湿空气在标准状态下湿部分的密度，kg/m^3。

工作状态下湿空气的密度可按式(4.3）计算。

$$\rho_f = \rho_{gf} + \rho_{sf} \tag{4.3}$$

式中 ρ_f——湿空气在工作状态下的密度，kg/m^3；

ρ_{gf}——湿空气在工作状态下干部分的密度，kg/m^3；

ρ_{sf}——湿空气在工作状态下湿部分的密度，kg/m^3。

ρ_{gf} 和 ρ_{sf} 分别按式(4.4）和式(4.5）计算。

$$\rho_{gf} = \rho_{gn} \frac{P_f - \varphi_f P_{sfmax}}{P_n} \times \frac{T_n}{T_f} \times \frac{Z_n}{Z_f} \tag{4.4}$$

$$\rho_{sf} = \varphi_f \rho_{sfmax} \tag{4.5}$$

式中 φ_f——工作状态下，湿气体相对湿度，0～100%；

P_{sfmax}——工作状态下，饱和水蒸气压力；

ρ_{sf}——工作状态下，水蒸气密度，kg/m^3；

ρ_{sfmax}——工作状态下，饱和水蒸气密度，kg/m^3。

其余符号意义同式(4.1)。

(3) 不同原理流量计测量湿空气干部分流量时的计算公式

① 频率输出的涡街流量计

频率输出的涡街流量计用来测量湿空气流量时，其输出的每一个脉冲信号都代表湿空气在工作状态下的一个确定的体积值。这时，要计算湿空气中的干部分，只需在从工作状态下的体积流量换算到标准状态（101.325kPa，20℃）下体积流量时，从总压中扣除水蒸气压力，如式(4.6）所示。

$$\begin{aligned} q_{vg} &= q_{vf} \frac{P_f - \varphi_f P_{sfmax}}{P_n} \times \frac{T_n}{T_f} \times \frac{Z_n}{Z_f} \\ &= 3.6 \frac{f}{K_t} \times \frac{P_f - \varphi_f P_{sfmax}}{P_n} \times \frac{T_n}{T_f} \times \frac{Z_n}{Z_f} \end{aligned} \tag{4.6}$$

式中 q_{vg}——湿空气干部分体积流量，Nm^3/h；

q_{vf}——湿空气工作状态下体积流量，m^3/h；

f——涡街流量计输出频率，P/s；

K_t——工作状态下流量系数，P/L。

② 模拟输出的涡街流量计

模拟输出的涡街流量计用来测量湿空气的干部分流量时，只有工作状态（P_f、φ_f、T_f、Z_f）与设计状态（P_d、φ_d、T_d、Z_d）一致时，无需补偿就能得到准确结果。如果有一个或一个以上变量不一致，可用式(4.7) 进行补偿。

$$q_v = A_i q_{max} \frac{P_f - \phi_f P_{sfmax}}{P_d - \phi_d P_{sdmax}} \times \frac{T_d}{T_f} \times \frac{Z_d}{Z_f} \tag{4.7}$$

式中 A_i——涡街流量计模拟输出，%；

q_{max}——流量测量上限，Nm^3/h；

P_d——设计状态湿空气绝压 kPa 或 MPa；

ϕ_d——设计状态湿空气相对湿度；

P_{sdmax}——设计状态湿空气中饱和水蒸气压力，与 P_d 单位一致；

T_d——设计状态湿空气温度，K；

Z_d——设计状态湿空气压缩系数。

③ 差压式流量计

用差压式流量计测量湿空气的干部分流量要进行两方面的计算：一个是工况变化引起的工作状态下湿气体密度的变化对测量结果的影响；另一个是扣除湿空气中的水蒸气并换算到标准状态下的体积流量。将式(4.4) 和式(4.5) 代入式(4.3) 得

$$\rho_f = \rho_{gn} \frac{P_f - \phi_f P_{sfmax}}{P_n} \times \frac{T_n}{T_f} \times \frac{Z_n}{Z_f} + \phi_f \rho_{sfmax} \tag{4.8}$$

式中，符号意义同式(4.2)～式(4.5)。

湿空气的干部分流量可用式(4.9) 计算。

$$q_v' = q_v \frac{P_f - \phi_f P_{sfmax}}{P_d - \phi_d P_{sdmax}} \times \frac{T_d Z_d}{T_f Z_f} \sqrt{\frac{\rho_d}{\rho_f}} \tag{4.9}$$

式中 q_v'——湿空气的干部分流量实际值，Nm^3/h；

q_v——湿空气的干部分流量计算值，Nm^3/h。

其余符号意义同式(4.8)。其中 ρ_f 由式(4.8) 计算得到。

4.1.4 负压空气流量的测量

负压空气流量测量对象并不太多，但常见于需要负压空气的生产流程，如卷烟的生产过程中。

负压空气同样是含能工质，对负压空气的耗量进行了计量，以便进行能耗考核。

(1) 负压空气流量测量的特点

a. 不允许流量测量引入明显的压力损失。负压空气的负压来自真空泵，很多台功率很大的真空泵所生成的负压只有负几十千帕，例如进口绝压为 30kPa 的真空泵，由强大动力转换成的负压只有−70kPa，如果负压管道上安装流量计后增大了阻力，产生较大的压损，

将使动力损耗大大增加，这是与节能的宗旨背道而驰的。

b. 流体密度小，为仪表选型带来困难。

c. 流量计在负压管道上安装后，如果存在泄漏，很难察觉，在不知不觉之中，浪费了动力。

(2) 流量计选型

由于上述第一个特点的约束，孔板流量计、涡轮流量计、容积式流量计等被否定掉。

由于上述第二个特点的约束，涡街流量计的选择也被否定掉了。因为在安装流量计处的管道内，绝压为 30kPa 的流体，其密度只有常压条件下空气密度的三分之一，流体旋涡对传感器的推力相应变小，因此无法测量。

超声流量计。就第一个约束条件而言，是个很理想的选择，但需经过声阻抗校核，由于第二个特点的存在，具体测量点的声阻抗变得很小，以致产生阻抗匹配困难的问题。

所谓声阻抗（acoustic impedance）是指介质对声波传递的阻尼和抵抗作用，它等于声压与介质容积位移速度之比，在超声流量测量中，声阻抗与声速成正比，与流体密度成正比，所以被测介质的绝压越低，声阻抗越小。

均速管差压流量计，其原理和结构将在第 6 章讨论。对于负压空气流量测量的特点，均速管流量计是个很好的选择[1]，但常用工况条件下的差压值需要计算，因为在流体密度较小工况条件下，差压值往往较小，如果在 50Pa 以下，仪表的稳定性将会变得不理想。

在均速管差压流量计中，有一种检测杆截面形状为“T”形的设计，其输出差压值约为普通菱形截面检测杆的 2 倍，能很好地解决这一问题[1]。

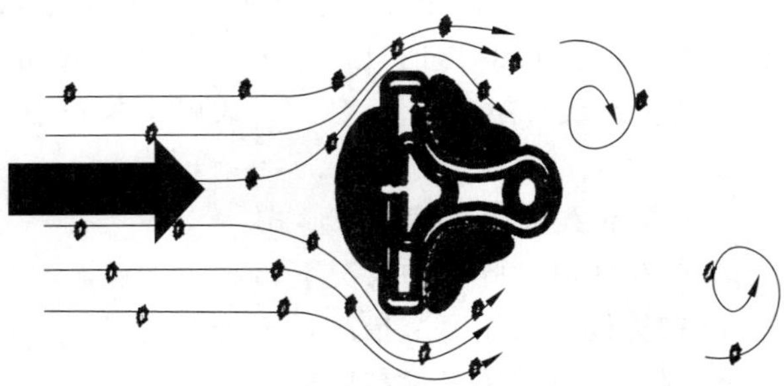

图 4.6　第三代 T 型均速管差压流量计原理示意图

图 4.6 所示是第三代 T 型均速管差压流量计的原理。其跨越整个管道的高压取压槽的设计，使得它有很好的抗堵性。一些杂质的吸附，不会带来大的测量误差。

在应用 T 型均速管差压流量计测量负压空气流量时，往往配用 3051SMV 多参数流量变送器（或其他型号的多变量变送器），这种变送器内置了 0.055%精确度的差压变送器，以及 0.055%精确度的绝压变送器、温度变送器、高速 CPU 和大容量数据存储器，对流体流量进行实时、动态的完全补偿计算。

4.2 煤气流量的测量

在煤气生产、输送和分配各个环节有大量的煤气表，有的用于一般监视，有的用于贸易结算，其中用于贸易结算的计量系统，国家标准 GB 17167 规定了其精确度要求。

在钢铁厂也有大量的煤气测量对象。

4.2.1 煤气流量测量的特点

a. 流体静压低、流速低，允许压损小，一般不允许用缩小管径的方法提高流速。

b. 流体湿度高，有的测量对象还带少量水，在管道底部作分层流动。

c. 有的测量对象氢含量高，流体密度小，用涡街流量计测量时，信号较弱。

d. 煤气发生炉、焦炉等产出的煤气一般带焦油之类黏稠物，有的还带一定数量尘埃。

e. 测量点位于压气机出口时，存在一定的流动脉动。

f. 流体属易燃易爆介质，仪表有防爆要求。

g. 从小到大各种管径都有。

h. 最小流量与最大流量差异悬殊。

i. 用于贸易结算的系统，计量精确度要求高，作为一般监视和过程控制的系统，精确度要求则低一些。

4.2.2 标准孔板流量计方法的关键

a. 对流体的要求："应是均匀的和单相（或可以认为是单相）的流体"。

b. 煤气在净化过程中都经过洗涤，因此一般水分含量都呈饱和状态，相对湿度为100%。

c. 用于贸易结算的测量系统准确度一般应优于2.5级。基本误差限以示值的百分比表示。

d. 用户一般要求测量湿气体中的干部分流量。

e. 测量结果以体积流量表示，并换算到标准状态。标准状态的定义，压力取101.325kPa，在GB/T 13612—2006中，定义标准状态温度为15℃[2]，GB/T 41248—2022中，定义标准状态温度为20℃[3]，兼顾煤气行业的传统，也可取供需双方协商的其他温压和湿度。

f. 差压装置采用多管并联形式。

g. 在存在流动脉动的情况下，对测量平均流量提出了以下措施。

- 在管线上采用衰减措施，安装滤波器（由容器及管阻组成）；
- 仪表检测件尽量远离脉动源；
- 采用尽量大的 β 和 Δp，在测量处减小管道直径；
- 管线、仪表支架安装牢固；
- 两根差压引压管阻力对称。

4.2.3 仪表的类型与使用

可以用来测量气体的流量计有很多种，但测量煤气流量的理想仪表却几乎找不到，这主要是由煤气的特点所决定的。由于有焦油等黏稠物存在，旋转型的流量计使用困难。由于密度小、流速低，涡街流量计使用困难。由于富含水气且气体组分有变化，热式流量计也不理想。最后还是已经使用几十年的差压式流量计唱主角。

(1) 孔板差压流量计

① 可换孔板差压装置

在煤气洁净程度较高的测量中，大多采用标准孔板。如果测量点流体较脏，需采用可换孔板差压装置。这样在不停气的条件下，可对节流件进行清洗、检修、更换。可换孔板差压装置典型结构如图4.7所示。

② **圆缺孔板**

圆缺孔板是专为脏污流体流量测量而设计的特殊孔板。其开孔是一个圆的一部分（圆缺部分），这个圆的直径为管道内径的98%。开孔的圆弧部分应精确定位，使其与管道同心，如图4.8所示[4]。

当被测介质为湿气体而且管道水平布置时，管道底部有可能存在微量分层流动的液体，这时选用圆缺孔板能使液体从下半部的圆缺部分顺利通过节流件，而不会像标准孔板那样将液体阻挡在节流件前，以致积液，影响测量精确度。同样道理，当被测气体中含有粉尘时，由于粉尘密度比气体大得多，其中有些颗粒容易贴近管道底部被气流带走，选用圆缺孔板，颗粒也能顺利通过节流件，而不会像标准孔板那样颗粒在节流件前堆积。

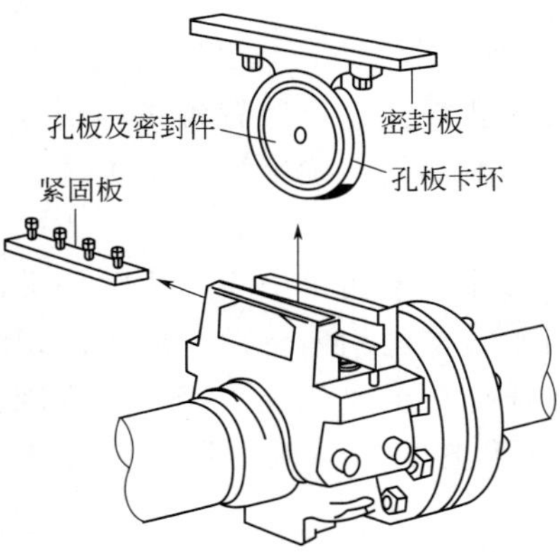

图4.7 可换孔板差压装置典型结构

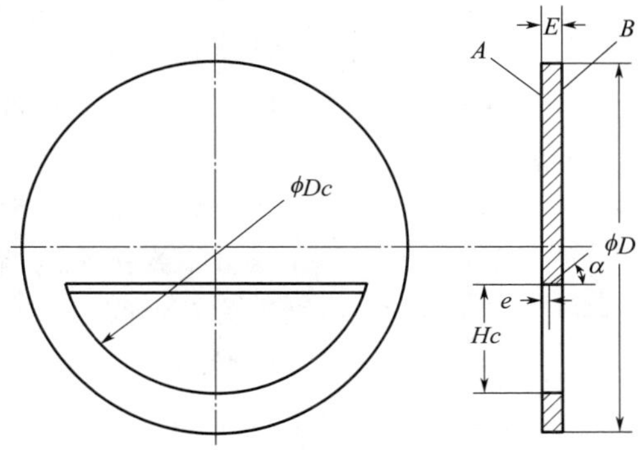

图4.8 圆缺孔板结构

在冶金行业，煤气流量测量对象较多，而且因为煤气含粉尘和水滴的情况也很普遍，所以圆缺孔板使用得十分普遍。

③ **多管并联形式**

多管（两管、三管或四管）并联形式的作用有三个：其一是扩大测量系统的可调比，由于管道中煤气流速一般都很低，如果一台孔板流量计的可调比能达到3∶1，那么，用一台大口径孔板与一台小口径孔板相配合，就能将可调比扩大为10∶1；其二是实现在总管不停气的情况下拆洗差压装置，从而避开价格昂贵的可换孔板差压装置，当然，差压装置上下游必须装切断阀；其三是解决DN>1000管道的流量测量问题，例如用4副DN1000的差压装置并联使用，解决DN2000总管的流量测量。多管并联形式的缺点是设备数量和投资成倍增加。

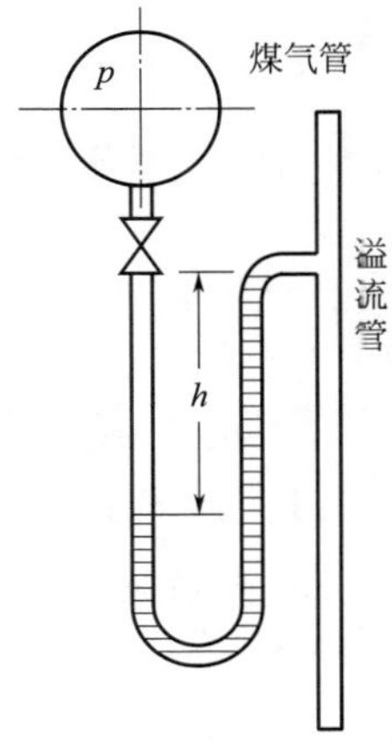

图4.9 水封排水示意

④ **煤气管排水和防冻**

水平敷设的煤气管道，有时发现管道底部有水流动，必须在差压装置前装排水设施。简单又可靠的方法是利用水封实现自动排水，如图4.9所示，图中的液位差与压力有如下关系。

$$h=p/(g\rho) \tag{4.10}$$

式中 h——液位差，m；

p——煤气压力，Pa(G)；

g——重力加速度，m/s^2；

ρ——水的密度，kg/m^3。

在寒冷季节，排水设施内的水甚至地上敷设的煤气管道都有可能会结冰，为防冻害，应采取防冻措施。

(2) 均速管差压流量计

标准孔板差压流量计在煤气流量测量中有极为重要的地位，有悠久的使用历史。由于这一方法有丰富的实验数据，设计加工已经标准化，只要按标准进行设计、加工、安装、检验和使用，无须进行实流标定，就能达到规定的准确度，因而非常方便，并获得广泛应用。但是在管径较大时，一套可换孔板式差压装置价格相当可观，所以如果测量数据仅用于过程监测，精确度要求也不高，那么就可选用均速管差压流量计。

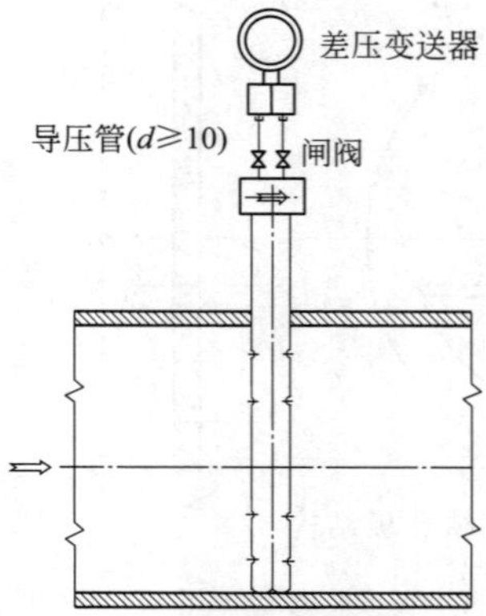

图 4.10 均速管差压流量计测量煤气流量的安装方法

均速管差压流量计在气体流量测量中应用成败的关键是引压管不要被水滴堵住。由于定型的均速管产品所带的切断阀多半为针形阀，通径较小而流体中的水气经冷凝变成水滴，如果针形阀处理得不好或引压管坡度欠合理，此液滴极易将通路封死。

差压式均速管输出的差压信号一般都很小。当流体为常温常压的空气时，如果流速为 10m/s，只能达到 62.5Pa 的差压[4]。这样，一滴水滴将差压传送通道封住，就足以将此差压全部抵消掉。有的制造商将正负压切断阀改为通径较大的直通闸阀（或球阀），为保证仪表的可靠使用创造了条件。均速管典型安装位置以及同差压计的连接如图 4.10 所示。

4.2.4 用差压式流量计测量湿煤气干部分所用的公式

式(3.1) 和图 3.1 所示的方法同样适用于煤气流量的测量。只是由于流体的性质不同，基本公式中 ρ_1 的求法不同。由于测量任务不同，要从基本公式中的质量流量 q_m 进一步计算湿煤气的干部分流量还必须补充其他公式[5]。

(1) 煤气密度计算公式

① 标准状态下湿煤气的密度 ρ_n 按公式(4.11) 计算。

$$\rho_n=\rho_{gn}+\rho_{sn} \tag{4.11}$$

$$\rho_{sn}=f(t_n) \tag{4.12}$$

式中 ρ_{gn}——湿煤气在标准状态下干部分的密度，kg/m^3；

ρ_{sn}——湿煤气在标准状态下湿部分的密度（由表 4.2 得），kg/m^3；

t_n——标准状态温度，℃。

表 4.2 饱和水蒸气的压力和密度表[6]

温度 t/℃	饱和水蒸气压力 P_b/Pa	密度 ρ_b /(kg/m^3)	温度 t/℃	饱和水蒸气压力 P_b/Pa	密度 ρ_b /(kg/m^3)
0	608.012	0.0048	32	4756.23	0.0338
2	706.079	0.0056	34	5315.20	0.0376
4	813.952	0.0064	36	5942.83	0.0417
6	931.632	0.0073	38	6629.29	0.0462
8	1068.92	0.0083	40	7374.60	0.0512
10	1225.83	0.0094	42	8198.36	0.0565
12	1402.35	0.0107	44	9100.57	0.0623
14	1598.48	0.0121	46	10081.2	0.0687
16	1814.23	0.0136	48	11159.9	0.0756
18	2059.40	0.0154	50	12336.7	0.0830
20	2333.98	0.0173	52	13611.6	0.0910
22	2637.98	0.0194	54	15004.2	0.0998
24	2981.22	0.0218	56	16514.4	0.1092
26	3363.68	0.0244	58	18142.3	0.1193
28	3775.56	0.0272	60	19917.3	0.1302
30	4246.28	0.0304			

② 煤气在标准状态下干部分的密度 ρ_{gn} 用公式(4.13) 计算。

$$\rho_{gn}=\sum_{i=1}^{n}X_i\rho_{gni} \tag{4.13}$$

式中 X_i——煤气各组分的体积百分数,%;

ρ_{gni}——煤气各组分在标准状态下的密度(由表 4.3 得),kg/m^3。

表 4.3 煤气各组分干气体的密度(0℃、101.325kPa)

组分	CO_2	CO	H_2	CH_4	N_2
ρ_{gni}/(kg/m^3)	1.97700	1.25040	0.08988	0.71670	1.25060

③ 工作状态下湿煤气的密度按(4.14)计算。

$$\rho_1=\rho_{g1}+\rho_{s1} \tag{4.14}$$

式中 ρ_{g1}——湿煤气在工作状态下干部分的密度,kg/m^3;

ρ_{s1}——湿煤气在工作状态下湿部分的密度,kg/m^3。

ρ_{g1} 和 ρ_{s1} 分别按公式(4.15)和(4.16)计算。

$$\rho_{g1}=\frac{p_1-\varphi_1 p_{s1max}}{p_n}\times\frac{T_n}{T_1}\times\frac{Z_n}{Z_1}\times\rho_{gn} \tag{4.15}$$

$$\rho_{s1}=\varphi_1\rho_{s1max} \tag{4.16}$$

$$\rho_{\mathrm{slmax}}=f(t_1) \tag{4.17}$$

式中 p_{n}、p_1——标准状态和工作状态下气体绝对压力，Pa；

Z_{n}、Z_1——标准状态和工作状态下气体压缩系数；

T_{n}、T_1——标准状态和工作状态下气体温度，K；

p_{slmax}——工作状态下，饱和水蒸气压力［$P_{\mathrm{slmax}}=f(t_1)$，$t_1$ 查表 4.1 得］，Pa；

ρ_{slmax}——工作状态下，饱和水蒸气密度［$\rho_{\mathrm{slmax}}=f(t_1)$，$t_1$ 查表 4.1 得］，$\mathrm{kg/m^3}$；

φ_1——工作状态下，湿煤气的相对湿度（一般取 100%）；

t_1——节流件正端取压口平面处的流体温度，℃。

将式(4.15) 和式(4.16) 代入式(4.14) 得

$$\rho_1=\frac{p_1-\varphi_1 p_{\mathrm{slmax}}}{p_{\mathrm{n}}}\times\frac{T_{\mathrm{n}}}{T_1}\times\frac{Z_{\mathrm{n}}}{Z_1}\times\rho_{\mathrm{gn}}+\varphi_1\rho_{\mathrm{slmax}} \tag{4.18}$$

(2) 湿煤气工作状态下体积流量的计算

$$q_{v1}=q_{v\mathrm{n}}\frac{p_{\mathrm{n}}}{p_1-p_{\mathrm{slmax}}}\times\frac{T_1}{T_{\mathrm{n}}}\times\frac{Z_1}{Z_{\mathrm{n}}} \tag{4.19}$$

式中 q_{v1}——工作状态下体积流量；

$q_{v\mathrm{n}}$——标准状态下体积流量；

其余符号意义与式(4.15)～式(4.17) 相同。

(3) 湿煤气工作状态质量流量的计算

$$q_m=q_{v1}\rho_1 \tag{4.20}$$

求得 q_m 和 ρ_1 后，就可利用式(3.1) 计算差压装置。

(4) 温度压力及 ε_1 的补偿

气体温度和压力变化后，湿气体干部分在标准状态下的流量可用式(4.21) 进行补偿[5]。

$$q'_{v\mathrm{n}}=q_{v\mathrm{n}}\frac{p'_1-p'_{\mathrm{slmax}}}{p_1-p_{\mathrm{slmax}}}\times\frac{\varepsilon'_1}{\varepsilon_1}\times\frac{T_1}{T'_1}\times\frac{Z_1}{Z'_1}\sqrt{\frac{\rho_1}{\rho'_1}} \tag{4.21}$$

式中，带“′”符号者为实际使用工况条件下的参数，不带“′”为设计工况所对应的参数，在差压装置计算书中都能找到。

式(4.21) 由于工况变化，ρ_1 已经从式(4.18) 所表示的值变成式(4.22) 所表示的值。

$$\rho'_1=\frac{p'_1-\varphi'_1 p'_{\mathrm{slmax}}}{p_{\mathrm{n}}}\times\frac{T_{\mathrm{n}}}{T'_1}\times\frac{Z_{\mathrm{n}}}{Z'_1}\rho_{\mathrm{gn}}+\rho'_{\mathrm{slmax}} \tag{4.22}$$

$$\rho'_{\mathrm{slmax}}=f(T'_1) \tag{4.23}$$

φ'_1一般取 100%

因此，将式(4.22)代入式(4.21)就可得到完整的补偿公式。

$$q'_{vn}=q_{vn}\frac{p'_1-p'_{slmax}}{p_1-p_{slmax}}\times\frac{\varepsilon'_1}{\varepsilon_1}\times\frac{T_1}{T'_1}\times\frac{Z_1}{Z'_1}\times\left[\rho_1/\left(\frac{p'_1-\varphi'_1 p'_{slmax}}{p_n}\times\frac{T_n}{T'_1}\times\frac{Z_n}{Z'_1}\rho_{gn}+\rho'_{slmax}\right)\right]^{1/2} \tag{4.24}$$

式中 q'_{vn}——经过补偿的湿气体干部分体积流量，Nm^3/h；

q_{vn}——设计状态湿气体干部分体积流量，Nm^3/h；

p'_1——工作状态节流件正端取压口气体压力（实测值），MPa(A)；

p'_{slmax}——工作状态下饱和水蒸气压力（由 T'_1 查表得），kPa；

p_1——设计状态节流件正端取压口气体压力（查孔板计算书得），MPa(A)；

p_{slmax}——设计状态下饱和水蒸气压力（由 T_1 查表得），kPa；

ε'_1——工作状态流体可膨胀性系数（按GB/T 2624.1计算得）；

ε_1——设计状态流体可膨胀性系数（查孔板计算书得）；

T_1——设计状态气体热力学温度（$T_1=t_1+273.16$，查孔板计算书得），K；

T'_1——工作状态气体热力学温度（由气体温度实测值换算得），K；

Z_1——设计状态气体压缩系数（查孔板计算书得）；

Z'_1——工作状态气体压缩系数（设置或自动计算）；

ρ_1——设计状态节流件正端取压口气体密度（查孔板计算书得），kg/m^3；

p_n——标准状态气体压力，101.325kPa；

T_n——标准状态气体热力学温度（$T_n=293.16K$），K；

Z_n——标准状态气体压缩系数（$Z_n=1.0000$）；

ρ_{gn}——标准状态干煤气密度，kg/m^3。

4.2.5 管道内壁积灰及其对测量的影响

(1) 积灰普遍存在

a. 上海某钢厂采用孔板流量计测量煤气发生炉出口煤气流量，由于煤气中粉尘含量较高，数年后，管道内壁生成一层沉积物，结垢如同沥青路面，质地坚韧不易清理，是煤气中的煤焦油和粉尘在管道内壁日积月累形成的。

b. 上海的另一家钢厂用差压式流量计测量煤气流量，由于担心孔板积灰后影响测量精确度，所以差压装置选用文丘里管，使用半年多后，发现流量示值逐渐偏高，于是在停车检修时对文丘里管拆开检查，发现文丘里管内壁积了一层含灰尘的焦油，就连流速最高的喉部也未幸免。但每年一次停车检修时，用溶液清洗干净后仍可继续使用。

c. 重庆钢铁集团公司采用圆缺孔板测量高炉煤气流量，在使用数年将差压装置拆下清洗时发现，孔板圆缺部分高度的$\frac{1}{8}\sim\frac{1}{6}$被堆积物占据[7]。

d. 徐州某化工厂用均速管差压流量计测量煤气发生炉出口管（DN700）流量，使用一段时间后，发现流量示值逐渐升高，比物料平衡计算结果高百分之几。经检查发现，管道内壁结了一层厚度不等的沥青砂，水平管道下部内壁结得较厚，约30mm厚，管道上部内壁结得较薄，约 10mm 厚。

(2) 处理方法之一

清除沉积物或更新管道能将沉积在流量计前后一定长度的管段内的沉积物和节流件表面的沉积物清除掉而又不损坏仪表，当然能恢复仪表的应有测量精确度。但是沉积物往往既硬又韧不易清理。因此，如果有停车机会可将节流件前 $30D$、节流件后 $15D$ 的管道局部更新，当然是个好办法。

(3) 处理方法之二，对沉积物引入的误差进行修正

① 标准孔板差压式流量计

煤气中的焦油和粉尘在标准孔板表面及管道内壁的沉积可分两种情况：第一种情况是煤气中粉尘经彻底洗涤过滤的测量对象，孔板端面和管道内壁只薄薄地结了一层焦油；第二种情况是煤气中含有较多粉尘的测量对象，管道内壁结了一层厚度达数厘米的“沥青砂”。

对于前一种情况，钢管内壁被焦油玷污后，对流动的煤气有一定的黏附作用，此作用引入多大的误差尚无标准规定，很难做出估算，但影响值肯定微小以致可以忽略不计。管道内壁上的一层焦油虽然可能有 2mm 厚，但因煤气管道直径一般较大，例如公称通径为 1000mm，因此对测量影响也很微小。

对于后一种情况，影响稍大些，它是通过直径比 β 变大导致流出系数 C 变化以及 $C/\sqrt{1-\beta^4}$ 变化[7]，进而引起流量示值相应变化的。例如有一副 DN1000 标准孔板，β 为 0.7，在雷诺数 Re_D 为 2×10^5 时，有：

$$
\begin{aligned}
C &= 0.5961+0.0261\beta^2-0.216\beta^8+0.000521\left(\frac{10^6\beta}{Re_D}\right)^{0.7} \\
&\quad +\left[0.0188+0.0063\left(\frac{19000\beta}{Re_D}\right)^{0.8}\right]\beta^{3.5}\left(\frac{10^6}{Re_D}\right)^{0.3} \\
&= 0.5961+0.0261\times0.7^2-0.216\times0.7^8+0.000521\left(\frac{10^6\times0.7}{2\times10^5}\right)^{0.7} \\
&\quad +\left[0.0188+0.0063\left(\frac{19000\times0.7}{2\times10^5}\right)^{0.8}\times0.7^{3.5}\left(\frac{10^6}{2\times10^5}\right)^{0.7}\right] \\
&= 0.60677\text{（以角接取压为例）}
\end{aligned}
$$

在管道内壁被均匀结了一层 25mm 厚的沉积物后，β 增大为 0.7365，令 Re_D 仍为 2×10^5，按相同的公式计算，C 为 0.60372。

所以结垢前流量系数为

$$
\begin{aligned}
\alpha &= C/\sqrt{l-\beta^4}=0.60677/\sqrt{1-0.7^4} \\
&= 0.69606
\end{aligned}
$$

结垢后流量系数为

$$
\begin{aligned}
\alpha' &= C/\sqrt{1-\beta^4}=0.60372/\sqrt{1-0.7365^4} \\
&= 0.71863
\end{aligned}
$$

结垢流量系数变化率为

$$\delta_\beta = \frac{\alpha' - \alpha}{\alpha} = 3.2\%$$

由此引起的流量示值变化为－3.2%R。

② 文丘里管差压式流量计

文丘里管前后直管段内壁结沉积物，可以认为对测量结果无影响，因为其流出系数可看作与直径比无关，但喉部结垢引起的误差要比标准孔板大。例如有一副文丘里管，其 DN 为 1000mm，喉部直径为 700mm，喉部内壁结垢 5mm 后，其流通截面积约比原来减小 2/70，则流量示值增大约 2.92%R。

③ 圆缺孔板差压式流量计

圆缺孔板前后直管段内壁沉积物对流量测量的影响主要包括两个部分，其一是使节流件开孔面积与管道截面积之比 m 发生变化对流量测量的影响，其二是圆缺孔有效面积变小对流量测量的影响。前者影响与标准孔板相似。但在管道截面积缩小的同时，圆缺孔有效面积也缩小一些。因此 m 变化不大。例如有一副 DN1000 的圆缺孔板，m 为 0.49，管道内壁被均匀结了一层 20mm 厚的沉积物后，管道截面积减小为 0.7238m^2，而圆缺孔面积约减小为 0.3547m^2，（将圆缺孔圆弧看作与管道圆弧相切），所以，β^2 仍为 0.49。后者的影响较大，因为无沉积物时，开孔面积为 0.3848m^2，而沉积物厚度为 20mm 时，开孔有效面积为 0.3547m^2，约为无沉积物时的 92.18%，因此仪表示值约偏高 8.5%R。

实际计算时，因为圆缺孔半径为管道半径的 0.98，20mm 厚的沉积层仅有 10mm 阻挡了圆缺孔，所以实际影响只有 8.5%的一半[7]。

④ 均速管差压式流量计

均速管流量计是由均速管测量管道内的平均流速，然后乘流通截面积，并扣除均速管插入管道部分的阻塞影响。均速管前后直管段内壁沉积物对流量测量的影响，如果忽略阻塞系数的微小变化，就可简单地看作流通截面积减小对流量示值的影响。

例如有一副均速管，管道内径为 1000mm，管道内壁被均匀结了一层厚度为 20mm 的沉积物后，流通截面积从 0.7854m^2 减小为 0.7238m^2，在实际流量不变的情况下，流速增大，因而仪表显示值相应增大，增大值为(0.7854－0.7238)/0.7238R＝8.5%R。

以上的分析和计算都是理想化的，实际情况要复杂得多，管内壁沉积物厚度不可能是均匀一致的，总是上面薄下面厚，但方法可以使用。

(4) 对沉积物影响进行预测

由于大口径流量计拆开检查修理周期较长，如果第一次拆开检查时发现沉积物结得比较严重，而且未清除，于是可根据沉积物厚度计算流量影响值。如果流体条件不变，则未来一段时间沉积物继续增厚，流量影响值相应增大是必然的，于是就可从拆开检查时测得的沉积层厚度和沉积时间计算沉积速率，并令以后以相同的速率继续沉积，从而对未来的流量影响值进行预测。

4.3 天然气流量的测量

4.3.1 天然气计量的发展趋势和主要方法

目前，国际天然气贸易计量分为体积计量、质量计量和能量计量三种。工业发达国家质量计量和能量计量两种方法都在使用。我国天然气贸易计量是在法定要求的质量指标下以体积或能量的方法进行交接计量，目前基本上以体积计量为主。

按有关标准规定[8,9]，天然气的标准状态体积流量 q_{vn} 以 Nm^3/s 为单位，工作状态体积流量 q_{vf} 以 m^3/s 为单位，质量流量 q_m 以 kg/s 为单位，能量流量以 MJ/s 为单位。

(1) 天然气标准体积流量计算

标准状态体积流量 q_{vn} 计算式为

$$q_{vn}=q_{vf}\frac{\rho_f}{\rho_n} \tag{4.25}$$

或

$$q_{vn}=q_m/\rho_n \tag{4.26}$$

式中 q_{vn}——标准状态体积流量，Nm^3/s；

q_{vf}——工作状态体积流量，m^3/s，体积流量计实测值；

ρ_f——工作状态下的密度，kg/m^3，实测或计算；

ρ_n——标准状态下的密度，kg/m^3，实测或计算；

q_m——质量流量，kg/s，质量流量计实测值。

天然气在工作状态下的密度 ρ_f 按式(4.27) 计算。

$$\rho_f=\frac{M_a Z_n}{R Z_a}\times\frac{G_r p_f}{Z_f T_f} \tag{4.27}$$

式中 M_a——干空气的摩尔质量，其值为 28.9626kg/kmol；

R——通用气体常数，其值为 0.00831451MPa·m^3 $(kmol\cdot K)^{-1}$；

Z_a——标准状态下干空气的压缩因子，其值为 0.99963；

Z_n——标准状态下天然气的压缩因子；

p_f——工作状态下天然气的绝对静压，MPa，压力实测值；

T_f——工作状态下天然气的热力学温度，K，温度实测值；

Z_f——工作状态下天然气的压缩因子，按 GB/T 17747.1～3 标准计算；

G_r——天然气的真实相对密度。

天然气在标准状态下的密度 ρ_n 的实用公式与式(4.27) 相似，其中 p_f、T_f、Z_f 用标准状态的 p_n、T_n、Z_n 替代即可。

因此，天然气标准体积流量 q_{vn} 的计算式还可写成：

$$q_{vn}=q_{vf}\frac{p_f T_n Z_n}{p_n T_f Z_f} \tag{4.28}$$

式中 q_{vf}——意义同式(4.25)；

p_f——工作状态绝对压力，MPa，压力实测值；

T_f——工作状态热力学温度，K，温度实测值；

Z_f——工作状态下天然气的压缩因子，按 GB/T 17747.1～3 标准计算；

p_n——标准状态绝对压力，MPa，其值为 0.101325；

T_n——标准状态热力学温度，K，其值为 293.15；

Z_n——标准状态下天然气的压缩系数，按 GB/T 17747.1～3 标准计算[10]。

(2) 天然气质量流量计算

天然气的质量流量计算式为

$$q_m=q_{vf}\rho_f \tag{4.29}$$

式中 q_m——天然气的质量流量，kg/s，除由式(4.29) 计算外，也可由质量流量计直接测量；

q_{vf}——意义同式(4.25)；

ρ_f——意义同式(4.25)。

工作状态下的天然气密度 ρ_f 可用气体密度计在线进行天然气气流密度的实测，用实测值参与流量计算。如果用式(4.27) 计算 ρ_f 值，应有工作状态下的绝对静压 P_f，热力学温度 T_f 和天然气组分分析数据 y_i（组分摩尔分数），按相应的标准计算天然气的摩尔质量 M_m 和压缩系数 Z_f，最后才能计算出 ρ_f 的值来。

(3) 天然气能量流量计算

天然气的能量流量可以由标准体积流量或质量流量乘以发热量 Hs 来计算。

以标准体积流量计算能量流量的计算式为

$$E_n=q_{vn}H_{snv} \tag{4.30}$$

式中 E_n——天然气的能量流量，MJ/s；

q_{vn}——天然气的标准体积流量，由式(4.25) 或式(4.28) 所得结果；

H_{snv}——单位标准体积的高位发热量，MJ/m^3，实测或计算。

以质量流量计算能量流量的计算式为

$$E_n=q_mH_{snm} \tag{4.31}$$

式中 E_n——含义同式(4.30)；

q_m——天然气的质量流量，由式(4.29) 所得结果；

H_{snm}——单位质量的高位发热量，MJ/kg，实测或计算。

(4) 发热量测量

天然气发热量可采用直接或间接的测量方法获得。对于管网系统当使用直接测量不经济时，其结算用的发热量也可以用计算方法获得。两种方法都有在线和离线两种方式。

① 直接测量法

直接测量法可按 GB/T 12206 标准的要求进行。是采用水流式热量计，由水流量稳定调节、天然气流量稳定调节和测量、水温气温测量、气体燃烧和水计量五部分组成。仪器的具体操作方法修正系数计算请参阅 GB/T 12206—2006《城镇燃气热值和相对密度测定方法》[11]。

② 间接测量法

间接测量法是采用 GB/T 11062《天然气 发热量、密度、相对密度和沃泊指数的计算方法》标准规定的方法测量天然气的发热量，它是基于对天然气组分进行全分析，然后进行计算，各组分含量同各自发热量的乘积之代数和即为天然气的发热量[12]。组分分析一般采用气相色谱法[13]，具体操作方法请参阅 GB/T 13610—2020《天然气的组成分析-气相色谱法》。

(5) 密度测量

天然气密度可以用天然气密度计在线直接测量，也可离线间接测量。

① 在线密度测量

在线密度测量是为了求得流过流量计的天然气质量流量。如果要求得到天然气的标准体积流量还需得到标准状态下的天然气密度。

对于孔板流量计而言，若在线密度计的样气从上游取压孔取出，样气流入在线密度计，它应以特别低的流速流入，并保证对压力和差压的测量没有影响。

除旋转式容积流量计以外的其他流量计，在线密度计宜安装在流量计下游，以避免流量计入口速度分布被干扰。

从取样口到在线密度计之间的连接管线应尽量短，连接件、管线应绝热保温，以减小环境温度对取样气的影响。

为确保在线密度计所测密度值与流经流量计的密度值相同，应将密度传感器的露出部分和流量计的上、下游适当长度的管路进行隔热。

在线密度计应有样气温度测量，当样气温度同主管道中天然气温度有差异时，应该用修正值进行补偿。

② 离线密度计算

在计量站取样口取出有代表性的样气，采用气相色谱仪分析出天然气的全组分分析数据，测量出主管道内天然气静压力和流体温度，然后按式(4.27) 计算工作状态下的流体密度。其中摩尔质量 M_m 按标准 GB/T 11062 计算得到，工作状态下压缩系数 Z_f 按 GB/T 17747.1～3 标准计算。

(6) 几种天然气常用流量计选型指南

不同的准确度要求和不同的使用条件，天然气流量测量可有多种仪表可选，应综合考虑其准确性、可靠性、安全性及经济性等因素后确定，过分追求高准确度会增加不合理的费用。表 4.4 所列是几种天然气常用流量计选型指南[14]。

表 4.4 天然气常用流量计选型指南

应用因素	旋转式容积流量计	涡轮流量计	涡街流量计	超声流量计	科里奥利质量流量计	旋进旋涡流量计	孔板流量计
操作条件下的气体密度	影响不大	最小流量随密度增加而变得更低	最小流量随密度增加而变得更低	在规定密度范围内不受影响	影响不大	影响不大	决定测量结果
气中夹带固体	可能堵塞叶轮，需要过滤器	可能有沉积物、叶片可能受损可能影响旋转，需要过滤器	可能有沉积物，非流线体可能受侵蚀，需要过滤器	一般不受影响，如果传感器孔被污垢阻塞，流量计功能会受到影响，建议增加过滤器；气体中有粉尘，对超声流量计换能器存在冲蚀影响	可能会有磨蚀，会影响仪表的长期使用，建议加装过滤器	有沉积，可能影响测量值，需装过滤器	可能有侵蚀和沉积物需加过滤器
气中夹带液体	可能有腐蚀、结垢，结构材料会受影响	可能有腐蚀、结垢，润滑油被稀释，转子出现不平衡	测量导管内可能有液体沉积物，这会影响计量值	可能变坏的信噪比会影响功能，如果传感器孔受阻，流量计功能会受影响	影响不大	影响不大	由流量计腐蚀引起的磨损会造成流量误差，孔板端面和孔板取压孔内有沉积物会影响准确度
压力和流量变化	突然变化会造成损坏。因为叶轮的惯性，流量的突变会致使上游或下游管道内压力时高时低	压力突变可能造成损坏	不会造成损坏，但可能造成计量误差	影响不大	影响不大	增大测量误差	压力突变会造成损坏
脉动流	不受影响	流量快速的周期变化会使测量结果过高，影响取决于流量变化的频率和幅度，气体的密度和叶轮的惯性	准确度受影响。影响的程度取决于流量变化的频率和幅度	只要脉动的周期大于流量计的采样周期，就不会受影响	不受影响	准确度受影响，其大小取决于脉动频率和幅度	准确度取决于仪表响应速度。准确度要受影响
允许误差范围内典型的量程比	30∶1	30∶1，密度越高，量程比就越大	30∶1，密度越高，量程比越大	30∶1	30∶1	12∶1 气体密度大，测量范围大	10∶1，如果采用双量程差压计

续表

应用因素	旋转式容积流量计	涡轮流量计	涡街流量计	超声流量计	科里奥利质量流量计	旋进旋涡流量计	孔板流量计
过载流动	可短时间过载	可短时间过载	可过载	可过载	可过载	短时间超量程可以	可过载至孔板上的允许压差
增大公称设计能力	增大最大流量需要加大流量计或增加气路，或提高压力	同前	同前	同前	同前	加大流量计的口径或增加计量回路或提高计量压力	增大最大流量需要加大孔板流量及内径或增加气路或提高压力
供气安全性	流量计故障可能中断供气	流量计故障不造成影响	同前	同前	同前	同前	同前
应用因素	旋转式容积流量计	涡轮流量计	涡街流量计	超声流量计	科里奥利质量流量计	旋进旋涡流量计	孔板流量计
流量计及其管道所需配管设置要求	依据SY/T 6660，对上下游管道无特殊要求，遵照制造厂的说明，为保证连续供气需加旁通	根据GB/T 21391，上下游需直管段长度	上下游需直管段长度，长度根据适用标准的安装说明而定	依据GB/T 18604，上下游需直管段长度	上下游不需直管段	依据SY/T 6658，对上下游管道无特殊要求，遵照制造厂的说明	依据GB/T 21446，上下游需直管段长度
典型直管长度(上游/下游)	(依据配置)4D/2D	(依据配置)10D/5D	20D/5D	(依据配置)10D/5D		(依据配置)4D/2D	(依据配置)30D/7D

注：1. 流量计最初用的型号过大会影响小流量的测量准确度。
2. D为流量计内径。

4.3.2 标准孔板差压式流量计方法

标准孔板差压式流量计已经成为全世界最主要的天然气流量计。几十年来AGA Report 8[15] 总结了几十项针对天然气计量的专项研究和实践应用，在量的基础上产生了质的飞跃，其标志就是标准化，即使用标准孔板流量计，可以无须实流校准而确定信号（差压）与流量的关系并估算其测量误差，目前在全部流量计中是唯一达到此标准的。为了消除自身存在的输出信号为模拟信号、重复性不高、可调比窄、压损大等重大缺点，采用了微电子技术、计算机技术、定值节流件和标准喷嘴等技术装置，使其技术水平有了进一步提高。

(1) 流量计算方法

用来测量天然气流量的标准孔板流量计，就其结构和基本计算公式来说，同测量一般气体的孔板流量计并无二致，有差异的仅仅是计算基本公式中的关键变量工作状态下流体密度ρ时，针对天然气的特性有一些专用的方法。AGA Report NO. 3（1990～1992年，第3版）《天然气流体计量同心直角边孔板流量计》提供了实用方法。我国在ISO 5167. 1：2003的基础上，参考了AGA制订了GB/T 21446《用标准孔板流量计测量天然气流量》。

GB/T 2624—2006 中给出的质量流量同差压的关系如第 3 章式(3.1) 所示，由于标准孔板计量方法中规定，采用标准状态的体积流量 q_{vn} 计量天然气，其计算式为

$$q_{vn}=\frac{q_m}{\rho_n} \tag{4.32}$$

式中　ρ_n——天然气在标准状态下的密度，kg/m^3。

将式(4.32) 整理后代入式(3.1) 得出标准体积流量 q_{vn} 计算的基本公式为

$$q_{vn}=\frac{\pi}{4}\times\frac{C}{\sqrt{1-\beta^4}}\varepsilon_1 d^2\frac{\sqrt{2\Delta p\rho_1}}{\rho_n} \tag{4.33}$$

式中　ρ_1——天然气在流动状态下上游取压口处的密度，kg/m^3。

根据参考文献 [8，9]：

$$\rho_1=\frac{M_a Z_n G_r p_1}{RZ_a Z_1 T_1} \tag{4.34}$$

$$\rho_n=\frac{M_a G_r P_n}{RZ_a T_n} \tag{4.35}$$

式中　G_r——标准状态下的天然气真实相对密度；

Z_a——干空气在标准状态下的压缩因子；

Z_n——天然气在标准状态下的压缩因子；

M_a——干空气的摩尔质量；

R——通用气体常数。

联解式(4.33)、式(4.34) 和式(4.35)，整理得到天然气标准体积流量计算的实用公式：

$$q_{vn}=A_s CEd^2 F_G\varepsilon_1 F_Z F_T\sqrt{p_1\Delta p} \tag{4.36}$$

式中　q_{vn}——标准状态下天然气体积流量，m^3/s；

A_s——秒计量系数，视计量单位而定，此式 $A_s=3.1795\times10^{-6}$；

C——流出系数；

E——渐近速度系数 $E=1/\sqrt{1-\beta^4}$；

d——孔板开孔直径，mm；

F_G——相对密度系数；

ε_1——可膨胀性系数；

F_Z——超压缩系数；

F_T——流动温度系数；

p_1——孔板上游取压口流体绝对静压，MPa；

Δp——气流流经孔板时产生的差压，Pa。

(2) 系数参数确定

① 相对密度系数 F_G

该系数是在天然气流量实用方程推导过程中定义的一个系数，其值按下式计算：

$$F_G=\sqrt{1/G_r} \tag{4.37}$$

真实相对密度 G_r 按 GB/T 21446 式(A.7) 确定。

② 天然气超压缩系数 F_Z

天然气超压缩系数是因天然气特性偏离理想气体定律而导出的修正系数，其定义式[14] 为

$$F_Z=\sqrt{Z_n/Z_f} \tag{4.38}$$

式中 Z_n——天然气在标准状态下的压缩因子；

Z_f——天然气在流动状态下的压缩因子。

F_Z 值按 GB/T 21446 中表 A.2.1 和表 A.2.2 确定。

③ 流动温度系数 F_T

流动温度系数 F_T 是因天然气流经差压装置时，气流的平均热力学温度 T 偏离标准状态热力学温度（293.15K）而导出的修正系数，其值按下式计算：

$$F_T=\sqrt{\frac{293.15}{T_f}} \tag{4.39}$$

式中 $T_f=t_f+273.15$，t_f 为天然气流过差压装置时实测的气流温度,℃。

(3) 天然气流量计算实例（孔板开孔直径设计计算）详见第 4.6 节。

4.3.3 气体涡轮流量计方法

气体涡轮流量计是仅次于孔板流量计的被广泛用于天然气流量测量的仪表。

气体涡轮流量计的优点是：结构简单，安装方便；外形尺寸相对较小；精确度高；重复性好；可调比宽可达到 15∶1～25∶1，在高压输气的情况下，可调比还可增大；其输出为脉冲频率信号，因此在同可编程流量显示表配用时，容易得到较低的系统不确定度。近几年来，国内已有不少仪表厂生产这种仪表并在油气田推广应用。

其不足之处是涡轮高速转动，轴承与轴之间机械摩擦，寿命不很长，因此应注意润滑，可利用制造厂所提供的润滑手段，定期补给润滑油。

另外，高速流动的气体中如果含有较大的固体颗粒，很容易将涡轮叶片打坏，因此，涡轮流量计前的管道上应加装过滤器。

涡轮一旦缺叶，传感器输出脉冲显著减少，流量示值相应偏低，这时用示波器观察传感器输出波形，便能直观地发现缺叶的片数。

仪表投运步骤：如果计量回路装有旁通阀，应先开足旁通阀，然后开足上游切断阀，再缓慢开启下游切断阀，最后缓慢关闭旁通阀。如果计量回路没有安装旁通阀，则应先开足上游切断阀，然后缓慢开启下游切断阀，防止涡轮受高速气流冲击而损坏。

4.3.4 气体超声流量计方法

用声学测量技术测量流体流量已有约 60 年的历史，特别是 20 世纪 90 年代以来随着高速数字信号处理技术和先进的压电陶瓷技术的发展，用气体超声流量计测量天然气流量的技

术取得了突破性发展。由于具有高技术的气体超声流量计具有测量范围宽、测量准确度高、无压损及可动部件、安装使用费用低等诸多优点，它已被欧美国家几百家用户用于天然气贸易计量。至今已有美国、荷兰、英国、德国等 12 个国家的政府批准气体超声流量计作为法定计量器具。美国煤气协会已于 1998 年 6 月发布了 AGA Report No. 9《用多声道超声流量计测量天然气流量》，我国主要参考了该报告，并参考了 ISO/TR 12765《用时间传播法超声流量计测量封闭管道内的流体流量》，制订了相应的标准 GB/T 18604《用气体超声流量计测量天然气流量》[16,17]。

(1) 基本原理

用来测量天然气流量的超声流量计一般是自带测量管段的由超声换能器等构成的时差法流量计量器具，换能器一般沿管壁安装，且直接同流体接触，由一个换能器发射的超声波脉冲被另一个换能器所接收，反之亦然。图 4.11 所示为 Tx1 和 Tx2 两个换能器的简化几何关系，声道与管道线间的夹角为 φ，管径为 D。在某些仪表中采用了反射声道，此时声波脉冲在管壁上经一次或多次反射。

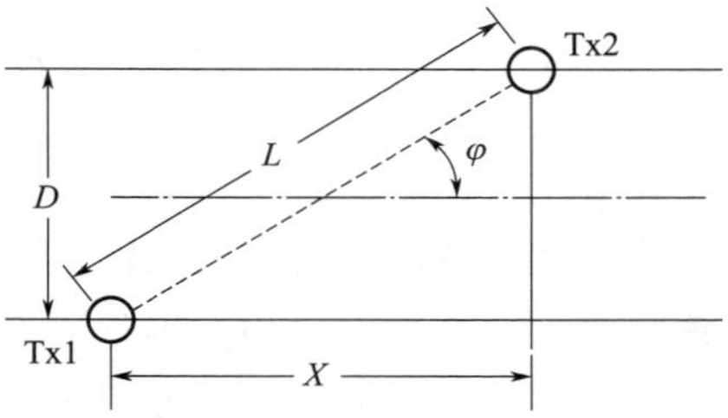

图 4.11　气体超声流量测量的简化几何关系

超声脉冲穿过管道如同渡船过河流。如果没有流动，声波将以相同速度向两个方向传播，当管道中的气体流速不为零时，沿气流方向顺流传播的脉冲将加快速度，而逆流传播的脉冲速度减慢。因此，相对于没有气流的情况，顺流传播的时间 t_D 将缩短，逆流传播的时间 t_U 会增长，根据这两个传播时间，就可以计算测得流速。这就是时差法超声流量的基本原理。

在图 4.11 中，有下面的关系式成立，即

$$t_D=\frac{L}{C+V_m\dfrac{X}{L}} \tag{4.40}$$

$$t_U=\frac{L}{C-V_m\dfrac{X}{L}} \tag{4.41}$$

将式(4.40) 和式(4.41) 联立并解之得

$$V_m=\frac{L^2}{2X}\left(\frac{1}{t_D}-\frac{1}{t_U}\right) \tag{4.42}$$

式中　L——超声在换能器之间传播路径长度，m；

X——声道长度在管轴线的平行线上的投影长度，m；

t_D、t_U——超声顺流传播时间和逆流传播时间，s；

C——超声在静止流体中的传播速度，m/s；

V_m——流体通过换能器之间声道上平均流速，m/s。

其实，式(4.42) 计算得到的流速还只是沿声道方向流体速度的平均值。而用户想知道的是管道横截面上的平均流速 V，由 V_m 计算 V 一般引入一个速度分布校准系数 k_c，即

$$V=k_c V_m \tag{4.43}$$

式中 V——管道横截面上的平均流速；

k_c——速度分布校准系数；

V_m——意义同式(4.42)。

k_c 的数值主要取决于流体的雷诺数。如果声道在通过管道轴线的平面内，则由下式给出 k_c 的一个近似值[17,18]

$$k_c \approx \frac{1}{1.12-0.011\lg Re_D} \tag{4.44}$$

对于充分发展的紊流，如果声道不在通过管道轴线的平面内（即倾斜的弦线），则 k_c 系数及它与雷诺数的关系都将不同。在多声道流量计中，这种情况是常见的，因为换能器有多种布置形式，声道可以相互平行，也可能是其他取向。流量计可以沿两个或多个倾斜弦线直接传播声波或经反射传播声波。用于将各个声道的测量值合成为平均流速的方法也随流量计的特定结构而变化。

(2) 流量测量准确度

① 影响测量准确度的因素

a. 流量计壳体几何尺寸和超声传感器位置的参数的准确性；

b. 流量计所采用的积分技术；

c. 速度分布剖面的质量、气流的脉动程度和气体的均匀性；

d. 传播时间测量的准确度。

传播时间测量的准确度又取决于电子时钟的稳定性、对声脉冲波参考位置检测的一致性及对电子元件和传感器信号滞后的适当补偿。

对于每一尺寸结构的气体超声流量计，制造厂家应规定流量界限值，即最小流量 q_{min}、转换点流量 q_t 和最大流量 q_{max}，而且于不同的流量区间在进行任何校准系数调整之前，测量性能就满足下列要求[17,18]：

- 重复性：±0.2%，$q_t \leqslant q \leqslant q_{max}$；±0.4%，$q_{min} \leqslant q \leqslant q_t$。（注：$q$ 为被测流量，下同。）
- 分辨率：0.001m/s。
- 速率采样间隔：≤1s。
- 最大峰间误差（见图 4.12）：0.7%，$q_t \leqslant q \leqslant q_{max}$。
- 零流量读数：对于每一声道，<6mm/s。
- 声速偏差：±0.2%。
- 各声道间的最大声速差：0.5m/s。

气体超声流量计的准确度不仅同流速有关而且同仪表口径有关。对于小口径仪表，由于声道长度较短，在紊流气体中测量声波传播时间比较困难，因此小口径气体超声流量计的准确度较难提高。

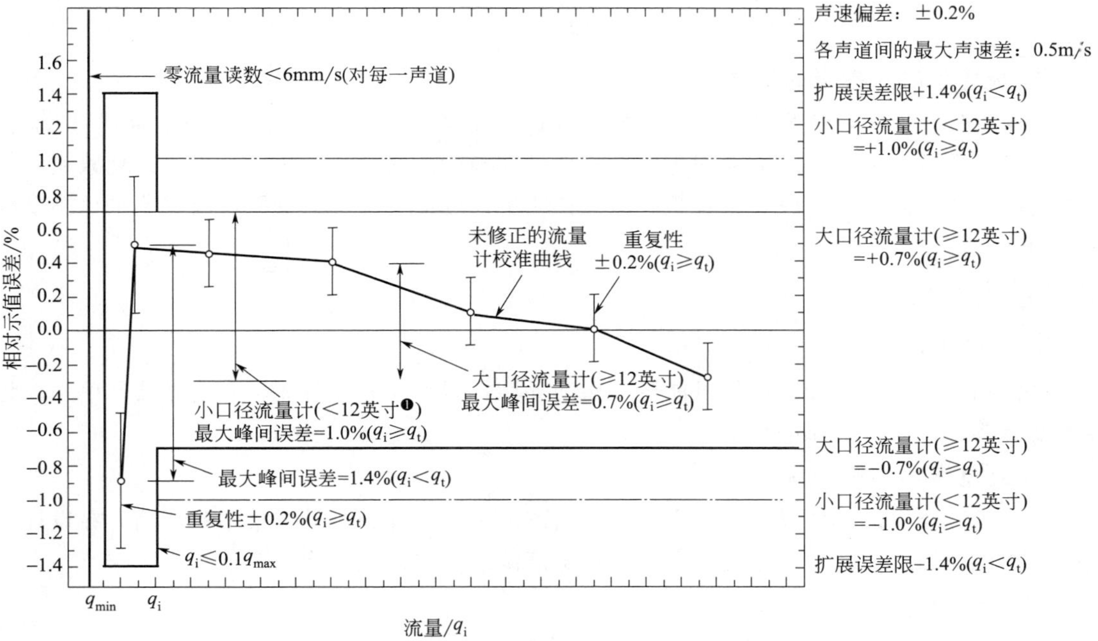

图 4.12 多声道气体超声流量计测量性能要求汇总

② 大口径流量计的准确度

在进行任何校准系数调整之前，口径等于或大于 300mm 的多声道气体超声流量计应当满足下列测量准确度要求（见图 4.12）。

最大误差：±0.7%，$q_t\leqslant q\leqslant q_{max}$；±1.4%，$q_{min}\leqslant q\leqslant q_t$。

③ 小口径流量计的准确度

在进行任何校准系数调整之前，口径小于 300mm 的多声道气体超声流量计应满足下列测量准确度要求（见图 4.12）。

最大误差：±1.0%，$q_t\leqslant q\leqslant q_{max}$；±1.4%，$q_{min}\leqslant q\leqslant q_t$。

④ 双向测量的准确度

气体超声流量计具有双向测量能力，而且双向测量的准确度相同。

(3) 仪表的使用

① 适用范围

气体超声流量计适用于 $DN\geqslant100$mm、$P\geqslant0.3$MPa（表压）的生产装置、输气管线、储藏设施、配气系统和大用户终端计量站中的天然气计量。

② 天然气气质要求

流量计所测量的天然气组分一般应在 GB/T 17747 和 GB 17820 所规定的范围内；天然气的真实相对密度为 0.55～0.8[10,19]。

在可衰减声波的 CO_2 含量超过 10%，或在接近天然气混合物临界密度的条件下工作，

❶ 1英寸=2.54cm

或总含硫量超过460mg/m^3（包括硫醇、H_2S等）的情况下，用户应向制造厂提出相应的专门要求。

③ 测量管内附着物的处理

正常输气工况下在流量计测量管内的附着物（如凝析液或带有加工杂质的油品残留物、灰和砂等）会减少流量计的流通面积而影响计量准确度。同时附着物还会阻碍或衰减超声传感器发射和接收超声信号或者影响超声信号在流量计测量管内壁的反射，因此流量计测量管应定期检查清洗。

(4) 仪表的安装

① 避开振动环境

气体超声流量计的安装应尽可能避开振动环境，特别要避开可能引起信号处理单元、超声换能器等部件发生共振的环境。

② 避免声学噪声干扰

来自被测介质内部的噪声可能会对气体超声流量计的准确测量带来不利影响，在设计及安装过程中应让气体超声流量计尽可能远离噪声源或采取措施消除噪声干扰。

③ 气体过滤

在气质较脏的场合，可在流量计的上游安装效果良好的气体过滤器。过滤器的结构和尺寸应能够保证在最大流量下产生尽可能小的压力损失和流态改变。在使用过程中，应监测过滤器的差压，定期进行污物排放和清洗，确保过滤器在良好的状态下工作。

④ 双向应用的配管

如果所使用的气体超声流量计具有双向流测量功能，并且也准备将其应用于这种测量场合，那么在设计安装时，流量计的两端都应视为上游，即下游的管道配置形式及相关技术要求应与上游一致，并符合直管段等要求。

(5) 组态和维护软件

流量计应具有对信号处理单元（转换器）进行就地和遥控组态及监控流量计运行的能力，该软件至少应当显示和记录下列数据：瞬时流量、轴向平均流速、平均声速、沿每一声道的声速和每一超声换能器所接收的声波信号的质量。

(6) 报警功能

流量计应能以失效安全型、干继电器接点或与地隔离的无源固态开关的形式提供下述报警状态输出。以便及时采取应急措施。

① 输出失效

当在管输条件下指示的流量无效时。

② 故障状态

当若干个监视参数中的任一个在相当的一段时间内超出了正常工作范围。

③ 部分失效

当多路声道的一个或多个无法使用时。

(7) 零流量检验测试

每台流量计都应进行零流量检验测试，并遵循以下步骤。

a. 在流量计两端装上盲板后，用抽吸或置换的方法将流量测量管内的所有空气排出，压进声速已知的纯气体（通常为氮气）或混合气体，在这个测量腔内保持零流量。

b. 从测试开始，气体的压力和温度应保持稳定。在零流量时，信号的顺流传播时间 t_D 和逆流传播时间 t_u 应是相等的，即：

$$t_D = t_U = L/C \tag{4.45}$$

(8) 实流校准

a. 校准应测试下列流量点：q_{min}、$0.10q_{max}$、$0.25q_{max}$、$0.40q_{max}$、$0.70q_{max}$ 和 q_{max}。

b. 实流校准应在用户平均操作条件的气体温度、压力和密度下进行。校准时应考虑标准装置的不确定度对测试结果不确定度的合成。

c. 在实流校准测试时，每个流量点至少测试 3 次，每次数据采集时间不得小于 100s，一般为 200s，并取 3 次平均值，在流量下限部分，测试可增加到 5～10 次。

d. 校准完毕，可根据各流量实验点的误差计算校正值，并采用合适的误差修正方法予以修正。

(9) 现场验证测试要求

气体超声流量计一般都有丰富的自诊断功能，在仪表工作异常时，调阅诊断信息，可获得重要线索。除此以外，还可通过下面的测试和分析，对仪表工作情况作出判断。

① 零流量测试

在无流动介质的情况下，检查流量计的读数是否为零或在流量计本身规定的允许范围内。

② 声速测试及分析

首先测出某一工况条件下的实际声速，再计算出相同条件下的理论声速，两者之间的差值应在仪表本身规定的允许范围内。

③ 声道长度测试及分析

首先测量出实际声道长度，然后在零流量条件下，由理论声速和测量出的传播时间计算出声道长度，两者之间的差值应在仪表本身规定的允许范围内。

④ 声道间读数差异检查

对于多声道超声流量计，应检查不同声道在零流量条件下的读数，其读数差异应在仪表本身规定的允许范围内。

4.3.5 城市天然气流量计的选型

城市是天然气使用的最终用户，城市普遍使用天然气是现代化的标志之一。面对系统繁杂、需求多样的用户群体，要处理许多同输气计量站不同的问题，其显著的特点是：流体压力较低（1.6MPa 以下）；口径较小（DN300 以下）；安装条件差（直管长度不足）；管道维护力量薄弱；要求计量仪表功能简明易懂、操作方便、免维修、价格适中等。在作计量仪表选型时，不仅要考虑用户的经济承受能力，还要兼顾用户单位仪表选型的传统习惯。在众多的流量计类型中，除了上面三种，常见的还有下面几种。

(1) 旋转式容积流量计

用作天然气计量的旋转式容积流量计主要是气体腰轮流量计，不仅可用来计量干气，也可用来计量湿气（即伴生气）。由于孔板流量计和涡轮流量计不适应测量含有液滴的伴生气，气体腰轮流量计因没有严格要求，所以相对具有一定的优越性。容积式流量计的另一优点是对流动脉动不敏感。

气体腰轮流量计在使用中应注意以下几个问题：

a. 为防卡、堵，流量计前应加装网目数恰到好处的过滤器，并注意排污、检查和清洗过滤网。

b. 仪表投运前应先走旁通，并确保仪表前、过滤器后的管段内没有焊渣等垃圾。投运步骤与前面所述的气体涡轮流量计相同。防止腰轮在超速条件下运行。

c. 应防止计量腔积液，为此，仪表应垂直安装，流量计应高出工艺管线，以便定期排出积液。

d. 容积式流量计运行出现问题时，其上下游压差可能产生相应变化，因此维修人员应经常留心观察此压差，从而对故障是否存在作出判断。

e. 冲洗管道的蒸汽禁止通过流量计。

f. 定期拆洗、保养和润滑。

容积式流量计的不足之处是高速转动时噪声较大。转动部分一旦被垃圾卡死就会影响天然气的供应。其另一个特殊的地方是有降压脉动。根据测量原理，腰轮转动时会产生小的压力脉动。通常情况下，此脉动对自身测量无影响，但在用标准表同腰轮流量计串联起来校准时，就有可能对标准流量计的准确度产生影响。

(2) 旋进旋涡流量计

① 仪表结构与工作原理

旋进旋涡流量计的结构如图 4.13 所示，它由壳体、旋涡发生器、检测元件和转换显示系统组成。旋涡发生器使气流旋转并产生旋涡流，壳体内的文丘里管及扩散段使涡流发生进动，检测元件将进动频率检测出来。转换和显示系统将检测到的信号放大和转换后经运算在显示器上显示并将信号送二次表处理。

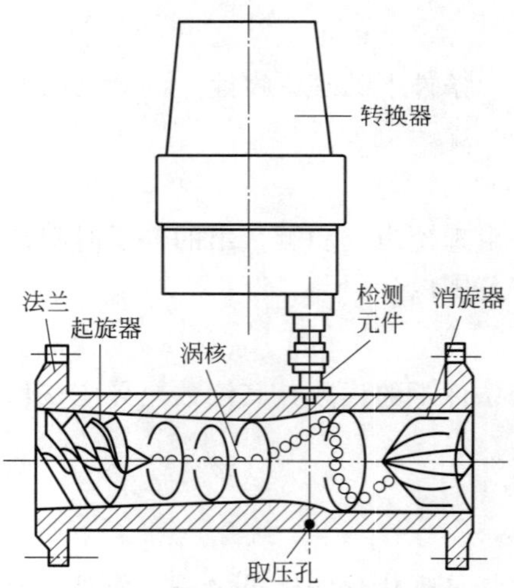

图 4.13 旋进旋涡流量计结构

② 仪表的特点

a. 工作温度范围宽；

b. 可调比大；

c. 雷诺数在一定范围内，不受流体温度、压力、密度和黏度影响；

d. 适应性强，除含有较大颗粒或较长纤维杂质外，一般不需装过滤器；

e. 对上下游直管段要求较低，取上游 $4D$ 和下游 $2D$ 直管段即可；

f. 输出频率同体积流量成线性关系。

其不足之处是压损较大。其次，旋进旋涡流量计属流体振动式流量计，对于管道振动和电磁干扰较敏感，所以只能在振动较小、无电磁干扰的环境中使用。

4.4 变组分气体流量的测量

4.4.1 变组分气体的分类

中海油南海某气田有四个生产平台，共 28 口生产井，气田不同单井的产能和产出天然气组分都有较大差异。各井烃类（摩尔分数）含量在 23%～83%之间，CO_2 含量在 0.3%～73%之间，N_2 含量在 4%～35%之间，相对密度在 0.64～1.28 之间。而该处所安装的全部孔板流量计，都是按相对密度 0.82 设计的。待气田投产后才发现所有气井没有一口所产天然气的相对密度为 0.82。

相对密度的差异，引起仪表出现很大误差，甚至对气井评价产生相反的结果。因为纯烃含量高的气井，天然气热值高，但因相对密度小，仪表所显示的体积流量值大幅度偏低，从而落了个“低产”的罪名。而 CO_2 含量高的气井，天然气热值低，但因相对密度大，仪表所显示的体积流量值大幅度偏高，从而获得“高产”的美名。

错误测量结果的误导，也给单井配产和天然气组分调配工作带来问题。

据报道[20]，该处共有 28 口气井，投产三年多以来，除一口井产出天然气组分在缓慢变化外，其余生产井天然气组分基本稳定。

这是变组分气体的第一种类型。即流量计订货时，工艺专业提供的一种组分数据，待仪表投入使用时，发现实际气体的组分与订货时的组分数据有很大差异。但组分还是基本稳定的。

第二种类型的变组分气体情况更加严酷，其组分的变化是随机的，没有任何规律，变化的幅度也较大，例如炼油厂的干气[21]。

第三种类型的变组分气体是火炬气。这种气体的组分变化特点与第二种类型气体相同，所不同的是火炬气静压低、流速低，流量变化范围大，而且管道内径特别大。一些适用于第二类情况的测量方法，在此也变得无能为力。

4.4.2 第一类变组分气体的解决方法

用标准差压式流量计测量气体标准状态体积流量基本公式为[22]

$$q_{vn}=\frac{\pi}{4}\times\frac{C}{\sqrt{1-\beta^4}}\varepsilon_1 d^2\sqrt{2\Delta P}\sqrt{\rho_1}/\rho_n \tag{4.46}$$

式中 q_{vn}——标准状态体积流量，Nm^3/s；

ρ_n——气体在标准状态下的密度，kg/m^3；

其余符号意义与式(3.1) 相同。

对于变组分气体，ρ_n 也是变量，即气体组分变化时，其标准状态密度也相应变化。为了分析的方便，定义两个新的变量，即

ρ_{nd}——设计计算时气体在标准状态下的密度，kg/m^3；

ρ_{nf}——实际使用时气体在标准状态下的密度，kg/m^3。

为了研究 ρ_1 对流量测量的影响，定义另两个变量，即

ρ_{1d}——设计计算时节流件正端取压口处气体密度，kg/m^3；

ρ_{1f}——实际使用时节流件正端取压口处气体密度，kg/m^3。

将式(4.46) 中的 ρ_1 改写成式(4.47)，式(4.46) 中的 ρ_n 改写成式(4.48)：

$$\rho_1=\rho_{1d}\frac{\rho_{1f}}{\rho_{1d}} \tag{4.47}$$

$$\rho_n=\rho_{nd}\frac{\rho_{nf}}{\rho_{nd}} \tag{4.48}$$

将式(4.47) 和 (4.48) 代入式(4.46) 得

$$\begin{aligned} q_{vn}&=\frac{\pi}{4}\times\frac{C}{\sqrt{1-\beta^4}}\varepsilon_1 d^2\sqrt{2\Delta P}\frac{\sqrt{\rho_{1d}}\sqrt{\dfrac{\rho_{1f}}{\rho_{1d}}}}{\rho_{nd}\dfrac{\rho_{nf}}{\rho_{nd}}}\\ &=q_{vnd}\sqrt{\frac{\rho_{1f}}{\rho_{1d}}}/\frac{\rho_{nf}}{\rho_{nd}}\\ &=q_{vnd}\sqrt{\frac{\rho_{1f}}{\rho_{1d}}\times\frac{\rho_{nd}^2}{\rho_{nf}^2}} \end{aligned} \tag{4.49}$$

式中 q_{vnd}——未经密度补偿的标准状态体积流量，Nm^3/h。

$$q_{vnd}=\frac{\pi}{4}\times\frac{C}{\sqrt{1-\beta^4}}\varepsilon_1 d^2\sqrt{2\Delta p}\sqrt{\rho_{1d}}/\rho_{nd}$$

从气体方程知：

$$\rho_{1f}=\frac{\rho_{nf}p_f T_n Z_n}{p_n T_f Z_f} \tag{4.50}$$

$$\rho_{1d}=\frac{\rho_{nd}p_d T_n Z_n}{p_n T_d Z_d} \tag{4.51}$$

式中 ρ_{1f}——使用状态气体密度，kg/m^3；

p_f——使用状态气体绝对压力，MPa；

p_n——标准状态气体绝对压力，MPa；

T_n——标准状态气体热力学温度，K；

T_f——使用状态气体热力学温度，K；

Z_n——标准状态气体压缩系数；

Z_f——使用状态气体压缩系数；

ρ_{1d}——设计状态气体密度，kg/m^3；

ρ_{nd}——设计时标准状态气体密度，kg/m^3；

p_d——设计状态气体绝对压力，MPa；

T_d——设计状态气体热力学温度，K；

Z_d——设计状态气体压缩系数。

将式(4.50) 和式(4.51) 代入式(4.49) 并化简得：

$$q_{vn}=q_{vnd}\sqrt{\frac{p_f T_d Z_d}{p_d T_f Z_f}}\sqrt{\frac{\rho_{nd}}{\rho_{nf}}} \tag{4.52}$$

式中 q_{vn}——气体在标准状态下的体积流量，Nm^3/h；

q_{vnd}——未经密度补偿的标准状态体积流量，Nm^3/h。

式(4.52) 的计算时在流量演算器（模块）中完成。其中，p_d、T_d、ρ_{nd} 的数值可由孔板计算书查得，然后写入仪表的菜单。p_f 和 T_f 是实测值。Z_d 是 T_d、p_d、T_c（临界温度）和 p_c（临界压力）的函数，在流量演算器中计算得到。Z_f 是 T_f、p_f、T_c 和 p_c 的函数，也在流量演算器中得到。

式(4.52) 中的 ρ_{nf} 是实际使用气体在标准状态下的密度。由于第一类气体的组分比较稳定，可以离线计算。计算方法可参阅文献 [20,23]。

4.4.3 第二类变组分气体的解决方法

(1) 涡街-孔板推导式变组分质量流量计

与第一类气体不同，第二类气体的组分变化很频繁，不能用离线计算 ρ_{nf} 然后人工写入仪表的方法。例如在炼油厂、石化厂，有些石油加工过程中的石油气组成变化很大，流体标准状态密度在较大的范围内变化。有的可燃气体系统变化范围可达 0.1554～2.0321kg/Nm^3[21-23]，这时，如果仍然将流体标准状态密度当作常数来处理，最大测量误差就将达百分之几十，这是不允许的。

采用涡街流量计与孔板差压式流量计串联并同流量演算器一起组合而成的测量系统能很好地解决这个问题，其原理框图如图 4.14 所示。

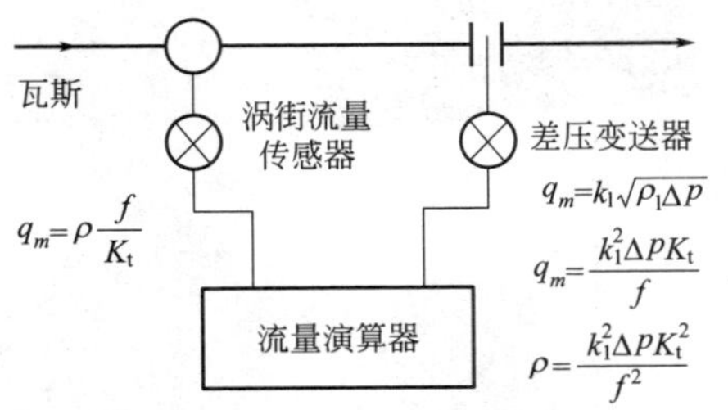

图 4.14 测量组分变化气体的质量流量框图

在该系统中，有下面的关系式[24]。

涡街流量传感器数学模型为

$$q_m=\rho\frac{f}{K_t} \tag{4.53}$$

式中 q_m——质量流量；

ρ——涡街流量传感器出口端流体密度；

f——涡街流量传感器输出频率；

K_t——涡街流量传感器工作状态下流量系数。

孔板式差压流量计数学模型为

$$q_m=k_1\sqrt{\rho_1\Delta p} \tag{4.54}$$

式中 k_1——系数；

ρ_1——节流件正端取压口处流体密度；

Δp——差压。

将式(4.54) 平方后除以式(4.53) 得：

$$q_m=\frac{k_1^2\rho_1\Delta pK_t}{\rho f} \tag{4.55}$$

由于孔板差压式流量计串接在涡街流量计后面，ρ_1 与 ρ 近似相等，即

$$\rho_1=\rho \tag{4.56}$$

所以式(4.55) 可化简为

$$q_m\approx\frac{k_1^2\Delta pK_t}{f} \tag{4.57}$$

(2) 涡街-差压推导式变组分气体质量流量计

上面所述的涡街-孔板方法中，孔板的作用是测量工况条件下的流体密度。近几年来市场上出现的涡街-差压推导式变组分气体质量流量计（简称 FVC），省去了孔板，而采用涡街流量传感器中的旋涡发生体前后压差，计算工况条件下气体密度，与涡街-孔板方法相比，具有以下好处：

a. 省去孔板，节省投资。

b. 省去孔板安装工程费。

c. 孔板直管段通常比涡街长得多，省去孔板，直管段长度要求缩减 2/3。

d. 为在流量标准装置上的校准带来方便，而且使校准费降低。

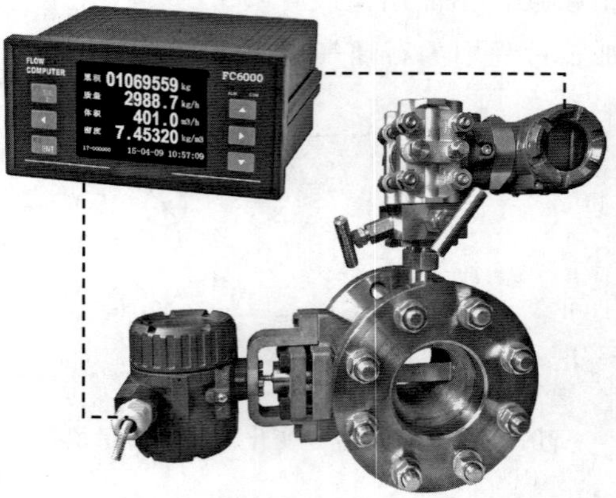

图 4.15 涡街-差压推导式变组分气体质量流量计

FVC 由涡街流量传感器、差压变送器和流量演算器组成，其外形如图 4.15 所示。其工作原理如下。

① 基本关系

用式(4.58) 计算传感器出口侧工况条件下的体积流量 q_{vf}[24]，即

$$q_{vf}=3.6f/K_t \tag{4.58}$$

式中 f——涡街流量传感器输出频率，1/s；

K_t——工况条件下流量系数，1/L。

因旋涡发生体前后的压差与发生体出口处的流体密度成正比[25]，即：

$$\Delta p=k\rho_f V_f^2 \tag{4.59}$$

式中 Δp——旋涡发生体前后的差压，Pa；

k——系数；

ρ_f——工况条件下流体密度，kg/m³；

V_f——测量管内气体流速，m/s。

将式(4.59) 整理可得：

$$\rho_f = \Delta p/(kV_f^2) \tag{4.60}$$

从定义可导出测量管内气体流速与体积流量的关系[23]。

$$V_f = q_{vf}/A \tag{4.61}$$

式中　V_f——测量管内气体流速，m/s；

A——测量管流通截面积，m²。

将式(4.58) 代入式(4.61) 得：

$$V_f = \frac{3.6f}{K_t A} \tag{4.62}$$

将式(4.62) 代入式(4.60) 并整理得：

$$\rho_f = \Delta p/k\left(\frac{3.6f}{K_t A}\right)^2 \tag{4.63}$$

将式(4.58) 与式(4.63) 相乘就得质量流量 q_m：

$$\begin{aligned} q_m &= q_{vf}\rho_f \\ &= \frac{3.6f}{K_t}\Delta p/k\left(\frac{3.6f}{K_t A}\right)^2 \\ &= \frac{K_t A^2}{3.6k}\times\frac{\Delta p}{f} \end{aligned} \tag{4.64}$$

式中　q_m——质量流量，kg/h；

K_t——涡街流量传感器流量系数，1/L；

A——测量管流通截面积，m²；

k——系数（横河 DY 型涡街 $k=1.08$）；

Δp——旋涡发生体前后的差压，Pa；

f——涡街流量传感器输出频率，1/s。

② 可膨胀性系数补偿

气体的膨胀性会引起一定的非线性误差，如果不对这种误差进行可膨胀性补偿，高流速段会有明显的正偏差，而可膨胀性系数补偿所用的数学模型，不同的制造商也各不相同[26,27]。

③ 实流校准及误差修正

成套流量计放在空气流量标准上逐台校验，然后将校验得到误差在流量演算器中逐点修正，并且进行可膨胀性校正，确保 10∶1 可调比范围内，达到 0.5 级准确度。典型的校准记录如图 4.16 所示。

气体流量计(电流质量型)检定/校准原始记录

YZJLZ-JL-FI-06

委托方：上海同欣自动化仪表有限公司　生产厂：上海同欣自动化仪表有限公司　流量计量程：0～3000　证书编号：TEST变组分2

流量计名称：变组分气体质量流量计　流量计编号：150107　流量计位号：　规程号：

型号规格：FVC080　精度等级：　装置管径：80.00mm　室温：17.91℃　设备状态：

检定点 /(kg/h)	序号	标准表数据									被校表										计算参数		
		检定时间 /s	累计脉冲 /N	仪表系数 /(P/kg)	压力 /MPa	温度 /℃	密度 /(kg/m³)	累计质量 /kg	质量流量 /(kg/h)	体积流量 /(m³/h)	流速 /(m/s)	输出电流 /mA		压力 /MPa	温度 /℃	密度 /(kg/m³)	实际体积 /(m³/h)	质量流量 /(kg/h)	体积流量 /(m³/h)	误差 E_i/%	平均误差 E/%	重复性 d/%
293.3389	1	30.001	8800	3600.0000	0.7652	12.3415	11.1127	2.4444	293.3284	26.3957	1.5320	5.5550		0.7656	12.0376	10.5811	27.7220	291.5670	27.5555	−0.6005	−0.4985	0.1342
	2	30.003	8800	3600.0000	0.7652	12.3588	11.1022	2.4444	293.3030	26.4184	1.5318	5.5584		0.7656	12.0432	10.5814	27.7186	292.2069	27.6151	−0.3737		
	3	30.002	8802	3600.0000	0.7653	12.3666	11.1172	2.4450	293.3853	26.3903	1.5323	5.5566		0.7656	12.0547	10.5809	27.7279	291.8561	27.5834	−0.5212		
545.6077	1	30.005	16364	3600.0000	0.7590	12.4230	11.0407	4.5456	545.3849	49.3977	2.8750	6.9232		0.7577	12.0918	10.4831	52.0249	548.0940	52.2833	0.4967	0.4781	0.2013
	2	30.002	16377	3600.0000	0.7582	12.4357	11.0185	4.5492	545.8618	49.5406	2.8805	6.9200		0.7569	12.1117	10.4722	52.1250	547.4923	52.2807	0.2987		
	3	30.001	16368	3600.0000	0.7578	12.4535	11.0146	4.5467	545.5764	49.5323	2.8807	6.9283		0.7564	12.1261	10.4661	52.1280	549.0617	52.4610	0.6388		
1196.2807	1	30.003	36009	3600.0000	0.7356	12.4889	10.6866	10.0025	1200.2000	112.3089	6.5770	10.4145		0.7253	12.1675	10.0845	119.0141	1202.7126	119.2632	0.2093	0.1711	0.1385
	2	30.003	35852	3600.0000	0.7317	12.5017	10.6281	9.9589	1194.9352	112.4314	6.5775	10.3901		0.7217	12.1867	10.0395	119.0233	1198.1490	119.3434	0.2689		
	3	30.002	35813	3600.0000	0.7290	12.5151	10.5984	9.9481	1193.7070	112.6308	6.5918	10.3687		0.7191	12.2075	10.0074	119.2820	1194.1239	119.3237	0.0349		
1920.5235	1	30.000	57955	3600.0000	0.6937	12.4060	10.0480	16.0986	1931.8140	192.2594	11.4303	14.2952		0.6643	12.1467	9.3398	206.8378	1930.3524	206.6813	−0.0757	−0.3187	0.3121
	2	30.001	57566	3600.0000	0.6868	12.3850	9.9718	15.9906	1918.7963	192.4214	11.4537	14.2052		0.6576	12.1283	9.2579	207.2604	1913.4758	206.6857	−0.2773		
	3	30.000	57329	3600.0000	0.6812	12.3659	9.9006	15.9247	1910.9603	193.0146	11.4864	14.1303		0.6523	12.1123	9.1938	207.8532	1899.4365	206.5998	−0.6030		
2925.8144	1	30.005	89803	3600.0000	0.6047	11.8406	8.6795	24.9453	2992.9046	344.8255	21.8146	19.9716		0.5193	11.6376	7.5818	394.7470	2994.6767	394.9807	0.0592	0.0592	0.0452
	2	30.000	88374	3600.0000	0.5931	11.7798	8.5639	24.5483	2945.7705	343.9768	21.8197	19.7141		0.5092	11.5104	7.4607	394.8403	2946.3894	394.9232	0.0210		
	3	30.002	85169	3600.0000	0.5690	11.6066	8.2687	23.6581	2838.7680	343.3129	21.7769	19.1548		0.4879	11.3815	7.2038	394.0655	2841.5325	394.4493	0.0974		
备注:																				结论		

检定人：　审核人：　检定日期：2015年4月9日

图 4.16　典型校准记录

④ 流量测量准确度的现场验证

从式(4.63) 所示的关系可以看出，仪表所显示的工况条件下的气体密度值 ρ_f 是 Δp 和 f 两个自变量的函数，如果能证明仪表当前所显示的 ρ_f 是准确的，就可认为 Δp 和 f 也是正确的，而验证 ρ_f 示值准确度，简单易行的方法是对当前的混合气进行取样分析，然后按式(4.65) 计算混合气标准状态密度，再根据取样时的气体温度压力按式(4.67) 计算 ρ_f。取样的同时，记录仪表显示的混合气密度，然后进行比对[28]。

$$\rho_n=\frac{P_nM}{Z_nT_nR} \tag{4.65}$$

式中 P_n——标准状态气体压力，0.101325MPa；

M——气体摩尔质量，$M=\sum_{i=1}^{n}X_iM_i$； (4.66)

Z_n——标准状态气体压缩系数；

T_n——标准状态气体热力学温度，293.15K；

R——通用气体常数，0.00831451kJ·kg^{-1}·K^{-1}；

X_i，M_i——分别为第 i 组分的摩尔分数和摩尔质量。

工作状态下混合气体理论密度 ρ_f 在忽略压缩系数影响后为

$$\rho_f=\frac{P_fT_n}{P_nT_f}\rho_n \tag{4.67}$$

式中 P_f——涡街流量传感器出口绝对压力，MPa；

P_n——标准状态绝对压力，0.101325MPa；

T_n——标准状态热力学温度，293.16K；

T_f——工况条件下流体热力学温度，K。

(3) 用科里奥利质量流量计测量变组分气体的质量流量

近年来，科里奥利质量流量计的制造技术获得了快速发展，例如 CMF100 传感器与 2400S 变送器配用，测量液体时，流体的质量流量精确度可达流量值的 0.05%，而且已延伸到气体流量的测量。应用上述配置的流量计测量气体质量流量，精确度可达流量值的 0.35%。因为它能直接显示质量流量，所以比推导法更简单更准确，但因气体管道直径一般比较大，选用科里奥利质量流量计去测量投资很高，所以，具体选型时应根据必要性决定取舍。

应用科里奥利质量流量计测量气体流量时还要考虑一个重要问题，即可行性。因为现有的产品测量压力很低的气体流量，目前还有困难，所以选型时应列出具体测量点的工况条件及物性数据，向供应商咨询，确认是否落在可测范围内。

4.4.4 小结

a. 石化等行业的干气，是典型的变组分气体。对其进行准确计量具有重要意义。但其组分每时每刻都是在变化的，不能采用恒定组分气体质量流量的测量方法。 FVC 气体质量流量计，用涡街流量传感器测量工况条件下的体积流量，用旋涡发生体前后的压差计算流量计出口侧气体密度，经计算得到质量流量。这一方法简单可靠，从而解决了变组分气体质量流量测量的难题。

b. 由于涡街流量传感器可调比大，从而使 FVC 流量计也具有较大的可调比。而且在微静压对象中也能正常测量。

c. 测量管内流体雷诺数 Re_D 对涡街流量传感器的流量系数线性度有一定影响。气体的可膨胀性也会引起流量测量误差。在流量二次表中对这两种影响均按数学模型进行了补偿。并在出厂前的实流校准中，用 10 段折线法进行恰到好处的修正，从而使 0.5%MV 的准确度得到保证。

d. 涡街流量传感器测量管内气体流速，最高允许 80m/s，设计选型时，一般可将仪表的公称通径缩小一档到二档甚至三档（按上限流速选定），从而节省投资。

e. 由于 FVC 流量传感器耐振性能优于 2g，所以安装现场有轻度振动，不影响正常测量，而且只要正确安装，即使气体带有微量液滴，也不影响正常测量。

4.5 火炬气流量的测量

4.5.1 引言

在石油和石化企业，一般都配有火炬系统，这对保证工艺装置安全生产、保护环境、节能降耗具有重要意义。

火炬气的来源主要有：

a. 有关生产装置排出的尾气、废气；

b. 生产装置事故状态下紧急排放的瓦斯；

c. 暂时还不能利用的瓦斯。

为了节约能源、降低损耗和保护环境，很多石化厂建立了瓦斯回收系统，即气柜所收集的瓦斯经压缩机升压后送回收装置，只有在各生产装置排放量过大而超过回收能力时，才送火炬燃烧。因此，进入火炬燃烧的瓦斯流量多少，成了瓦斯回收利用成绩的一个标志，这就使得火炬气流量成为一个石化厂的最主要的计量点之一。

由于进入火炬气系统的瓦斯来自各个生产装置的瓦斯排放，在对生产和损耗进行精细化管理的现在，也加强对各生产装置瓦斯排放量的考核，所以，各生产装置瓦斯排放量的计量，也就成为必须解决的问题。不仅如此，为火炬（及瓦斯排放）系统提供准确的流量数据，还为及时合理的调度指挥协调提供依据。

基本上各个生产装置都要设置瓦斯排放计量点，因而瓦斯计量点很多。

4.5.2 火炬气流量测量的难点

与一般流量测量对象相比，火炬气流量监测和瓦斯排放量监测有其特有的难点，其中[23,29]：

① 管径一般都很大

② 满足直管段要求一般不困难

这是因为考虑安全的需要，火炬的烟囱一般布置在远离主要生产装置的区域，这样就会有很长的管道长度。

③ 流体中常会有一些油污

有时还有冷凝液生成。

④ 安全性要求高

为了保证紧急情况下生产装置所有气体能够快速、安全排放，流量计不能为管道增加显著的阻力。不能用缩径的方法提高流速。

⑤ 可调比要求高

火炬气属于低静压、低流速测量对象。主装置正常运行时，送火炬燃烧的仅仅是一些流程尾气、驰放气，流速很低，但在系统紧急排放时，流速可能超过60m/s。因此要求流量测量仪表必须具有很宽的可调比，其中难度最高的还要算低流速的测量。

目前，GE公司的GF868型超声波流量计，其量程范围为0.3～30m/s，所以其他方法的流量计可参考这一测量范围。

⑥ 气体组分会有显著变化

4.5.3 火炬气（瓦斯）流量测量的仪表选型

由于火炬气（瓦斯）流量测量的诸多难点和价格问题，多年以来，这种测量任务一直困扰着工程师们。很多单位在这方面做了探索，但与工艺方面提出的要求相比，还有不少距离。

(1) 热式质量流量计

用热式质量流量计测量火炬气（瓦斯）质量流量，方法简单，因为仪表可直接读出质量流量值，流速很低时也有很高的灵敏度，而且阻力很小，似乎很切题，但仪表运行实践表明，问题不少。

① 气体组分变化对示值产生较大影响

热式质量流量计是利用被加热后的热敏元件在流量不同时，散热条件变化导致电阻值变化的原理工作的，它在清洁、纯净的干燥气体例如氮、氧、氩中，能够长期稳定地工作，精确度也能达到规定的指标。但在被测气体组分不断变化时，误差较大，这是因为热敏元件的散热条件除了与气体的流速和密度密切相关之外，还与气体的导热系数有关，尤其是气体中含有氢气时。在相同工况条件下，氢气的密度只有空气的1/14，但其导热系数却有空气的7倍，因而对测量造成严重干扰。

② 气体中微量的液滴改变散热条件[30]

火炬气（瓦斯）中有时夹带微量液滴，这些液滴往往是由于各个工艺装置排出的气体温度较高，出了装置后温度下降，导致部分重组分冷凝所致。

热式质量流量计在出厂前，均按用户提出的气体组分进行逐台标定。在投入使用时，如果被测流体组分与标定时一致，一般能得到规定的测量精确度。这是因为组分一致时，热敏元件因气体热传导所散发的热量与标定时一致，故散热仅与气体的流速和密度有关。但当气体夹带微量液滴时，液滴撞击在热敏元件上，因为热敏元件内的铂金丝经通电加热，温度约比气体温度高几十摄氏度，所以液滴极易遇热汽化。液体汽化过程中所吸收的汽化热是个很可观的数字，所以热敏元件会因此损失很多热量，导致仪表示值大幅度偏高。

③ 气体的油污在热敏元件表面黏附而改变散热条件

火炬气中的油污总是无法避免的。日积月累，油污夹杂颗粒状物质在热敏元件表面黏附，使散热条件变差，这一干扰因素的作用结果使得流量示值偏低。

(2) 喷嘴流量计

喷嘴流量计和均速管流量计均属差压式流量计，并不是测量火炬气（瓦斯）的理想工具，这是因为：

a. 在流速很低时，差压信号幅值太低，以致无法显示。

b. 被测气体组分的变化仍会对测量精确度产生一定的影响。

但是，人们还是有选择地在部分测量对象中使用差压式流量计，这是因为：超声流量计虽好但价格太贵，而且一个石化企业，此类测量对象是大量的，不可能全部采用超声流量计。

在管径较小的测量对象中，常使用标准差压流量计中的喷嘴流量计，尽管测量精确度不够理想，但稳定性、可靠性和价格，都是令人满意的。对 DN500 以下的测量对象，选用 ISA1932 喷嘴，对于 DN600 的测量对象，选用长径喷嘴。

采用喷嘴流量计测量火炬气支管流量，人们关注两个问题，一是压力损失，另一是气体组分变化对流量示值的影响的数量概念。

① 喷嘴两端永久性压损计算

差压式流量计基本表达式，如第 3 章式(3.1) 所示。

在节流件前的管道内，质量流量与平均流速的关系可用式(4.68) 描述。

$$q_m=\frac{\pi}{4}D^2\rho_1 V \tag{4.68}$$

式中 q_m——质量流量，kg/s；

D——管道内径，m；

ρ_1——节流件正端取压口平面上的流体密度，kg/m^3；

V——节流件前管道内的平均流速，m/s。

其余符号意义同式(3.1)。

将式(4.69) 代入式(3.1) 并整理得：

$$V=\frac{C}{\sqrt{1-\beta^4}}\varepsilon_1\beta^2\frac{\sqrt{2}}{\sqrt{\rho_1}}\sqrt{\Delta p} \tag{4.69}$$

为了降低节流件上的压损，取 $\beta=0.8$，流体以压力为常压、温度为 20℃ 的氮气为例，则：

$$\rho_1=1.1646\text{kg/m}^3 \tag{4.70}$$

并估算 C 和 ε_1 值：

$$C=0.902 \tag{4.71}$$

$$\varepsilon_1=0.96 \tag{4.72}$$

将式(4.70)、式(4.71) 和式(4.72) 的值代入式(4.68) 得

$$V\approx 0.945\sqrt{\Delta p} \tag{4.73}$$

当 $V=1\text{m/s}$ 时，$\Delta p\approx 1\text{Pa}$。

当 $V=60\text{m/s}$ 时，$\Delta p\approx 3809\text{Pa}$。

将上述数据代入式(4.74)[7] 计算 $V=60\text{m/s}$ 时的永久性压损：

$$\Delta\varpi=\frac{\sqrt{1-\beta^4(1-C^2)}-C\beta^2}{\sqrt{1-\beta^4(1-C^2)}+C\beta^2}\Delta p \tag{4.74}$$

式中 $\Delta\varpi$——压力损失，Pa；

β——直径比，$\beta=d/D$；

C——流出系数；

Δp——差压，Pa。

此例中，$\Delta\varpi=0.24948\Delta p=950\text{Pa}$。

② 气体组分变化对测量结果的影响

采用偏微分的方法分析流体密度变化对流量测量结果的影响。

在式(3.1) 中，假定等号右边只有 ρ_1 在变化，求偏导数得：

$$\frac{\partial q_m}{\partial \rho_1}=\frac{1}{2}\left(\frac{\Delta\rho_1}{\rho_1}\right)$$

即 ρ_1 偏离设计值 10%，因此引起的流量测量误差为 5%。所以气体组分变化后其密度相应变化，对差压流量计的影响是打对折的关系。

(3) 均速管流量计

由于喷嘴最大尺寸只能做到 DN600，如果管径大于 600mm，只能采用均速管差压流量计。其优点是压损可忽略不计，缺点是输出差压太小，而且微差压变送器精确度等级低，零点漂移大，在流速较低时，其输出往往在小信号切除点以下。

(4) 插入式双文丘里管流量计

在插入式双文丘里喷嘴流量计中，合理设计其结构并选定其喉径比 β，能获得比经典阿牛巴流量计大 14～20 倍的差压[31]。可测最低流速可达 0.1m/s。其原理是，在流体流过外层文丘里喷嘴喉部时，流体被加速若干倍，在外层文丘里喉部插入小文丘里喷嘴，将此流速测量出来，即得到较高的差压值。

(5) 用超声流量计测量火炬气流量

GE Sensing 公司的前身 Panametrics 公司，早在几十年前就开展了用超声流量计测量火炬气流量的研究，并推出了相应的产品。早期产品命名为 7100 型，后改型为 GF868 型。这

是一种时差法超声流量计。换能器等构成的时差法流量计量器具，换能器一般沿管壁安装，且直接同流体接触，由一个换能器发射的超声波脉冲被另一个换能器所接收，反之亦然。本章的图 4.11 所示为 Tx1 和 Tx2 两个换能器的简化几何关系，声道与管道线间的夹角为 φ，管径为 D。在某些仪表中采用了反射声道，此时超声脉冲在管壁上经一次或多次反射。

超声脉冲穿过管道如同渡船过河流。如果没有流动，声波将以相同速度向两个方向传播，当管道中的气体流速不为零时，沿气流方向顺流传播的脉冲将加快速度，而逆流传播的脉冲将减慢。因此，相对于没有气流的情况，顺流传播的时间 t_D 将缩短，逆流传播的时间 t_U 会增长，根据这两个传播时间，就可以计算测得流速。这就是时差法超声流量的基本原理。

在图 4.11 中，有式(4.40)、式(4.41) 和式(4.42) 的关系式成立。测得 T_D 和 T_U 就可按是式(4.42) 计算声道上的平均流速，并进而计算体积流量。

时差法超声流量计，在测量得到顺流超声传播时间 T_D 和逆流超声传播时间 T_U 后，可进一步计算其平均传播时间 t_a 和声速 C。即

$$t_a=\frac{1}{2}(t_D+t_U) \tag{4.75}$$

式中 t_a——平均传播时间；

t_D——顺流超声传播时间；

t_U——逆流超声传播时间。

$$C=L/t_a \tag{4.76}$$

式中 C——声速；

L——声道长度；

t_a——平均传播时间。

由于固定介质在已知温度和压力情况下声速是保持不变的物理量，从声速的测量可以推算出流体内介质的组成成分及相对分子量并进而计算质量流量。

GE Sensing 公司经过多年研究，得到了气体平均分子量与声速 C 关系的经验公式[32]：

$$C=\sqrt{\frac{\kappa RT}{MW}} \tag{4.77}$$

式中 C——声速；

κ——等熵指数；

R——气体常数；

T——绝对温度；

MW——平均分子量。

该公式适用于碳氢气体，对氮气等非碳氢气体，要另作补偿。与该公式相对应的曲线如图 4.17 所示。

对于火炬气来说，计算得到即时相对分子量数据具有特殊的意义，因为来自不同装置的气体，其相对分子量是不同的，从即时分子量数据可判断泄漏来源。

可以测量极低的气体流速和具有很大的可调比，是火炬气超声流量计的一大优势。

GF868 可以测量 0.1～0.5m/s 的低流速流体，极端情况下满足最低流速 0.03m/s 的测

量。当出现“扰动”时，火炬气超声波流量计可测量高达 80m/s 的高流速气体，并且满足双向流体的要求。GF868 火炬气超声波流量计采用插入式探头，可以满足工艺管线直径从 76mm～3m 的变化。

该流量计可以配置 1 对或 2 对测量探头。单声道测量时，当流速在 −85～−0.3m/s 或 0.3～85m/s 之间，流量测量精度满足读数的 2%～5%。双声道测量时，当流速在 −85～−0.3m/s 或 0.3～85m/s 之间，流量测量精度满足读数的 1.4%～3.5%。测量相对分子量时，测量精度满足 1.8%。

GF868 型火炬气流量计由转换器、T5 型传感器、前置放大器、不断流插拔装置（填料函、隔离阀、接管）、电缆、压力变送器、温度变送器等组成，如图 4.18 所示。从现场使用情况来看，效果是令人满意的。

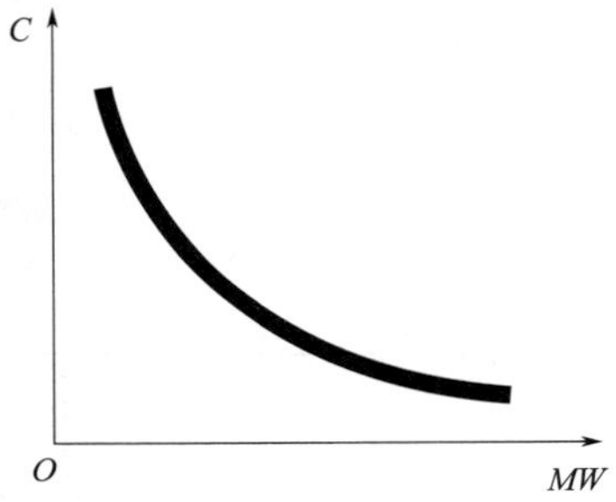

图 4.17　MW 与 C 的关系

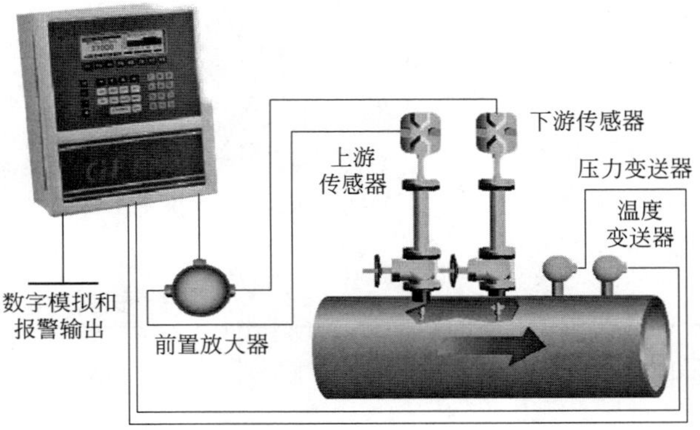

图 4.18　GF868 型火炬气流量计系统

4.5.4　小结

a. 火炬气和瓦斯排放气流量测量，是一项难度很高的工作。其难点在于安全性要求高，管道直径大、可调比要求高、响应速度要求高、不允许有较大的阻力、气体组分复杂多变而且常夹带油污和冷凝液。

b. 热式质量流量计在这种条件下往往用不好。因为气体组分的变化，液滴和油污等都显著改变热敏元件的散热条件，从而干扰测量结果。

c. 用喷嘴流量计测量火炬支管流量，虽然精确度不理想，但因简单、可靠、价格便宜，而且永久压损也可以很小，为工艺人员所接受。

d. 阿牛巴流量计能够测量各种通径的火炬气流量，只是差压信号太小，可测最低流速不尽如人意。

e. 插入式双文丘里管流量计，相同流速的条件下，传感器输出的差压值比菱形阿牛巴流量计大 14～20 倍，可测最低流速达 0.1m/s，弥补了阿牛巴流量计的不足。

f. 火炬气超声流量计是专门为此项应用而开发的。不仅能测量体积流量、质量流量，而且能给出气体平均分子量，为工艺管理和调度人员提供了重要信息，是个很好的方法，缺点是价格太贵。

4.6 天然气流量计算示例（孔板开孔直径设计计算）[1]

孔板开孔直径设计计算以满足给定工作条件为准则。本实例按角接取压方式计算，法兰取压方式与之类似。

(1) 已知条件

a. 测量管内径：$D_{20}=259.38\text{mm}$（20 钢的新无缝管）。

b. 气流常用流量：$q_{np}=8.15\text{m}^3/\text{s}$；最大流量：$q_{nK}=11.25\text{m}^3/\text{s}$；最小流量：$q_{nX}=4.00\text{m}^3/\text{s}$。

c. 气流常用温度：$t=15℃$。

d. 气流常用差压：$\Delta p=12500\text{Pa}$。

e. 气流常用表静压：$p_1=1.48\text{MPa}$。

f. 当地常用大气压：$p_a=0.0981\text{MPa}$。

g. 差压变送器测量上限：$\Delta p_{max}=25000\text{Pa}$。

h. 天然气组分见表 4.5。

表 4.5 天然气组分

组分	甲烷	乙烷	丙烷	丁烷	2-甲基丙烷	戊烷	2-甲基丁烷	已烷	氢气	氦气	氮气	二氧化碳
摩尔分数	0.8836	0.0625	0.0240	0.0035	0.0015	0.0010	0.0005	0.0001	0.0001	0.0004	0.0068	0.0157

(2) 辅助计算

① 求测量管直径 D

按式(A.4) 求出 D 值。

$$D=259.38\times[1+1.116\times10^{-5}\times(15-20)]=259.37\text{mm}$$

② 求天然气的真实相对密度 G_r

按式(A.7) 计算。

$$G_r=G_i\frac{Z_a}{Z_n}$$

式中，G_i 为天然气的理想相对密度，其值按式(A.8) 计算。

$$G_i=\frac{M}{M_a}$$

式中，M 为天然气摩尔质量，其值按式(A.8) 计算：

[1] 本例中所用的公式和数据表，其编号部分源自 GB/T 21446—2008，见参考文献［9］。

$$M=(14.161+1.879+1.058+0.203+0.087+0.072+0.036+0.086+0.001+0.000+0.190+0.691)\text{kg/kmol}=18.464\text{kg/kmol}$$

标准参比条件下天然气压缩因子 Z_n 按式(A.9)计算。

$$Z_n=1-\left(\sum_{j=1}^{n}X_j\sqrt{b_j}\right)^2$$

式中

$$\begin{aligned}\sum_{j=1}^{n}X_j\sqrt{b_j}&=0.0385+0.0056+0.0031+\\&\quad 0.0006+0.0003+0.0002+0.0001+0.0000+0.0000+\\&\quad 0.0000+0.0001+0.0011\\&=0.0496\end{aligned}$$

则

$$\begin{aligned}Z_n&=1-0.0496^2\\&=0.9975\end{aligned}$$

又

$$Z_a=0.99963$$

所以

$$G_r=\frac{Z_aM}{Z_nM_a}=\frac{0.99963\times18.464}{0.9975\times28.9626}=0.6389$$

③ 标准参比条件下天然气密度 ρ_n 按 GB/T 21446—2008 式(18)计算

$$\rho_n=\frac{MP_n}{RZ_nT_n}=\frac{18.464\times0.101325}{0.00831451\times0.9975\times293.15}\text{kg/m}^3=0.7695\text{kg/m}^3$$

④ 超压缩系数 F_Z 的计算

按式(A.11)GB/T 17747.2 标准的方法计算表 4.5 中已知天然气组分及相应温度和压力下的压缩因子 $Z_1=0.9598$，按式(28)计算超压缩系数。

$$F_Z=\sqrt{\frac{Z_n}{Z_1}}=\sqrt{\frac{0.9975}{0.9598}}=1.0195$$

⑤ 求天然气的等熵指数 κ 的计算

按式(A.10)规定：

$$\kappa=\frac{c_p}{c_v}$$

从表 A.6 查得相应流动状态下的定压比热容 $c_p=2.324$，定容比热容 $c_v=1.713$。

所以

$$\kappa=\frac{2.324}{1.713}=1.357$$

⑥ 天然气的动力黏度 μ_1 的计算

天然气的动力黏度 μ_1 由表 A.5 查得相应流动状态下的黏度值，即：

$$\mu_1=0.01096\text{mPa}\cdot\text{s}$$

⑦ **求管径雷诺数 Re_D**

常用流量时的管径雷诺数：

$$Re_{Dcom}=\frac{1.53\times10^6\times8.15\times0.6389}{0.01096\times259.36}=2.80\times10^6$$

最大流量时管径雷诺数：

$$Re_{Dmax}=\frac{1.53\times10^6\times11.25\times0.6389}{0.01096\times259.37}=3.87\times10^6$$

最小流量时管径雷诺数：

$$Re_{Dmin}=\frac{1.53\times10^6\times4.00\times0.6389}{0.01096\times259.37}=1.37\times10^6$$

(3) 计算顺序

① **用 F.2.3.1 提供的公式计算 β' 近似值**

$$\beta^2=\frac{d^2}{D^2}$$

$$CE\beta^2=\frac{q_{vn}}{A_sD^2F_G\varepsilon F_ZF_T\sqrt{p_1\Delta p}}$$

式中 $F_G=1.253$[按式(4.37)计算]

$F_T=1.0086$[按式(4.39)计算]

因为 $F_Z=1.0195$[按式(4.38)计算]

假设 $\beta_0=0.6$，则：

按式(27) 计算得 $\varepsilon=0.9977$

按式(24) 计算得 $E=1.0719$

按式(23) 计算得 $C=0.6043$

因此：

$$\beta'=\left(\frac{8.15}{3.1795\times10^{-6}\times0.6043\times1.0719\times259.37^2\times1.2531\times0.9977\times1.0195\times1.0086\times\sqrt{1.5781\times12500}}\right)^{0.5}=0.5708$$

② **迭代计算**

用 β' 近似值代入式(27)、式(24)、式(23) 求 ε、E、C 等值，再求 β 值进而求出 d 值。

此时：

$$\varepsilon=0.9977$$

$$E=1.0592$$

$$C=0.6043$$

$$\beta=0.5742$$

$$d=0.5742\times259.37\text{mm}=148.93\text{mm}$$

③ **差压刻度核算**

由式(19) 得：

$$\Delta p=\frac{\left(\frac{q_{vns}}{A_{vns}CEd^2F_G\varepsilon F_ZF_T}\right)^2}{P_1}$$

a. 最大流量时差压刻度核算。假设最大流量时差压刻度为刻度上限的 90％（等分刻度）或 94.9％（开方刻度），则：

$$\Delta P'_\kappa=25000\text{Pa}\times 90\%=22500\text{Pa}$$

此时：

$\varepsilon=0.9959$[按式(27)计算得]

$E=1.0592$[按式(24)计算得]

$C=0.6041$[按式(23)计算得]

$$\Delta p_{\max}=\frac{\left(\frac{11.25}{3.1795\times10^{-6}\times0.6041\times1.0592\times148.93^2\times1.2531\times0.9959\times1.0195\times1.0086}\right)^2}{1.5781}\text{Pa}$$
$$=23919\text{Pa}$$

当流量达到最大时差压刻度为刻度上限的百分数是：

$e_{\max}=23919\text{Pa}/25000\text{Pa}\approx95.7\%$(等分刻度)或 97.8％(开方刻度)

该值未超过差压刻度上限，符合设计要求，无需再迭代。

b. 最小流量时差压刻度核算。假设最小流量时差压刻度为刻度上限的 10％（等分刻度）或 31.6％（开方刻度），则：

$$\Delta p'_{\min}=25000\text{Pa}\times10\%=2500\text{Pa}$$

$\varepsilon=0.9995$[按式(27)计算得]

$C=0.6049$[按式(23)计算得]

$$\Delta p_{\min}=\frac{\left(\frac{4.00}{3.1795\times10^{-6}\times0.6049\times1.0592\times148.93^2\times1.2531\times0.9995\times1.0195\times1.0086}\right)^2}{1.5781}\text{Pa}$$
$$=2994\text{Pa}$$

当流量降至最小时差压刻度为刻度上限的百分数是：

$e_{\min}=2994\text{Pa}/25000\text{Pa}=12.0\%$(等分刻度)或 34.6％(开方刻度)

该值未降至差压刻度上限的 10％（等分刻度）或 31.6％（开方刻度）以下，无需再迭代。经最大和最小流量时差压刻度核算结果证明孔板开孔直径 $d=148.93$mm 的设计计算合理可行。

按式(25) 计算得：

$$d_{20}=148.94\text{mm}$$

参 考 文 献

[1] 贺正勤. T型阿牛巴流量计. 第六届工业仪表与自动化学术会议论文集 [C]. 上海：2005，(6).

[2] GB/T 13612—2006 人工煤气 [S]. 2006.

[3] GB/T 41248—2022 燃气计量系统 [S]. 2022.

[4] 蔡武昌，孙淮清，纪纲. 流量测量方法和仪表的选用 [M]. 北京：化学工业出版社，2001.

[5] 许红兵，纪纲．煤气流量测量和一般湿气体干部分计算［J]. 医药工程设计，2012（6）.

[6] 王森，纪纲．仪表常用数据手册［M]. 北京：化学工业出版社，2006.

[7] 戴祯建．差压式流量计在大管道煤气计量中的应用［J]. 自动化仪表，2002，23（4)：25-28.

[8] GB/T 2624—2006 用安装在圆形截面管道中的差压装置测量满管流体流量［S]. 2006.

[9] GB/T 21446—2008 用标准孔板流量计测量天然气流量［S]. 2008.

[10] GB/T 17747—2011 天然气压缩因子的计算［S]. 2011.

[11] GB/T 12206—2006 城镇燃气热值和相对密度测定方法［S]. 2006.

[12] GB/T 11062—2020 天然气发热量、密度、相对密度和沃泊指数［S]. 2020.

[13] GB/T 13610—2020 天然气的组成分析-气相色谱法［S]. 2020.

[14] GB/T 18603—2023 天然气计量系统技术要求［S]. 2023.

[15] A. G. A Report NO. 8 天然气及其他烃类气体的压缩性和超压缩性［S].

[16] ISO/TR 12765 用时间传播法超声流量计测量封闭管道内的流体流量［S].

[17] GB/T 18604—2023 用气体超声流量计测量天然气流量［S]. 2023.

[18] A. G. A Report NO. 9 用多声道超声流量计测量天然气流量［S].

[19] GB 17820—2020 天然气［S]. 2020.

[20] 邓传忠，李伟，郑永建．孔板流量计在复杂组分气田生产管理中的应用［C]. 2007 中国油气计量论文集．2007 年 11 月，27-34.

[21] 袁庆青．瓦斯质量流量及其密度测量［J]. 化工自动化及仪表，1994（2)：56-57.

[22] 肖素琴，韩厚义，质量流量计［M]. 北京：中国石化出版社，1999：14-15.

[23] 中国石化化工事业部等组织编写．企业能源计量常见难题解析及对策［M]. 北京：中国石化出版社，2017.

[24] 姜仲霞，姜川涛，刘桂芳．涡街流量计［M]. 北京：中国石化出版社，2006.

[25] 宋文其，叶明，余厚林，等．一种变组分气体流量计的研究［J]. 石油化工自动化，2018，54（4)：64-67.

[26] 许文达，张涛，毕英，等．气体可膨胀性对涡街流量计计量性能影响分析［J]. 电子测量与仪器学报，2013，27（9)：797-802.

[27] 孙江平，戴铮，蔡方明，等．气体的膨胀性对流量测量的影响及对策研究［J]. 石油化工自动化，2018，54（5)：58-61.

[28] 宋文其，纪波峰，纪纲．变组分气体质量流量计的应用与现场验证［J]. 石油化工自动化，2022，58（5）.

[29] 于恩深．火炬气的质量流量测量［J]. 石油化工自动化，1999，35（5)：82-84.

[30] 金涛．燕山石化在火炬气计量方面的问题和思考［C]. 中石化变组分气体计量研讨会论文集．南宁：2010 年 11 月．

[31] 毛新业，张晋宾，孙立军．流量测量使用手册［M]. 北京：化学工业出版社，2017.

[32] 徐志芹．瓦斯排放计量监控的探讨［C]. 中石化变组分气体计量研讨会论文集．南宁：2010 年 11 月．

第5章 液体流量的测量

本章以常见的液体水，黏度范围宽广的液体油品和（易蒸发）高饱和蒸气压液体液氨等为例讨论液体流量测量问题，并介绍容积式（椭圆齿轮、腰轮、旋转活塞、刮板、螺杆等）流量计、多普勒超声流量计、科里奥利质量流量计等的工作原理及其在液体流量测量中的应用。

5.1 水流量的测量

5.1.1 水流量测量的特点

水流量的测量难度并不高。不同原理的流量计大多数都可用来测量水的流量，但也不是随便装一台就肯定能用得好的。这是因为同样是水流量测量命题，由于水的洁净程度不同、流体工况条件各异、流量测量范围悬殊、可靠性要求差异、测量精确度要求有高有低以及费用承受能力不一样，仪表的选型也不一样。严格地说，在可供选择的种类众多的仪表中选定一种既好又省的仪表不是一件容易的事。这不仅要求工程师们对各种流量计的特性有充分的认识，对其价格有充分的调查研究，更重要的是对测量对象的具体要求、工况参数和使用环境有足够的了解。

居民用水表可以使用几年甚至十几年不出故障，但是工业生产中使用的相同原理的水表，故障多，寿命也不长。这是因为居民家庭用水是间歇的，水质也较好，而工业生产中的用水一般是连续的，而且水质也可能要差一些。在仪表选型时不能忽视这些差异，不能片面认为普通水表既然在家庭使用可以长命百岁，换到工厂使用也应可长命百岁。

另外，水中的杂物易将仪表卡滞、堵塞，水中的泥沙，易在仪表测量管内壁沉积、易将排污阀堵死也是系统设计时应予注意的。

5.1.2 仪表选型

(1) 用于贸易结算的测量对象

用于贸易结算的测量对象包括自来水流量、原水流量和企业内部自制水流量，计量精确度应达到2.5%R。若流体为自来水，由于比较洁净，适用的仪表种类很多，但最便宜的应数旋翼式水表和螺翼式水表。DN>200后，选用电磁流量计是适宜的，其计量精确度可达(0.3～0.5)%R。可根据费用的额度选择合适的型号，一般来说，精确度越高价格越贵。

旋翼式水表有的型号带远传发讯器，所发出的脉冲信号经转换器或二次表也可显示瞬时流量，或与DCS、数据采集系统相连。但这样的配置在使用现场并不多见。这一方面是因旋翼式水表靠旋翼和齿轮系不停地旋转来计量，在连续运行的场合寿命并不长，另一方面是因其耐压等级和温度等级都有一定的局限性。

在供水行业，大面积使用电磁流量计和夹装式超声流量计。这是因为这两种流量计有其共同的优点：

a. 不增加系统阻力，有利于节约能源。

b. 流量可调比大，大多数测量对象能达到20倍。这与具体的测量对象满刻度流量对应的流速有关。

c. 精确度能满足贸易交接的要求。其中电磁流量一般能达到0.3%～0.5%，单声道夹装式超声流量计能达到1.0%～2.0%。

d. 价格能为用户所承受。小通径电磁流量计，价格很便宜，但通径大时价格就很贵，这时，夹装式超声流量计就具有绝对的优势，因为其价格与通径无关。

(2) 用于过程监视与控制的测量对象

过程监视与控制用的水流量仪表，对测量精确度要求一般不像贸易结算用的那样高，主要考虑的是可靠性、价格和输出信号的种类等。在工矿企业的老装置上，使用最多的仍然是节流式差压流量计，新建装置中，人们更喜欢使用涡街流量计，这是因为节流式差压流量计安装复杂、维护工作量大、压力损失大、露天安装的仪表还需考虑防冻等，而涡街流量计安装和维护都非常简单，因而节流式差压流量计在水流量测量中大有被挤出市场之势。但是涡街流量计只能解决部分水流量测量问题，因为口径较大的涡街流量计价格比同口径的电磁流量计贵，而且口径最大的涡街流量计也只能做到DN400。最小口径的涡街流量计现在是做到DN15，其最小可测水流量为0.32m^3/h，而电磁流量计的口径从DN2.5～DN3000，可测流量从0.0053～305000m^3/h，因而覆盖范围比涡街流量计宽得多。在能够测量的最低流速方面涡街只能达到约0.4m/s，而电磁流量计在0.1m/s时已能正常测量[1]。

更小的流量值测量属微小流量，请参阅6.1节。

大口径电磁流量计价格也很贵，节约的方案是选用插入式流量计，其中常用的有均速管、插入式涡街流量计和插入式电磁流量计等，插入式涡街流量计可测流速下限为0.32m/s，而电磁流量探头可测流量下限无限制，只是误差略大些，约为±（0.2%R+1mm/s）。

长纤维易挂在涡街流量计的旋涡发生体上，导致仪表失准。这时，选用涡街流量计应谨慎。

(3) 泥沙含量较高的测量对象

泥沙含量较高的水流量测量对象常见于原水，如果选用的是节流式差压流量计或均速管差压流量计，取压阀和排污阀常被泥沙堵死，影响使用，相比之下，插入式涡街流量计和插入式电磁流量计不会出现此类情况。

大口径水流量计往往流速较低，水中泥沙易在测量管内壁沉积而使流通截面积减小，导致流量示值偏高，所以应定期清理。详见 6.2 节。

(4) 去离子水的流量测量

去离子水和高纯蒸馏水是纯度极高的水，其电导率约比通用型电磁流量计能够测量的电导率小 3 个数量级，因此不能用电磁流量计测量。

(5) 污水流量的测量

污水的特点是脏污，有些还有一定的腐蚀性。以管道输送的污水可用电磁流量计测量。如果管道中可能出现非满管的情况，则可选用非满管型电磁流量计。通过明渠排放的污水，适合用明渠流量计测量，请参阅 6.2 节。

(6) 处于汽液相平衡状态的测量对象

处于汽液相平衡状态的水，例如锅炉除氧器水箱出口水，若要测其流量，流量计应安装在增压泵之后，如果安装在增压泵之前，由于流体流过流量计总是有一定的压损，处于汽液相平衡状态的水由于压力降低而导致部分液体汽化，引起流量计示值偏高。

(7) 凝结水流量的测量

① 凝结水回收的意义

蒸汽用户使用蒸汽的目的绝大多数是取用蒸汽携带的热量，于是蒸汽放出热量后就变成凝结水。将此凝结水送回锅炉房，不仅可回收其所携带的热量而且可利用纯净水本身。一举多得。

② 两种输送方式

将凝结水送回锅炉房所使用的动力一般有两种，其一是离心泵，其二是疏水器背压。输送凝结水的管道一般都不大。

用离心泵输送的凝结水，温度一般均低于 100℃，可采用涡街流量计或电磁流量计。纯净的蒸馏水，其电导率是很低的，但是蒸汽和凝结水在碳钢管道内被输送，使得凝结水富含铁离子，因而使其电导率增大，如果设备和管道均为不锈钢材质，则相应的凝结水电导率不会高。但不管怎样，如果想采用电磁流量计测量凝结水流量，事先都要取样分析其电导率，如果小于 5μs/cm，则不能采用普通电磁流量计。

图 5.1 所示为典型的以疏水器背压为动力的凝结水回收系统图。

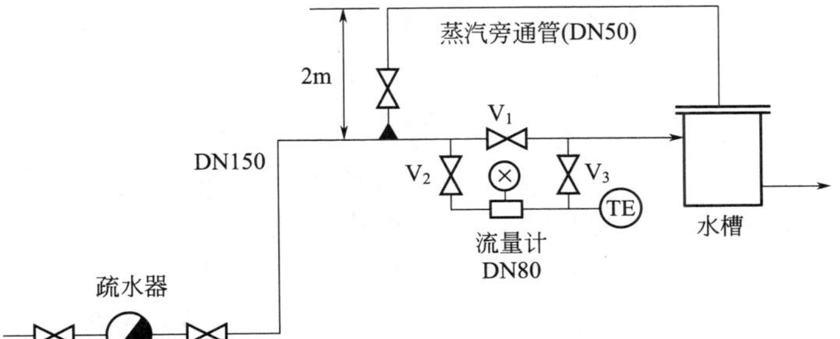

图 5.1 疏水器背压输送凝结水回收系统的典型流程

③ **两相流的形成与对策**

在图 5.1 中，凝结水从疏水器排出之后，由于突然减压，一定量的凝结水因闪蒸变成蒸汽，形成汽液两相流，从而使流量示值严重偏高。如果选的是电磁流量计，则会使其完全无法正常测量，因此要有合适的处理方法。

在图 5.1 中，增设了一根蒸汽旁通管，从安装在凝结水管道最高点的气体收集器，将蒸汽导出，从而用简单的方法解决了两相流的流量测量。

在图 5.1 中，流量计所显示的液体流量并非从疏水器排出流体的总量，因为有一部分凝结水已经变成蒸汽，从蒸汽旁通管流向水槽，但根据热量平衡方程式可准确计算出蒸汽的数量。

④ **蒸汽流量的计算**

凝结水从疏水器排向大气属绝热膨胀，从工程热力学角度分析，属于等焓过程。从而可根据热量平衡方程式计算闪蒸生成的蒸汽量。

在图 5.1 中，疏水器前静压以 0.6MPaG 为例，则查蒸汽性质表可得：凝结水排出之前温度为 $t_1=165℃$，比焓 $h_1=697.06\text{kJ/kg}$。凝结水排入大气时，温度 $t_2=100.0℃$，比焓 $h_2=419.07\text{kJ/kg}$，蒸发热 $\Delta h=2256.9\text{kJ/kg}$，则每 kg 高温水变成低温水时，将有 χ kg 水闪蒸变成蒸汽，其值可用热量平衡方程式计算。

$$\chi=\frac{h_1-h_2}{\Delta h}=\frac{697.06-419.07}{2256.9}=0.1232 \tag{5.1}$$

5.1.3 电磁流量计的安装

(1) 直管段长度要求

电磁流量传感器的直管段要求比大多数其他原理流量计的直管段要求低：90°弯头、T 形管、同心异径管，以及全开闸阀后通常认为只要离电极中心线（不是传感器进口端连接面）5 倍直径（5D）长度的直管段［不同开度的阀则需 10D，下游直管段为（2～3）D 或无要求］。但要防止蝶阀阀片伸入到传感器测量管内。

如果阀不能全开使用，应按阀截流方向和电极轴成 45°角度安装，附加误差可大为减小。

(2) 安装位置和流动方向

传感器安装方向水平、垂直或倾斜均可，不受限制。但测量固液两相流体最好垂直安装，自下而上流动。这样能避免水平安装时衬里下半部局部磨损严重，低流速时固相沉淀等缺点。

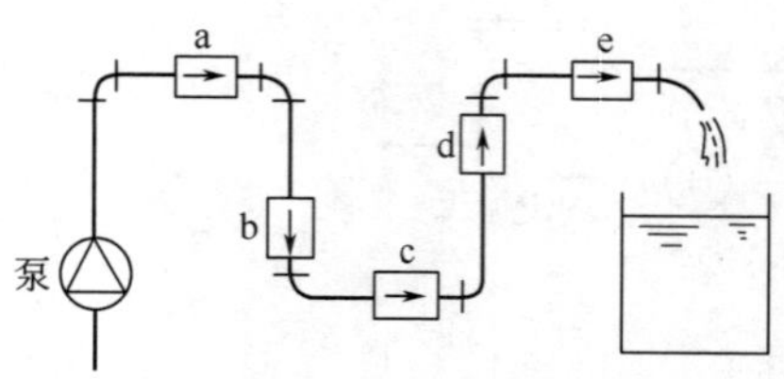

图 5.2 传感器安装位置

水平安装时要使电极轴线平行于地平线，不要处于垂直于地平线，因为处于底部的电极易被沉积物覆盖，顶部电极易被液体中可能存在的气泡擦过遮住电极表面，使输出信号波动。图 5.2 所示管系中，c、d 为适宜位置，a、b、e 为不宜位置。b 处可能会出现液体不充满的情况，a、e 处易积聚气体，且 e 处传感器后管段也有可能不充满，排放口最好适当翻高。对于固液两相流 c 处也不适宜。

图 5.2 的要求不仅适用于电磁流量计，也适用于测量液体流量的其他流量计。

(3) 转换器安装和连接电缆

分体式电磁流量计的转换器应安装在传感器附近便于读数和维修的地点，也可安装在仪表室，其环境条件可比传感器好得多。

在电磁流量计中，将传感器产生的用方波调制的与测量管内流速成正比的电信号传送到转换器信号幅值很小，一般只有几毫伏，在流速低于 1m/s 的情况下，幅值是微伏级的，因此需用屏蔽电缆传输。单层屏蔽电缆用于工业用水或酸碱液体时，通常可传送距离为 100m。

如果流体电导率较小，而转换器的前置级又是高阻抗输入，对外界干扰特别敏感。由于电缆中传送的方波信号，线间分布电容也会对其幅值造成衰减，导致流量示值偏低。解决这个难题的方法是改进屏蔽和采用自带电缆，在信号传送距离较长时，采用三重屏蔽自举电缆，能将分布电容影响基本消除[1]，所以不能用普通屏蔽线取代。

5.1.4 超声流量计的应用

(1) 超声流量计在水流量测量中的优势

在水流量测量中，超声流量计使用得非常广泛，这是因为：

a. 水流量测量对测量准确度的要求不高。GB 17167 要求达到 2.5%准确度即可，而超声流量计中，夹装式时差法超声流量计就能达到 2.0%，甚至更高。

b. 经济性更合理。管径较小时，夹装式超声流量计比电磁流量计略贵一些，但随着管径的增大，电磁流量计单价迅速升高，而夹装式超声流量计的单价与管径无关，因此，管径越大，夹装式超声流量计的经济性越佳。

c. 无压力损失，无泄漏点，安装调试方便。另外，在流量测量项目投资总额中，仪表安装费都占有很大比例。夹装式超声流量计的安装，由于无需割开工艺管道而使工程量大大减小，从而节省投资。

(2) 安装调试注意事项

a. 直管段要求：换能器在工艺管道上的布置，应满足前 20D 后 5D 的要求。上下游若有阀门，还应适当放长。

b. 流量传感器安装地点应远离水泵等噪声源，如果流体的声学噪声难以消除，则可采用盲三通的方法将其衰减。

c. 换能器在工艺管道上的安装，应按规定将测量管表面与换能器接触点仔细打磨，耦合剂涂布应保证接触面之间无气泡存在，否则将易导致超声脉冲信号被衰减。

d. 在水平管道上安装时，换能器应安装在工艺管道两侧的水平方向上，不宜安装在垂直方向，以避免管道底部沉积物和管道顶部可能存在的气泡，对超声信号的折射。

e. 一对换能器之间在测量管道上布置的距离，应按说明书要求精确控制。测量管外径及管道壁厚应用仪器准确测量，不能用估计值代替。

f. 换能器和转换器安装完毕，应通电检查信号强度，如果强度值未达标，则应查找原因并予以整改。

g. 工艺管内充满清水后，转换器上显示的声速应与当前流体温度所对应的水的声速基本相符，否则应微调一对换能器之间的距离，使之基本相符。

h. 流量计试运行后应检查流量零点。流量显示值的准确度受到怀疑，就应用便携式超声流量计予以比对。如果用户嫌仪表准确度不够，则可增设一对换能器，将仪表改为双声道超声流量计，准确度一般能提高到 1.0%。

i. 换能器在工艺管道上的安装位置，不宜靠近焊缝和法兰处。如果管道已年代久远，管道内壁可能已严重结垢或被腐蚀得坑坑洼洼，不宜用夹装式超声流量计测量流量，可在决定选型之前先用便携式超声流量计试测，也可采用变更安装地点的方法予以解决。

5.2 石油流量的测量

5.2.1 石油流量测量的特点

石油是国民经济的血液，一年数亿吨的石油在采集、输送、储存、加工及分配等各个环节，需要用大量的流量测量仪表，由于石油在各个不同环节所表现出来的特性差别很大，计量数据用途也有不同，所以仪表选型、使用等也有很大差异。

与其他液体计量相比，石油流量测量有下列主要特点。

(1) 石油品种较多，不同品种之间差异较大

a. 中低黏度石油产品如煤油、柴油，黏度不高，温度不高，流体洁净，对测量无苛刻的要求。

b. 高黏度油品如原油、重油、渣油等，黏度较高，为了便于输送，往往被加热到较高温度。流体中含有固态杂质，流量测量前须严格过滤。

c. 低黏度油品如汽油、液化石油气，黏度很低。

(2) 计量精确度要求高

用于贸易结算的油品计量，必须达到规定的精确度，以保证供需双方的利益。GB 17167 规定：分厂（车间）和重点用能设备能耗考核用汽油、柴油、原油计量应达到 0.5%R 精确度；进出企业结算用汽油、柴油、原油计量应达到 0.35%R 精确度[2]，而在大宗油品计量中，计量精确度的要求更高，意义更大。例如经原油交接计量站计量的原油，一个站每年约为数百万吨，千分之一的误差就将引起每年 100 万元的结算差额。

(3) 应考虑在线实流校准

用于石油计量的流量计，一般口径较大，拆下送检极不方便，一般应有实流校准设施或留有连接标准表的接口，以便进行在线实流校准。

(4) 质量流量测量

大多数情况下以质量流量结算。

(5) 流体易燃易爆

5.2.2 仪表的选型和使用

(1) 容积式仪表的使用

容积式流量计在石油产品的计量方面有悠久的使用历史，石油行业积累了丰富的经验，其中 ISO 2714：2017《液态烃．用容积式流量计系统测量容积》就包含了很多实践经验[3]。容积式流量计在石油计量中具有独特的优势，关键原因是流体本身的自润滑作用，使这种仪表能长期、稳定运行，而且精确度高，范围度较大（一般可达 10：1）。

石油计量用的容积式流量计常用的有椭圆齿轮式、腰轮式、螺杆式、旋转活塞式、刮板式等多种，不同的种类其口径、范围和适用的流体黏度也不同。

容积式流量计选型和使用中应注意如下几点。

① 精确度与流量范围度有关

同一台仪表如果额定精确度等级较高，只能在较低的范围度内得到，如果想得到较大的范围度则必须降低精确度等级，例如：各类转子式液体仪表范围度为 5：1 时，基本误差为 ±0.2%R；范围度为 10：1 时，则降为±0.5%R。表 5.1 是不同口径 0.2 级腰轮流量计在不同油品条件下应用能获得的流量范围。

表 5.1 腰轮流量计测量范围（精确度 0.2%，流量单位：m^3/h）

容量形式	公称通径/mm	使用条件	流体名称及黏度①					
			汽油 0.5～	煤油 2～	轻油 5～	A 重油 10～	B 重油 50～	重油 C150～
35	25	间断	1.5～3.4	1～3.4	0.5～4	0.5～4	0.15～4	0.08～4
		最高	4	4	4.5	4.5	4.5	4.5
38	25 40	间断	2～6	1.5～6	0.7～6.5	0.4～6.5	0.2～6.5	0.1～6.5
		最高	7	7	8	8	8	8
41	40 50	间断	3～12.5	2.6～12.5	1.5～14	0.6～14	0.4～14	0.2～14
		最高	15	15	17	17	17	17
45	50	间断	8～34	5～34	3～38	2～38	1～38	0.5～40
		最高	40	40	45	45	45	45
47	80	间断	12～46	8～46	6～50	4～50	2～50	1～50
		最高	55	55	60	60	60	60
51	80 100	间断	25～110	20～110	15～115	10～115	5～115	3～115
		最高	130	130	140	140	140	140
52	100 150	间断	40～135	30～135	18～145	13～145	7～145	4～145
		最高	160	160	175	175	175	175
54	100 150	间断	45～165	40～165	20～180	15～180	8～180	5～180
		最高	200	200	220	220	220	220

续表

容量形式	公称通径/mm	使用条件	流体名称及黏度[①]					
			汽油 0.5～	煤油 2～	轻油 5～	A 重油 10～	B 重油 50～	重油 C150～
57	200	间断	50～280	40～280	30～310	20～310	12～310	10～310
		最高	310	310	350	350	350	350
59	250	间断	90～400	50～400	40～450	30～450	20～450	12～450
		最高	450	450	500	500	500	500
保证精确度的范围度			2.5∶1	3.6∶1	5∶1			

① 黏度单位 mPa·s。

注：连续——可连续工作 8h 以上的流量范围。

② 流体黏度对测量误差有一定影响

与涡轮流量计等其他流量计相比，黏度影响较小，此外，还与许多其他流量计随黏度增大而误差增大不同，黏度增大因间隙间泄漏减小而性能改善。图 5.3 所示是液体黏度对一台腰轮流量计基本误差的影响。

从图 5.3 可看出：在 0.8～11mPa·s 黏度范围内，黏度影响较大，黏度从 5.65mPa·s 下降到 0.8mPa·s，误差负向增大约 0.5%；在 11～51mPa·s 时，黏度对仪表误差仍有明显影响；黏度大于 51mPa·s 时，黏度对误差影响已不明显[4]。上述只是实验一例，间隙不同，黏度影响程度也不同。由此可见，精确度要求越高的测量，越要注意黏度带来的误差影响。

对于 0.2 级精确度容积式流量计，测量过程中黏度不能有很大变化，才能保证精确度。

图 5.3 所示的是流体黏度在一个较宽广的范围内变化时被试仪表所表现出来的误差，而在实际应用中，一个具体的测量对象其流体黏度变化范围是比较窄的，用户在订货的时候要向制造厂提供具体黏度数据，制造厂对产品校准时，设法将常用黏度条件下的误差校正到最小。

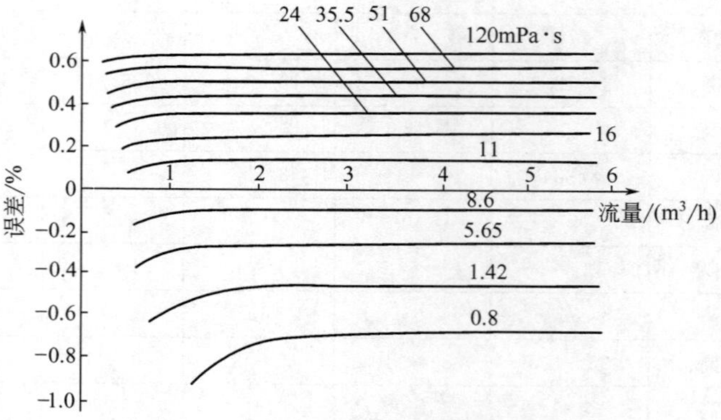

图 5.3 腰轮流量计不同黏度误差特性

容积式流量计校准时的液体黏度与实际使用的液体黏度应尽量接近，但往往做不到这一点，因为一套标准装置要为各方面的用户服务，要用来校准多种类型的流量计。此时可用两种黏度上下相邻的液体校准，再按下式用线性内插方法求得误差。

$$E=E_2+(E_1-E_2)\frac{\mu-\mu_2}{\mu_1-\mu_2} \tag{5.2}$$

式中　E——实测液体黏度的误差，%；

E_1、E_2——分别为用比实测液体黏度大、小的液体校准的误差，%；

μ——实测液体的黏度，mPa·s；

μ_1、μ_2——分别为比实测液体黏度大、小的液体黏度，mPa·s。

③ 不同型式的仪表适用黏度范围有较大差异

用于油品测量的容积流量计常用的有椭圆齿轮式、腰轮式、螺杆式、刮板式、旋转活塞式等。其中螺杆式对高黏度流体的适应性最佳。

④ 流体温度对测量误差的影响

容积式流量计的测量误差同仪表计量室容积和间隙大小密切相关。流体温度升高时，计量室容积增大。转动部件每转一周，通过仪表的液体量相应增大，例如：椭圆齿轮流量计计量室和齿轮均为铸钢时，测量值变化+0.36%/10℃[5]；均为铸铁时，测量值变化+0.33%/10℃；计量室为铸铁，齿轮为铸铝时，则为+0.14%/10℃[4]。

⑤ 压力损失及黏度对压力损失的影响

容积式流量计是由流体能量来推动测量元件，因此带来相当高的压力损失。此压力损失要比同样口径和流量的涡轮式或其他有阻碍流量计大。液体用仪表在最大流量时黏度为1～5mPa·s，液体的压力损失为20～100kPa。若黏度增加，压力损失随之增加。图5.4所示为椭圆齿轮流量计在不同黏度液体下流量-压力损失曲线[4]，从中可以看到在相同流量下，黏度增加造成压损增加的程度。

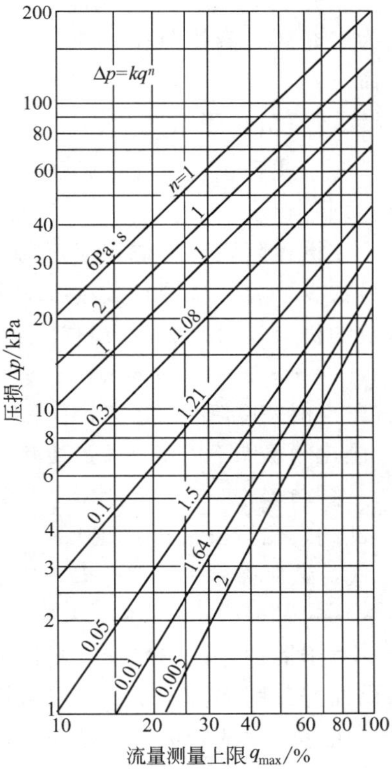

图5.4　椭圆齿轮流量计压力损失与黏度关系例

压力损失Δp与流量q之间的关系可用$\Delta p=kq^n$表示（其中k为系数，n为指数）。黏度在5mPa·s以下时$n=2$，在500mPa·s以上时$n=1$；在两者之间时$n=1.9$～1.1。

⑥ 间隙对压力损失的影响

在转子式容积流量计中，转子同壳体之间的间隙直接影响压力损失。在测量高黏度介质时，有时采用加大转子与壳体之间间隙的方法，以减小由黏性而引起的剪切力，降低压力损失。图5.5所示为同一种黏度、同一口径、不同间隙的腰轮流量计的$\Delta p=f(q)$曲线[6]。

⑦ 用于测量液化石油气时需特殊处理

液化石油气（LPG）槽车发送，加油站加液常用容积式流量计（如螺杆式）计量。石油气的组成以丁烷为主，常处于气液平衡状态，环境温度变化引起LPG温度相应变化，从而使得其压力相应变化，夏季压力常高于

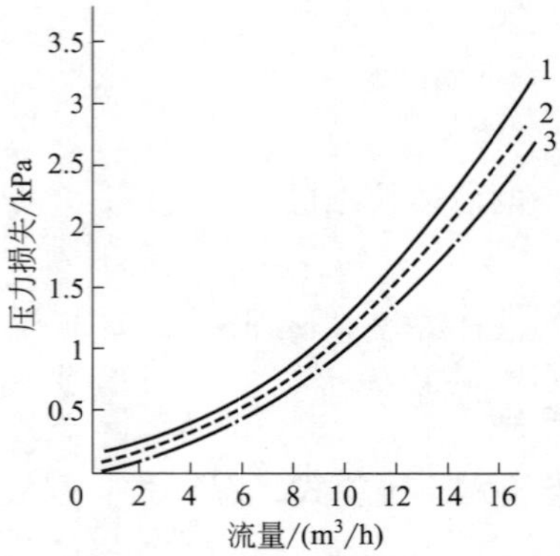

实测项目	间隙/mm		
	端面	侧面	转子间
1	0.05	0.02	0.08
2	0.11	0.18	0.24
3	0.35	0.32	0.68

图 5.5 间隙同压力损失关系（重油 $\eta=18.4\times10^{-6}m^2/s$）

2MPa，此压力还受其组成影响。LPG 的密度较小，介于 0.51～0.58g/cm^3 之间，是其组成、温度和压力的函数。

LPG 的黏度很低，低于汽油的黏度 0.7mPa·s 很多，仅为 0.10～0.17mPa·s[7]。用水（黏度约 1mPa·s）校准的容积式流量计用于测量 LPG，仅黏度影响就可能带来−0.5%左右示值偏差和最小流量值升高，此外，还有润滑性差带来的影响。为了改善这种影响，仪表必须有外加润滑剂的润滑系统。

由于 LPG 处于气液平衡状态，故压缩系数较大，压力升高体积压缩达（0.44～0.73）%/MPa，常用适当的方法予以补偿。

LPG 系统在任何时候即使停止运行，仪表、泵等也须充满液体。尽量避免空管或半空。因为未充满时液体蒸发，在仪表等器件表面析出沉积物，沉积垢屑将磨损仪表，缩短使用寿命。

⑧ 预防转子卡死

转子式容积流量计，转子一旦卡死液体就无法通过。因此在设计、操作和维护时都应注意，预防转子卡死。

在设计阶段应考虑在仪表前加装过滤器，如果液体中固体较多，可分多级过滤，前级滤网目数少，后级滤网目数逐级增多。在维护时应注意过滤器的定期排放清理。如果没有停车排放的机会，可并联设置过滤器，用阀门切换轮换清理。

仪表投运时应谨慎操作，切换速度不能太快，防止热冲击对机械部件的损伤。还应防止因操作不慎引起流量计两端过大的压差，导致仪表损伤。正常的操作顺序应是先打开旁通阀（如图 5.6 所示），冲走管道内可能存在的焊渣、铁锈等，然后缓慢开启上游切断阀，让仪表温度缓慢升高（如果流体是经预热的），待温度平衡后，缓慢开大下游切断阀，最后徐徐关闭旁通阀，并注意观察流量示值，不让流量超过上限值太多。

对于锅炉等设备燃油计量用的容积式流量计，为了防止断油带来严重后果，往往采用两路供油并分别测其流量，也可采用两台流量计并联使用。

用蒸汽冲洗管道时，禁止蒸汽通过流量计。

⑨ 容积式流量计的缺点

容积式流量计的缺点除了上面所述转子易卡而影响通液之外，主要还有下面各点。

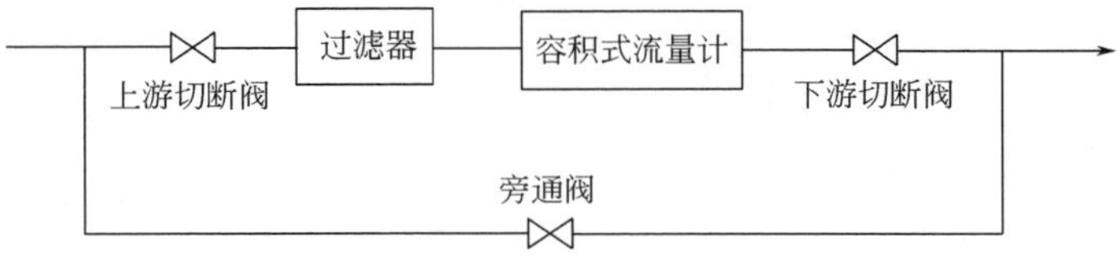

图 5.6 管道连接图

a. 结构复杂、体积大、笨重，尤其是口径较大时，体积庞大，故一般只适用于中小口径。

b. 由于高温条件下零件热膨胀、变形，低温条件下材料变脆等问题，容积式流量计不适用于高低温场合，流体温度范围只能达到-30～+160℃，压力最高 10MPa。

c. 对流体洁净程度要求高，当含有颗粒等各种固形物时，流量计上游须装目数足够多的过滤器。并要经常清理，维护工作量大。

d. 转动部分长期运转，引起机械磨损，一般都导致计量误差增大。

e. 部分类型容积流量计（如椭圆齿轮式、腰轮式、旋转活塞式）在测量过程中会引起流动脉动，较大口径仪表噪声较大，甚至使管道产生振动。

(2) 不同类型容积式仪表的特点

① 椭圆齿轮流量计

安装在计量腔内的一对相互啮合的椭圆齿轮，在流体的作用下交替相互驱动，各自绕轴旋转。齿轮与壳体之间有一新月形计量室，齿轮每转一周就排出 4 份固定的容积，因此由齿轮的转动次数就可计出流体流过的总量。其原理如图 5.7 所示。

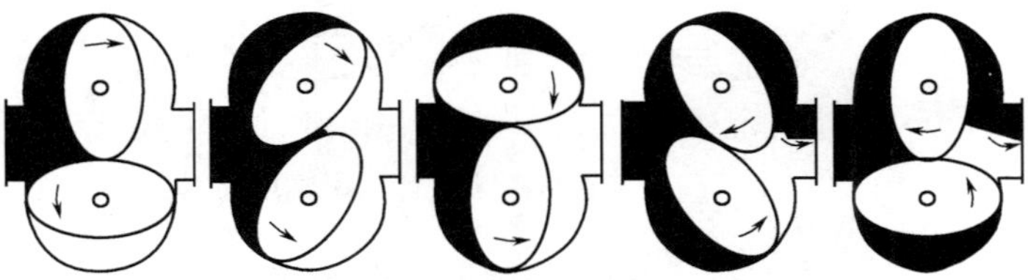

图 5.7 椭圆齿轮流量计工作原理

椭圆齿轮流量计对流体的清洁度要求较高，如果被测介质过滤不清，齿轮很容易被固体异物卡死而停止测量。其另一不足之处是齿轮既作计量之用又作驱动之用，使用日久齿轮磨损后，齿轮与壳体之间所构成的新月形计量室容积相应增大，齿轮与壳体之间的间隙也相应增大（导致泄漏增大）。这两个因素都使得仪表示值偏低。在仪表超负荷运行时，磨损加速，上述情况变得更加严重。

对于高黏度液体，仪表的活动测量元件负荷增加。椭圆齿轮流量计为了减少液体在齿隙间挤压负荷，有时在齿轮上开若干沟槽卸荷（≥150mPa・s 时），大于 500mPa・s 时，则采用缺齿的椭圆齿轮。

② 腰轮流量计

在腰轮流量计中，由腰轮同壳体所组成的计量室和腰轮转数实现计量，其原理如图 5.8 所示。

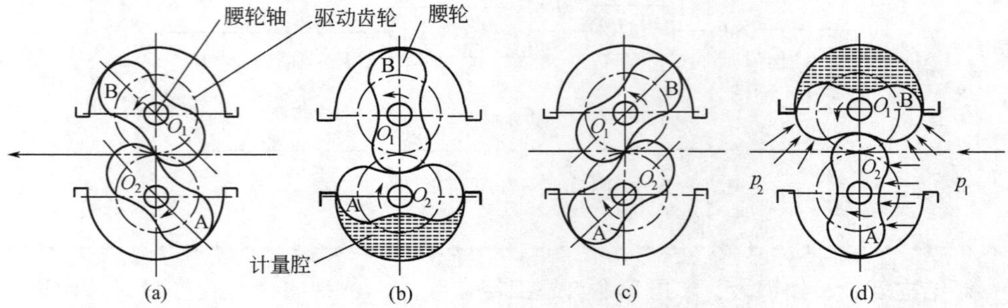

图 5.8 腰轮流量计工作原理

由于同计量精确度密切相关的是腰轮，而驱动由专门的驱动齿轮担任，因此，驱动齿轮的磨损不影响计量精确度。另外，根据力学关系分析，主动轮对从动轮的驱动，驱动力由驱动轮传递，两个腰轮之间无明显摩擦，所以腰轮磨损极微小，这一特点使得腰轮流量计能长期保持较高的测量精确度。

③ 旋转活塞式流量计

旋转活塞式流量计工作原理如图 5.9 所示。其显著的特点是其最大、最小流量比相同口径的其他容积式流量计都小，如表 5.2 所示。主要用于各种工业炉窑燃油计量。由于结构关系，该原理仪表必须水平安装。投入使用前必须利用所设的排气螺塞进行排气，才能保证计量精确度。

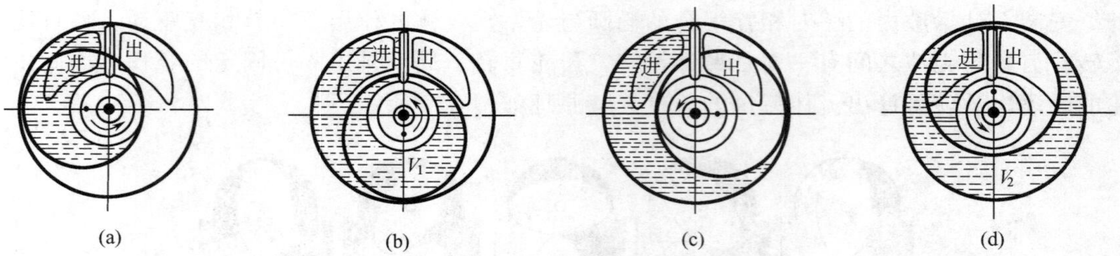

图 5.9 旋转活塞流量计工作原理

表 5.2 几种容积式流量计的允许流量值

通径	流量/(L/h)	旋转活塞流量计	腰轮流量计	椭圆齿轮流量计
DN15	最大流量	250	2500	1800
	最小流量	25	250	180
DN25	最大流量	1600	6000	6000
	最小流量	160	600	600

④ 弹性刮板式流量计

前面所述的几种容积式流量计虽然具有较高的计量精确度，但有一个共同的弱点，即要求流经流量计的介质相当清洁，介质中固体颗粒不得大于转子与壳体之间所存在的最小间隙，否则会造成流量计卡死或因磨损而误差显著增大。故要求在流量计的上游安装过滤器，过滤网的目数必须根据所采用的流量计合理选择。但在杂质量较多的场合，过滤器极易堵塞，需进行频繁的清洗，使管线无法正常输液，例如未经处理的井口原油。

弹性刮板流量计是一种结构独特的容积式流量计，其结构如图 5.10 所示。作为计量部件的转子和刮板与计量腔为弹性接触，刮板具有很大的回弹余地。所以，即使介质中含有较多杂质、固体粒度较大，也可正常工作，不会发生卡死和严重的磨损现象。与腰轮流量计相比，具有运行无脉动和噪声小的优点。但计量精确度不如腰轮高，一般能做到 1%R，使用氟橡胶做弹性材料时，使用温度可达 130℃。

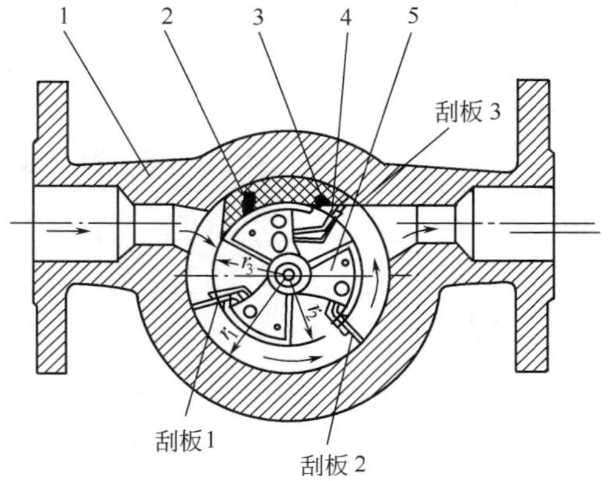

图 5.10　弹性刮板流量计工作原理

1—壳体；2—嵌条；3—挡块；4—刮板；5—转子

⑤ 螺杆式流量计

螺杆式流量计也有称双螺旋流量计和双转子流量计，其典型结构如图 5.11 所示。它是由两个以径向螺旋线间隔套装的螺旋状转子组成，当液体从正方向流经转子时带动转子转动，转子与测量室壳体将流入的液体分割成已知体积的“液块”并排出，液体流量与转子的转数成正比。

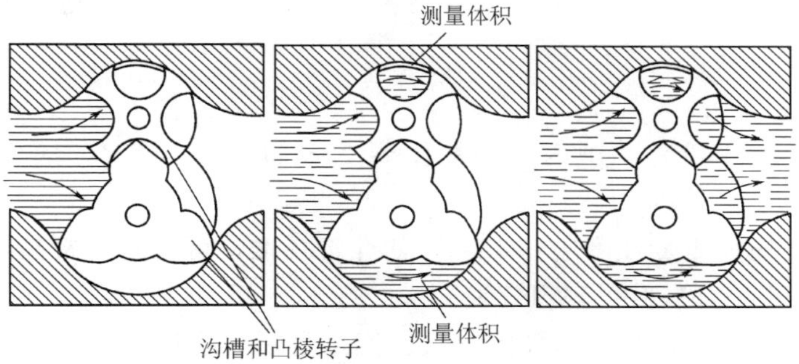

图 5.11　螺杆式流量计工作原理

螺杆式流量计的另一种结构如图 5.12 所示，其核心是一对螺旋回转子。

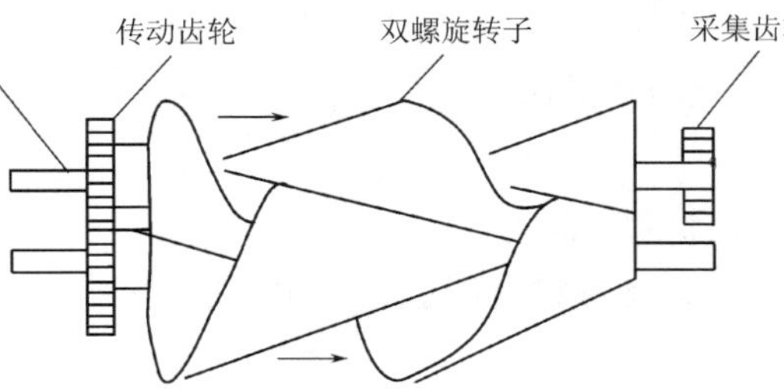

图 5.12　双螺旋回转子螺杆流量计工作原理

螺杆式流量计具有椭圆齿轮、腰轮流量计等的高精确度的优点，但消除了椭圆齿轮、腰轮流量计等所固有的流量脉动和噪声大的缺点。

由于特殊设计的螺旋转子，使得转子转矩一定，等速回转，等流量，无脉动，无噪声。

由于一对转子排量大，所以，相同流量上限的仪表，螺杆式流量计体积小得多，重量也轻。

范围度宽，最大可达 300∶1。但当液体黏度很高（>100mPa·s）时，因流量上限受仪表两端压差制约，范围度有一定程度下降。

表 5.3 所示为典型的螺杆式流量计测量范围[8]。

表 5.3 螺杆式流量计的量程范围（液体黏度≤100mPa·s）

型号	口径/mm	最小流量/$m^3 \cdot h^{-1}$	最大流量/$m^3 \cdot h^{-1}$
PDH-15	38.1	0.0249	11.4
PDH-25	63.5	0.1134	34.08
PDH-40	101.6	0.3408	102.18
PDH-60	152.4	0.906	306.6
PDH-100	254.0	2.952	908.4
PDH-120	304.8	4.542	1249.08

(3) 涡轮流量计的使用

涡轮流量计在石油成品流量测量中应用得也很广，这主要是因为石油本身是良好的润滑剂，在流量测量过程中能对轴和轴承进行良好的润滑，有利于仪表的长时期可靠运转。轴和轴承经特殊设计的涡轮流量计甚至在难度较高的液化石油气流量测量中，也能获得成功应用。

① 优点

a. 精确度高，对于液体，国内产品能做到 0.2%R～0.5%R，国外产品有的可达到 0.15%R。

b. 重复性好，短期重复性可达 0.05%，如经常校准，可得到非常高的准确度，在定量发料、定量装桶操作中都能获得理想效果。

c. 输出脉冲频率信号，在与批量控制仪、流量显示表连接进行信号处理中，可基本做到不增加误差。

d. 范围度较宽，最大和最小流量比可达 6∶1～10∶1，中大口径甚至可达 40∶1。

e. 惯性小、响应快，时间常数为 1～50ms，变化速率较低的脉动流量，引入的误差可忽略。

f. 结构简单紧凑轻巧，安装维护方便，流通能力大。如果发生故障，不影响管道内液体的输送。

g. 耐高压，可用于高压流体的测量。

h. 耐腐蚀，传感器采用耐腐蚀材料制造，能耐一般腐蚀性介质腐蚀。

② 缺点

a. 涡轮轴承与轴之间的摩擦导致磨损，使仪表准确度发生变化，所以用于贸易结算的表计须定期校准。现在有的产品采用宝石轴承和镍基碳化钨轴，使耐磨性得到根本改进，准确度可保持 3～4 年不变。

b. 一般涡轮流量计不适用于高黏度流体，随着黏度的增大，流量计测量下限值提高，范围度缩小，线性度变差。

c. 对流体的洁净程度要求较高，流量计前应加装过滤器，滤网目数与仪表口径有关，小口径目数多些，大口径目数少些。

③ 仪表精确度与其范围度有关

这一点同容积式流量计相似。仪表的误差随相对流量变化的典型曲线如图 5.13 所示，即在 20%*FS*～30%*FS* 处，仪表出现误差的“高峰”，其原因人们尚在讨论之中[6]，在实际应用中，要避开误差大的区间才能获得高的精确度，因而引起范围度的缩小。在批量发料和定量装桶操作中，仪表运行在非常狭小的流量范围内，这时能得到极高的精确度。

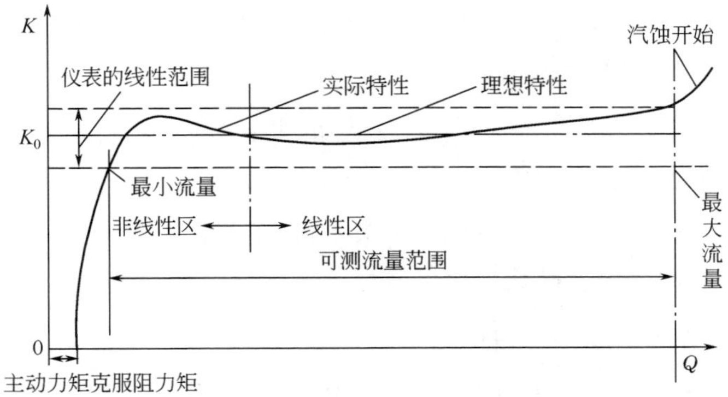

图 5.13 涡轮流量计特性曲线

④ 仪表精确度与黏度的关系

对于同一台涡轮流量计，当所测流体的黏度变化时，其测量精确度和范围度都会有明显的变化。黏度升高，范围度缩小，误差向负方向移动，如图 5.14 所示。因此，黏度和温度都较高的场合，不宜使用涡轮流量计。

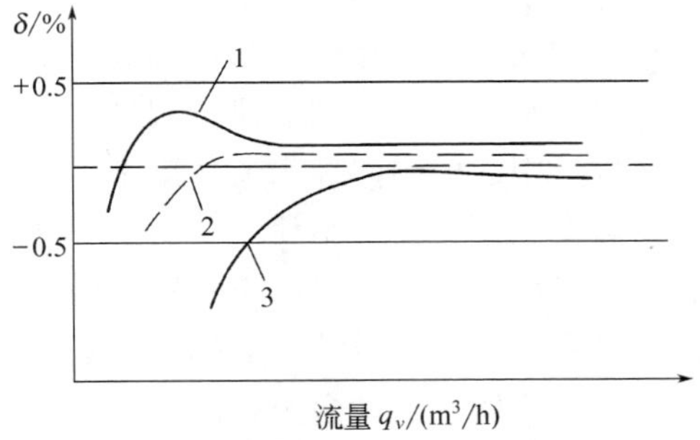

图 5.14 流体黏度的影响

1—水（$1\times10^{-6}m^2/s$）；2—煤油（$2\times10^{-6}m^2/s$）；3—重油（$25\times10^{-6}m^2/s$）

⑤ 材料的热膨胀引入误差的修正

当实际使用流体温度同校准时有很大差别时，就需按下式对仪表常数进行修正。

$$K_t=K_0[1-(\beta_R+2\beta_H)(t-t_0)] \tag{5.3}$$

式中 K_t——使用时的仪表常数，P/L；

K_0——校准时的仪表常数，P/L；

β_R——叶轮材料的温度膨胀系数，℃$^{-1}$；

β_H——壳体材料的温度膨胀系数，℃$^{-1}$；

t——使用时的流体温度，℃；

t_0——校准时的流体温度，℃。

⑥ 防止产生气穴

流体流过涡轮流量计总是有一定的压力损失，如果被测流体为易气化的液体或已处于气液平衡状态，则在流量计叶轮处很容易出现液体的部分气化并在叶轮的出口侧产生气穴。由于液体气化时体积膨胀，导致仪表示值显著偏高。遇到这种情况，应设法使流量传感器出口端压力高于式（5.4）计算的最低压力[9]。

$$p_{\min}=2\Delta p+1.25P_0 \tag{5.4}$$

式中 $p_{\min}$——最低压力，PaA；

Δp——传感器最大流量时压力损失，Pa；

P_0——被测液体最高使用温度时饱和蒸气压，Pa(A)。

⑦ 能测量双向流的涡轮流量计

这种流量计至少有两个信号检测器，流量显示仪表同这两个检测器配合能鉴别信号的相位，从而对流向作出判断。仪表分别累积“正”向流量总量、“逆”向流量总量，并计算“正”“逆”向总量之差，最后予以显示。瞬时流量显示不仅有数值而且有代表流动方向的符号。

(4) 差压式流量计

前面所述的容积式流量计、涡轮流量计主要是因精确度高在油品计量中获得广泛应用，但寿命和可靠性不尽如人意，尤其是转子式容积流量计安全性不高，因此在过程控制油品流量测量中，因精确度要求不高，首先满足可靠性，常优先选择差压流量计。例如石油炼制过程中的油品流量测量，各种工业炉窑、锅炉等燃油流量测量。

差压式流量计在油品流量测量中的应用同在水流量测量中的差异主要是黏度和冷却后易堵两个问题，有些牌号的油品黏度较高，为了不使流量测量下限被抬高，常常选用喷嘴差压装置。原油、重油、渣油等被加热后才能在管道中正常输送的流体，为了防止因冷却而堵塞引压管线，常采用冲洗油隔离和干脆取消引压管线而采用带隔离膜片的法兰式差压变送器直接装在取压口上。有些测量对象，流体中杂质含量较高，标准孔板等差压装置易因固形物沉积和对锐缘的磨损而失准，常采用楔形节流件[9]，如图 5.15 所示。图 5.15 中的冲洗油经恒节流孔对取压口连同短管进行连续冲洗，高低压管冲洗流量近似相等，对仪表零点的影响可以忽略。这一措施一方面可防止黏稠物堵塞取压管，另一方面在流体温度很高时，可以降低与差压变送器测量头接触的流体温度。

现在，楔形差压装置已经实现标准化，并被收入国际标准[10]。

(5) 内锥流量计

内锥流量计是美国 MCCROMETER 公司于二十世纪八十年代研制推向市场的一种新型差压式流量计，其结构如图 5.16 所示。

由于它用悬挂于管道中央的一个锥形桶来节流，因此耐磨性好。在测量含有固体颗粒的液体时，有显著的优越性。由于流体在内锥与管壁之间所构成的环缝中流过，所以在测量湿气体和饱和蒸汽时，不会积液。由于流体在由内锥与管壁所构成的环形通道中流过时，流通

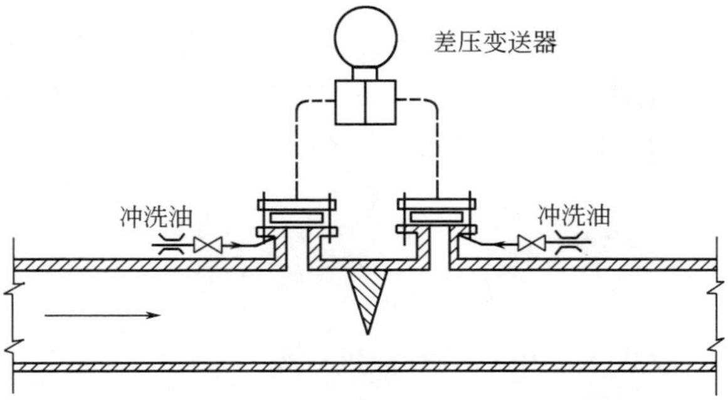

图 5.15　带冲洗楔形流量计示意

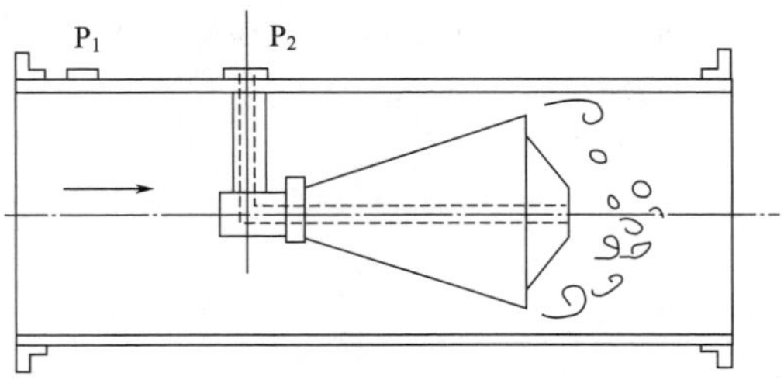

图 5.16　内锥流量计

截面积逐渐缩小，流速加大，因而具有整流作用，所以对上游阻流件不敏感。由于它须在流量标准装置上逐台标定，而且可以将标定点误差在二次表中进行校正，所以精确度可以提高。在测量气液、气固二相流方面有明显的优势。

在仪表口径较小，环形通道宽度较窄时，建议在内锥流量计前面安装过滤器，以防直径较大的固形物卡在通道内，引起示值偏高。

现在，内锥差压装置已经实现标准化，并被收入国际标准[11]。

(6) 超声流量计

近年来，超声流量测量技术已发展得相当成熟，价格也在降低，其突出的优势和应用领域主要体现在以下几方面：

流量换能器可不与被测介质直接接触，流体的高压、含有较多杂质以及易凝固、易结晶等恶劣条件都不对流量测量构成威胁。近年来，超声流量计应用于重油、燃油流量测量的实例逐渐多起来。

夹装式超声流量计虽然精确度不高，但安装方便，常用于流量监视和过程控制。尤其适合无停车机会的场合。还常用来作其他流量计的比对手段，即在怀疑已经装设的液体流量计失准时，将其夹装在相应的管段，同被校表进行比对。这一用途将在本书第 9 章中作介绍。

近年有的公司推出的多声道超声流量计精确度达到 0.5%R。有的适用于气体，有的适用于清洁的液体，可用于贸易交接。

在超声流量计应用中，以下几方面需正确处理。

① 正确选型

超声流量计按工作原理分为传播时间法和多普勒（效应）法。前一方法已在 4.3.4 小节做扼要介绍，而多普勒（效应）法是利用声学多普勒原理确定流体流量的。多普勒效应是当声源和目标之间有相对运动时，会引起声波在频率上的变化，这种频率变化正比于运动的目标和静止的换能器之间的相对速度。图 5.17 是多普勒法超声流量计原理，超声换能器安装在管外，超声换能器 A 向流体发出频率为 f_A 的连续超声波，经照射域内液体中散射体悬浮颗粒或气泡散射，散射的超声波产生多普勒频移 f_d，接收换能器 B 收到频率为 f_B 的超声波，其值为

$$f_B = f_A \frac{c + v\cos\theta}{c - v\cos\theta} \tag{5.5}$$

式中 c——超声波在静止流体中的传播速度，m/s；

v——散射体运动速度，m/s；

θ——声道角。

因 $c \geqslant v\cos\theta$，所以 $c - v\cos\theta \approx c$，因此多普勒频移 f_d 正比于散射体流动速度：

$$f_d = f_B - f_A = f_A \frac{2v\cos\theta}{c} \tag{5.6}$$

移项整理得

$$v = \frac{f_d}{f_A} \times \frac{c}{2\cos\theta} \tag{5.7}$$

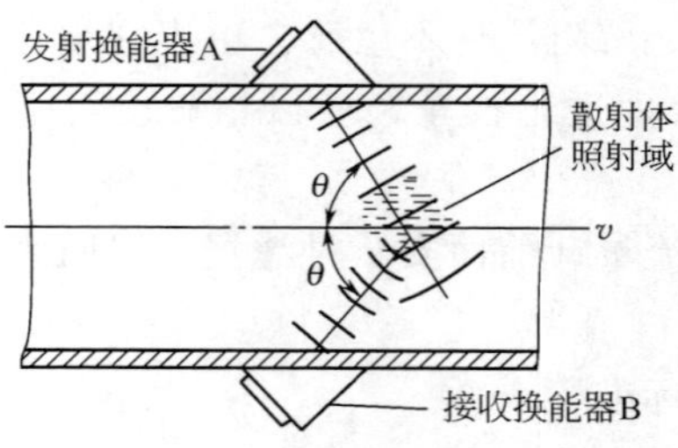

图 5.17 多普勒法超声流量计原理

在液体流量测量中，传播时间法超声流量计适用于洁净流体的流量测量，而多普勒法超声流量计适用于固相含量较多或含有气泡的液体。

超声流量计的精确度差异很大。在传播时间法超声流量计中，大管径的带测量管的多声道流量计精确度较高，基本误差一般可达到±(0.5～1)%R，也有的高达±0.15%R，夹装式可达到± (1～3)%R。而多普勒法超声流量计，一般可达到±(3～10)%FS，但当固体粒子含量基本不变时，可达±(0.5～3)%FS。

② 黏度对仪表示值的影响

式 (5.7) 所示的流体流速其实只是换能器声道上的流体平均流速，而人们要测量的是整个流通截面上的平均流速，由于整个截面上流速分布的不均匀，由式 (5.7) 测得的流速 v 计算平均流速时还得进行流速分布系数修正。此系数是流体雷诺数的函数。图 5.18 所示出此修正系数同雷诺数的关系。从图 5.18 中可以看出，流体在从层流向紊流过渡的区间修正系数 K 存在明显的突变[12]，这对仪表示值影响较大，而且带有一定的随机性，因为当被测流体为黏度较高的油品时，黏度随温度有大幅度的变化，很难准确计算流体的雷诺数以进行恰到好处的修正。所以在流速较低、Re_D<5000 时，流量测量精确度难以提高。具体应用时应尽量避开这一段。

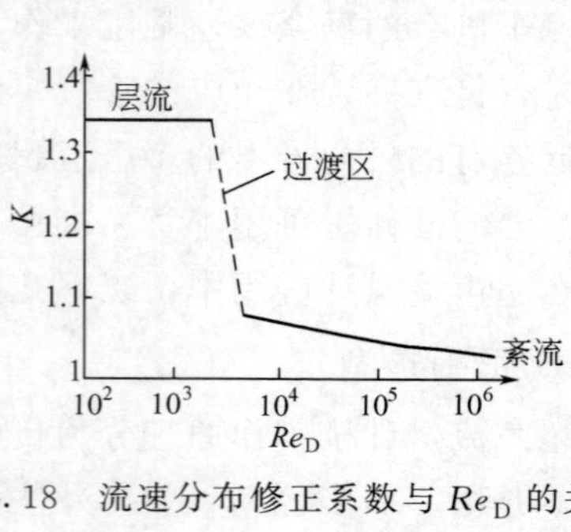

图 5.18 流速分布修正系数与 Re_D 的关系

对于黏度较低的液体，这个问题却不用担心，例如常温条件下的水在 DN150 管道中流动，Re_D=

5000所对应的流速低于0.05m/s，在流速如此低的条件下，超声流量计精确度指标原本就定得很低，所以用户不会计较。

③ 注意换能器的耐温等级

换能器的耐温等级一般有低中高温三种，其中高温换能器适用的流体温度可达210℃，当被测流体为重油、渣油时，由于流体温度较高，换能器连同耦合剂都应选高温型。有的公司提供一种安装在换能器与工艺管道之间的导波板，可以传导超声波信号并散热，流体温度高达460℃，仪表仍能正常测量。

(7) 科里奥利质量流量计

① 工作原理

科里奥利质量流量计（Coriolis mass flowmeter）是基于下述原理工作的[13]。

当一个位于一旋转体内的质点作向心或背离旋转中心的运动时，将产生一惯性力，如图5.19所示。当质量为δ_m的质点以匀速v在一个围绕固定点P并以角速度ω旋转的管道T内移动时，这个质量将获得两个加速度分量：其一是轴向加速度a_r（向心加速度），其量值等于$\omega^2 r$，方向朝向P；其二是横向加速度a_t（科里奥利加速度），其量值等于$2\omega v$，方向如图5.19所示，与a_r垂直。

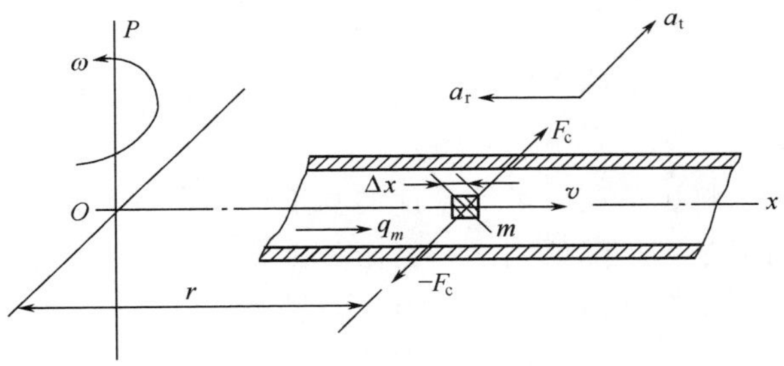

图5.19 科里奥利力

为了使质点具有科里奥利加速度，需在a_t的方向施加一个大小等于$2\omega v\delta_m$的力，这个力来自管道。反向作用于管道上的反作用力就是科里奥利力$F_c=2\omega v\delta_m$。

从图5.19可看出，当密度为ρ的流体以恒定流速v沿图中所示的旋转管道流动时，任何一段长度为Δx的管道都将受到一个大小为ΔF_c的横向科里奥利力。

$$\Delta F_c=2\omega v\rho A\Delta x \tag{5.8}$$

式中 A——管道的内截面积。

由于质量流量δq_m可表示为

$$\delta\frac{\mathrm{d}}{\mathrm{d}t}m=\rho vA \tag{5.9}$$

因此

$$\Delta F_c=2\omega\delta q_m\Delta x \tag{5.10}$$

由此可以看出，通过（直接或间接）测量在旋转管道中流动的流体施加的科里奥利就能测得质量流量。

② 优点

科里奥利质量流量计投入工业应用之后，尽管售价高，但仍以其不可替代的许多优点取代部分容积式流量计、速度式流量计、差压式流量计等，稳定地占领市场。其优点主要有：

a. 直接测量质量流量，有很高的测量精确度。

b. 可测量流体范围广泛，包括高黏度流体、液固两相流体、含有微量气体的液气两相流体以及密度足够高的中高压气体。

c. 上、下游管路引起的旋涡流和非均匀流速分布对仪表性能无影响，通常不要求配置专门长度的直管段。

d. 流体黏度变化对测量值影响不显著，流体密度变化对测量值影响也极微小。

e. 有多路输出，可同时分别输出瞬时质量流量或体积流量、流体密度、流体温度等信号。还带有若干开关量输入输出口，某些型号仪表能实现定量控制。

f. 有双向流量测量功能。

③ 缺点

a. 零点稳定性差，影响其精确度的进一步提高。

b. 不能用于测量密度较低的介质如低压气体。

c. 对外界振动干扰较为敏感。

d. 不能用于较大管径，目前只能做到 DN150～DN300。

e. 测量管内壁磨损、腐蚀、沉积结垢会影响测量精确度。

f. 压力损失大，尤其是测量饱和蒸气压较高的液体时，压损很容易导致液体气化，出现气穴，导致误差增大甚至无法测量。

④ 测量管结构特点

各个制造商所设计的科里奥利质量流量计的测量管形状各不相同，可分成两类，即弯曲形和直形，设计成弯曲形是为了降低刚度，因而可比直形管管壁取得厚一些，仪表性能受磨蚀、腐蚀影响减小，但易积存气体和残渣，引起附加误差。此外，弯形管组成的传感器重量和体积都比直形管大。

直形管不易积存气体，也便于清洗。垂直安装时，流体中的固体颗粒不易沉积在管壁上。传感器尺寸小，重量轻，但刚度大，管壁相对较薄，测量值受磨蚀、腐蚀影响大。

测量管段数又有单管和双管之分。其中单管型易受外界振动干扰影响，双管型可降低外界振动干扰影响，容易实现相位的测量。

⑤ 传感器的安装

传感器应确保安装在管道中充满被测流体的位置上，并应尽量消除或减少流体中的固体颗粒在测量管内壁沉积，否则仪表的测量性能将下降。为了做到这两点，对于使用最多的直形管和 U 形管，应满足表 5.4 所列的要求。

表 5.4 测量管为直管及 U 形管的传感器安装方式指南

被测介质	水平安装	垂直安装(旗式)
洁净的液体	可以采用。U 型管的传感器箱体在下	可以采用。流向为自下而上通过传感器
带有少量气体的液体	可以采用。U 型管的传感器箱体在下	可以采用。流向为自下而上通过传感器
气体	可以采用。U 型管的传感器箱体在上	可以采用。流向为自上而下通过传感器
浆液(含有固体颗粒)	可以采用。U 型管的传感器箱体在上	可以采用。流向为自上而下通过传感器

科里奥利质量流量计的原理和结构都决定了外界振动对它会造成影响，因此流量传感器

的安装场所应尽量远离大功率泵、电机等振动干扰源。

在传感器与管道的连接中，做到“无应力”是至关重要的，这对减小整机零点漂移起决定性作用。所谓“无应力”是指要力求避免或减少因安装因素造成的应力。为此，传感器的安装应采用坚固的支架，支架支撑的部位如图 5.20 和图 5.21 所示。在相连接的管道振动无法避免时，传感器与管道之间应采用挠性连接或通过膨胀节减小振动。

传感器如需串联（或并联）使用，不但传感器之间要保持适当的距离，而且串联（或并联）传感器之间的工艺管道上应安装牢固的支架，因为传感器之间的工艺管道能将每一个传感器测量管的振动在传感器之间作不同程度的传送，从而产生一定的相互干扰，这些干扰振动会造成流量计零点不稳定，并对流量计的调整造成困难。在这种场合，也可要求制造厂错开两传感器的振动频率。

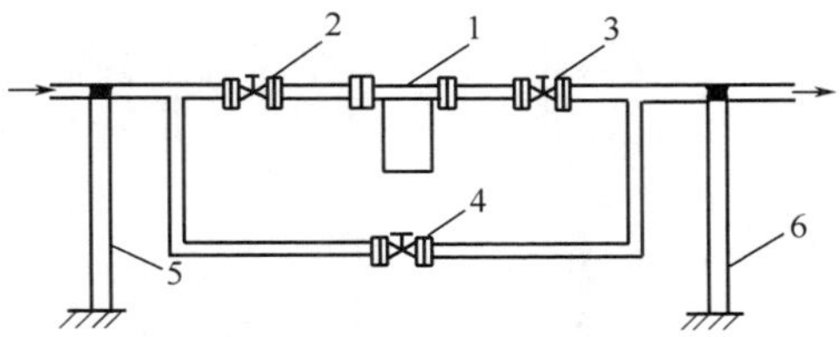

图 5.20　流量传感器在水平管道上的安装

1—传感器；2,3,4—阀门；5,6—支架

图 5.22 所示的配管方法，虽然流量计出口管也有 2m 的高度，但因该管道升高后又降低，静压被抵消，所以背压仍无保证。

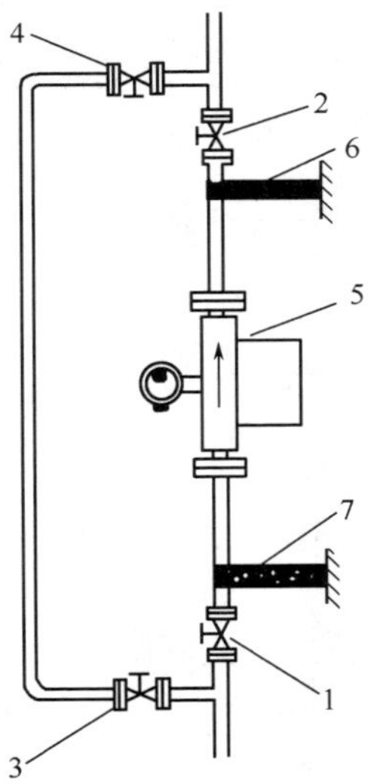

图 5.21　流量计“旗式”安装

1,2,3,4—阀门；5—传感器；6,7—支架

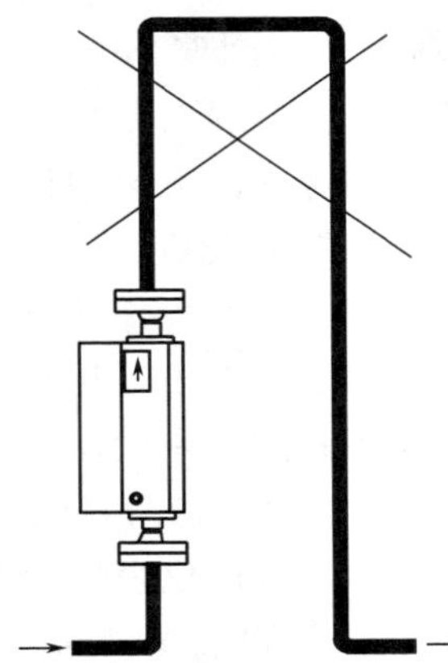
图 5.22　静压被抵消的配管

图 5.23 所示的配管方法也是容易犯的错误。由于出口端无液封，空气易从出口窜入管道，并逐渐上升，不仅流量计背压保证不了，而且管道内不能保证充满液体，所以仪表往往无法正常工作。

流量计的使用必须满足背压要求。在测量液化的气体或热溶剂以及有析出气体趋向的介质时，为防止气蚀的产生，必须保证安装在管路中的传感器有足够的背压。背压是指传感器下游端口处流体的压力，一般常在距传感器下游端口 $3L$（L 为传感器长度）之内的管道处测量。最小背压指标为 $p \geqslant A\Delta p + BP_0$，式中，$\Delta p$ 为流量计压损；P_0 为最高工作温度下介质的饱和蒸气绝压；A、B 为系数，视流量传感器的结构及介质的性质而定，一般由实验得出。目标是避免管路系统中任何一处的压力低于管内液体的饱和蒸气压，以防液体气化。

直管型流量计，其测量管刚度大，谐振频率高，由于上述的各种原因，当背压不足时，对测量管的振动稳定性会造成一定影响，实验表明，零流量时，流量测量管内至少要保持 0.02MPa（表压）的静压力。要做到这一点，将传感器装在上升管的较低部位，而且传感器下游上升管道的高度应不低于 2m（视介质密度而定）如图 5.24 所示。

零漂的检查与调整零点不稳定性会对仪表输出引入系统误差。仪表零点应在初次安装或安装有所改变后进行调整。有些仪表的零点要在工作温度、压力和密度下调整。对振动管弹性温度补偿的不当可导致零点偏移误差。在仪表运行的第一个月内建议每周检查一次零点，如零点变化小可减少检查次数。

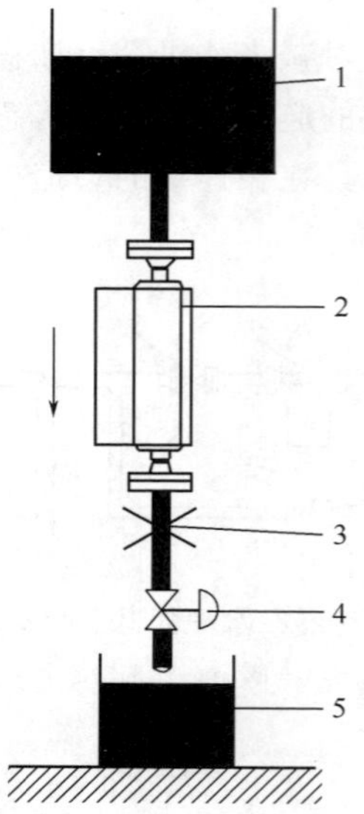

图 5.23 流量计和节流孔安装位置示意图

1—储液槽；2—传感器；3—节流孔；4—截止阀；5—计量槽

⑥ 仪表的开箱检验

配备流量标准装置的单位是极个别的，因此，科里奥利质量流量计开箱后多采用简易的方法判别其是否正常。例如将传感器的一端用盲板封住，另一端朝上，注满水，通电后，检查变送器输出，其密度示值应接近水的密度值。流量示值应接近零。打开下端盲板，让测量管中水逐渐流出，密度显示值应下降。

⑦ 测量精确度与范围度

大部分制造商以“量程误差加零点不稳定度”的方式表达基本误差。这是因为这种仪表零点稳定性较差。这种表达方式初看上去精确度很高，但计入零点不稳定度后，精确度并不怎么高。

零点不稳定性通常以%*FS* 表示，也有以流量值 kg/min 表示，零点不稳定度一般在±（0.01～0.04）%*FS* 之间。当流量为下限流量时，因零点不稳定性引入的误差是很可观的，所以仪表选用时，应将口径选得尽可能小一些，这样可将零点不稳定度的数值减小，提高实际得到的测量精确度，但压力损失增加。

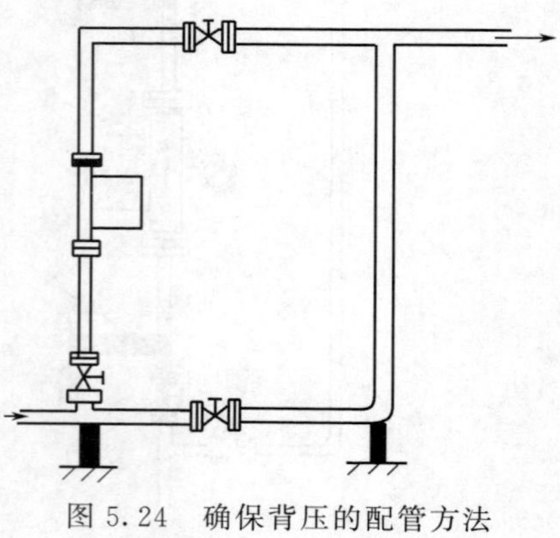

图 5.24 确保背压的配管方法

科里奥利质量流量计的范围度大部分在 10∶1～50∶1 之间，有些则高达 100∶1。基本误差与范围度有关，例如 Micro Motion 公司 D 系列产品在 10∶1 时最大误差为±0.36%*R*，20∶1 时为±0.58%*R*。

⑧ 流量范围和压力损失

在科里奥利质量流量计的选型计算中，压力损失是需要给予特别关注的指标，尤其是在被测流体黏度较高的情况下，仪表的压力损失比其他原理流量计高得多，如果所选定的流量计其流量测量范围能满足需要，但在需要测量的最大流量附近压损大于工艺专业允许压损，就会导致因阻力过大而影响流体输送。解决这一矛盾的方法有两个，其一是提高输送泵的扬程，这必将增加动力损耗。如无可能，只得牺牲测量精度，将流量计口径换大。

各型号的传感器，在其技术指标中，都会给出传感器的压损与流体质量流量、流体黏度之间的对应曲线图，这些压损曲线是根据理论计算与实验数据相结合而绘制的。图中所有曲线都是在介质密度为 1000kg/m^3 的条件下得出的，而且都给出了几种黏度参数在全流量范围内的传感器压损。图 5.25 是流量传感器的一张典型压损曲线图，图中 $\mu=1$mPa·s 相当于常温下水的黏度，$\mu=0.01$mPa·s 相当于大部分气体的黏度。这两根曲线是斜率较大的直线，表示在图示的流量范围内，流动处于紊流状态。压损 Δp 同流量 q_m 之间基本为平方关系。$\mu=500$mPa·s 是高黏度流体，相应的曲线是斜率较小的直线，表示在图示的流量范围内，流动处于层流状态。压降同流量之间呈线性关系。$\mu=25$mPa·s 和 $\mu=100$mPa·s 是中等黏度曲线。分别由斜率不同的两段直线组成，每根折线的转折点，表示层流与紊流的临界流量点。

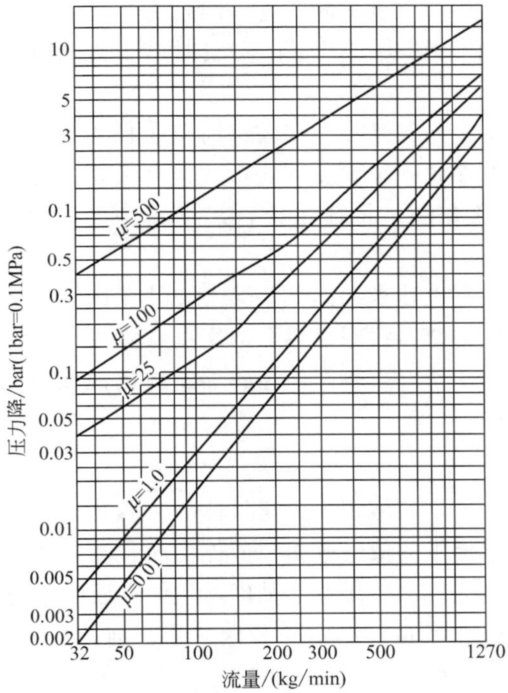

图 5.25　D150 流量传感器压损线列图

（μ 为动力黏度，单位 mPa·s）

当实际介质密度不为 1000kg/m^3 或实际黏度与图中标注黏度不相同时，就要进行换算[14]，具体换算方法可参阅参考文献［14］第 104 页。

⑨ 液固混合流的测量

科里奥利质量流量计测量含有少量固体的液体流量时，一般都能取得很好的成绩，但当流体中的固体具有强磨蚀作用或为软固体时，就应按流体的特点选用合适类型的测量管。

固体含量较高或含有软固体的流体，很容易在测量管中堵塞，对于双管型测量管，测量管的内径一般不到仪表名义口径的一半，是易堵的原因之一，其次是测量管的形状，在各种形状的测量管中，直形管最不容易堵塞。另外，流体的特性也很重要，有些流体中的固形物由于外形尺寸较大，相互之间摩擦系数大，非常容易堵塞。

测量管一旦被堵塞，如果测量管形状是弯曲的，则疏通非常困难，因此最好的办法是选用直形测量管。

有文献报道[15]，用科里奥利质量流量计测量沥青石墨糊流量，也工作得很好。但缺少经长时间运行后测量管磨蚀情况数据和仪表精确度变化数据，有的文献介绍用垂直安装的直形测量管测量磨蚀作用强的流体，效果最好。

⑩ 高黏度流体的测量

原油、重油、渣油等具有较高黏度的液体，以前大多采用容积式流量计、靶式流量计等测量流量，现在已有很多改用科里奥利质量流量计，可靠性好，准确度高。流量计配以伴热保温，即使仪表为间歇使用也不致凝结堵塞。但也存在一些须注意的问题，如介质黏度较高，容易在测量管管壁上黏结，形成“挂壁”现象，从而对测量管的振动频率产生影响，降低测量准确度。当工艺条件为间歇进料时，这一问题更要予以注意。“挂壁”问题主要通过管线吹扫和良好的伴热保温来解决。因此在安装时就得配置适当的清扫系统和伴热保温系统[15]。

高黏度流量测量的另一个问题是在黏度较高时仪表压力损失大，在同一个流量条件下，黏度越高压损越大。此黏度高到一定程度就要影响流体输送。为了防止此有害情况的出现，需要监视流体温度，简单的办法是将流量计输出通道中的一个经组态用于流体温度显示报警。

伴热保温的方法常用的有电热带和蒸汽，参考文献［16］建议不要采用电热带，因为电热带伴热易因供热过多导致传感器线圈过热，而用蒸汽伴热，因伴热管中蒸汽已进入饱和状态，在采用中低压蒸汽伴热的情况下，即使传感器箱体内温度升到与饱和蒸汽温度一样高，也不致达到烧毁线圈的温度。

⑪ 含气液体的测量

制造商通常声称含有百分之几体积比游离气体的液体对流量示值影响不大，但其影响值无具体数据。然而有关文献提供的信息表明，液体中含有游离气体对流量示值的影响，不同设计的仪表差异很大，流体的压力、流速、黏度、气体在液体中的分布状态等不同，带来的影响也不一样。因此，最好在流量计上游加装消气器。前几年有的公司推出了含气率小于30％的科里奥利质量流量计，如DS2400[16]，这是一项了不起的成就。

⑫ 温度对流量示值的影响

流体温度和环境温度的变化都会对仪表的示值产生影响，尽管流量计中已对测量管温度作了测量，并已对此影响作了补偿，因为补偿无法做到恰到好处。这种影响是通过测量管的弹性模数起作用的。有的制造商做过温度影响试验，所以提得出影响量指标，还有不少制造商提不出影响量指标。表5.5列出了部分产品的介质压力、温度影响量。由于出厂检验所用介质是常温条件下的水，如果实际使用时介质温度较高，则造成的实际影响是可观的。

表5.5 介质压力、温度变化对流量示值的影响

传感器型号	介质压力变化影响量（实际流量百分数）/％·Psi^{-1}	介质温度变化影响量（额定流量百分数）/％·$℃^{-1}$
DS300S，DS300H	−0.009	±0.004
DS600S	−0.005	±0.004

续表

传感器型号	介质压力变化影响量 （实际流量百分数）/%·Psi^{-1}	介质温度变化影响量 （额定流量百分数）/%·℃$^{-1}$
DS300Z	−0.009	±0.004
DL100	−0.005	±0.002
DL200	−0.009	±0.004

⑬ 压力对流量示值的影响

早期仪表制造商的样本和使用说明书等技术文件通常声称科里奥利质量流量计的流量示值不受流体温度、压力、密度和黏度变化的影响，然而使用实践证明并非如此。这种流量计因为测量精确度较高，有很大部分用于贸易交接。一根管道将交接双方连接起来，在供需双方各装一套流量计，而且往往是同一制造厂的同一型号规格产品。由于输送距离较远，流体的温度、压力、密度、黏度等参数都会有一定变化，于是引发计量差量[17,18]，制造厂处于非常被动的地位，只得投入人力财力作进一步研究，并收到一定效果。例如 Micro Motion 公司在其新的样本中对其不同型号的产品的流体静压影响作了表述。表 5.5 所列是部分产品介质压力变化影响和介质温度变化影响。由于出厂检验时所用的压力是 0.1～0.2MPa，所以在实际使用压力较高时，造成的实际影响也是可观的。对压力影响进行补偿的常用方法有两个，一是在线补偿，适用于流量变送器中带有压力补偿功能的产品，另装一台压力变送器并将信号送入流量转换器，然后在转换器组态时指定补偿功能和压力信号对应的上下限压力值[18]。另一方法是离线补偿，适用于压力较稳定的对象。从常用压力值计算出流量校正值，然后在转换器组态中将流量标定系数予以校正。温度变化因其影响值是正负双向还不能予以校正。

⑭ 密度对流量示值的影响

流体密度变化对流量示值的影响虽不很大，但在精密计量中仍需引起注意。Danfoss 公司对自己的科里奥利质量流量计产品所做的试验也证明存在密度影响。10mm 口径仪表，介质密度 2kg/L 的流量示值与 1kg/L 相比，相差−0.1%，0.5kg/L 介质与 1kg/L 相比，相差+0.06%。

对密度影响进行补偿的前提条件是制造商提供密度影响量的数据，其次是掌握具体测量对象的流体密度，然后计算校正值予以校正。

⑮ 密度输出信号用于判断流体品质或类别

经科里奥利质量流量计测量的流体有时品质会发生变化，这种品质的变化往往表现为流体密度的变化，于是利用流量计的密度测量功能同具有逻辑判断功能的显示、控制仪表（计算机）配合，可对此品质进行监视。例如待测流体存放在储罐中，料液和料中所含水分在罐中分层，罐中料液经流量计计量发往另一设备或工序时，在料液即将抽尽前，先是料液和水的过渡层进入流量计，这时仪表的密度示值会有明显变化，从而关闭阀门，确保料液品质。

⑯ 在液体双组分流测量中的应用

对于互不相溶的双组分液体，设 ρ、ρ_1、ρ_2 分别为双组分流体的密度及两种组分各自的密度，x_1、x_2 分别为两组分的体积流量百分含量，r_1、r_2 分别为两种组分的质量流量百分含量，于是：

$$\rho=\rho_1 x_1+\rho_2 x_2$$

$$x_2=1-x_1$$

$$r_1=\frac{\rho_1}{\rho}x_1$$

$$r_2=\frac{\rho_2}{\rho}x_2$$

实际应用中，ρ 值可由质量流量计测得，ρ_1、ρ_2 是已知的或经化验可得到的。于是可导出：

$$x_1=\frac{\rho-\rho_2}{\rho_1-\rho_2} \tag{5.11}$$

$$x_2=\frac{\rho_1-\rho}{\rho_1-\rho_2} \tag{5.12}$$

$$r_1=\frac{\rho_1}{\rho}\times\frac{\rho-\rho_2}{\rho_1-\rho_2} \tag{5.13}$$

$$r_2=\frac{\rho_2}{\rho}\times\frac{\rho_1-\rho}{\rho_1-\rho_2} \tag{5.14}$$

设双组分流体的总质量流量为 q_m，两种组分的质量流量分别为 q_{m1} 和 q_{m2}，则：

$$q_{m1}=q_m r_1 \tag{5.15}$$

$$q_{m2}=q_m r_2 \tag{5.16}$$

⑰ 水锤现象及对策

在批量操作过程中，若调节阀安装在流量计下游，这时要注意防止当阀门快速切断时在管路中出现强烈的“液压撞击”（即“水锤”）现象，以免损坏流量计或影响流量计的正常工作。这一情况在科里奥利质量流量计中尤为突出，因为液体在测量管中流过时流速高，因而具有很高的动能。为此，流量计下游阀门的设置应有分段（多级）关闭能力，避免下游阀门突然关闭时，造成“水锤”现象。

⑱ 密度切除功能的应用

密度切除功能是科里奥利质量流量计所特有的功能，利用这一功能可以有效地防止“虚量”，确保流量的准确性。

所谓密度切除功能就是根据具体被测流体可能达到的密度范围，确定密度下限值和上限值，当测量管内被测介质的密度不在这个范围之内时，变送器就“认为”被测介质流动异常而置流量输出为零。例如某种轻质油在工况下的密度为 0.85kg/L，工况变化造成的介质密度正常波动范围为±0.05kg/L，这样可将密度测量范围设定在 0.75～0.95kg/L。这样的设定既可保证在测量管内充满介质时流量计有正确的输出，又可有效地防止易气化的介质在停输时来回涌动而产生错误的流量指示。

⑲ 典型故障及其处理

下面是参考文献［14］提供的几个实例，有启发和参考价值。

例 1. 某公路发油站采用科里奥利质量流量计作为定量控制计量表，在给汽车槽车发油的过程中常出现忽多忽少的现象，但流量计的检定结果是合格的。经过现场仔细的分析后发现，位于流量计下游的电磁阀的快速关闭造成了强烈的流体液压撞击，对传感器工作的影响很大。若将流量计和电磁阀换位（即让电磁阀在前，流量计在后），就隔断了电磁阀关闭对流量计的影响，从而使流量计的工作情况恢复正常。

例 2. 某台科里奥利质量流量计在使用过程中经常出现虚计量现象，即管道中没有流量时，流量计的累积数会发生变化。经过现场仔细检查后发现，传感器两端的安装支撑不符合要求，一是两端支撑不等距，二是支撑的底部与地面悬空，没有牢固连接。在采取措施使传感器两端支撑的安装符合要求后，流量计计量情况恢复正常。

例 3. 某台科里奥利质量流量计测量液化石油气，其正常密度在 0.52～0.56kg/L 之间，但在测量过程中，时常出现密度显示值低于 0.5kg/L。此时，即使管道中无流体流过，流量计也可能出现正负方向虚流量，累积值有增有减。造成这种现象的主要原因是流量计背压不足，液化气气化，介质气液两相比例超过了规定范围，以致不符合流量计正常使用的要求。目前解决的办法一般有两个：一是提高工艺管线的压力及流量计的背压，避免工艺介质产生汽化；二是采用小流量、低密度切除功能，即让流量计在低于指定的流量时不进行计量，或利用科里奥利质量流量计具有能根据被测介质的密度范围进行选择计量的功能，使流量计在介质密度低于某一范围时不进行计量。

例 4. 某台科里奥利质量流量计在运行期间，其计量值与油罐检测计量结果偏差较大。经检查发现，传感器安装位置与泵房距离太近，当两台泵同时工作时，振动过大，影响了传感器的稳定工作。当将传感器移到远离振源的地方以后，情况恢复了正常。

例 5. 某台科里奥利质量流量计测量 $90^{\#}$ 汽油，当流量上升到 60t/h 以上时，流量计显示的密度值为 $1\sim3g/cm^3$ 并显示“Dens Overing”“Sensor error”故障指示，一旦流量降下来后，一切又恢复正常。经过现场仔细检查，认为传感器的安装以及现场应用环境等均没有问题。在将流量计拆回检定过程中发现传感器“Y”型流量分配器的入口处卡进了两块鹅卵石，估计是由工艺管线施工时带进的，取出后，流量计检定合格、现场使用良好。

由上述实例可见，正确的安装、合理的工艺管线配置、良好的应用环境等对质量流量计的正常工作是十分重要的。

5.3　（易蒸发）高饱和蒸气压液体流量的测量

本节以液氨为例讨论乙烯、丙烯、氯乙烯等高饱和蒸气压液体流量的测量。

液氨流量测量同前面讨论过的水流量测量、油流量测量有以下两个重大的差别。

a. 液氨的饱和蒸气压高，在标准大气压条件下，其沸点为－33.4℃，因此必须在压力条件下输送和储存。

b. 这种流体的流量测量中容易因仪表的压力损失而在流量计的出口处产生气穴和伴随而来的汽蚀现象，引起流量计示值偏高和流量一次装置受损。

液态乙烯、丙烯等流量测量中遇到的情况也相同。本节分析液氨流量测量中遇到的问题及其处理方法，对其他饱和蒸气压较高液体的流量测量也有参考价值。

5.3.1 液氨流量测量的特点

① 储存在储槽中液氨的气液分界面处一般处于气液平衡状态

图 5.26 所示为氨厂入库液氨流量测量的典型流程。来自氨冷凝器的合成气、气态氨、液态氨混合物在氨分离器中进行分离，液氨经流量计和液位调节阀送低压氨中间槽。显然图 5.26 中氨分离器和中间槽的气液分界面处，气液两相均处于平衡状态。

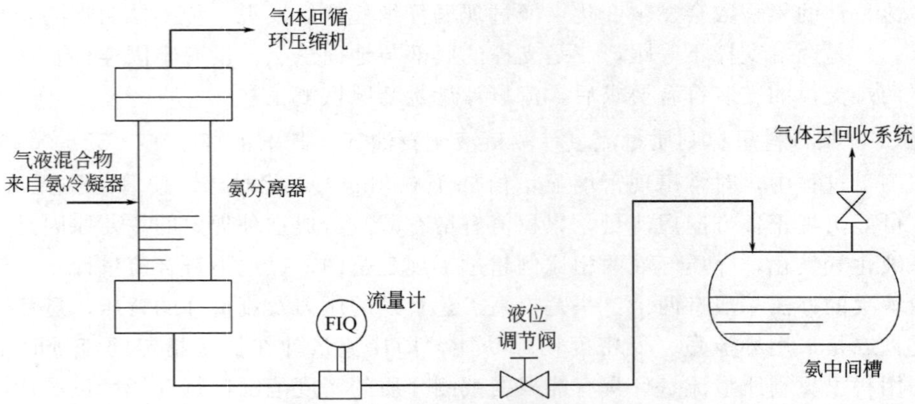

图 5.26 液氨流量测量典型流程

液氨流量测量，应尽量避免出现两相流。然而接近气液平衡状态的液氨，在流过流量计时，如果压头损失较大，则很容易引起部分汽化，影响测量精确度。

② 流体密度的温度系数较大

从液氨的 $\rho=f(t)$ 函数表可知，在常温条件下，液氨温度每变化 1℃，其密度变化 0.2%以上。因此，液氨计量必须进行温度补偿。

③ 精确度要求高

原化工部有关文件要求，液氨计量应达到 1.0 级精确度。如果不采取有效措施，是很难达到这个要求的。

④ 流体易燃易爆

仪表选型时应选用防爆型仪表，仪表安装、使用和维修中，都应遵守防爆规程。

⑤ 被测介质有腐蚀性

氨对铜等材料有强烈的腐蚀作用，因此，仪表与被测介质直接接触的部分应能耐受氨的腐蚀，仪表的电子学部分应有 IP67 及以上的防护能力，以防周围环境中腐蚀性气体对电子学部分的气体腐蚀。

5.3.2 气穴和汽蚀及防止流体汽化问题

在液体流动的管路中，如果某一区域的压力降低到液体饱和蒸气压力之下，那么在这个区域内液体将会产生气泡，这种气泡聚集在低压区域附近，就会形成气穴，发生气穴现象。在装有透明管道的试验装置上，能观察到气穴的存在，它表现为在管道内一个基本不变的区域出现一个气团。

在水流管路中，这种气泡所包含的主要是水蒸气，但是由于水中溶解有一定量的气体，所以气泡中还夹带有少量从水中析出的气体。这种气泡随着水流达到压强高的区域时，气泡中的蒸气会重新凝结为液体，此时气泡会变形破裂，四周液体流向气泡中心，发生剧烈的撞击，压力急剧增高，其值可达几百个大气压，不断破裂的气泡会使流道壁面的材料受到不断的冲击，从而使材料受到侵蚀。如果管路上装有流量计，则汽蚀现象将引起测量误差增大并能损坏一次装置。气泡从形成、增长、破裂以及造成材料侵蚀的整个过程就称为汽蚀现象。

汽蚀现象与热力学中的沸腾现象有所不同，两者虽然都有气泡产生，但是汽蚀起因是由于压强降低，而沸腾则是由于温度升高。

液氨同其他饱和蒸气压较高的流体一样，在流量测量中，流量一次装置内或出口端极易出现气穴现象。

处于汽液平衡状态的流体，在温度升高或压力降低时，必然有部分液体发生相变。例如液氨在 10℃条件下，平衡压力为 0.5951MPa。如果将压力降低一些（例如将液氨中间槽中的气态氨排掉一些），必然引起一定数量的液氨汽化，升腾到气相中。由于这一蒸发过程是从液相中吸取汽化热，所以，汽化现象发生的同时，液相温度下降，一直降低到与槽中新的压力相对应的平衡温度。

同样，如果为槽中的气相提供一定的冷量，则有一部分气态氨变成液态氨，槽中气相压力相应下降。

处于汽液平衡状态的氨，在输送过程中，如果温度不变而将其压力升高（例如用泵加压），或者压力不变而将其温度降低（例如用冷却器将液氨冷却），则液氨进入过冷状态。

处于过冷状态的液氨，如果压力降低一些，只要不低于当时液氨温度相对应的平衡压力，液氨不会出现汽化现象。

液氨储槽或中间槽，总有一定高度，在稳态情况下，处于汽液平衡状态的液氨，仅仅是气液两相分界面处的那一部分，如果槽中无冷却管之类的附件，槽中液体的温度可看作是均匀一致的。因此，分界面以下液位深处的液氨，由于液柱的作用使静压升高，所以进入过冷状态。离分界面越远，液氨过冷深度越深。

为了避免液氨流量测量时出现汽化现象，选用下面的设计和安装方法将是有效的。

(1) 选用压力损失较小的仪表

例如有一液氨流量测量对象的最大流量为 $40m^3/h$，选用 DN50 涡街流量计时的最大压力损失为 0.02MPa，比选用 DN50 涡轮流量计的压力损失（为 0.025MPa）小。

(2) 合理选择安装位置

流量传感器安装位置应选择在槽的底部出口管道上。在保证直管段的前提下，与槽的出口处应尽量近些。这样，液氨在输送过程中，可减少经输送管道从大气中吸收热量。同时，安装位置应尽量低些，这样可提高过冷深度。

(3) 将调节阀安装在流量计后面

图 5.26 所示的流程中，氨中间槽与氨分离器之间有较大压差，此压差绝大部分降落在调节阀上。液氨流过此阀时，压力突然降低，一定数量的液体汽化，从而出现气液两相流，为了避免流过流量计的流体中存在两相流，节流阀必须装在流量计下游。如果氨分离器的液相出口配有切断阀，则正常测量时必须将切断阀开足。在现场曾经发生过切断阀逐渐关小的同时，流量计示值不仅不下降反而大幅度升高的情况，就是因为切断阀关小时，液氨迅速汽化，体积膨胀数十倍到数百倍，从而使输出与体积流量成正比的速度式流量计输出突然升

高，出现短时间的虚假指示。

(4) 提高过冷深度

横河电机公司提出了该公司生产的DY型涡街流量计压力损失和不发生气穴现象的管道压力计算公式[6]：

$$\Delta p = 1.08\rho v^2 \times 10^{-6} \tag{5.17}$$

$$P \geqslant 2.7\Delta p + 1.3P_0 \tag{5.18}$$

式中 Δp——压力损失，MPa；

ρ——液体的密度，kg/m^3；

v——流速，m/s；

P——最低管道压力（绝对压力），MPa；

P_0——流体的饱和蒸气压（绝对压力），MPa。

如果能满足式（5.18）的要求，肯定能不产生气穴，但是在使用现场往往满足不了这一要求，幸运的是该公式的第二项提供了解决问题的另一个方法，即降低液体的饱和蒸气压。从前面分析可知，对于一种确定的液体，其饱和蒸气压 P_0 是其温度的函数，温度越低 P_0 越低。液氨在进流量计前，经适度冷却，使温度降低，从而 P_0 降低，这样，尽管流量计进口压力不变也能收到不产生气穴的效果。

冷却进流量计的液氨在氨厂不是一件难事，只要将流量计前一定长度的管道改为夹套管，并引入少量的液氨经节流膨胀，汽化后的氨温度降低，为管中的液氨提供冷量，汽化后的氨放出冷量后进回收系统，流程示意如图5.27所示。

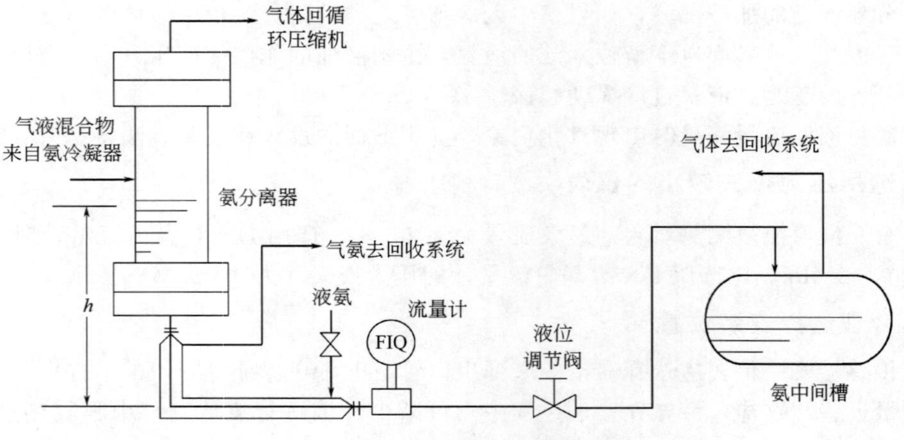

图5.27 防止产生气穴的措施

5.3.3 仪表的选型与使用

(1) 涡轮流量计

在液氨流量测量中，涡轮流量计使用最为广泛，在第5.2节的油品流量测量中涡轮流量计表现出来的优点，在液氨流量测量中也都具有。尤其是其优越的重复性为提高计量精确度奠定了基础。液氨极为纯净，流量计前不一定要装过滤器。但是其轴承材质的选择很值得研究，有很多氨厂使用国产涡轮流量计，其轴承为改性石墨，据报道效果不佳，原因是液氨对改性石墨有侵蚀性，影响使用寿命。近几年来从国外引进的配有硬质合金轴和宝石轴承的涡轮流量计，既耐一般介质的侵蚀和腐蚀，又耐磨，在容易汽化的液体中使用效果很好。

涡轮流量计的美中不足仍然是轴承的寿命，石墨轴承的正常寿命可达 2 年，宝石轴承寿命更长些。彻底解决这一薄弱环节的方法是改用涡街流量计。

(2) 涡街流量计

涡街流量计完全没有可动部件，液氨对旋涡发生体也无磨损，因此，可以说其寿命是无限的。除此之外，它还有下列优点。

a. 结构简单牢固，安装维护方便。

b. 精确度较高，测量液体时，一般可达（0.75%～1.0%）R。无零点漂移。

c. 范围度宽，合理选择仪表口径，范围度可达 20∶1。

d. 压损小。

在一定雷诺数范围内，输出频率信号不受流体物性（密度、黏度）和组分的影响，即流量系数仅与旋涡发生体及管道的形状尺寸有关，只需在一种典型介质（通常为水）中校验而适用于各种介质。

其局限性是不适用低雷诺数测量（Re_D 应大于 2×10^4），所以高黏度、低流速的测量对象不宜选用。

(3) 容积式流量计

有些饱和蒸气压力较高的流体也有容积式流量计成功应用的实例，老式的容积式流量计只能计工作状态下的体积总量。带电脉冲（频率）信号输出的新式容积式流量计，与显示仪表配合不但可计体积总量和瞬时流量，也可进行流体温度补偿。

有些用来测量液化石油气的容积式流量计，有时发现示值明显偏高，尤其是在夏季，这是因为液化石油气的主要成分有丁烷，在管道内被输送时，呈气液平衡状态，由于液体流过流量计机构均产生压力损失，因而液体静压相应降低，从而导致部分液体气化，流体平均密度减小，体积增大。

(4) 科里奥利质量流量计

用科里奥利质量流量计测量高蒸气压流体流量选用时应谨慎，因为科里奥利质量流量计测量管内流速高，压损大，过冷深度不足的液体流过仪表测量管时极易产生汽化而不能工作。

5.3.4 流量传感器非线性误差的修正

图 5.28 是某台涡轮流量传感器在全量程范围内的误差曲线，其最大误差不大于 ±0.5%。

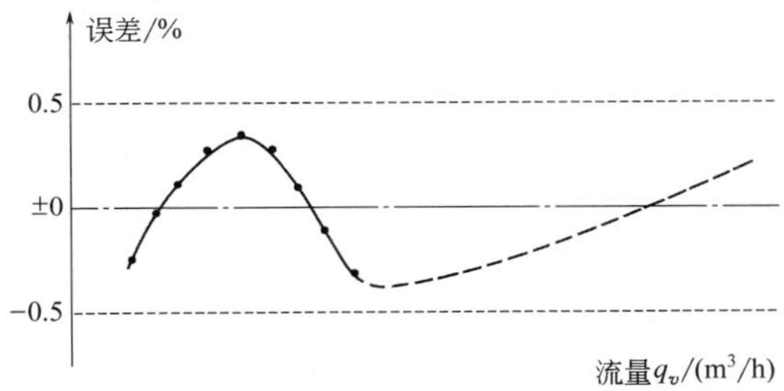

图 5.28 涡轮流量计误差

该流量传感器在出厂检验时，通过实流（一般为水）校准，确定各规定校验点流量系数，然后取各流量系数中数值最大和最小的两个值算术平均数作为该台仪表的仪表常数，因此，所谓误差就是各校验点流量系数相对于仪表常数之间的相对误差。传统的流量显示仪表，接收传感器送来的频率信号 f_i，然后按下式计算体积流量。

$$q_v=3.6f_i/K_m \tag{5.19}$$

式中 q_v——体积流量，m^3/h；

f_i——传感器输出的频率信号，P/s；

K_m——传感器平均流量系数（仪表常数），P/L。

这样，在被测流体的黏度和密度同校准时的流体相近，安装也合理正确时，测量系统能得到 0.5%R 的准确度（忽略流量显示表的误差），其误差主要来自流量传感器。

其实在流量全量程范围内都用一个流量系数是不合理的，因为客观上一台流量传感器在不同瞬时流量时，其流量系数也不同，如果能将流量传感器校准时各校验点所对应的流量系数置入仪表，然后用查表和线性插值的方法计算流量系数，并进一步计算瞬时流量，那么，各点的误差即得到校正，最后只剩下重复性误差，从而使系统精确度大大提高。

在智能化流量显示仪表或 DCS 中，上述校正通常是用折线方法完成，折线段数一般取 9 或 15 段，折线的横坐标为瞬时流量，其纵坐标为校正系数 k_α。当流量显示仪的功能指定栏选中“进行校正”时，式（5.19）变为

$$q_v=3.6f_i/(k_\alpha K_m) \tag{5.20}$$

式中 k_α——流量系数校正系数。

$$k_\alpha=K_i/K_m \tag{5.21}$$

式中 K_i——各点实际流量系数，P/L。

k_α 随 q_v 变化的关系通常用对照表给出，由于 k_α 和 q_v 都是未知数，因此求 k_α 和 q_v 是一个迭代的过程。图 5.29 所示为某型号流量演算器实际使用的传感器误差校正计算程序框图。

工业用流量传感器出厂校准时，校验点一般只取 5 个，用这些数据只能组成 4 段折线。用 4 段折线来代表一根完整的 $K_i=f(q_v)$ 曲线，实践表明是不够理想的。如有必要可在仪表订货时要求仪表制造厂适当增加校验点，这些校验点的选取应能覆盖具体测量对象的测量上限，在流量常用点附近和流量系数变化较大的区间，校验点可取得密一些。表 5.6 所示为一台涡轮流量传感器的校验点流量值 q_v、流量系数 K_i、仪表常数 K_m、误差、流量系数校正系数 k_α 对照表。

表 5.6 流量传感器实流校准结果及校正系数例

序号	流量/(m^3/h)	流量系数/(P/L)	平均流量系数/(P/L)	误差 δ/%	校正系数 k_α
1	3.02	72.85	73.07	−0.30	1.0030
2	4.55	73.01		−0.08	1.0008
3	6.02	73.12		0.07	0.9993
4	7.45	73.24		0.23	0.9977
5	8.84	73.35		0.38	0.9962
6	10.52	73.23		0.22	0.9978

续表

序号	流量/(m^3/h)	流量系数/(P/L)	平均流量系数/(P/L)	误差 δ/%	校正系数 k_α
7	11.97	73.11	73.07	0.05	0.9995
8	13.54	72.94		−0.18	1.0018
9	15.07	72.79		−0.38	1.0038

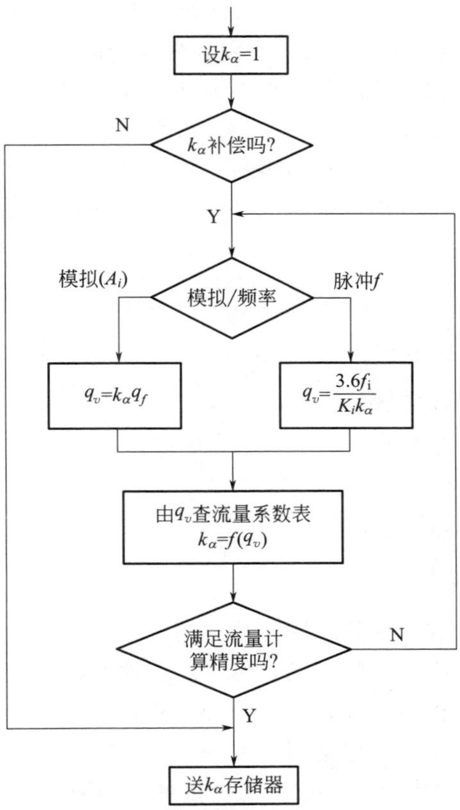

图 5.29　流量系数校正计算框图

5.3.5 液氨密度的温度补偿

(1) 温度补偿模型的建立

用户要求液氨以质量流量计量，而涡轮流量计、涡街流量计等给出的仅仅是体积流量，即：

$$q_v = 3.6f_i/K_t$$

式中　q_v——体积流量，m^3/h；

f_i——流量传感器输出频率，P/s；

K_t——流量传感器在流体温度为 t 条件下的流量系数，P/L。

由质量流量与体积流量的关系知：

$$q_m=\rho_f q_v \tag{5.22}$$

式中 q_m——质量流量，kg/h；

ρ_f——工作状态下流体密度，kg/m^3。

而液氨密度又是温度的函数，即 $\rho=f(t)$[19]。

液氨密度随温度变化的关系，在理化手册中一般都用表格的形式描述[20]，在二次表中直接使用这种表格较麻烦，所以，一般都将此表格回归成表达式的形式。

由于液氨的 $\rho=f(t)$ 函数并非直线，所以如果用一次关系式去拟合，在不同的温度段，就必须使用不同的系数和常数。使用起来很不方便。在早期的二次仪表中，只能作一次关系式运算的情况下，实属不得已而为之。

现在的流量二次表运算功能已经相当丰富，将二次多项式的系数和常数项填入菜单并置入仪表，已是举手之劳。所以，用一般二次多项式去描述 $\rho=f(t)$ 的关系，不仅使用方便，而且精确度也高。

$$\rho=\rho_d[1+\mu_1(t-t_d)\cdot 10^{-2}+\mu_2(t-t_d)^2\cdot 10^{-6}] \tag{5.23}$$

式中 ρ——与 t 对应的液氨密度，kg/m^3；

ρ_d——与 t_d 对应的液氨密度，kg/m^3；

μ_1——一次项补偿系数；

t——液氨温度，℃；

t_d——液氨参考温度，℃；

μ_2——二次项补偿系数。

下面举例说明从表格形式变换到二次表达式的方法。

实现从表格形式到二次表达式的变换，可以用线性回归方法，但若手头没有现成的回归程序，则可列出二元一次方程组手算，这后一种方法既不复杂，而且得到的表达式精确度也不低。例如有一液氨流量对象，流体常用温度为 5℃，常年可能出现的最低温度和最高温度分别为−5℃和 15℃，从手册中查到这三个温度条件下的液氨密度，如表 5.7 所示。

表 5.7 液氨密度

温度 t/℃	密度 ρ/(kg/m^3)
−5	645.3
5	631.7
15	617.6

如图 5.30 所示，选 $t_d=5$℃，则 $\rho_d=631.7kg/m^3$，将这段曲线的两个端点的温度和密度数据，以及 t_d、ρ_d 数据代入式(5.23) 得到下面的方程组。

$$(1+10\times 10^{-2}\mu_1+10^2\times 10^{-6}\mu_2)\times 631.7=617.6$$

$$[1+(-10)\times 10^{-2}\mu_1+(-10)^2\times 10^{-6}\mu_2]\times 631.7=645.3$$

解此方程组得

$$\mu_1=-0.21925$$

$$\mu_2=-3.95757$$

其中 μ_1 为一次项系数，μ_2 为二次项系数。于是式（5.23）就具体化为

$$\rho=631.7[1-0.21925(t-5)\times10^{-2}-3.95757(t-5)^2\times10^{-6}]$$

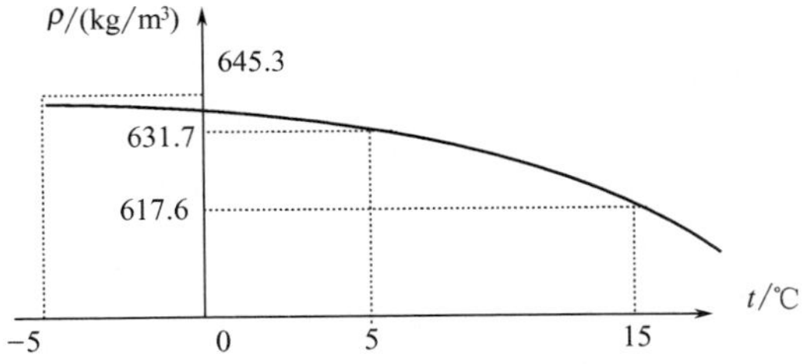

图 5.30 液氨密度与温度的关系曲线

经验证，这一求解结果与表 5.7 中所列的三点 $\rho=f(t)$ 数据完全吻合，而与曲线两端点之间的其他点数据比较，最大误差为±0.01%，所以是可以使用的。

(2) 流体温度补偿的实施

流体温度补偿的数学模型建立之后，在流量显示仪或 DCS 中实现补偿实质上是将数学模型写入仪表或DCS，其中参考温度（流体常用温度）t_d 及 t_d 所对应的密度 ρ_d 作为常数写入仪表。流体实际温度 t 为自变量，是仪表输入信号，仪表运行后，每一个计算周期将 t 代入式（5.23）计算一次 ρ，进而计算质量流量。

(3) 测量元件的选型

由于液氨密度的温度系数绝对值较大，相应的补偿量也较大，所以，测温元件最好选精确度较高的 A 级 Pt100 铂热电阻，在 $t=15$℃时，其误差限为 0.18℃。典型的流量二次表在 300℃以下时最大误差为±0.3℃，用方和根的方法合成后，测温系统最大误差为±0.35℃，由此给流量测量带来的不确定度 $\frac{\delta\rho}{\rho}$ 约为 0.08%。

铂热电阻的结构选择应考虑易燃易爆环境和被测介质的低温可能导致测温套管内结冷凝水，因此可选用隔爆型铠装结构。

参考文献

[1] 蔡武昌，马中元，瞿国芳．电磁流量计［M］．北京：中国石化出版社，2004.

[2] GB 17167-2006 用能单位能源计量器具配备和管理通则［S］. 2006.

[3] ISO 2714：2017 Liquid hydrocarbons—Volumetric measurement by displacement meter［S］. 2017.

[4] 蔡武昌，孙淮清，纪纲．流量测量方法和仪表的选用［M］．北京：化学工业出版社，2001.

[5] 俞敬东．容积式流量计在使用中的温度补偿［J］．石油化工自动化，1997，33（2）：58-61.

[6] 朱德祥，张廷柱，朱福茂．流量仪表原理和应用［M］．上海：华东化工学院出版社，1992.

[7] 王森，纪纲．仪表常用数据手册［M］. 2 版．北京：化学工业出版社，2006.

[8] 屈敏，冯江．容积式双螺旋流量计的应用［J］．石油化工自动化，2000，36（4）：71-85.

[9] 殷志杰．裂解急冷油流量测量系统改造［J］．化工自动化及仪表，2001，28（5）.

[10] ISO 5167.5：2022（E）Measurement of fluid flow by means of pressure differential devices inserted in circular cross-section conduits Running full-Part5：Cone meters［S］. 2022.

[11] ISO 5167-6：2022（E）Measurement of fluid flow by means of pressure differential devices inserted in circular cross-section conduits Running full-Part6：Wedge meters［S］. 2022.

[12] 强发红，毛协柱．时差法超声波流量计的应用技术［J］．石油化工自动化，2001，37（1）：60-64.

[13] ISO 10790：2015（E）Measurement of fluid flow in closed conduits-Guidance to selection installation and use of Coriolis flowmeters（mass flow，density and volume flow measurements）[S]. 2015.
[14] 肖素琴，韩厚义．质量流量计 [M]. 北京：中国石化出版社，1999.
[15] 孙丹，培福根．科里奥利质量流量计在高黏度液体流量测量中的应用 [J]. 自动化仪表，1997，18（5）：20-21.
[16] 纪纲，纪波峰．流量测量系统诊断案例集锦 [M]. 北京：化学工业出版社，2023.
[17] 武胜林．质量流量计计量超差原因分析 [J]. 石油化工自动化，1999，35（4）：66-69.
[18] 赵晶．介质压力对罗斯蒙特质量流量计的影响及解决 [J]. 化工自动化及仪表，2002. 29（1）：71-72.
[19] 朱步陶．液氨计量中的温度补偿及应用 [J]. 化工自动化及仪表，1994（5）.
[20] CRC The handbook of chemical and physics 90th [M].

第6章
几种特殊流量的测量

6.1 微小流量的测量

小流量测量分两种情况：一种是以较高的精确度测量流过细小管道的气体、液体流量；另一种是测量流动非常缓慢的流体的流量。

关于微小流量的范围，目前还不能明确定量地给出，本章所说的微小流量，是人们一般认为的微小流量范围[1]。

6.1.1 几种在微小流量测量中应用的流量计

适合用来测量微小流量的常用流量计有多种，例如差压式、浮子式、容积式、热式等，其中有些流量计，既适合测量中大流量，也适合测量微小流量，而另一些专门为测量微小流量而设计。

(1) 差压式流量计

由标准差压装置和差压计组成的差压式流量计，在小流量测量中受到三方面的限制[1]。

第一个限制是雷诺数下限的限制。差压装置种类不同，其雷诺数下限也不同，就一般而言，雷诺数$\geqslant 10^4$ 是可以使用的界限。与此雷诺数下限相对应的平均流速和流量即为小流量的测量下限。雷诺数太小，流出系数会随雷诺数的变化而产生显著的变化，以致不确定度增大。

第二个限制是管径的大小。标准差压装置仅适用于 50mm 和 50mm 以上管径。管径太小时，差压装置直径相应变小，按标准中规定的形状进行相似加工发生困难。

第三个限制是差压太小。此差压同流速的平方成正比，当流速低到一定数值，差压就变得很小，以致无法分辨。

针对上述的三个限制，有些仪表公司开发了仅适合微小流量测量的内藏孔板差压式流量计。这种流量计同由标准差压装置为传感器的流量计在下面几点有显著的差别。

第一个差别是结构上，前者是传感器与变送器合为一体，其典型的结构如图 6.1 所示，而后者是传感器与变送器相分离。

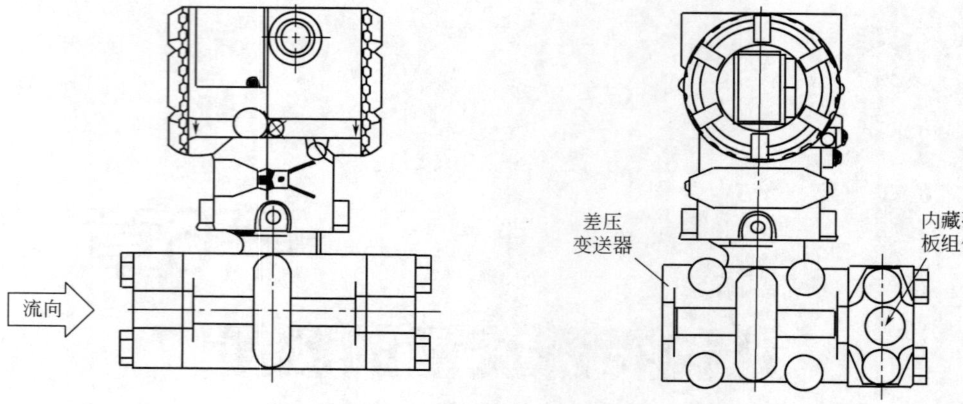

图 6.1 内藏孔板差压流量计

第二个差别是管径，前者适用的管径均小于 50mm，典型的管道内径为 10mm 和 20mm。由于管径缩小，流速以及同流速相关的雷诺数得以提高，因而能得到较高的差压。所以内藏孔板流量计弥补了标准差压装置型差压式流量计不适合测量小流量的不足。

第三个差别是保证精确度的手段。前者是用实流标定的方法来保证测量精确度的，经过实流标定能得到 1 级（水）或 1.5 级（空气）精确度，如果实流标定后用合适的方法对误差进行自动校正，则可得到 0.5 级（水）和 1 级（空气）精确度。如果不经实流标定，只能得到 5 级精确度。图 6.2 和图 6.3 所示是一台内藏孔板流量计标定得到的误差以及校正曲线。

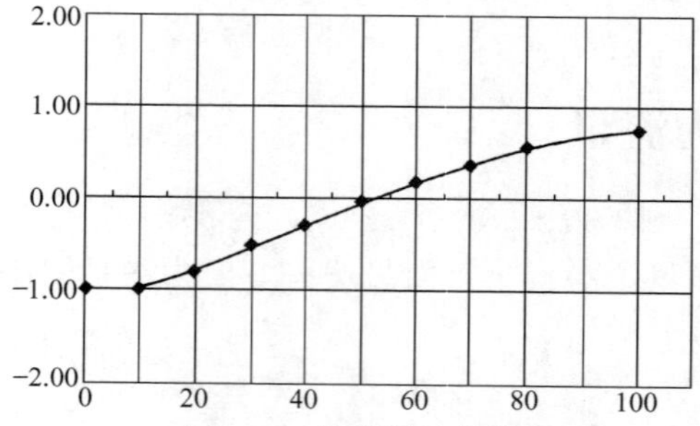

图 6.2 典型误差曲线

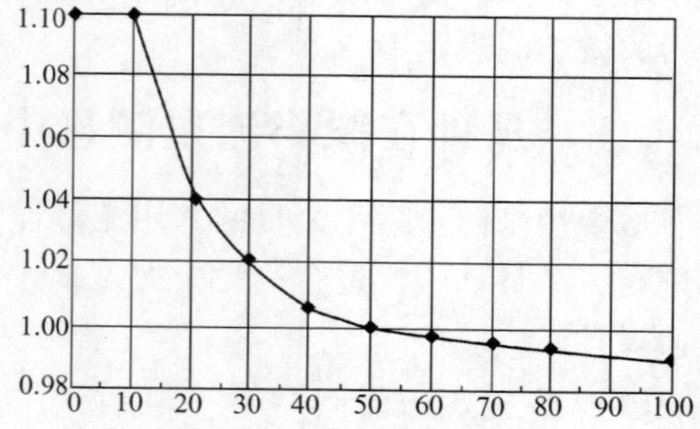

图 6.3 典型校正曲线

现在，差压变送器多数已实现智能化，这为内藏孔板流量计改变量程提供了便捷的手段。内藏孔板流量计在调试和运行中，如果发现原先确定的满度流量值不合适，可将流量满度值扩大或缩小一档，然后按差压同流量的关系计算新的差压上限，如式 6.1 所示。

$$\Delta p'_{max}=\left(\frac{q'_{max}}{q_{max}}\right)^2\Delta p_{max} \tag{6.1}$$

式中 q_{max}、q'_{max}——原有流量上限和新的流量上限，kg/h；

Δp_{max}、$\Delta p'_{max}$——原有差压上限和新的差压上限，Pa。

用手持终端将差压变送器的差压上限重新设置后，流量计的精确度不会有明显的变化。

内藏孔板流量计只适合安装在水平管道上，因为差压变送器偏离水平位置后，其两个膜盒所受的重力变得不对称，因而出现零点漂移。好在这种流量计由于管径小，仪表前后直管段绝对长度要求相应较短，所以水平安装不会给配管带来太大的困难。

内藏孔板流量计的结构常见的有两种：一种是流体流过差压变送器高低压室，如图 6.4 所示；另一种是流体不流过差压变送器高低压室，如图 6.5 所示。

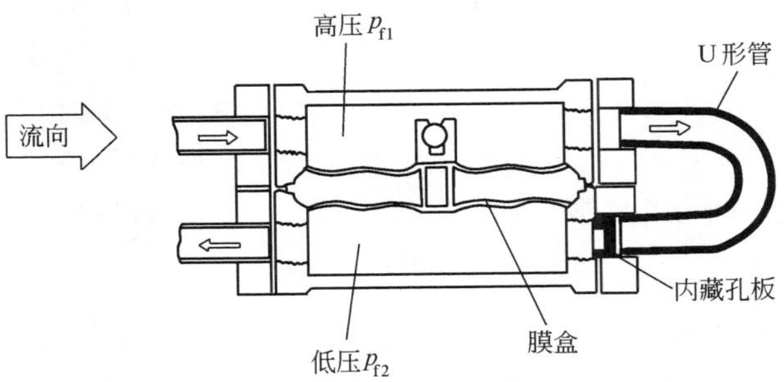

图 6.4　内藏孔板结构之一

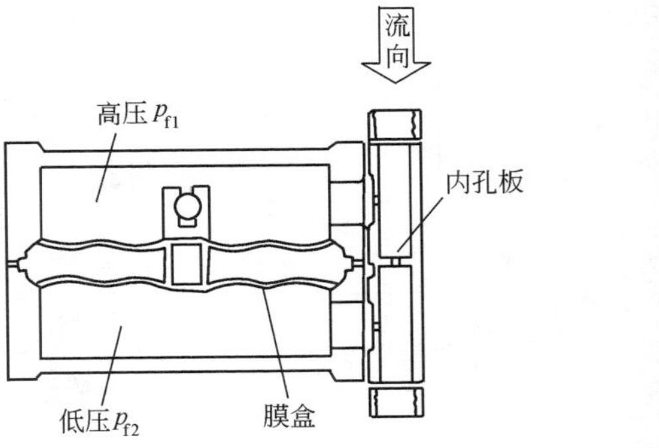

图 6.5　内藏孔板结构之二

对于前面一种结构，流过差压计高低压室的流量同流过节流件的流量相等，当流量近似等于 0 时，流速很低，流体流过高压室和低压室所产生的压降可忽略，因此，差压变送器测量到的差压同节流件两端的永久压降相等。但当流量增大，流速升高到一定数值时，流过高低压室的压降相应增大，差压变送器测量到的差压明显高于节流件两端压降，从而产生相应的测量误差。现在市场上的差压变送器体积做得越来越小，高低压室内膜盒与壳体之间的间隙做得更小，这就使得该结构的缺陷更为突出，而图 6.5 所示的结构完全不存在此问题。

内藏孔板流量计安装时应防止可能出现的冷凝液和气体在高低压室中的聚集，即测量气体流量时，高低压室应高于节流件（如图 6.6 所示），以免可能存在的冷凝液流入高低压室。测量液体流量时，高低压室应低于节流件，以免可能存在的气体钻入高低压室。

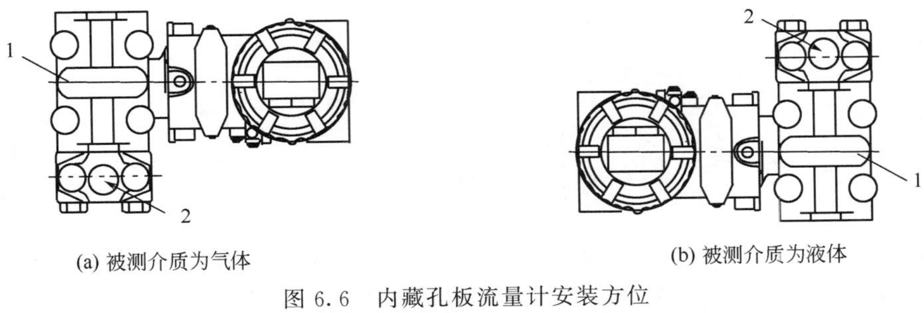

图 6.6　内藏孔板流量计安装方位

1—差压变送器高低压室空腔；2—节流件

如图 6.1 所示的内藏孔板流量计，管径一般只做到 DN20，再大的管径例如 DN25、DN32 以及 DN40，一般做成小孔板流量计。其结构其实与法兰取压标准孔板相同，只是公称通径比 50mm 小一些。图 6.7 所示为安装在垂直管道上用来测量液体流量的小孔板流量计[2,3]。

图 6.7 中的孔板按标准孔板的要求加工，孔板开孔直径得到精确控制，因此测量范围相同的多台小孔板流量计，具有很好的一致性。

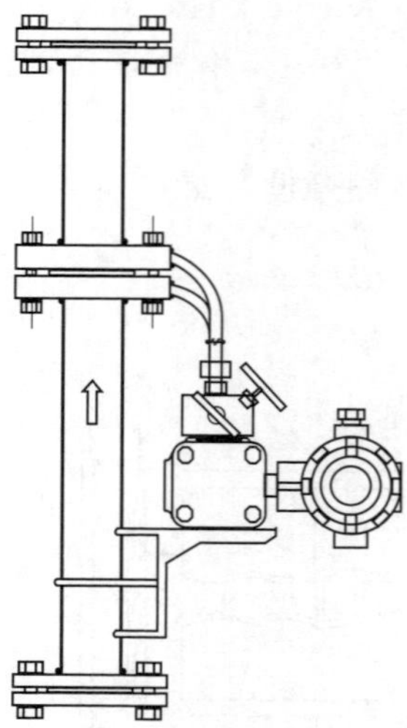

图 6.7 垂直管道小孔板流量计结构

图 6.7 中的三阀组，用途是流量计校零时便于操作，但在实际应用中，有时也被省掉了，这主要是下面的三个原因：

a. 差压装置中的节流件、法兰、管件、导压管、阀门等，都有可能与强腐蚀介质接触，都要用特殊材质制成，不仅价格高而且制造麻烦。省去根部阀和三阀组可减少很多麻烦。

b. 配置根部阀的目的之一是维修差压变送器方便些，但是现在市场上购置的优质变送器，可靠性非常高，并不需要经常维修。

c. 配置根部阀和三阀组的另一个目的是流量计校零，由于微小流量的特殊性，一般允许工艺管道上的阀门短时关闭，这时可对流量计零点进行调校，但需与工艺专业配合好，以免造成影响。

无根部阀无三阀组耐腐蚀小孔板流量计外形如图 6.8 所示[2]。

(2) 浮子式流量计

浮子式流量计主要由浮子和锥形管组成。玻璃管浮子流量计中的锥形管为玻璃管。金属管浮子流量计的锥形管用金属制成，流体温度可达 180℃，流体压力可达 13MPa。

小口径浮子式流量计的流量测量范围已经可以做得很小，其中水为 0.3～3L/h，空气为 5～50L/h。环境保护中用得很多的大气采样器，流程在线分析仪器和实验室分析仪器等普遍使用的微型玻璃浮子流量计，其测量范围可更小。

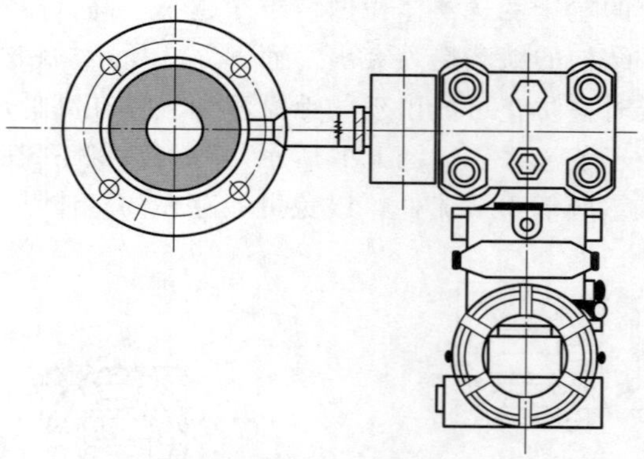

图 6.8 无根部阀无三阀组耐腐蚀小孔板流量计外形

浮子式流量计属中低精确度仪表，金属管浮子流量计的精确度，就地指示型为 1%～2.5%*FS*，远传型为 1%～4%*FS*；小口径玻璃管浮子流量计为 2.5%～5%*FS*。因此，一般只适用于流量监视，而不用于核算计量。

玻璃管浮子流量计只适用于气体和透明度较高的液体，否则浮子在锥形管中的高度不易看清，而金属管浮子流量计却无此限制。

在工业过程的液位、流量、密度测量中，被测介质如果黏度较大或有腐蚀性。常用吹气或吹液的方法进行隔离，吹气、吹液流量常用浮子式流量计测量。在气（液）源压力波动较大或被测介质压力波动较大的场合，为了使吹气、吹液的流量稳定和准确地测量，有的产品将浮子式流量计与调节器（恒流器）配成一套恒差压流量调节器。图 6.9(a) 所示的 RE 型用于稳定入口气体或液体压力变化，保证指示和输出流量稳定。图 6.9(b) 为 RA 型，用于稳定出口压力变化，只用于气体。图 6.10 (a) 为 RE 型仪表输出流量随入口压力变化曲线，图 6.10(b) 为 RA 型仪表输出流量随出口压力变化曲线。而输出流量的大小则可通过浮子式流量计所带的阀门设定。

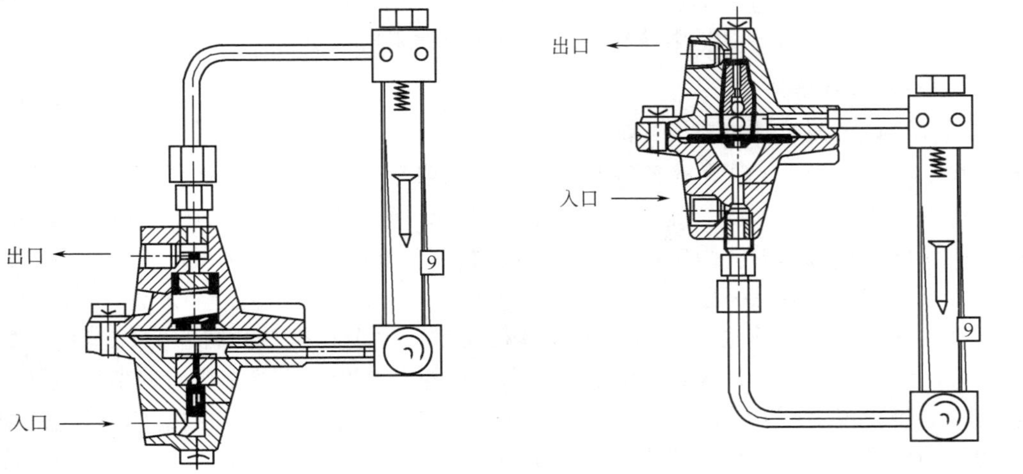

(a) 入口压力调节器RE　　(b) 出口压力调节器RA

图 6.9　浮子式流量计配用的压力调节器

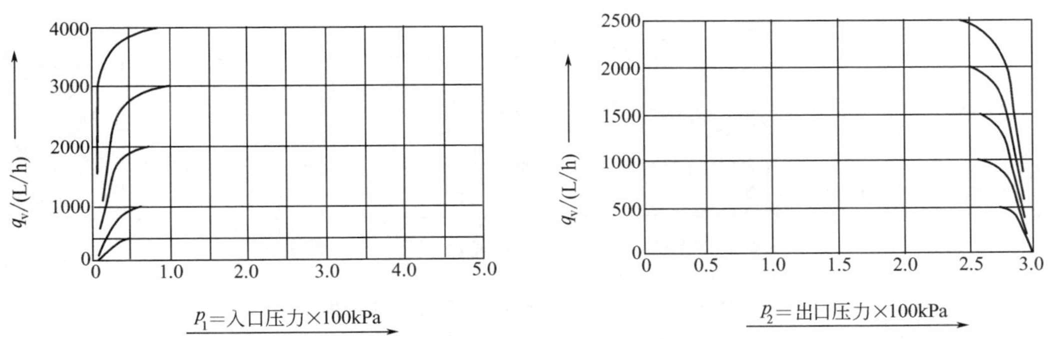

图 6.10　压力调节器特性曲线

这种稳压器压力等级为 2.5MPa，特殊订货可达 6.4MPa，介质最高温度为 80℃，特殊订货可达 100℃。

小口径浮子式流量计，流体黏度对示值影响较明显，研究者以水作试验，当水温从 5℃升到 40℃，即水的运动黏度从 $1.52\times10^{-6}\mathrm{m^2/s}$ 下降到 $0.66\times10^{-6}\mathrm{m^2/s}$，DN6 仪表就有 1%/℃左右的影响值。对于黏度较高的液体，影响更大。

金属管浮子流量计的浮子多半带有磁性，经磁性耦合部分将浮子在锥形管内的高度信号传递到锥形管外。在钢管中流动的流体多少要夹带一些铁磁杂质，这些杂质在流过流量计时极易被浮子吸引，轻者导致示值变差增大，重则导致浮子卡滞，出现虚假指示。应在仪表前加装磁性过滤器。图 6.11 所示的磁性过滤器中装有以螺旋方式排列的磁棒，每根磁棒的外面均包有 PTFE 聚四氟乙烯，具有良好的耐腐蚀性[4]。这种过

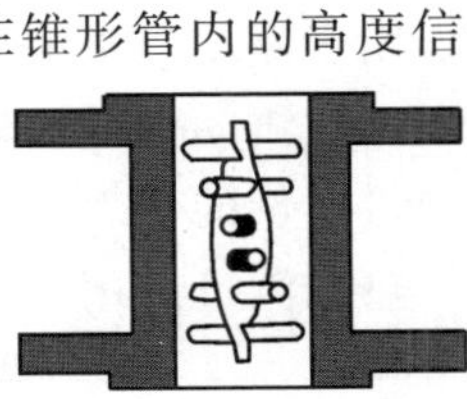

图 6.11　磁性过滤器

滤器的压力损失很小。

浮子在锥形管中上下移动，其任意一个高度都对应一个环形流通面积，但当浮子表面和锥形管内壁粘有污垢时，这个环形流通面积就有所变小，仪表示值有偏高趋势，对于小口径仪表尤为明显。有的研究者做过试验，将口径为 6mm 的玻璃管浮子流量计，在实验室中测量看似清洁的水，流量为 2.5L/h，运行 24h 后，流量示值升高百分之几，浮子表面黏附肉眼观察不到的异物，取出浮子用纱布擦拭，即恢复原来的流量示值❶。

(3) 容积式流量计

容积式小口径流量计有比较高的准确度，测量下限也可做得很小，例如 KEROMATE-RN 型椭圆齿轮流量计（微流量燃料油流量计）测量范围为 0.1～10L/h，瞬时流量＞1L/h 后，基本误差不大于±1%R[4]。容积式流量计保证精确度的流量下限还与流体的黏度有关，黏度小的流体，从机构的缝隙中泄漏的量相应大一些，因此保证精确度的下限流量只能定得高一些，反之则可定得低一些。

新型的容积式流量计也已经引入了计算机技术，仪表自带单片机，完成流量系数整量化、瞬时流量计算、积分运算、瞬时流量和累积流量的就地显示等，内置两节锂电池，可供仪表运行 8 年。仪表的 OC 门输出口靠仪表外部提供的电源工作，可输出经整量化的幅值足够大的脉冲信号（例如小口径仪表流量系数取 100P/L)，远传到 1km 以内的控制室或操作站，供记录、调节等使用。图 6.12 所示即为这种仪表的远传信号输出级。

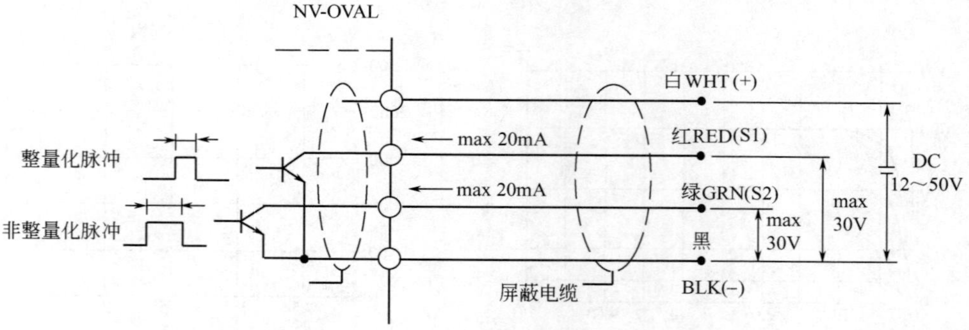

图 6.12 容积式流量计远传信号输出级

容积式流量计按其原理分有椭圆齿轮流量计、腰轮流量计、旋转活塞式流量计等多种，但是小口径容积式流量计有个共同要求，即仪表前面足够近的地方要加装过滤器，而且仪表口径越小，过滤网的目数越高，例如 25～50mm 口径需（每 25.4mm 长度）60 目过滤网，20mm 口径需（每 25.4mm 长度）80 目，≤15mm 口径需（每 25.4mm 长度）200 目，等。有的微小流量容积式流量计出厂时就配有一只过滤器，如图 6.13 所示。

(4) 热式流量计

用于微小流量测量的热式流量计是一种直接式质量流量计，是利用传热原理测量流量的仪表，即流动中的流体与热源（流体中外加热的物体或测量管外加热体）之间热量交换关系来测量流量的仪表。

热式流量计用得最多的有两类：一类是利用流动流体传递热量，改变测量管壁温度分布

❶ 参考文献 [4]，第 102 页。

图 6.13 带过滤器的微小流量容积式流量计

的热传导分布效应的热分布式流量计（thermal profile flowmeter），曾称量热式流量计；另一类是利用热消散（冷却）效应的金氏定律（King′s law）热式流量计。

图 6.14 所示为热分布式流量计原理。流量传感器由细长的测量管和绕在其外壁上的加热器及感温元件组成，加热器线圈布置在测量管的中央，它将管壁和管内的流体加热，在加热线圈两边对称位置绕有两个感温热电阻 R_1 和 R_2，测量与加热线圈对称的上、下游处管壁的温度 T_1、T_2。R_1、R_2 与另外两个电阻 R_3、R_4 组成惠斯登电桥，以测量温差 $\Delta T=T_2-T_1$。加热器提供恒定的热量，通过线圈绝缘层、管壁、流体边界层传导热量给管内流体。边界层内热量的传递可以看作热传导方式实现的。在流量为零时，测量管上的温度分布如图中的虚线所示，相对于测量管中心的上下游是对称的，电桥处于平衡状态。当流体流动时，流体将上游的部分热量带给下游，导致温度分布变化如实线所示。由电桥测出两感温体的平均温差 ΔT，便可按式(6.2) 导出质量流量 q_m，即

$$q_m=K\frac{A}{c_p}\Delta T \tag{6.2}$$

式中 A——感温元件周围环境热交换系统间的热传导系数；

c_p——被测气体的比定压热容；

K——仪表系数。

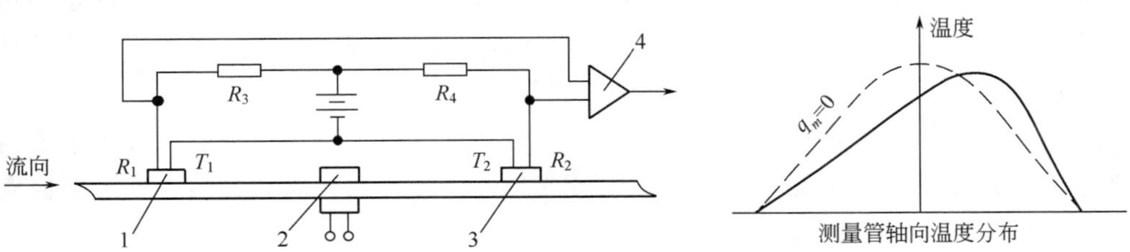

图 6.14 热分布式热式流量计工作原理

1,3—感温元件；2—加热器；4—放大器

由于测量管壁很薄且具有相对较高的热导率，因此仪表制成后 A 的变化可简化认为主要是流体边界层热导率的变化，当使用于某一特定范围的流体时，A 和 c_p 都可视为常数，则质量流量仅与温差 ΔT 成正比。

为了获得良好的线性输出，必须保持层流流动，测量管制得细而长，即有很大的长径比。

此种气体质量流量计，是假定气体的比定压热容 c_p 为恒定值。实际上，对于一定的气体，比定压热容 c_p 值与气体的压力无关，而在一定的温度范围内，受温度的影响很小。但

当被测气体是混合气体时，比定压热容的值将随组分比发生变化，以致在实际使用时，当被测气体的组分发生变化时，会带来显著的测量误差。必须进行校正，详见参考文献［4］。

按照热式质量流量计的原理，有的公司也推出了适用于液体微小流量测量的热式质量流量计。图 6.15 所示为 5882/5892 型液体质量流量计的实际功能图。

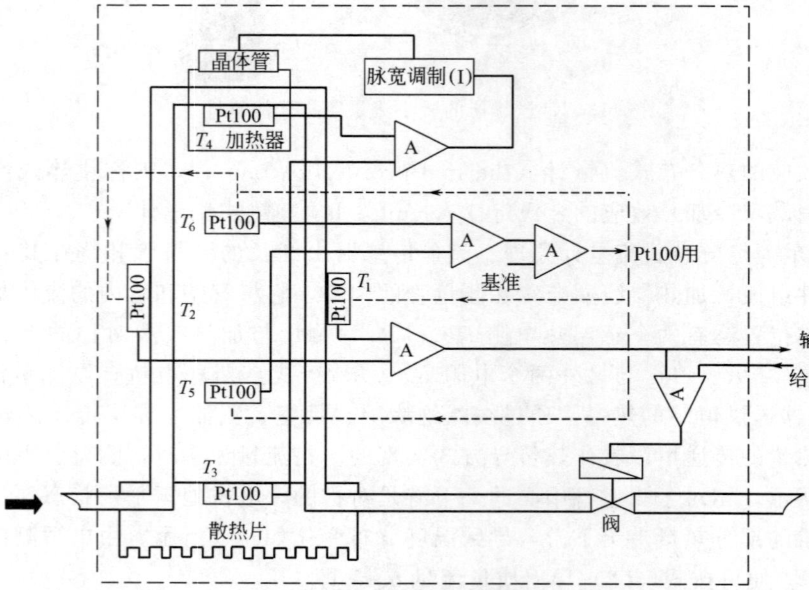

图 6.15 5882/5892 型液体质量流量计的实际功能图

其测量范围有 0～200g/h 和 0～1000g/h（用水标定）两种。流体黏度允许高达 200mPa·s（仪表最大差压 4MPa）。流量测量精确度为 0.5%*FS*。在特殊设计的传感器中，流体在测量管内流动，测量管中点温度 T_4 被控制在比进口温度 T_3 高 20℃的恒定值，热量是垂直于管道轴线方向传送给流体。这一点同适用于气体的热式流量计恰恰相反。在区域 1 和区域 2，流体分别被轻微地加热和冷却，流体温度从 T_2 变化到 T_1，建立了垂直于测量管的能量流，该能量流经温度传感器 T_1 和 T_2 测量，其差值 $\Delta T = T_1 - T_2$ 与质量流量呈精确的线性关系。

适用于气体的热式流量计与包含阻流件的大管道配合，可以很容易地扩大测量范围。适用于液体的热式流量计却不能，因为流体黏度变化，气泡，热对流和安装位置等都会直接影响其运行和性能。

5882/5892 型仪表还具有控制功能，在其“SETPOINT”口输入代表设定流量的 4～20mA DC，质量流量就会跟踪该路信号。从而实现流量定值调节。

热式质量流量计在气体微小流量测量方面，也具有突出的优越性。其中 CMS 系列气体质量流量计，其超微细结构流量传感器，是在 1.7mm×1.7mm×0.5mm 的硅片上，集成了 4 只热敏电阻（白金薄膜），从而使其具有高分辨率和高速响应的特性。

图 6.16 为这种流量变送器的剖视图，图中的微流量传感器的结构，如图 6.17 所示。

这种流量计有多种型号规格，适合测量多种气体的不同流量范围，在 5 倍流量比范围内，能达到 2.0%R 的精确度，是相当不容易的，表 6.1 所列为部分规格的技术数据。但对流体的洁净程度要求较高，只能测量不含腐蚀性成分（氯、硫、酸等）的干气体。

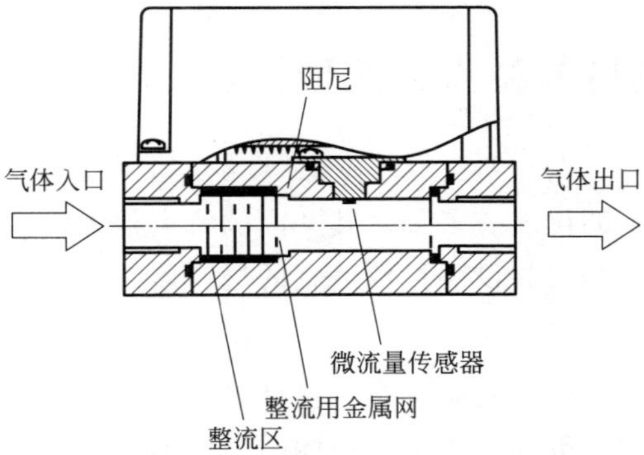

图 6.16 CMS 热式气体质量流量变送器剖视图

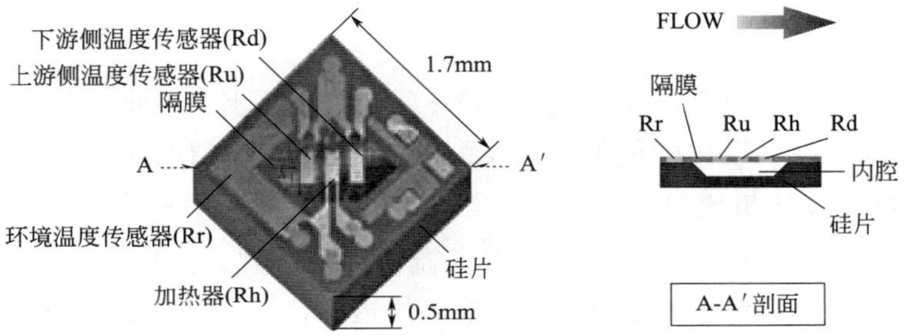

图 6.17 微流量传感器结构

表 6.1 CMS 系列热式气体质量流量计技术数据（部分）

<table>
<tr><td colspan="2" rowspan="2">项目</td><td colspan="3">型号</td></tr>
<tr><td>CMS9500</td><td>CMS0002</td><td>CMS0005</td></tr>
<tr><td colspan="2">适用气体类型</td><td colspan="3">空气、氮气、氧气（仅限氧气型）、氩气、二氧化碳、城市煤气 13A（LNG 基准 45/46MJ）、甲烷（100%）、乙烷（100%）、丙烷（100%）、丁烷（100%），但必须是不含腐蚀性成分（氯、硫、酸等）的干燥气体。而且必须是不含灰尘及油雾的洁净气体。</td></tr>
<tr><td colspan="2">流量范围</td><td>0～500
mL/min（标状）</td><td>0～2
L/min（标状）</td><td>0～5
L/min（标状）</td></tr>
<tr><td rowspan="8">各气体的最大测量流量换算为 20℃、1atm 时</td><td>空气/氮气</td><td>500mL/min</td><td>2L/min</td><td>5L/min</td></tr>
<tr><td>氧气</td><td>500mL/min</td><td>2L/min</td><td>5L/min</td></tr>
<tr><td>氩气</td><td>500mL/min</td><td>2L/min</td><td>5L/min</td></tr>
<tr><td>二氧化碳</td><td>250mL/min</td><td>1L/min</td><td>3.3L/min</td></tr>
<tr><td>城市煤气 13A</td><td>400mL/min</td><td>1.5L/min</td><td>4.5L/min</td></tr>
<tr><td>甲烷</td><td>500mL/min</td><td>2L/min</td><td>5L/min</td></tr>
<tr><td>丙烷</td><td>140mL/min</td><td>0.5L/min</td><td>1.7L/min</td></tr>
<tr><td>丁烷</td><td>100mL/min</td><td>0.4L/min</td><td>1.25L/min</td></tr>
<tr><td colspan="2">测量精度
20℃、1atm 时</td><td>$50 \leqslant x < 100$mL/min
±4% RD
$100 \leqslant x \leqslant 500$mL/min
±2% RD</td><td>$0.2 \leqslant x < 0.4$L/min
±4% RD
$0.4 \leqslant x \leqslant 2$L/min
±2% RD</td><td>$0.5 \leqslant x < 1$L/min
±4% RD
$1 \leqslant x \leqslant 5$L/min
±2% RD</td></tr>
<tr><td colspan="5">使用温度范围：－10～＋60℃；使用湿度范围：10%～90% RH（不可结露）；使用压力范围：－0.07～＋1.0MPa；连接方式：RC 1/2 等</td></tr>
</table>

6.1.2 微小流量测量的特点和选型比较

① 品种多，易堵

可以用来测量微小流量的仪表有多种，其共同的特点是因口径小容易被流体中的杂质堵住或卡滞，因此，流量计前均需装设网目数适宜的过滤器。

② 标定容易

由于流量测量范围小，所以在实验室对流量计进行离线校准或在线校准均较容易实现。尤其是浮子式流量计和热式流量计，当实际流体同出厂标定时所用的流体不一致时，如果测量精确度要求较高，一般在投运前都要用实际流体标定。仪表在使用一段时间或对仪表指示精确度有怀疑时，也常常用实际流体对仪表进行校验。

③ 对压损不计较

在微小流量测量中，用户一般不提“压损尽量小”的要求，因此，在计算内藏孔板开孔直径时，为了提高精确度，常在允许压损的范围内将差压上限值取得高一些。

④ 各种常用仪表选用比较

在前面所述的几种流量计中，玻璃管浮子流量计最便宜，但只适合测量黏度不大、洁净、透明的流体，金属管浮子流量计虽不要求流体透明，但对黏度和洁净程度的要求相同。浮子式流量计常因浮子被固体杂质卡住而失灵。常用来作一般指示。

相比之下，对流体洁净程度的要求，内藏孔板要求较低，流体中的固体杂质的外径只要小于孔板孔径，就能被冲到仪表下游。而且内藏孔板结构简单，拆洗方便，不易损坏，改变量程方便，其主要部件智能差压变送器又是过程检测中量大面广的仪表，所以在过程控制中用得较多。

热式质量流量计可调比大，可测流量下限可更小，在特定的场合也获得应用。

容积式流量计的最大优点是能够测量黏度较高的流体，精确度也较高，在油品计量中应用得相当普遍。

6.2 液体大流量的测量

液体大流量的被测对象很多，如上水管、下水管、工厂引水排水渠、污水治理工程的水管等。本节只讨论工业用水渠及直径 1m 以上管路的水流量测量。

6.2.1 明渠的流量测量

有些工厂给排水道为敞开渠道，具有自由表面自然流，采用明渠流量计测量流量。而另有一些工厂排水道和下水管渠，虽不敞开，但是在非受压非满水状态下流动，实际上还属于明渠。ISO（国际标准化组织）通常称满水管为封闭管道，流体在水泵的推动或高位槽位能的作用下作强迫流动。而明渠则是靠水路本身坡度形成的自由表面流动。

随着人们对水资源合理利用意识的增强和日益增长的污水治理的需要，渠用流量计的研究和应用越来越得到重视。国际标准化组织（ISO）设立了专门的技术委员会，即 TC113

明渠流体流量技术委员会。并在最近40多年时间内制定和发布了几十个明渠液体流量测量方法和仪表方面的国际标准❶。

明渠流量测量方法的种类有很多，仅ISO/TC113已制定和发布标准的就有近10种，工业用明渠流量计主要分为堰式和槽式两大类。

堰槽式流量计的工作原理是在明渠中设置标准化了的量水堰槽，并在规定位置测量水位，则流过堰槽的流量与水位成单值关系。根据相应流量公式或经验公式或用查表法由测出的水位值换算出流量值。

(1) 堰式流量计

堰式流量计分薄壁堰、宽顶堰、三角形剖面堰、平坦V形堰等多种。下面以薄壁堰为例叙述其特点和应用。

薄壁堰是指在明渠中垂直水流方向安装的具有一定形状缺口，并加工成堰口的薄壁堰体，过流时其水舌表面得到充分发展的量水建筑物。其中三角形缺口薄壁堰具有最高的流量测量精确度。

① 三角形缺口薄壁堰

图6.18所示为三角形缺口薄壁堰示意[5]。堰板通常用金属材料或工程塑料制成。堰口顶面e为一平面，与堰板上游面相交处成锐缘状态。堰口表面应光洁无毛刺。堰板上游面距堰顶20～50mm范围内加工成光滑表面。

泄水管设于堰板最低处，管径为50～75mm，用于检修或停水期间泄空堰体上游积水。泄水管的出口段安装阀门，流量测量过程中，阀门关闭不得漏水。

堰板上游规定距离设置静水井一只，用于测定水位。在静水井与明渠之间用连通管连通。通过静水井测量堰板上游的水位，不仅水位平稳，而且避开了堰板上游水面的漂浮物对水位测量的影响。

三角形缺口薄壁堰的流量同水位之间的关系，在ISO 1438-2017中用公式表示，如式(6.3)所示（$\theta=90°$）[6]，与ISO 1438-2008中公式有变化。

$$q_v = C_d \frac{8}{15}\sqrt{2g}\, h_e^{5/2} \tag{6.3}$$

式中 q_v——流过堰板的流量；

C_d——流出系数；

g——重力加速度；

h_e——有效水位。

$$C_d = f\left(\frac{h}{B}, \theta\right) \tag{6.4}$$

式中 C_d——流出系数。

h、B、θ的意义见图6.18。

② 矩形缺口薄壁堰

矩形缺口薄壁堰示意图如图6.19所示。流量公式为[5-7]

❶ 参考文献［4］第365～366页。

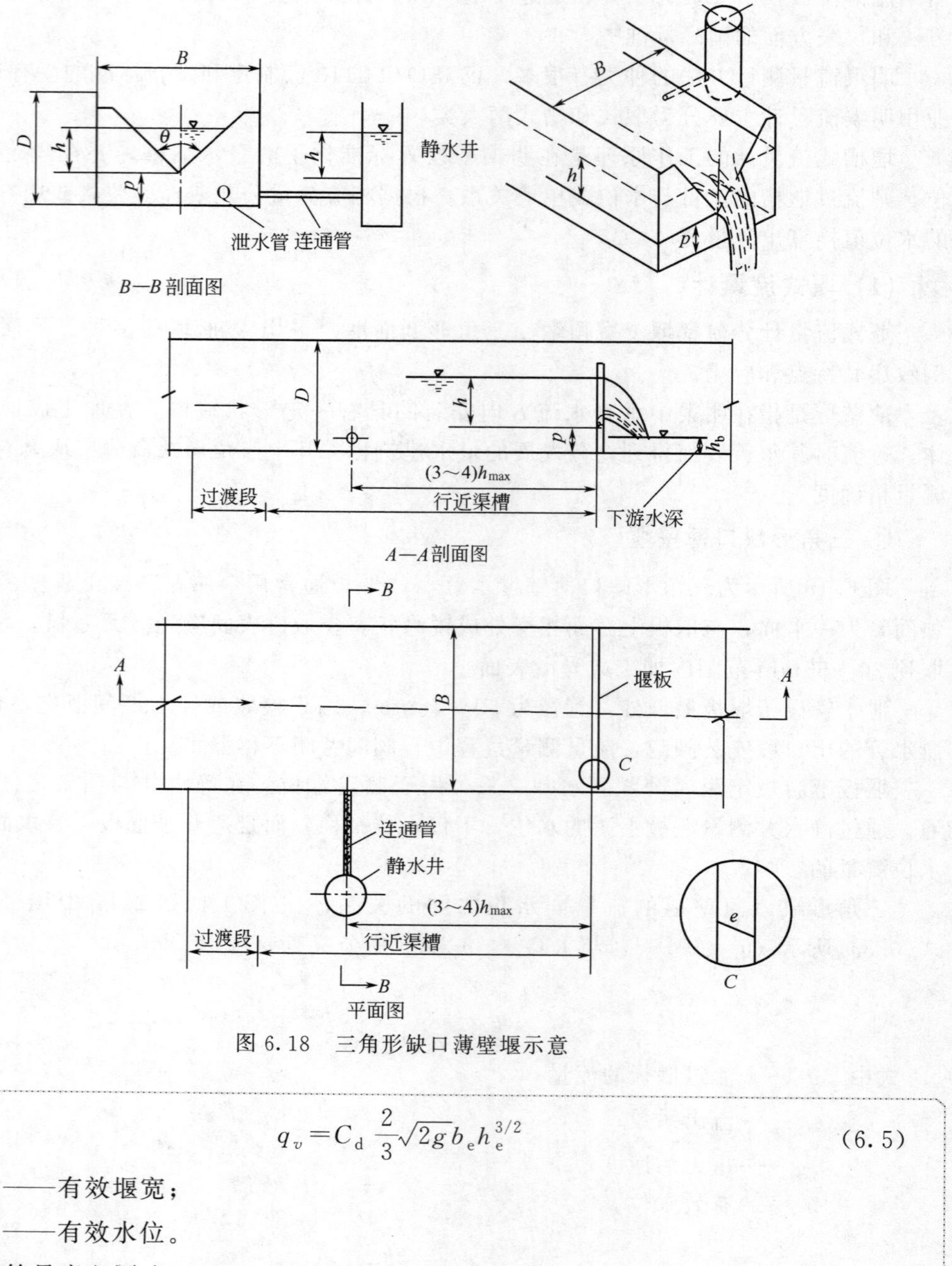

图 6.18 三角形缺口薄壁堰示意

$$q_v = C_d \frac{2}{3}\sqrt{2g}\, b_e h_e^{3/2} \tag{6.5}$$

式中 b_e——有效堰宽；

h_e——有效水位。

其余符号意义同式(6.3)。

$$C_d = f\left(\frac{b}{B}, \frac{h}{P}\right) \tag{6.6}$$

式中 C_d——流出系数；

其余符号意义见图 6.19。

上述薄壁堰是明渠流量计中测量精确度最高的，能达到（1～3）% FS，可调比为

(10～20)：1，流量测量范围可达 0～40000m^3/h，其中三角形缺口薄壁堰为小流量，矩形缺口薄壁堰为中流量，等宽薄壁堰为大流量。

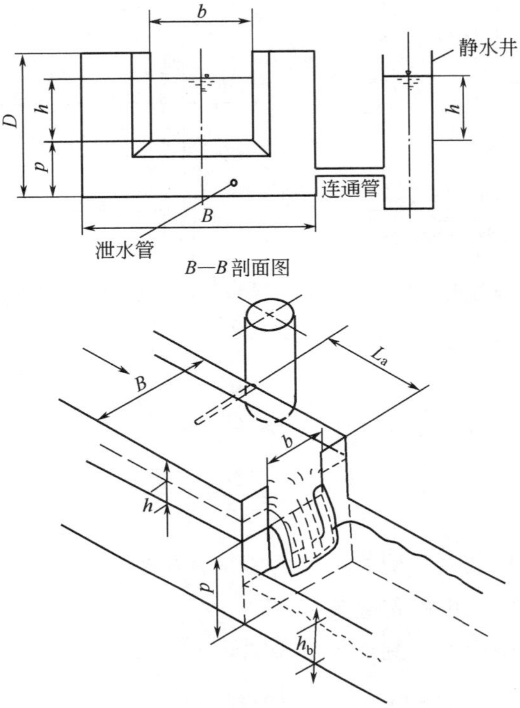

图 6.19 矩形缺口薄壁堰示意

③ **堰式流量计的特点**

a. 结构简单，价格便宜，测量精确度高，可靠性好。

b. 因水头损失大，不能用于接近平坦地面的渠道。

c. 堰上游易堆积固形物，要定期清理。

(2) 常用液（水）位计

堰式、槽式流量计都是由液（水）位计算流量，因此均需配用相应的液（水）位计。明渠流量计常用的液位计有浮子式、电容式、压力式和超声式。

非接触式超声波水位计在明渠流量计中应用得越来越广。它同量水堰槽配合使用，连续测量水位，并进而按指定的流量同水位的关系计算流量值，从而对明渠中的水流量实现连续测量。对于污水，难免存在沾污和腐蚀性，采用接触式水位测量仪表，容易因污垢和腐蚀性引起故障，非接触式测量则有明显的优越性，但测量点必须趋避表面有大量泡沫的场所。

其工作原理如下：

仪表探头（换能器）固定安装在量水堰槽静水井的上方，如图 6.20 所示，探头向水面发射超声脉冲波，声波遇水面后产生反射。探头接收反射波，成为回波。探头下方固定装有校正棒，也会产生反射，被探头接收，成为校准波。仪表内的单片机记下发射波到校准波之间的时间差 t_1 及发射波到回波之间的时间差 t_2 如图 6.21 所示，根据回声测距原理可知：

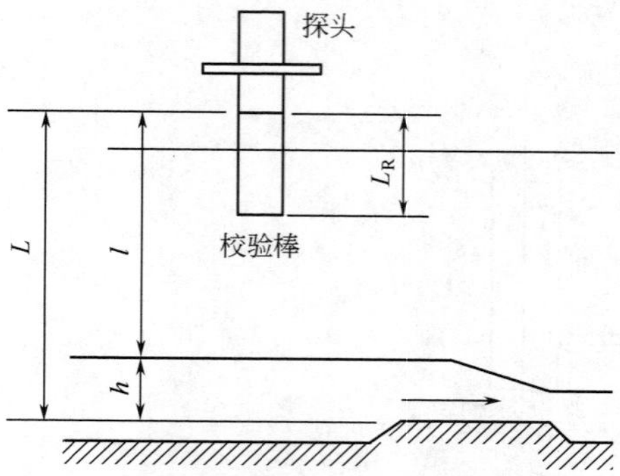

图 6.20 超声波测液位示意

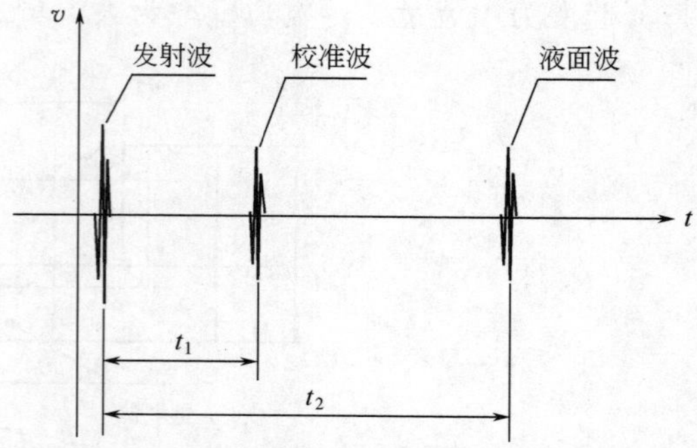

图 6.21 发射波与校准波、液面波之间的时间差 t_1、t_2

$$t_1=\frac{2L_R}{C} \tag{6.7}$$

$$t_2=\frac{2l}{C} \tag{6.8}$$

式中 L_R——探头（换能器）到校准棒的距离，mm；

C——声波在空气中的传播速度，m/s；

l——探头（换能器）到液面的距离，mm。

上式中 L_R 和 l 都乘 2，是因为声波从发射到接收往返需经历 2 倍路程。由于校准棒是同探头配套供应，因此探头加工完毕 L_R 就是已知常数。于是将式(6.7) 和式(6.8) 相除并整理，即得

$$l=\frac{t_2}{t_1}L_R \tag{6.9}$$

探头安装完毕，探头到液位测量起始点的距离 L 就是已知数，将 L 值置入仪表内，于是仪表运行后就可测量水位 h。

流量与水位之间的关系因堰槽量水器的参数不同而异，通过操作键置入量水器有关参数，仪表用查表和线性插值的方法求得流量。也可用相应的公式求得流量。

6.2.2 大口径管路液体流量测量

(1) 大口径管路液体流量测量的特点

a. 管路口径大要求压损越小越好。一般不允许用局部缩径的方法提高流速。

b. 流速一般都不高。新设计安装的管路，一般均选择于经济流速。因为流速太低势必增加管路的投资，流速太高，会造成动力损耗大幅度增加，导致运行成本上升，都是不经济的。但有些老管路，由于增产的需要而提高了流速。

c. 由于流速较低，流体中的污垢、淤泥等极易在管道内壁沉积。作系统设计时应考虑仪表与流体接触部分的清洗。

d. 测量可调比要求大。有些水管夜间和日间，冬季和夏季流量相差悬殊，多达 10～20

倍，有些空调用水，到一定季节干脆就停用，因此，这些水的流量计，就要求可调比特别大。

e. 防护等级要求高。大口径管路大多埋地敷设，为的是节省空间，在北方，也是防冻的需要。因此流量传感器大多被安装在仪表井内的管段上。由于雨水、井壁渗漏和管路外漏等原因常常引起井内水位上升而淹没流量传感器，所以设计时就应估计到这种情况，选用防持续浸水影响的流量传感器，例如 IP68 的防护等级。

(2) 仪表选型

① 电磁流量计

电磁流量计在大口径水流量测量中占有极其重要的地位，这是因为该种仪表具有下列特点。

a. 无可动部件，可靠性高，长期稳定性好。

b. 无附加阻力。这一点对大口径流量计有特别重要的意义。

c. 测量精确度高。典型产品在 $v \geqslant 1\text{m/s}$ 时，精确度可达到 0.3%R 甚至 0.2%R[4]。

d. 可调比大。保证精确度的可调比一般可达 40：1，可测范围可达 200：1，例如 IFM 系列产品，在 $v=0.06\text{m/s}$ 时，基本误差仍可小于±2%R。

e. 直管段要求相对较低。对于大口径管路，这一点也很重要。有多种流量计要求前后直管达到 30D，对于管径 1m 以上的管路，就意味着须具备 30m 以上的直管段，这在多数情况下难以满足。

f. 有大口径产品。国内最大可提供 DN3000 的产品，从而能满足大口径水流量测量的需要。

g. 品种齐全。有防浸水型 IP67 及防持续浸水型 IP68 产品。

h. 其不足之处是大口径产品价格高，而且口径越大价格增长得越快。尽管如此，像水厂、成品水和源水等计量，因牵涉到贸易结算，对计量精确度要求高，还是愿意花较多的钱选用电磁流量计。

② 超声流量计

超声流量计在大口径管路的流量测量中占有重要地位。原因如下。

a. 超声流量计中的夹装式，其价格与口径无关，用来测量大口径管路流量，投资较省。

b. 超声流量计能得到的测量精确度同管径有关，管径越大，有可能得到的精确度越高。有的供应商能提供带测量管的多声道时差式超声流量计，精确度最高可达 0.15 级，但价格也相应升高。

c. 既可测量导电液体如水等，也可测量不导电液体。

现在有很多单位添置数台携带式（时差法）超声流量计用于现场较大口径液体流量计比对，一般都收到较好的效果。在 $DN \geqslant 150\text{mm}$、$v \geqslant 0.3\text{m/s}$ 时，精确度可达 2%R。

③ 插入式流量计

上述电磁流量计用在大口径管道上，固然很好，但价格较贵，因此，在测量精确度要求不高的场合，插入式流量计就成为受欢迎的方法。

插入式流量计的价格只及满管流量计的几分之一到十几分之一，是流量计的一种补充。

另外，重量轻、压损小、易于安装和维修，是这种流量计的另一优点。

在大口径管路流量计中，由于流速普遍较低，泥沙、污垢等容易在仪表表面沉积，因此，插入式流量计常常带配套球阀，实现在不断流情况下拆下仪表维护和检查。从而提高测量系统的可靠性。

a. 插入式流量计的结构。插入式仪表有点流速计型和径流速计型。其中插入式涡街、涡轮、电磁流量传感器以及皮托管等属点流速计型。差压式均速管流量传感器、热式均速管流量传感器等为径流速计型。

插入式流量计的原理虽多种多样，但其结构却大同小异。图 6.22 所示为点流速计型结构。图 6.23 为径流速计型结构（差压式均速管流量传感器）。

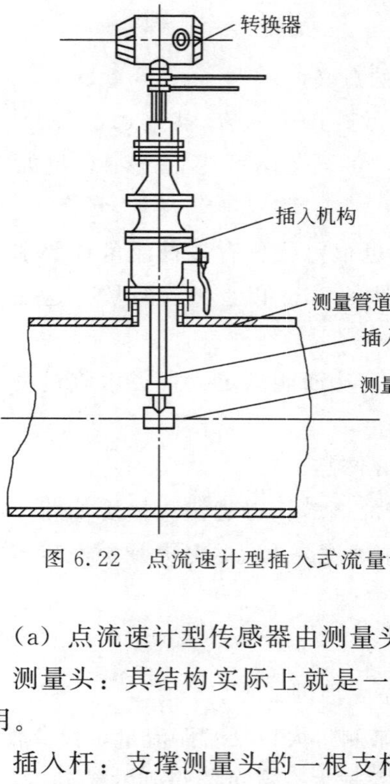

图 6.22　点流速计型插入式流量计

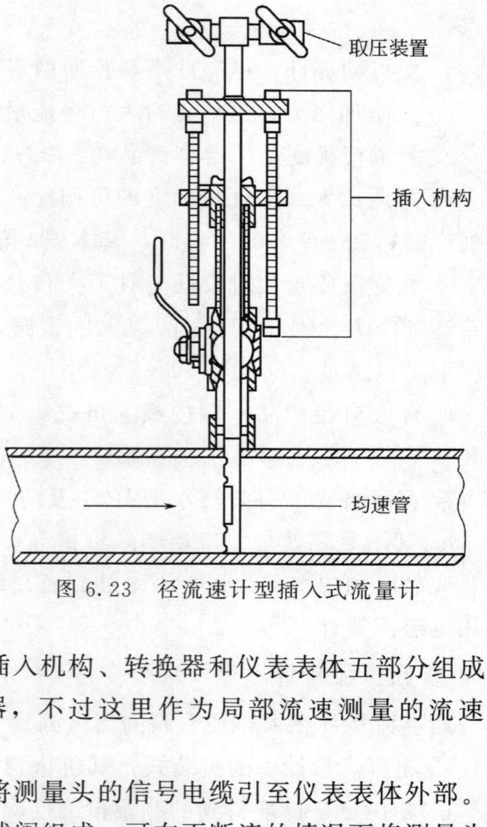

图 6.23　径流速计型插入式流量计

(a) 点流速计型传感器由测量头、插入杆、插入机构、转换器和仪表表体五部分组成。

测量头：其结构实际上就是一台流量传感器，不过这里作为局部流速测量的流速计使用。

插入杆：支撑测量头的一根支杆。支杆内可将测量头的信号电缆引至仪表表体外部。

插入机构：由连接法兰、插入杆提升机构及球阀组成。可在不断流的情况下将测量头由管道内提升到表体外，以便检查维修。

转换器：测量头信号输出转换的电子部件。

仪表表体：对于大口径一般都不带仪表表体，而是利用工艺管道的一段作为测量管。

(b) 差压型均速管流量传感器包括检测件（均速管）、阀、插入机构和取压装置等部件。

b. 点流速计型工作原理。测量头插于管道中特定位置（一般为管道轴线或管道平均流速处），测量该处局部流速，然后根据管道内流速分布和传感器的几何尺寸等推算管道内的流量。其流量计算式如下[4]。

脉冲-频率型测量头（涡轮、涡街等）计算式为

$$q_v=\frac{f}{K} \tag{6.10}$$

式中 q_v——体积流量，m^3/s；

f——流量计的频率信号，Hz；

K——流量计的仪表系数，P/m^3；

$$K=\frac{K_0}{\alpha\beta\gamma A}$$

K_0——测量头的仪表系数，P/m；

α——速度分布系数；

β——阻塞系数；

γ——干扰系数；

A——仪表表体（测量管道）横截面的面积，m^2。

差压式测量头（皮托管等）计算式为

$$q_v=\alpha\beta\gamma K_v A\sqrt{\frac{2\Delta p}{\rho}} \tag{6.11}$$

令 $K=\alpha\beta\gamma K_v$ $\qquad q_v=KA\sqrt{\frac{2\Delta p}{\rho}}$

式中 K_v——测量头流速仪表系数；

ρ——流体密度，kg/m^3；

Δp——流量计差压信号，Pa；

其余符号意义同式(6.10)。

电磁测量头计算式为

$$q_v=\alpha\beta\gamma AK_v E \tag{6.12}$$

式中 E——测量头感应电动势，V；

其余符号意义同式(6.10)。

α、β、γ、A 的确定方法

(a) 速度分布系数 α 的确定。速度分布系数定义：管道平均流速与测量头所处位置局部流速的比值。

测量头插于管道轴线处：

$$\alpha=\left[1-\frac{0.72}{\lg\left(0.2703\frac{\Delta}{D}+\frac{5.74}{Re_D^{0.9}}\right)}\right]^{-1} \tag{6.13}$$

式中 α——速度分布系数；

Re_D——管道雷诺数；

D——管道内径，mm；

Δ——管壁粗糙度，mm。

测量头插于管道平均流速处：

$$\alpha=1 \tag{6.14}$$

管道平均流速处：

$$y=(0.242\pm0.013)R \tag{6.15}$$

式中 y——平均流速处至管壁的距离；

R——管道半径。

由式(6.13) 可见，速度分布系数 α 为管壁相对粗糙度与管道雷诺数的函数，测量时流量大小的变化将引起 α 的变化。设 $\Delta/D=0.001$，Re_D 从 2×10^4 变到 3×10^5，α 约变化 2.8%；反之，设管道雷诺数为 3×10^5，而管道粗糙度从 0.001 变到 0.002，则 α 约变化 1.4%。

(b) 阻塞系数 β 的确定。阻塞系数的定义：修正由于插入杆、插入机构及测量头引起的管道流通面积减小及速度分布畸变所产生影响的系数。

测量头插于管道轴线处时：

$$S=\left[\frac{\pi}{4}d^2+\frac{B}{2}(D-d)\right]\left(\frac{\pi D^2}{4}\right)^{-1} \tag{6.16}$$

式中 S——阻塞率；

B——流量计插入杆直径，mm；

d——测量头直径，mm；

D——管道内径，mm。

测量头插于深度 h 时：

$$S=\left(\frac{\pi}{4}d^2+hB\right)\left(\frac{\pi D^2}{4}\right)^{-1} \tag{6.17}$$

式中 h——插入深度，mm；

其余符号意义同上。

流量计阻塞系数 β 的计算为：

$$\left.\begin{array}{l} S<0.02,\quad \beta=1 \\ 0.02<S\leqslant0.06,\quad \beta=1-0.125S \\ S>0.06,\quad \beta=1-CS \end{array}\right\} \tag{6.18}$$

其中 C 值依管径大小而定，需经实流校验确定。

式(6.18) 阻塞系数计算式是在测量头为某种结构求得的，因此该式只能作为一种参考计算式，要得到高精确度的计算式需依据具体结构的测量头进行实验求得专用阻塞系数计算式。

(c) 干扰系数 γ 的确定。干扰系数的定义：流量计所处管段前后阻流件之间直管段长度不足所引起的仪表系数变化的修正系数。干扰系数是非充分发展管流的修正系数，目前还缺乏成熟的实验数据，一般可在现场直接校验确定之。

(d) 管道横截面面积 A 的确定。管道横截面面积 A 可通过实测管道内径或管道外周长推算出。由管道外周长推算横截面面积按下式计算。

$$A=\frac{\pi}{4}\left(\frac{L-\Delta L}{\pi}-2e\right)^2 \tag{6.19}$$

式中 A——管道横截面面积，m^2；

L——管道外周长，m；

e——管壁厚度，m；

$$\Delta L=\frac{8}{3}a\sqrt{a/D}$$

a——管道外表面局部突出高度，m；

D——管道内径，m。

当 $a>0.01D$ 或表面凹陷，使测量软尺不能贴紧管道表面时，不能采用此法。

c. 径流速计型工作原理。差压式均速管流量传感器（国外商品名为 Annubar，音译阿牛巴）如图 6.23 所示，由一根横贯管道直径的中空金属杆及引压管件组成。中空金属杆迎流面有多点测量孔测量总压，背流面有一点或多点测压孔测量静压。由总压与静压的差值（差压）反映流量值。流量计算式为

$$q_m=\alpha\varepsilon A(2\Delta p\rho)^{1/2} \tag{6.20}$$

$$q_v=q_m/\rho \tag{6.21}$$

式中 q_m、q_v——分别为质量流量（kg/s）、体积流量（m^3/s）；

α——流量系数；

ε——可膨胀性系数；

A——管道横截面面积，m^2；

ρ——被测介质密度，kg/m^3；

Δp——传感器输出差压，Pa。

(3) 几种插入式流量计的性能比较

① 插入式涡轮流量计

价格较低，适合测量洁净液体的流量。流体中含固体颗粒或黏稠物时，极易导致涡轮卡滞。流体中夹带的纤维、四氟生料带之类的异物，极易绕在涡轮叶片上，导致流量系数改变，而大口径管路上要加装网目数满足要求的过滤器又不大现实，因而影响了人们对该种仪表的选用。

② 差压式均速管流量计

这种流量计在大口径水流量测量中用得较多。主要原因是结构简单，价格便宜，维修方便。因属径流速计型，只要仪表插入杆长度同管径相吻合，仪表示值受管内流速分布的影响较小。

均速管在安装时要特别注意引压管中不能有气体存在。

在水平管上的安装位置如图 6.24 所示。对于埋地敷设的大口径管道，均速管要安装在仪表井中，而配套的差压计为了避免浸入水中，一般均安装在地面上方。仪表投运时，分别打开差压变送器的高低压室上排气口，排尽引压管中的气体，均速管测量到的信号就能准确地传递到变送器。

有的使用者误认为管道中全是水，均速管从管道上方插入也不要紧，尤其是在大口径管道贴近地面敷设，均速管按图 6.24 安装有困难时，就采用图 6.25 所示的安装方法。于是在开表投运时，经过排气阀和变送器上的上排气口充分排气，仪表指示正常。但经数天后由于大管道内水所溶解的气体不断析出并且聚集在引压管的最高点，影响差压信号的正常传递，以致仪表示值发生变化（一般是流量示值逐渐减小）。

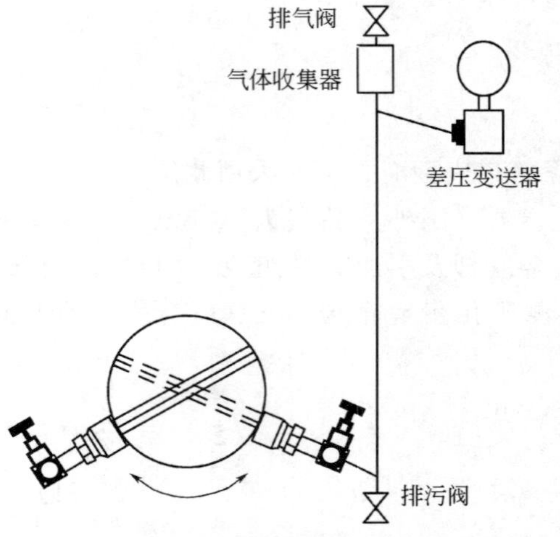

图 6.24 均速管安装位置及其同差压计的连接

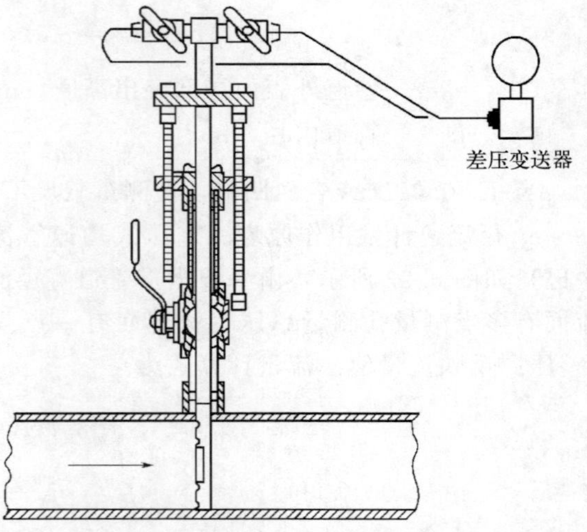

图 6.25 不正确安装方法

管道内水所溶解的气体析出，同水的温度和压力的变化有关。水温较高或压力较低时，其气体饱和溶解度比温度较低或压力较高时的气体饱和溶解度小，所以水在输送过程中，温度升高和压力降低都易引起它所溶解的气体析出。

这种仪表的不足之处如下：

a. 水中泥沙易将取样孔堵死而引起故障，因此应视流体中泥沙含量多少决定引压管排污扫线周期。并在选阀和配管时，考虑拆卸和疏通的方便。

b. 相对流量较小时，误差增大。因此只适合一般检测和过程控制。

c. 标定困难。JJG 640 检定规程规定，差压式均速管流量计必须经过流量系数的逐台检定。所以精确度要求较高的测量对象或用于贸易结算的测量对象，一般还有赖于满管式电磁流量计。

③ 插入式涡街流量计

这种仪表测量头本身精确度可达 1%*R*，耐脏性比插入式涡轮流量计好，被测液体中有少量泥沙时也不会像均速管那样容易引起故障，但受其测量原理的制约，用来测量水流量时，可测流速下限只能达到 0.3m/s，因此在测量对象的流速下限要求更低时，不能胜任。

④ 插入式电磁流量计

同其他插入式流量计相比，用插入式电磁流量计测量大口径管道水流量具有明显的优越性。

a. 可调比特别大。

b. 测量头有较高的精确度。

c. 阻塞影响可忽略。

d. 有浸没型产品，安装在仪表井中被水淹没也不影响正常测量。该型的插入式电磁流量计，励磁线圈和电极组成的测量头置于插入杆的端面内，导电流体流过其端面时，在电极和插入杆壳体之间产生相应的电动势（如图 6. 26 所示）。其结构如图 6. 27 所示。

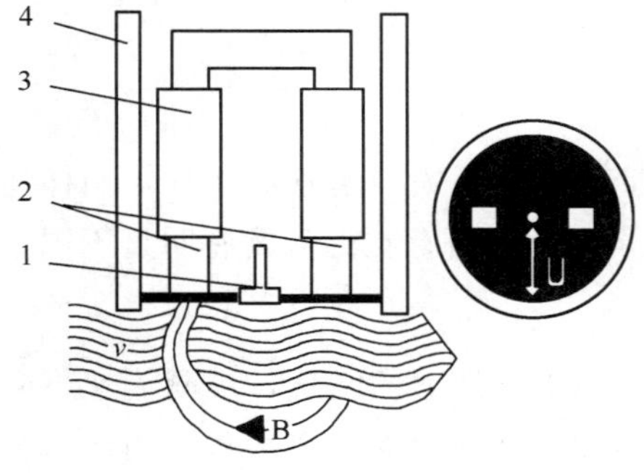

图 6.26　插入式电磁流量计原理

1—电极；2—磁极；
3—线圈；4—保护管

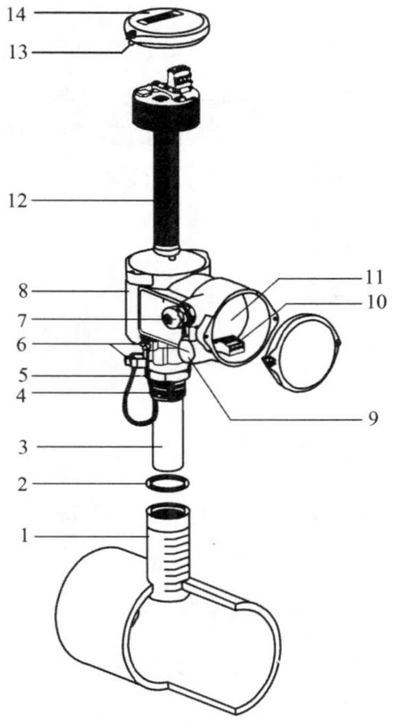

图 6.27　插入式电磁流量计结构

1—标尺套；2—垫圈；3—传感器外保护套；4—连接螺纹；
5—接地电缆；6—接地端子；7,9—进线口；8—壳体；
10—电源接线端子；11—接线盒；12—励磁线圈电极部件；
13—机盖紧固螺钉；14—带密封圈的机盖

仪表的满量程可设置为 1、2、3、4、5、6、7 或 8m/s。测量精确度：在 $v \geqslant 1\text{m/s}$ 时为 $2\%R$；在 $v < 1\text{m/s}$ 时为 $3\%R$。插入杆上刻有与管道内径相对应的插入深度刻线。其插入深度为管道内径的 1/8。此时阻塞面积小于 2%，按式(6. 18) 阻塞对示值的影响可忽略不计。

插入式流量计是基于速度面积法工作的，不论测量头是何种测量原理，管道中都必须充满液体。为了防止液体中的气体在管道中积聚，管道的最高点都应安装排气阀，实行自动排气或人工定期排气。

6.3 气体大流量的测量

气体大管路流量的测量常见于城市煤气、天然气、风管、锅炉和各种炉窑内的烟气、石油炼厂和石化行业的火炬气。这些流量的测量对经济燃烧、保护环境以及贸易结算有着重要意义。

6.3.1 气体大流量测量的特点

a. 口径大，直管段往往难以保证。
b. 静压低、流速低，只允许有很小的压力损失。
c. 流速变化范围大，要求仪表具有较大的可调比。
d. 流体含有粉尘，有时还含有焦油之类的黏稠物。
e. 有些流体有腐蚀性。
f. 气体组分变化不定。
g. 流体温度高。
h. 有些烟气温度降低后，湿度升高，甚至带液。

6.3.2 仪表选型

6.2 节中所述的插入式涡街流量计、插入式涡轮流量计、差压式均速管流量计，同样适用于大口径管道的气体流量测量。但由于流体性质不同，应用时所存在的问题有明显不同。

(1) 插入式涡街流量计

插入式涡街流量计的测量头一般为 DN50，对于常温常压条件下的空气，可测流速下限约为 6m/s。有很多测量对象，流速常常低于 6m/s，尤其是水煤气及某些驰放气，由于氢含量较高，流体密度较小，旋涡对传感器的推力相应变小，这时，能可靠测量的流速下限还要升高，所以，仪表往往满足不了测量对象的要求。

涡街流量计指示的体积流量，不会因流体组分和温度变化而产生密度变化的影响，但将压力状态下的体积流量换算到标准状态，需要进行流体温度、压力和压缩系数的补偿[8]。

在旋涡发生体的迎流面上如果附着很厚的黏稠物和灰尘，其形状会发生变化，进而引起流量系数的变动，因此，需要定期拔出测量头清除附着物。

(2) 差压式均速管流量计

这种流量计在大口径气体流量测量中用得很普遍，其原因同大口径水流量相似。差压式均速管流量计在气体流量测量中应用成败的关键是引压管不要被水滴堵住。由于定型的均速管产品所带的切断阀多半为针形阀，通径较小，而流体中的水汽经冷凝变成液滴，如果针形阀处理得不好或引压管坡度欠合理，此液滴极易将通路封死。

差压式均速管输出的差压信号一般都很小。当流体为常温常压的空气时，如果流速为 10m/s，只能达到 62.5Pa 的差压[1]。这样，一滴水滴将差压传输通道封住，就足以将此差压全部抵消掉。有的制造商将正负压切断阀改为通径较大的直通闸阀或球阀，为保证仪表的可靠使用创造了条件。均速管典型安装位置以及同差压计的连接如图 6.28 所示。

同均速管配用的差压变送器的选型与安装也需要给予足够的注意。因为配用的差压变送器满量程一般都只有几百帕，个别流速特别低的测量对象甚至只有几十帕，所以应选用零点稳定性好的微差压变送器。

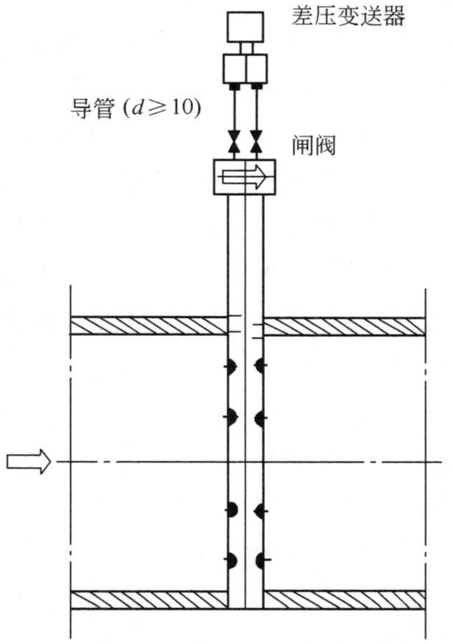

图 6.28 差压式均速管典型安装位置及同差压计的连接

微差压变送器安装地点应尽量避免振动。与均速管配用的微差压变送器，其差压测量范围很小，膜盒面积较大，对振动非常敏感，受振动以后膜片受到相应的作用力，因而输出信号产生相应的变化。变送器受振动而产生的零位输出表现为随机特征，但是振动越剧烈变送器输出的代表差压的电流信号上下摆动的幅度也越大。此振动干扰信号的正值经开方后，相对值放大了若干倍，而其负值经开方后输出为零，最后使流量零点示值升高，见图 6.29，这就是振动导致这种流量计零点升高的本质原因。

振动引起的这种流量零点升高容易给人以错觉，因为它同由于安装位置倾斜等因素引起的零点漂移叠加在一起。其实，振动引起的差压输出变化是双向的，其时间均值倒可能为零，所以当流量为常用流量值时，这种振动的影响只表现为流量示值上下摆动，其平均值基本不变。如果急于将仪表零位调低，倒是引起正常测量时的示值偏低。

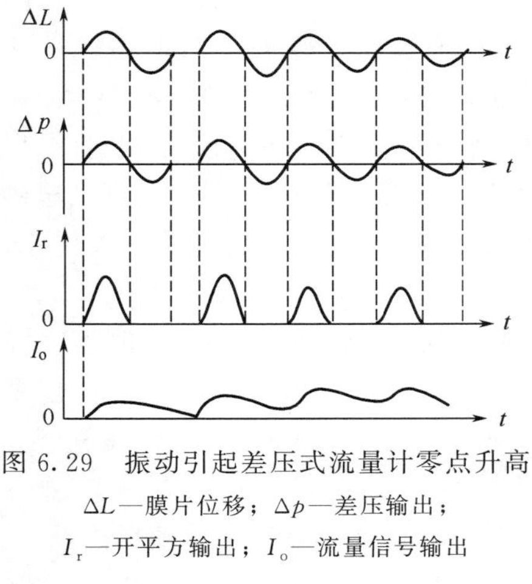

图 6.29 振动引起差压式流量计零点升高

ΔL—膜片位移；Δp—差压输出；

I_r—开平方输出；I_o—流量信号输出

振动引起的流量计零点示值升高与变送器安装位置倾斜等原因引起的零点漂移在流量计示值变化规律上也有明显的区别，后者表现为示值虽不为零但很稳定或只随时间缓慢地变化，而前者表现为频繁地摆动。由于难以将这两种影响共同作用的结果拆开来，所以最好的办法是选择一处振动小的地点安装差压变送器。

消除或减小振动对差压式流量计零点影响的另一个有效方法是为差压变送器选择适当的阻尼时间，也可在二次表的流量信号输入端增设阻容滤波环节。

微差压变送器还应避免阳光的直接照射。由于阳光直接照射使表体的向阳侧温度升高，而背阳侧温度却较低，这一温差引起变送器某些零部件几何尺寸及其他有关参数产生不对称变化，导致变送器零位出现明显漂移。

关于均速管检测杆断面的形状，前人已经做了不少研究。其中圆形断面现在已很少有人使用。因为这种形状的检测杆的流量系数 K 受雷诺数的影响较大。当 $Re_D<10^5$ 时，K 基本不变，而 $10^5<Re_D<10^6$ 时，K 增大而且不稳定，离散度约为±10%。这是因为流体流过圆管时，分离点位置不固定所致。

菱形断面检测杆是对圆形断面的改进。由于流体分离点不再随 Re_D 变化而固定在菱形两侧尖锐的拐点上，所以流量系数受 Re_D 影响减小到 1%。这个结论是由一些权威的流量检测机构大量试验所验证的，其中包括美国 ALDEM 研究试验室、NEL 国家工程试验室等水试验室及美国 CEESI 和科罗拉多州工程试验室气体试验站[4]。

弹头形检测杆是近年出现的新型器件。1993 年，美国威里斯（VERIS）公司推出弹头形（bullet）断面检测杆，威里斯公司是一家从事均速管流量计研究、生产及应用的厂家，其公司总裁弗列德·古德（Fred Good）先生是均速管领域知名专家，曾作为迪特里希标准公司的总裁首先推出阿牛巴均速管产品，后离开了该公司创立了威里斯公司。

弗列德·古德先生针对菱形也称钻石型检测杆信号脉动大、低压侧易堵塞等缺点，在大量实验的基础上，推出了弹头断面检测杆（见图 6.30）。弹头断面检测杆与菱形断面检测杆的相似之处是都有明显的拐点，所以流体流过均速管后的流体分离点固定，流量系数 K 的稳定性好。但弹头形断面检测杆的拐点相对平缓，不致像菱形断面检测杆那样会产生强烈的旋涡、较大的探头振动和脉动的差压输出。另一个大的改进是多个低压取压孔位于探头的两侧面，即位于流体分离点之前，流速较快，而菱形断面检测杆的低压孔位于背部，那里正好是流体中尘埃聚集的地点，流线紊乱，流速较慢，所以负压测孔易堵。弹头型断面检测杆的高压测孔因弹头形状的前部较宽阔，形成静止的高压区，将阻止流体中的固体尘粒进入，因而无论是低压测孔还是高压测孔，其防堵性能均优于其他断面的检测杆。

(a) 菱形断面　　(b) 弹头断面

图 6.30　不同断面检测杆

以往均速管表面是光滑的，当流速变化时，在均速管表面易形成边界层流与边界紊流交替出现的情况，增大了流体牵引力和涡街脱落力，这是造成流量系数不稳定的另一个重要原因，威里斯公司根据流体边界层理论研究的成果，在均速管前端表面采用粗糙化处理并加防淤槽（即在粗糙化处理部分和平滑部分交界处设一浅槽），这相当于有一个紊流发生器，使均速管表面不再形成边界层流而始终保持边界紊流，这就像高尔夫球表面上的凹痕可使球的飞行轨道更精确一样，紊流发生器降低流体牵引力和涡街脱落力并产生稳定的流线，从而使流量系数更稳定，可调比更大。

威里斯公司弹头形断面检测杆的流量系数 K 值的精确度虽然也为 1.0%，但当去掉雷诺数过低的个别数据，其精确度可达到 0.5%。

差压式均速管流量计不足之处主要有下列几点：

a. 流体组分变化时，密度相应变化，引起示值变化。而这种组分变化是随机的，在没有成分分析仪的情况下，难以将其对示值的影响予以清除。

b. 相对流量较小时（一般以 30%*FS* 为界）误差增大。

c. 由于难以逐台测定其流量系数，因此难以通过 JJG 640 规程的检定[9]，一般不适宜用于贸易结算。

（3）插入式涡轮流量计

用高灵敏度的插入式涡轮流量计测量洁净气体的流量，有很多明显的优势：其一是简单可靠，价格较低；其二是线性分度，可测流速下限比涡街和均速管均低。

在这种仪表中，最重要的部分是轴承和轴，如果用一般材质制成，寿命不长。有些用户选用瑞士专门技术制成的宝石轴承配上镍基碳化钨轴，寿命大大延长，换一次转子组件和轴承最长的可用到五年，精确度仍在允许范围（0.3%R）之内（用于油品测量）。

流体的清洁至关重要，黏稠的焦油和污垢，会将转子粘住或转速减低。灰尘附着在涡轮上，流量系数要发生变化，因此，应定期清洗。

(4) 热式质量流量计

热式质量流量计一般是在圆形检测杆（不锈钢保护套管）的端部布置两只热敏元件（如图6.31所示），其中参比热敏元件同气体的流动相隔离，而测量热敏元件被放置在气体的流路中，两只热敏元件被加热到一定温度，并组成惠斯顿电桥（见图6.32），当流路内的气体流速增大时，测量热敏元件被带走的热量增大，从而导致其温度降低，阻值变小，桥路输出相应增大。另外，流体压力的增大和流体温度的降低也都使敏感元件被带走的热量增大，最后使得桥路输出与流体质量流量成正比。

由于测量热敏元件的热量损失主要是由气体流动所引起。因此气体组分的变化对流量示值影响很小。

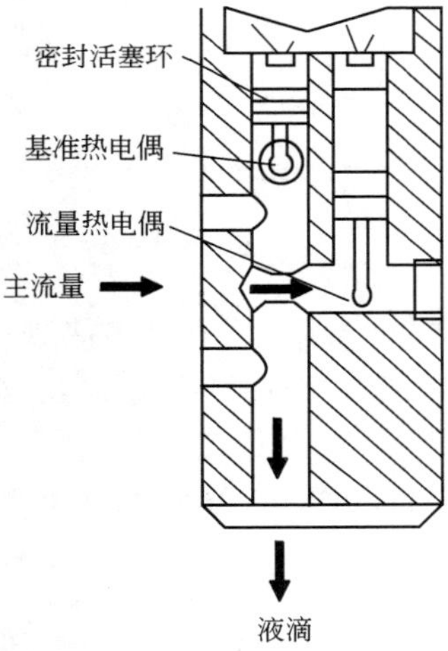

图6.31　热式质量流量计探头剖面

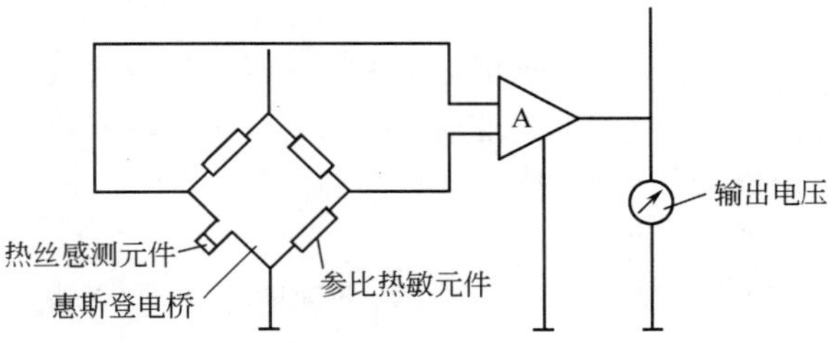

图6.32　热线测速计原理（恒温工作方式）

这种仪表的最大优点是可调比大，可达40∶1。流体温度最高可达到400℃。但由于热丝与被测流体直接接触，在流体含有油污之类的物质时，热丝容易被污染而改变散热条件。影响测量精确度。因此有的公司推出带清洗装置的产品。

(5) 孔板流量计

插入式流量计的最大困难是校准问题，现在已经有JJG检定规程的只有插入式涡街流量传感器和均速管，而且必须在标准装置上标定其流量系数，否则就难以通过强制检定。有些用于贸易交接的大口径气体流量计为了通过强制检定往往仍旧回到节流式差压流量计。

有些气体有时还难免带点冷凝水在管道底部流动，为了不让这些水在差压装置前积聚，采用偏心孔板或圆缺孔板流量计较合适。

有些气体夹带尘埃，甚至还有焦油之类的黏稠物，用不了多久孔板端面就黏附一层污垢，为了不断流拆洗，可采用可换孔板差压装置。为了防止正负压取压孔被灰尘及污垢堵死，常常采用 D-D/2 径距取压法。而引压管除保证坡度外，引压管内径取上限数值和在引压管转弯处均留有活门以便逐段疏通也极具实用价值。

6.3.3 风道风量测量

(1) 风道风量测量的意义

燃料在炉膛内的燃烧是碳与氧或碳氢化合物与氧的化学反应，必须保持一个合理的空燃比。空气（氧）不足，燃烧不充分，烟囱冒黑烟，不仅浪费能源而且污染环境。而过量的空气太多，不仅生成氮的氧化物，污染环境，而且从炉内带走过多的热量，导致炉子的热效率降低。因此，空/燃比存在一个最优化问题。

为了节约能源和保护环境，燃料在炉内燃烧必须保持一个合理的空燃比，而这个比值不仅同燃料的种类、组成有关，而且同炉子的负荷有关，炉子负荷较低时，比值略大些，炉子负荷较高时，则应略小些。

在炉子负荷稳定的情况下，空燃比是否达到最优可通过燃烧产物烟气的组分（通常是烟气中的氧含量）分析来判断。在最优条件下运行的燃烧过程，负荷一旦变化，就必须重新确定风量。这就要求风量测量仪表具有足够的精确度，包括流量示值的线性度和良好的重复性。

(2) 风道风量测量的难点

随着我国经济的发展，火电设备迅速实现大型化，大型锅炉的风道截面尺寸可达 5000~6000mm，因此为流量测量带来困难。

由于设备安装现场空间相当紧凑，对于如此大的风道尺寸，流量测量仪表安装规程中所要求的直管段长度根本无法满足，有的只有 1*D*~2*D* 甚至更短，这使得流量测量一次装置安装处风道内的速度分布极为复杂，普遍存在横向流及旋涡，这是第二个难点。

第三个难点是低静压低流速，流体静压大多在 10kPa 左右，流速一般只有 1~10m/s，大多数流量计都无能为力。

第四个难点是流体中常含有粉尘，易于堵塞。

(3) 风道风量测量方法

① 速度-面积法

由于风量流量计前后直管段很短，风道内速度分布复杂，仍然采用常规的方法测量流通截面中一个点的流速或一条线上的平均流速，用以推算整个流通截面的平均流速都是不可行的。现场试验中发现，将风道内流速提高，但在流通截面中的某个点测到的流速不是增大了而是减小了，这是因为风道内流速增大的同时，速度分布也相应变化的缘故。

现在国际上解决此类问题的方法是采用速度-面积法。

这一方法是将风道截面分成面积相等的若干部分，然后测量出每一部分的特征点流速，并以该特征点流速代表每一部分的平均流速，该平均流速乘以每一部分的面积就是通过该面积的流量。把通过各部分面积的流量累加起来就是整个风道的流量。

如果将风道截面 A 分成 n 等分，每一特征点流速为 u，则流过整个截面的体积流量为

$$q_v = \frac{A}{n}\sum_{i=1}^{n} u_i \tag{6.22}$$

具体实施中，测量特征点流速的方法有机翼测风装置、均速管差压流量计、热式均速管质量流量计等。

图 6.33 所示为在一矩形截面风道内插入 4 根均速管，每根均速管上开有 4 个测速孔，每个测速孔的位置以及均速管在整个流通截面上的位置均如图 6.33 所示。

将 4 根均速管的差压信号输出的正端相连，接到差压变送器的正压室，将负端相连，接到差压变送器的负压室，就可进行测量。

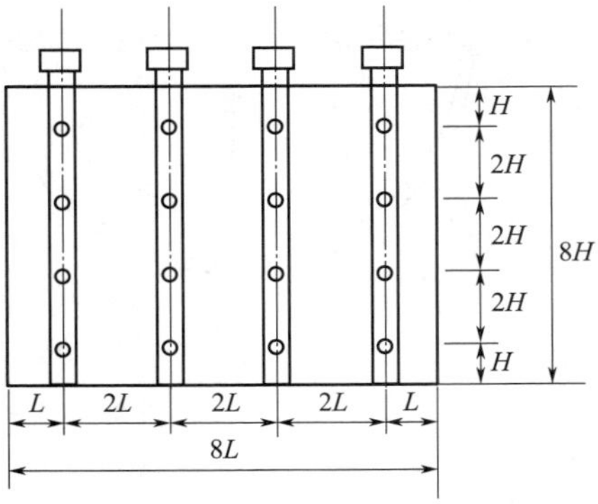

图 6.33 测速孔的分布及均速管的位置

② 气体偏斜问题的处理

均速管等流量计的流量系数都是在充分发展管流的条件下通过实流标定得到的。但在大尺寸的风道中使用的风量流量计条件没有那么好，不仅速度分布复杂而且存在气流偏斜问题，即流体流动方向与流道轴线呈一个角度。这个角度的存在使测速孔测到的流速严重偏低，解决这一问题的方法是将总压孔加工出一个凹形槽，这样气流偏斜 ±20% 时，仍可准确测量差压。

有人建议在风道中增设整流器消除气流偏斜。按照国家标准设计和安装的整流器（或整直器），整流效果是确定无疑的，在一般流量测量中用得很多，但在风道风量测量中，却很少见，原因是风道尺寸大，整流器引起的压损将导致巨大的动力损耗。

机翼式测风装置具有一定的整流作用，其输出差压值可达 1kPa，压损约为输出差压的 14%～15%，在解决气流偏斜方面具有明显的优势。

③ 几种测风装置的比较

采用速度面积法测量风量，在常用的机翼测风装置、热式均速管质量流量计和均速管差压流量计中，机翼式输出差压信号幅值大，但阻力大，体积笨重，在风道尺寸特别大时，一般不采用。而均速管差压流量计压损小，风道尺寸大时，价格有很大优势。热式均速管流量计的优点是流速很低时也能测得比较准，流速范围宽，但价格昂贵。

(4) 清灰问题

对于含尘气体的流量测量，要使流量计长期准确、可靠运行，必须解决一次测量装置的防堵问题，增设自清灰装置是一种常用方法。

(5) 圆形截面风管的流量测量

圆形截面风管的流量测量同样存在直管段长度不够，引发的速度分布复杂的问题，也需采用速度-面积法处理，但将整个截面分成面积相等的若干部分并找出各部分的特征点不像矩形截面那么方便，而且检测杆只能从风管的圆弧形管壁插入。

图 6.34 所示为圆形管道均速管流量计的安装形式，其中图 6.34(a) 为单端插入式，又可分为带桁架和不带桁架两种，每一插入杆可配置不同数目的热丝感测元件。图 6.34(b)

为双端插入式，也分为带桁架与不带桁架两种，由图可见，热丝感测元件的位置坐标可以按速度面积法确定。

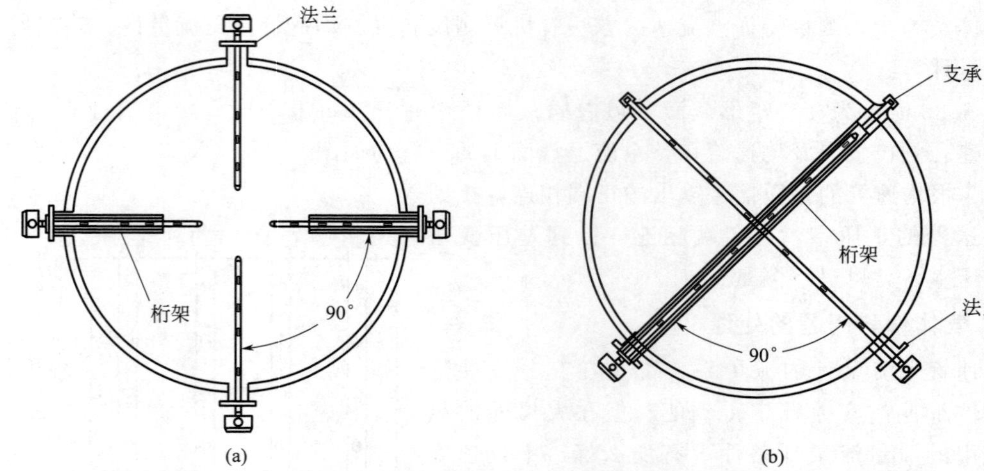

图 6.34 圆形管道均速管流量计的安装形式

6.4 腐蚀性流体的流量测量

6.4.1 腐蚀现象

腐蚀是金属在其环境中由于化学作用而遭受破坏的现象。一切金属与合金对于某些特定环境可以是耐腐蚀的，但是在另一些环境中却对腐蚀又很敏感。一般来说，对于所有环境都耐腐蚀的工业用金属材料是不存在的。

腐蚀可以分为均匀腐蚀（uniform corrosion）或全面腐蚀（general corrosion）与局部腐蚀（localized corrosion）。全面腐蚀的腐蚀速度可用 mm/a 等单位来表示。通常将腐蚀速度在 0.1mm/a 以下的材料作为耐腐蚀材料[10]。对于腐蚀速度较此再大一个数量级，也即腐蚀速度为 1mm/a 的材料，对于一般设备有时可酌情定为可以使用的材料，对于流量仪表的测量元件，则是不容许的。根据腐蚀速度的快慢，可以预测金属的使用寿命。

6.4.2 腐蚀性介质对流量测量仪表的损害

介质的腐蚀性对流量测量仪表是个严重威胁，只有像夹装式超声波流量计等个别种类的流量计受腐蚀影响较小。

a. 腐蚀性介质将流量测量仪表与介质直接接触的关键零部件腐蚀，使之损坏，丧失功能，例如：腐蚀造成差压变送器膜片损坏，硅油外漏而完全失效；电磁流量计电极因腐蚀引起介质外泄，导致励磁线圈烧毁；等。

b. 流量测量仪表的关键零部件长时间受腐蚀性介质的腐蚀而改变几何尺寸，导致仪表准确度降低。例如浮子式流量计中的浮子被流体腐蚀后，外形尺寸减小，导致流量示值偏低。又如涡街流量计中的旋涡发生体被流体腐蚀而宽度尺寸减小，迎流面表面变得粗糙，从而引起流量系数改变。就连受腐蚀介质影响较小的夹装式超声波流量计，也常因金属管内壁被介质腐蚀得坑坑洼洼，使发射和接收信号变弱，严重时丧失灵敏度。

c. 缩短仪表寿命。例如金属管浮子流量计中的锥形管等零部件，使用几年后，其焊接处被烂穿。

d. 腐蚀性介质渗漏，如不及时发现、及时处理，还容易酿成安全和人身事故。

6.4.3 对流量测量中流体腐蚀的措施

(1) 定期更换仪表

腐蚀性介质对金属的腐蚀，情况是多种多样的。有的腐蚀速度很快，即全面腐蚀，有的腐蚀是轻微的，速度很慢，即局部腐蚀。在做仪表选型时应针对具体情况具体分析，然后作出决策。

例如压缩空气和水，一般认为是无腐蚀，其实不然。由于城区大气中氮氧化合物浓度一般均较高，当它被压缩空气中的冷凝液吸收后，冷凝液即呈酸性，从而对碳钢材料具有轻度腐蚀。这种情况在硫酸厂、硝酸厂、氯碱厂等厂区，问题更严重些。当然，这时压缩空气中所含的除了稀硝酸外，可能还有硫酸、盐酸等。水的情况也相似，尤其是河水，由于其中含有多种离子，也对碳钢产生腐蚀。在这种条件下使用的仪表，若干年后也会出现被腐蚀的痕迹。例如停车检修发现流量差压装置中的碳钢环室与流体接触的表面被蚀，变得坑坑洼洼，严重时，几何尺寸和形状都发生很大变化。而前后直管段内壁也变得高低不平。这种状况都不符合检定规程要求，难以保证原有的仪表精确度。

这时就产生一个命题，即是否设计选型要将差压装置中的环室以及前后直管段也改为不锈钢材质？当然，如果改为不锈钢材质，环室和直管段的腐蚀问题肯定迎刃而解，但同时，投资增加了。而且投资增加数同管径有关，如果公称通径较大，则投资增加就是个不小的数字。所以决策时应根据具体测量点的测量精确度要求、腐蚀严重程度、预期寿命、预算承受能力等，权衡利弊得失，灵活掌握。如果测量精确度要求不高（如用于过程监视、控制），轻度腐蚀，碳钢材料预期寿命十年以上，改为不锈钢后投资增加较多，那么，宁可待环室等被腐蚀得无法继续使用时，再将差压装置整体或损坏部分予以更新。

(2) 避重就轻

避重就轻就是在对工艺流程和有关介质特性深入了解的基础上，合理选择测量方案，同样达到计量或对生产过程进行控制的目的，避开腐蚀性强的部位，而选在腐蚀性较轻的部位。甚至更改被调参数种类，例如（如果可行的话）将流量定值调节系统用液位均匀调节或其他合适的变量调节代替，从而避开流量测量仪表耐腐蚀的难题。

例如，进污水处理厂的污水流量一般都要测量，以便控制污染物排放总量。而污水一般或偏酸性或偏碱性，而且相应地要加入适量的碱或酸予以中和。那么，考虑污水对流量仪表的腐蚀，当然流量检测点选在中和之后更好一些。

钢厂荒煤气的流量测量也有类似情况。荒煤气中常常含有一定数量的二氧化硫，这种气体在干燥的时候腐蚀性并不大，但荒煤气离开炉窑后，随着输送距离的增长，气体温度逐渐降低，湿度相应升高并很快出现凝液而具有较强的腐蚀性。考虑煤气流量测量仪表安装位置时，当然应当选在气体出现凝液之前。

(3) 选择具有耐腐蚀特性的仪表

① 一般酸性介质的仪表选型

涡街流量传感器和涡轮流量传感器，与流体接触的部分为耐酸钢，一般酸性液体和气体都能使用。

用耐酸钢制成的椭圆齿轮流量计，可以满足一般酸性液体精确计量的需要。

至于某一公司的具体的某个产品是否适用于某用户的特定介质，除了查阅有关样本和资料外，还需向制造商详细咨询，能做出承诺更好。有经验的制造商积累了大量常用材料适用介质范围和腐蚀速度的数据，还有一些是某些材料不适用介质范围的数据，这非常宝贵，表 6.2 所示是上海光华·爱而美特公司提供的电磁流量计电极材料耐腐蚀特性表[4]。但因腐蚀性介质多种多样，有些介质在现成的资料中往往找不到答案，这时可与制造商联系，由用户提供腐蚀性介质，制造商提供待试材料，在规定条件下挂片试验。

表 6.2 常用电极材料及其适用范围

电极材料	特点及适用范围
耐酸钢 1Cr18Ni9Ti 含钼耐酸钢 0Cr18Ni12MoTi(相当于 316L)	主要用于生活工业用水、原水、下水、废污水及稀酸、稀碱等弱腐蚀性酸、碱盐液，价格最低
哈氏合金 B	低浓度盐酸等非氧化性酸和非氧化性盐液适用，硝酸等氧化性酸不适用
哈氏合金 C	对常温硝酸、其他氧化性酸、氧化性盐液有耐腐蚀性，盐酸等还原性酸和氯化物不适用
钛	耐腐蚀性略优于耐酸钢，对氯化物、次氯酸盐、海水有优良的耐腐蚀性，对常温硝酸等氧化性酸有耐腐蚀性，盐酸、硫酸等还原性酸不适用
钽	具有和玻璃相似的优越耐腐蚀性，除氢氟酸、发烟硫酸等少数酸(参见表 6.3)外，大部分酸液适用，氢氧化钠等碱液不适用
铂、铂铱合金	对几乎所有酸碱液耐腐蚀，王水、铵盐及少数介质不适用，价格昂贵

② 导电液体的仪表选型

电磁流量计的测量管内衬材料有多种，其中耐腐蚀性能最好的是聚四氟乙烯。电极材料也有好几种，能满足绝大多数腐蚀性介质的需要。参考文献 [11] 列有美国 Foxboro 公司《衬里和电极材料的选用表》[11]。在选择电极材料时，应以满足需要为原则，不要迷信贵金属，因为贵金属也不是万能。表 6.3 所列就是铂铱合金和钽不耐腐蚀的化学介质。当然表中列入的也仅仅是示例，而非全部。

表 6.3 铂铱合金和钽不耐腐蚀的化学性质①

化学液体介质	铂铱合金	钽	其他材料
氟化铝(aluminum fluoride)	A	×	
硝酸铝(aluminum nitrate)	A	×	
氟化铵(ammonium fluoride)	A	×	B(哈氏合金 C)
氢氧化钡(barium hydroxide)	A	×	

续表

化学液体介质		铂铱合金	钽	其他材料
二氧化氯(chlorine dioxide)		×	A	
氟化铜(copper fluoride)		A	×	
氯化铜(copper chloride)40%		×	A	
氯氧铜(copper oxychloride)		A	×	
氯化铁(ferric chloride)		×	A	B(哈氏合金 C)
氯化锌(zinc chloride)50%		A	×	
氟硅酸(fluosilicic acid)10%～40%		A	×	
氢溴酸(hydrobromic acid)50%		×	A	
氢氟酸(hydrofluoric acid)10%～20%		A	×	
氢氟硅酸(hydrofluosilicic acid)35%		A	×	B(哈氏合金 C)
次氯酸(hypochlorous acid)10%～20%		×	A	B(哈氏合金 C)
乙酸铅(lead acetate)		×	A	
氢氧化镁(magnesium hydroxide)		A	×	
氢氧化钾(potassium hydroxide)10%～40%		A	×	
氰化钠(sodium cyanide)		×	A	
氰铁酸钠(sodium ferrocyanide)		×	B	
氰亚铁酸钠(sodium ferricyanide)		×	B	
氟化钠(sodium fluoride)5%～50%		A	×	
氢氧化钠(sodium hydroxide)5%～50%		A	×	B(哈氏合金 C)
硫酸(sulfuric acid)	10%～50%	A	A	
	100%	A	×	
硫代硫酸钠(sodium thiosulfate)		×	×	A(哈氏合金 C)

① 摘自参考文献 [4]，第 137 页。

符号说明：A——优先选用的材料（实际上有极长的使用寿命）；

B——令人满意的材料（在大多数条件下有较长的使用寿命）；

×——不能使用。

其他像铂电极的触媒作用也引起人们的关注。在化工生产中，铂是一种性能很好的催化剂，某些介质在一定条件下与铂接触后就发生化学反应。已被证明的有双氧水，铂电极电磁流量计在测量双氧水时，会在电极表面生成气雾，流量为零时，输出也会波动。

选择合适的电极材料和内衬材料测量腐蚀性介质流量，如果流体温度也在允许范围之内，那是理想的选择，其测量精确度可以达到 (0.3～1)%R。其口径从几毫米到 3m，各种规格齐全，能满足各种测量范围的需要，但若流体不导电，电磁流量计就无能为力了。

③ 不导电液体的仪表选型

夹装式超声流量计，工作时流体不与仪表直接接触，所以适用于各种腐蚀性流体。

夹装式超声流量计按其原理分类有两种，其中时差法适用于洁净单相流体，精确度与管径和流速有关，例如 Panametics 公司的 AT 系列仪表：

a. 管径>150mm 时：

V>0.3m/s，不确定度为 2%（经标定可达 1%）；

$V \leqslant 0.3$m/s，不确定度为 0.01m/s。

b. 管径≤150mm 时：

$V > 0.3$m/s，不确定度为 5%；

$V \leqslant 0.3$m/s，不确定度为 0.05m/s。

而多普勒法流量计适用于固相含量较多或含有气泡的液体，不确定度只能达到 1%～10%，显然比电磁流量计差得多，因此只在无其他更好的办法时才采用。其价格与管道直径无关，在 $DN \leqslant 200$ 时，超声波仪表比电磁流量计贵，而在 $DN \geqslant 250$ 时，超声流量计比电磁流量计便宜。

④ 腐蚀性气体仪表选型

a. 超声流量计。近年来，国内外天然气工业获得了迅速发展，这大大推动了天然气计量仪表的发展，其中专门为天然气计量而开发的多声道超声流量计就是一颗耀眼的明珠，这一技术如果经移植用于腐蚀性气体流量测量，应当是可行的，因为只要对测量管内壁作防腐蚀处理。但具体应用实例现在还未见报道。另外这种流量计价格太高。

近年开发的配有夹装式换能器的超声流量计，若管道本身耐腐蚀，就不必考虑仪表的耐腐蚀问题，例如管道使用耐腐蚀内衬。但此内衬与金属管之间如果存在气隙也会为夹装式超声流量计带来麻烦。

对于无耐腐蚀内衬的金属管道，其内壁经长时间腐蚀往往变得高低不平，常会造成“V”形和“W”形安装的换能器声波反射不一致，所以信号强度变弱，严重时甚至无法正常测量。这些都是使用超声流量计时应当注意的。

b. 节流式差压流量计。现在还未见报道适用于腐蚀性介质的定型商品化节流式差压流量计，但是用户自行开发的此类仪表，在几十年前就有报道，其中有很成功的氯气流量测量。

工艺设备专业对付腐蚀性气体的技术几十年前就已很成熟，例如各种不同直径管道衬橡胶、衬玻璃、衬聚四氟乙烯等。仪表专业借用此优势，由工艺专业将耐腐蚀性能极佳的微晶玻璃孔板，交工艺专业夹装在工艺管道上，然后在孔板前后由工艺专业各留一个管口，仪表专业将法兰式差压变送器安装在管口上。变送器的隔离膜片最初用含钼不锈钢，为了解决其耐腐蚀问题，在此膜片上再贴一层聚四氟乙烯隔离膜片（见图 6.35）。

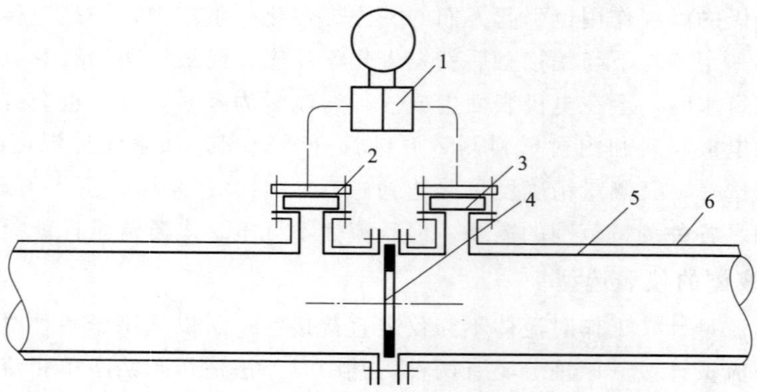

图 6.35 耐腐蚀节流式差压流量计

1—双法兰差压变送器；2—测量头；3—聚四氟乙烯膜片；4—耐腐蚀孔板；5—工艺管道内衬；6—工艺管道

这样的防腐蚀方法，有时仍不够理想，差压变送器的不锈钢膜片使用一段时间后，仍发现有针孔状腐蚀，即不锈钢膜片上出现数个直径极小的孔洞，经研究确认是流体中的离子穿透聚四氟乙烯膜片，与不锈钢膜片接触，将其腐蚀。于是仪表制造厂在膜片材质上进一步作了改进，例如提供钽膜片双法兰差压变送器。但是正像前面说过的，钽膜片不能解决所有问题，也只是使得到解决的问题更多一些。

耐腐蚀节流式差压流量计的另一个解决方案是用隔离液将耐腐蚀能力较差的仪表同强腐蚀流体隔离开来，其典型的结构如图 6.36 所示。仪表中常用的隔离液请参阅参考文献［12］。其中耐强腐蚀气体常用的有氟油（属三氟氯乙烯聚合物）[12] 等。该解决方案中的差压变送器，其差压测量上限可以比双法兰差压变送器小得多，但是氟油较贵，隔离容器仍要用耐腐蚀材料制造，所以也很费事。

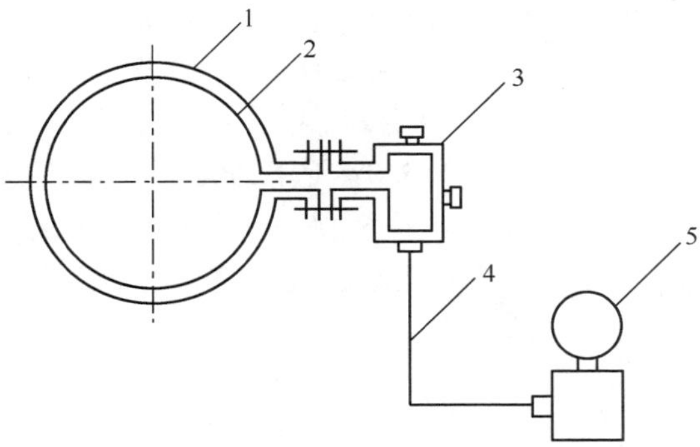

图 6.36 充隔离液的节流式差压流量计

1—工艺管道；2—工艺管道内衬；3—耐腐材料制隔离容器；4—引压管；5—差压变送器

图 6.36 中的隔离容器，在自控设计手册中有详细图纸，但不全合用，而且结构尺寸也太大。现在新型号差压变送器，膜盒位移极微，因此隔离容器截面积很小就够了。为了节约隔离液，隔离容器的容积缩小到图纸推荐的 1/5 已足够。

流量测量仪表耐腐蚀是个长期的命题，新材料、新方法、新经验年年都有报道。对于一些冷门的介质，可查阅有关文献如《腐蚀数据与选材手册》[13]。

6.4.4 易结晶强腐蚀气体的流量测量

6.2 节中的夹装式超声流量计方法，用耐腐蚀材质或隔离液隔离的差压流量计方法，能解决大多数腐蚀性气体的流量测量问题。但是如果流体是既有极强的腐蚀性又容易结晶的低静压气体，上述的方法均无能为力。这是因为气体静压低，超声流量计的声阻抗匹配问题解决不了。而孔板流量计或楔形流量计，均因有死角，使用两星期后就会因死角处堆积结晶物而示值失准。同时，配用的法兰膜片隔离式差压变送器的隔离膜片，也因结了一层厚厚的结晶物而丧失灵敏度，最后不得不宣告失败。

这是一类性质特殊的气体，例如在三聚氯氰生产过程中，需要对进聚合反应器的氯化氰单体的流量进行较准确的测量。

氯化氰流量的测量难度极高。困难在于介质遇水分解为盐酸，具有极强的腐蚀性。氯化氰由于沸点较低，而且与熔点靠得很近，极易液化和结晶而堵塞流量传感器差压信号传输通道甚至堵塞节流件本身。这是因被测流体的物理特性引起的。在工艺流程中，进入反应器的氯化氰的温度是被严格控制在环境温度以上的适当数值，气体处于过热状态。但在寒冬腊月，管道自然散热等因素会使某些部位的气体低于最佳温度。如果流程短时停车，则会使局部温度跌入饱和状态，甚至使氯化氰结为固体，黏附在仪表及管道内壁等部位，影响流量测量。

氯化氰气体物性很特殊，在大气压力条件下，13.1℃就凝结为液体，温度再降低6.6℃即低于6.5℃就结晶，因此，操作时须小心翼翼。

弯管流量计在此类气体的流量测量中，具有突出的优势。

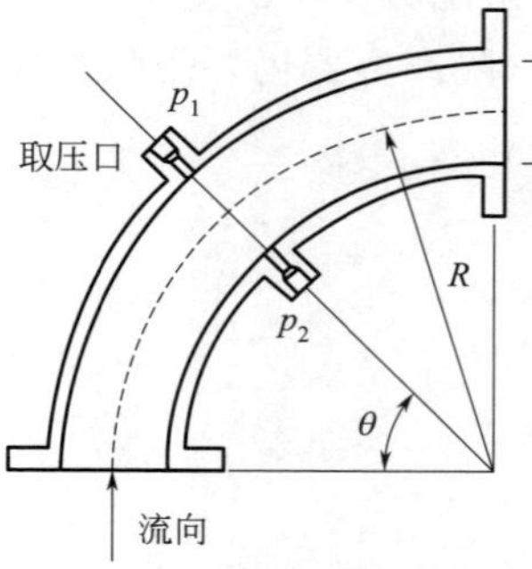

图 6.37 弯管流量传感器

(1) 弯管流量计工作原理

弯管流量计是利用流体流过90°弯管时，流体由于受到角加速度的作用而产生离心力，使弯管的外侧管壁压力 p_1 增加，从而使 p_1 与弯管的内侧管壁压力 p_2 之间形成压差 Δp 来测量流量的。Δp 的平方根与流量成正比。

弯管流量计由一个90°弯管（传感器）和差压变送器等组成，图6.37所示为弯管流量传感器，从其内外侧取压口导出的静压 p_2 和 p_1 送差压变送器，进行差压测量。

按照强制旋流理论，可以求得通过90°弯管的流体流量公式[14,15]：

$$q_m=C\sqrt{\frac{R}{2D}}\left(\frac{\pi}{4}D^2\right)\sqrt{2\Delta p\rho} \tag{6.23}$$

式中 q_m——质量流量，kg/s；

C——系数，近似值为1；

R——90°弯曲率半径，m；

D——管道内径，m；

Δp——差压，Pa；

ρ——工况条件下流体密度，kg/m^3。

在式(6.23)中，由于 R、D 的实际值与名义值之间都会有一定偏差。取压孔位置与理想位置之间也会有微小的偏差，所以，如果不经实流标定，只能得到约4%的不确定度[14]。为此，仪表出厂之前，作实流标定，得到流量系数 α 的值。

$$\alpha=C\sqrt{\frac{R}{2D}} \tag{6.24}$$

实践表明，$Re_D \geqslant 7000$ 后，α 就具有很好的线性度[16]。

如果最小流量对应的 $Re_D < 7000$，通常可采取局部缩径的方法提高流速，进而使 Re_D 增大。缩径的第二个收获是使满量程差压 Δp_{max} 相应增大，有利于提高差压测量精确度。

(2) 温度压力补偿问题

在式(6.23)中，流体密度 ρ 变化会对流量精确度产生影响，所以须按规定进行温度压力补偿。温度传感器和压力变送器也都要解决耐腐蚀问题。其中温度传感器采用管外贴装式铠装铂热电阻，能彻底解决腐蚀问题。压力变送器与差压变送器正压输入端相连，一并解决腐蚀问题，也可用HART通信的方法从差压变送器读取流体静压值。

(3) 流量传感器及相关配件耐腐蚀问题

弯管流量传感器的核心是一个法兰连接的90°弯，其材质为316L，与流体接触的部位（含取压口及法兰密封面）均喷涂新型氟塑料，导压管为聚四氟乙烯材质，为了防止结晶物堵塞取压口，还用氮气作微小流量吹扫，从而可长期可靠运行[16]。

(4) 流量传感器防结晶问题

为了防止弯管流量传感器内壁结晶，采用管外电伴热，并做绝热保温。绝热保温前的外形如图6.38所示。

图6.38　耐腐蚀弯管流量传感器外形

6.5　多相流体的流量测量

6.5.1　多相流的定义

所谓“相”就是通常所说的物质的态。每种物质在不同的温度下可以有三种不同的物理形态，即固态、液态和气态。这也就是说任何物质都有三相，即固相、液相和气相。多相流就是在流体流动中不是单相物质，而是有两种或两种以上不同相的物质同时存在的一种运动。因此，两相流动可能是液相和气（汽）相的流动，液相和固相的流动或固相和气（汽）相的流动，也有气相、液相和固相三相混合物的流动，如气井中喷出的流体以天然气为主，但也包含一定数量的液体和泥沙。这是比两相流更复杂的一种流动。

各种液体混合在一起，有时可成为一种混合均匀的流体，如水和酒精的混合物，有的则不能，例如水与水银的混合物，这后一种混合物的流动具有与两相流相似的特性。各种气体混合时都能混合均匀，成为一种单相气体，因此，各种气体的混合流动均属单相流。

6.5.2　多相流体流量测量的任务

两相流流量可分为两种：一种为两相混合物流量，也即两相流的总流量；另一种为各相的流量，各相流量之和就等于两相混合物流量。

要确定各相流量不仅需测定两相混合物流量，还需测定两相中任一相在混合物中的含量。以气液两相流为例，要确定气相和液相的质量流量就需测定气液混合物的质量流量 q_m

和气相的流量质量含量 β_{Gm}。气相的流量质量含量，根据定义，等于气相质量流量 q_G 与气液混合物质量流量 q_m 之比。因此 q_G 就等于 q_m 和 β_{Gm} 的乘积，而液相质量流量 q_L 就等于 q_m 和 q_G 之差。所以要对气液两相流流量进行完整的测量一般需要测定两个参数，即气液混合物流量 q_m 和气相的质量流量含量 β_{Gm}。

有些流量计如电磁流量计、超声流量计，其输出信号仅仅是体积流量，在用来测量两相流时，由于种种原因又未装设密度测量仪表，若知道轻相和重相的密度和流量体积比，可利用公式[17] 计算出混合物平均密度，进而计算混合物和各相质量流量。

在实际的工程中，由于测量需要的多样性，有时只需测量两相混合物的质量流量或体积流量，有时只需测量轻相或重相的质量流量或体积流量，例如湿蒸汽中的气相、油水混合物中的油。当然有时是因为测量装置的局限性或经济上的原因，只测量两相流中的部分参数。

6.5.3 气液两相流及其流量测量

(1) 气液两相流及其流动结构

液体及其蒸汽或组分不同的气体及液体一起流动的现象称为气液两相流。前者称为单组分气液两相流，后者称为多组分气液两相流。气液两相流在动力、化工、石油、冶金等工业设备中是常见的，在流动时气相和液相间存在流速差，在测量流量时应考虑此相对速度。

气液两相流按流动方向不同，存在多种流动结构。图 6.39 所示为垂直上升管中的气液两相流的流动结构，图 6.40 所示为垂直下降管中的气液两相流的流动结构，图 6.41 所示为水平管中的气液两相流动结构。

① 垂直上升管中的气液两相流的流动结构

实验研究证明，在垂直上升管中的气液两相流的流动，其基本结构有下列五种：细泡状流动结构、弹状流动结构、块状流动结构、带纤维的环状流动结构和环状流动结构（图 6.39）。

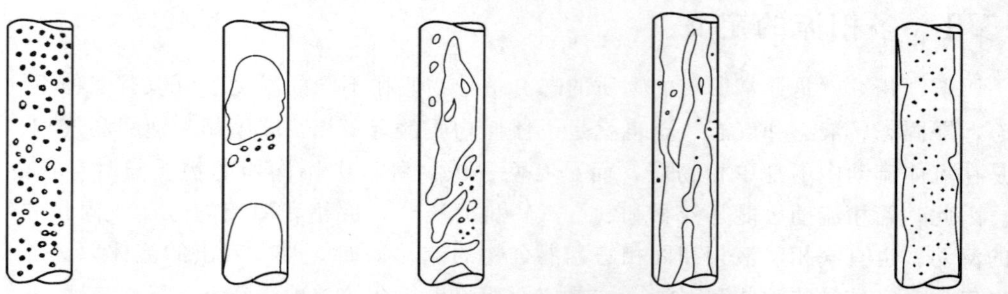

(a) 细胞状流动结构　(b) 弹状流动结构　(c) 块状流动结构　(d) 带纤维的环状流动结构　(e) 环状流动结构

图 6.39　垂直上升气液两相流的流动结构

这五种流动结构分别具有下列特点[17]。

a. 细泡状流动结构。细泡状流动是最常见的流动结构之一，其特征为在液相中带有散布的细小气泡。直径小于 1mm 的气泡是球形的，直径大于此值的气泡，其外形是多种多样的。

b. 弹状流动结构。弹状流动结构由一系列气弹组成，气弹端部呈半球状而尾部是平的，在两气弹之间夹有小气泡，气弹与管壁之间的液膜是往下流动的。

c. 块状流动结构。块状流动结构是由于气弹破裂而形成的，此时，气体块在液流中以混乱状态进行流动。

d. 带纤维的环状流动结构。在带纤维的环状流动结构中，管壁上液膜较厚且含有小气泡，被中心部分气核从液膜带走的液滴在气核内形成不规则的长纤维形状，这种流型常在高质量流速时出现。

e. 环状流动结构。在环状流动结构中，管壁上有一层液膜，管道中心部分为气核，在气核中带有因气流撕裂管壁液膜表面而形成的细小液滴。

② 垂直下降管中的气液两相流的流动结构

从图 6.40 所示的气液两相流在直管中垂直向下流动时的流动结构可以看出，气液两相作垂直下降流动时的细泡状流动结构和作垂直上升流动时的细泡状流动结构不同，前者细泡集中在管道核心部分而后者则散布于整个管道截面上。当液相流量不变而使气相流量增大，则细泡将聚集成气弹，形成具有下降弹状流动结构的气液两相流。垂直下降气液两相流也可形成下降流动的环状流动结构。当气相及液相流量小时，管壁上有一层向下流动的液膜，管道中心部分为向下流动的气核，这种流动结构称为带下降液膜的环状流动结构。如液相流量增大，气泡将进入液膜，形成带含泡下降液膜的环状流动结构。当气液两相流量都增大时会出现向下流动的块状流动结构。当气相流量继续增大，气液两相流可具有管壁上有下降液膜，管道中心部分为带液滴的下降气核的环状流动结构。这种环状流动结构和垂直上升气液两相流的环状结构相近，但流动方向相反。

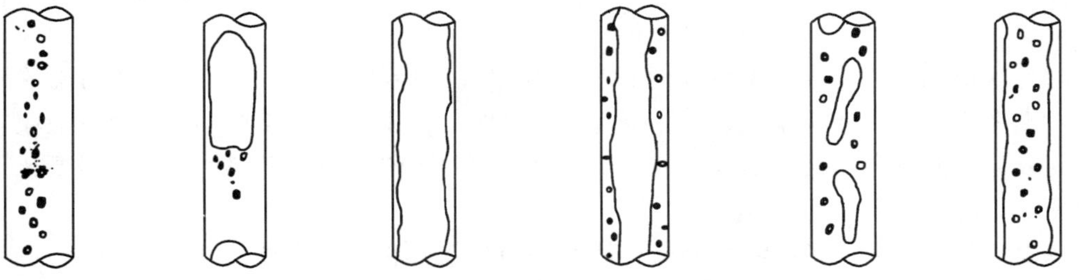

(a) 细胞状流动结构　(b) 弹状流动结构　(c) 带下降液膜的环状流动结构　(d) 带含泡下降液膜的环状流动结构　(e) 块状流动结构　(f) 环状流动结构

图 6.40　垂直下降气液两相流的流动结构

③ 水平管中的气液两相流的流动结构

气液两相流体在水平管中的流动结构比在垂直管中的更为复杂，其主要特点为所有流动结构都不是轴对称的，这主要是由于重力的影响使较重的液相偏向于沿管道下部流动造成的。

试验研究表明，气液两相流在水平管中流动时，其基本流动结构有下列六种：细泡状流动结构、柱塞状流动结构、分层流动结构、波状流动结构、弹状流动结构和环状流动结构。图 6.41 是这些流动结构的示意，由图可见，这些流动结构分别具有下列特点。

a. 细泡状流动结构。水平管中的细泡状流动结构和垂直管中的不同，由于重力的影响，细泡大都位于管道上部。

b. 柱塞状流动结构。当气相流量增加时，小气泡合并成气塞，形成柱塞状流动结构。柱塞倾向于沿管道上部流动。

c. 分层流动结构。当气液两相流量均小时会发生分层流动结构。此时气液两相之间存在一平滑分界面，气液两相分开流动。

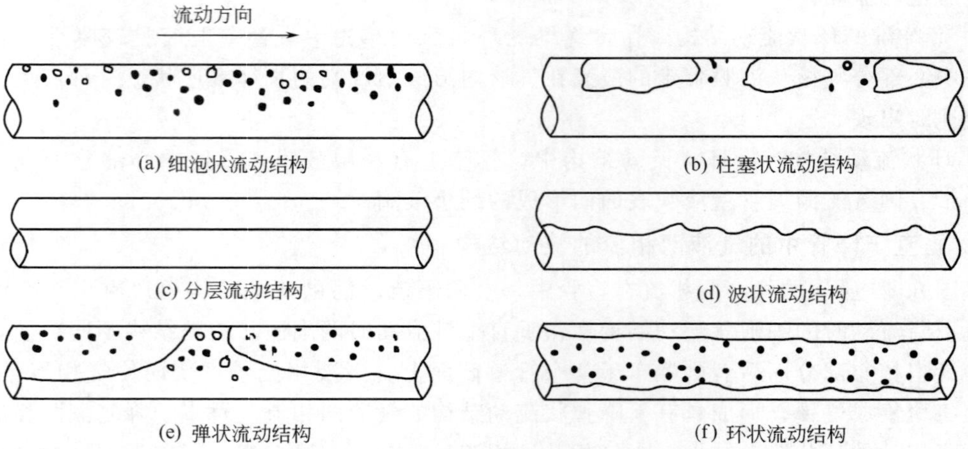

图 6.41 水平气液两相流的流动结构

d. 波状流动结构。当气相流量较大时，气液两相分界面上会出现流动波，形成波状流动结构。

e. 弹状流动结构。当气相流量再增大时，气液两相流的流动结构可以从波状转变为弹状流动结构。此时，气液分界面由于剧烈波动而在某些部位直接和管道上部接触，将位于管道上部的气相分隔为气弹形成弹状流动结构。在水平流动时，气液两相流的气弹都沿管道上部流动。

f. 环状流动结构。在水平流动时，气液两相流的环状流动结构出现于气相流量较高的工况。水平流动时的环状流动结构和垂直上升时的环状流动结构相近，管壁上有液膜，管道中心部分为带液滴的气核，但由于水平流动时重力的影响作用，下部管壁的液膜要比上部管壁的厚。

在油田常经分离设备将液气分离，然后分别测液相和气相流量。

(2) 气液两相流体的流量测量方法

从制造商提供的资料可看出，有几种仪表可用来测量离散相浓度不高的两相流体的流量，来自用户的报告也有一些成功应用的实例，但目前使用的流量计都是在单相流动状态下评定其测量性能，现在还没有以单相流标定的流量计用来测量两相流时系统变化的评定标准，因此这样的应用究竟带来多大的误差还不很清楚，仅有一些零星的数据和一些定性的分析。

① 电磁流量计

当液体中含有少量气体时，气体在液体中的分布呈微小气泡状，这时，电磁流量计仍能正常工作，只是所测得的为气液混合物的体积流量。当液体中所含气体数量增加后，气泡几何尺寸逐渐增大进而向弹状结构过渡。当气泡的尺寸等于和大于流量计电极端面尺寸并从电极处掠过时，电极就有可能被气体盖住使电路瞬时断开，出现输出晃动甚至不能正常工作。

② 科里奥利质量流量计

制造商通常声称含有百分之几体积比的游离气体的液体对科里奥利质量流量计正常测量影响不大，当被测液体中所含气泡小而均匀的情况下，例如冰淇淋和相似乳化液，可能是对的。然而，实验结果却并不乐观。据有关文献介绍意大利计量院对7种型号科里奥利质量流量计含气量影响试验表明：含气泡1%（体积比）时有些型号无明显影响，有些型号误差为1%～2%，而其中某一双管式型号则高达10%～15%；含气泡10%时，误差普遍增加到15%～20%，个别型号高达80%。由此可见，不同测量管结构、不同型号的科里奥利流量计受含气量影响差异很大，不能将一种型号的试验数据推广到其他型号[4]。

③ 超声流量计

多普勒法超声流量计，工作原理如5.2节所述，主要用于测量含有适量能给出强反射信号的颗粒或气泡的液体。此类仪表测量的仅仅是体积流量或测量管内的平均流速，如果要测量质量流量，还得增设流体密度计。

由于此类仪表检测的是不连续点（即气泡）的流速，由于流通截面中各点流速的不一致性，使得测量结果相对于管道内的平均流速之间存在不确定性，从而导致其测量性能较差。其不确定度一般只能达到（1%～10%）FS。重复性为（0.2%～1%）FS。

多普勒法超声流量计适用的气泡含量上限虽比传播时间法大得多，但也是有限的，尤其是管径较大时，气泡含量过高，超声信号衰减严重，以致不能测量。因此选用应谨慎，事先应向制造商咨询。

④ 相关流量计

应用相关法可以测量管道内流体的流速或体积流量。若要测量两相流体的质量流量，则还需增设密度计。

相关流量计工作原理如图6.42所示。设在测量管段取两个控制截面A及B，两者相隔一小段距离L，在管内两相流中，各相不可能混合得十分均匀，各相含量的分布在流动过程中是在变化的。由于所取的两控制截面之间距离很短，可以认为在该距离内流动时，两相流中各相含量的分布是不变的，如在管道截面A处布置一台探测器测定两相中一相的含量随时间的变化曲线$x(t)$，再在截面B处布置另一台探测器测定同一相的含量随时间的变化曲线$y(t)$，并将$x(t)$和$y(t)$示于图6.43中，则由图可见曲线$x(t)$的最高值和曲线$y(t)$最高值之间距离Δt应代表流体由A截面流到B截面所需的时间［在图6.43中，横坐标为时间，纵坐标$x(t)$和$y(t)$为被测一相的含量值］。测得流体流过距离为L这一管段长的时间Δt后，即可按下式计算两相流体的体积流量q_v。

$$q_v=\frac{KAL}{\Delta t} \tag{6.25}$$

式中 A——管道横截面面积；

K——考虑速度偏差的系数。

这一测量方法是利用两截面上测得的某相含量信号之间的相互关系而测定两相流速的，故称相关法。

应用相关法测量两相流量的优点是适应面广，既适用于气液两相流体，也适用于各种脏污流体、浆液、液固两相流，但价格昂贵，影响其推广应用。因此，现在仍处于实验阶段。

⑤ 先分离后测量

前面所述的四种方法用来测量气液两相流流量都不够完善，因为它们能够实现的测量同6.5.2小节所提出的测量要求还有很大差距。当然，有的测量对象如果只需知道气液混合物体积流量或质量流量，这些方法就可能投入实际应用。但若需进一步知道各相质量流量或气相流量质量含量，那就需另想办法。其中将气液两相先进行分离，然后，用测量单相流量的方法分别测量气液两相的质量流量（如果必要）。

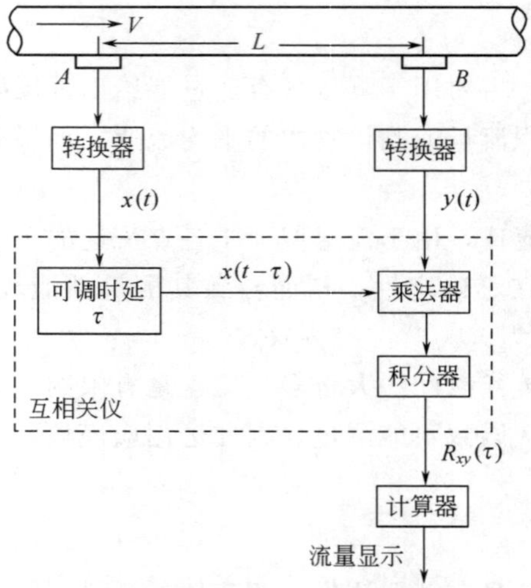

图 6.42　相关法流量测量原理

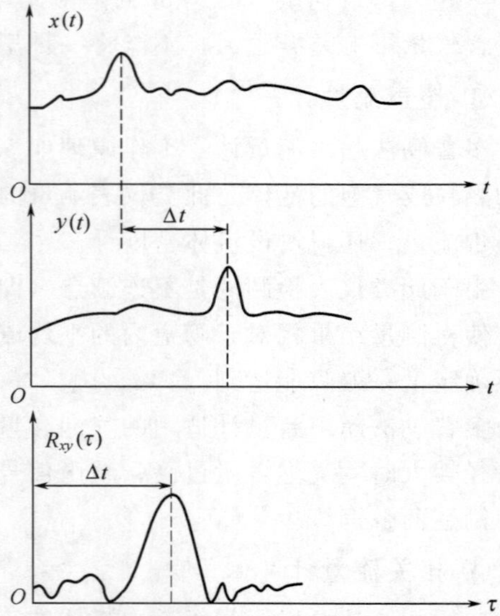

图 6.43　应用相关法测量流量的系统图

先分离后测量的方法在流量测量中应用得很普遍，气液分离所用的设备也因含气率的不同和气液两相物性的不同而有很大的差异，例如将气体收集器设置在流量计上游合适位置的水平管道的上方，将混在液体中的微量气体收集起来，定期排放掉，以免影响流量测量。再如将沉降器设置在流量计上游的水平管道底部，将气体中夹带的少量液体收集起来，定期排放。在高炉煤气流量的测量中，于流量计上游水平管道底部设置自动疏水装置，每小时都有很多冷凝水排入污水池。再如在原油输送中，于容积流量计上游设置消气器，能自动将液体中夹带的气体自动分离出来，然后自动排放掉，消气器的结构如图 6.44 所示。

上述这些方法简单而实用，但都有其局限性，只适合一些特定的对象，当液体中含气率较高或气体不允许排放时则不适用。

其实，将仅适用单相流的流量计与气液分离器配合用来测量气液两相流中的部分参数应用最多的是饱和蒸汽流量测量。饱和水蒸气经长距离输送，因热量损失而部分蒸汽变成凝结水，管道中流体变成汽液两相流，影响某些原理的流量计的正常工作。常用的做法是在流量计前装设一气液分离器，然后将液体经疏水器排放掉。经气液分离后的蒸汽可近似看作为单相流，从而用普通流量计进行测量。

⑥ 基于螺旋管分离器的多相流计量装置

该装置是为计量油气水多相流体而设计的[18]。其主体是螺旋管复合气液分离器，如图 6.45 所示。中部为螺旋分离腔，上部为集气腔，下部为集液腔。

气液混合物进入螺旋管流道内产生强烈旋流运动。通过离心作用使气体和液体进行分离。为了适应含气率和总体流量较小的工况，采用重力分离部分进行气液分离，从而缩小分离器体积，增强其适应能力，提高气液分离效果。

集气腔是空腔，近气体出口处设捕雾网。集液腔也是空腔，近液体出口处设防旋涡挡

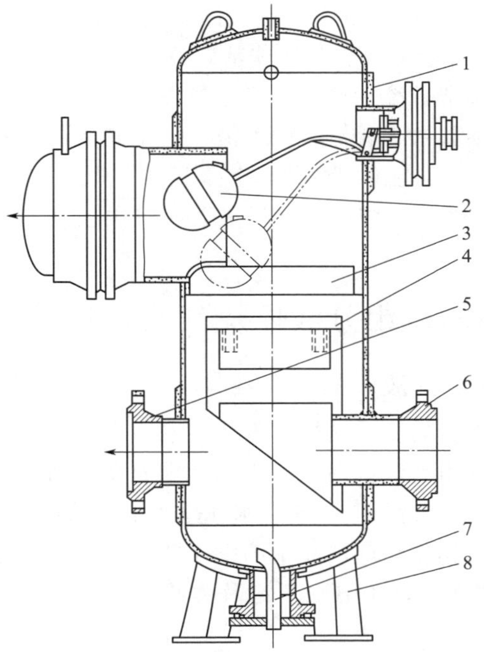

图 6.44 具有自动排气功能的消气器

1—壳体；2—浮球阀；3—挡板；4—中间筒；5—凹面对焊法兰；6—凸面对焊法兰；7—排污管；8—支座

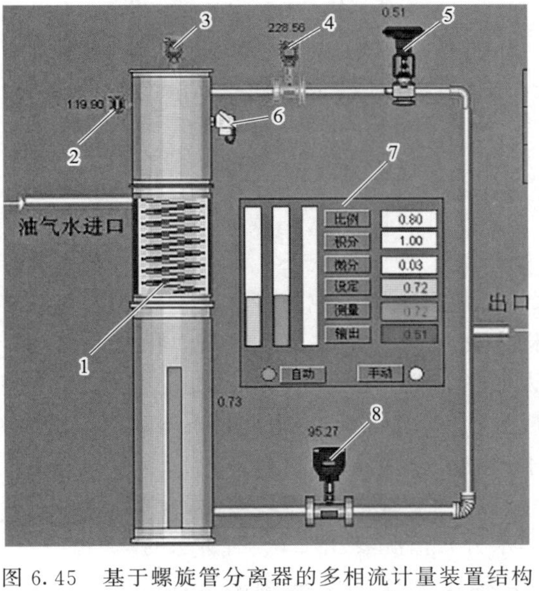

图 6.45 基于螺旋管分离器的多相流计量装置结构

1—分离器；2—压力变送器；3—液位计；4—气体质量流量计；
5—电动调节阀；6—温度变送器；7—控制器；8—涡轮流量计

板。螺旋分离腔由腔体和内置多圈螺旋管组成，在螺旋管道内上侧开孔，分离出的气体从开孔处排出进入集气腔。在螺旋管道外下侧开孔，分离出的液体从开孔处排出沿腔体壁进入集液腔。当流体含气量很少或总体流量较小时，流体在螺旋管内流速较低，离心加速度较小，主要依靠分离器集气腔和集液腔进行分离。

在图 6.45 中，上部的气体出口管上装有气体质量流量计 4（1.0 级），下部的液体出口管口装有涡轮流量计 8，经计量的气体和液体从装置出口流出。为了将集液腔内的液位控制在理想高度，配置了液位调节系统，调节手段是气体排出量。

测试表明，该装置对油气水三相流不同气液比、不同负荷，具有较强的适应能力。其中液体流量在 $20m^3/d$～$130m^3/d$ 范围内变化，含水量在 20%～85%范围内变化，气体流量在 $100m^3/d$～$500m^3/d$ 范围内变化，液流量计量最大相对误差 1.5%，气流量计量最大相对误差－2.1%[18]。

6.5.4 混合不均匀的双组分液体及其流量测量

(1) 混合不均匀的双组分液体的流动结构

混合不均匀的双组分液体的流动结构和气液两相流相近，但是，由于此时两相的黏性、密度以及两相分界面上的张力和气液两相流不同，因而在流动结构上也存在一定的差别。

图 6.46 所示由密度为 $851kg/m^3$ 的油和水在垂直上升管中混合流动时的各种流动结构。随着油流量的增大，油水两相流逐渐由图示的细泡状流动结构、弹状流动结构、块状流动结构转变为雾状流动结构。在图 6.46 中呈细泡及弹状结构的工质为油，在雾状流动结构中，雾滴的工质为水。

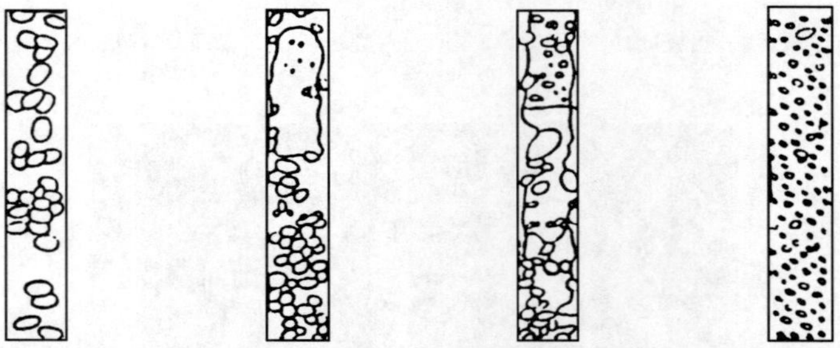

(a) 细泡状流动结构　(b) 弹状流动结构　(c) 块状流动结构　(d) 雾状流动结构

图 6.46 垂直上升油水混合物的流动结构

图 6.47 所示是油水混合液在水平管中的各种流动结构示意。当水流量较大而油流量较小时，油和水的流动结构为细泡位于管道上部的细泡状流动结构。当水流量和油流量均小时，油和水的流动结构为油在上面水在下面的分层流动结构。当水流量及油流量增大时，油水分界面发生波动，形成波状流动结构。当水流量再增大时，形成弹状流动结构。当水及油的流量均较大时，油和水形成混合状流动结构。

图 6.47 所示的流动结构是油水密度相差较多时的流动结构。当两种液体的密度相近时，混合物流动结构中的油和水分布情况要比图 6.47 所示的均匀。

(2) 混合不均匀的双组分液体的流量测量方法

从上面的流动结构分析可以看出，混合不均匀的双组分液体分层流动时，对流量测量影响较大，由于上层液体和下层液体之间黏度和密度存在差异，因此，流速也存在差异。于是对以流速测量为基础的流量计的测量带来误差。

从图 6.46 可看出，垂直上升管道中的此类混合物流动不存在分层流动的情况，而且在流速较高时，流体呈雾状结构，可将其近似看作均相流体，从而可用通用单相流量计进行测量。

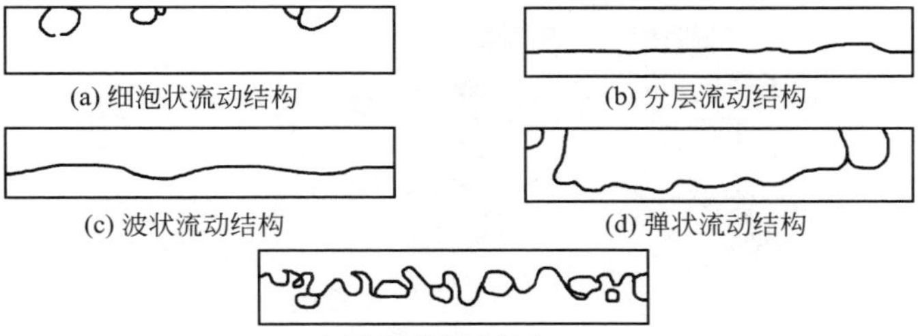

图 6.47　水平油水混合物的流动结构

6.5.5　液固两相流及其流量测量

(1) 液固两相流的流动结构

液固两相流的流动结构非常复杂，不仅受到液固两相密度、固相含量、流速变化以及管道形状和布置方式的影响，而且还受到固体颗粒尺寸的影响。它和气固两相流很相似，在表明垂直上升气固两相流流动结构的图 6.48 中，如将气体换成液体，即可变为液体流化床和液力输送固体颗粒的流动结构示意图。当然，在液固两相流中出现这些流动结构的具体工作参数上是和气固两相流不同的。

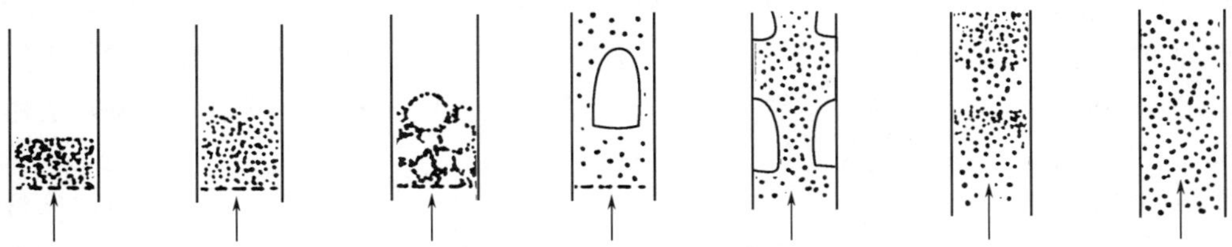

图 6.48　垂直上升气固两相流的流动结构

水平管道中的液固两相流的流动结构如图 6.49 所示。当流速低于临界流速时，固相会发生沉淀，当超过临界流速时，混合物可成为浮游流动[17]。

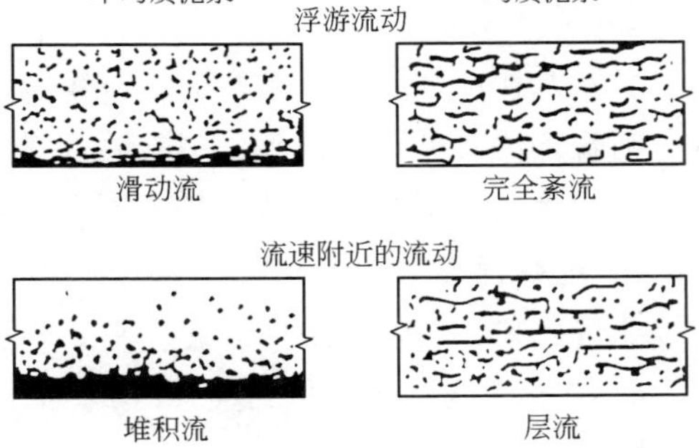

图 6.49　水平管内液固两相流体流动结构

(2) 液固两相流的流量测量方法

① 差压式流量计

差压式流量计用于测量各种浆状流体的流量，例如水煤浆、泥浆等已有几十年的历史。为了保证差压装置不沉积固相颗粒，一般都采用文丘里管。另外还需注意文丘里管喉部的磨蚀问题以及导压管被浆状物质堵塞问题。

图 6.50 所示为一个用于铝土矿浆流量测量的文丘里管，图中所示的文丘里管作水平布置，在喉部装有用耐磨材料制成的可更换的圆套筒 4。试验证明，当喉部不装设圆套筒，则由一般碳钢制成的喉部每月磨蚀 1mm[17]，装上防磨蚀圆套筒后，可使文丘里管的运行期延长好几倍。

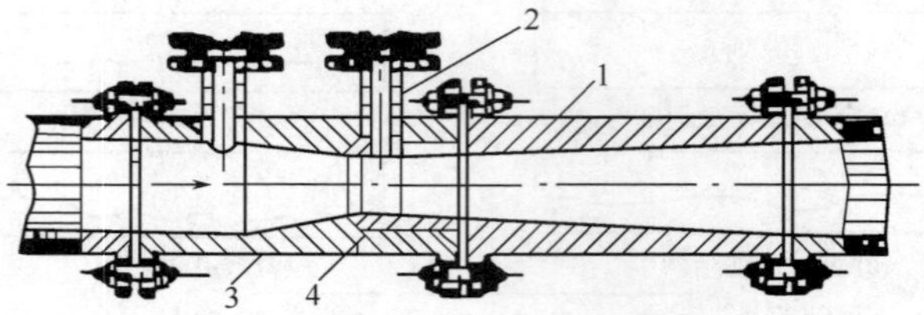

图 6.50 测矿浆流量的文丘里管结构

1—文丘利管段；2—连通管；3—文丘里管段；4—可更换耐磨套筒

另外，5.2 节中所述的楔形流量计也适用于测量液固两相流量，国内有一些应用经验[19]。采用带法兰膜片隔离的差压变送器和带吹洗液的取压管，能使取压管有效防堵。

楔形流量计实际使用中的困难是楔形节流件顶部的快速磨蚀，而且一经磨蚀就无法用文丘里管中更换套筒的方法恢复其准确度，只能整体更新，常用堆焊硬质合金的方法延长使用寿命。

对于应用差压法测量液固两相流量的研究工作进行得还不够，由于两相流中轻相的流速要比重相流速快，此两相之间的滑动现象引入了一定的误差，所以这样的应用比测量单相流量时误差大，不确定度一般可达 5%。

② 科里奥利质量流量计

科里奥利质量流量计测量含有少量固体颗粒的液体流量，具有较高的信赖度，测量渣油、重油可长时间可靠运行[19]，有的甚至用来测量熔融状态的沥青石墨糊流量[20]。但当固体含量增加和固体粒度较大时，就要考虑防堵问题，尤其是仪表口径较小时，最好选用单根直管型，并将其安装在垂直管道上。

液固两相流中的固体颗粒形状多种多样，硬度差异也很大，因此对流量计同流体接触的部分产生磨蚀作用，磨蚀速度不仅与固体颗粒外形及硬度有关还与流速有关，流速越高，磨蚀速度越快。将流量传感器安装在垂直管道上，可以防止管壁因磨损不均而缩短使用寿命。然而管壁厚度变薄会降低测量管刚度而导致误差增大。当然最严重的情况是测量管被磨穿。因此遇到这种情况时，应加强监测。

③ 超声流量计

5.2 节中的多普勒超声流量计同样适用于液固两相流量测量。如果采用夹装式流量传感器，则管道磨蚀问题和防堵问题全由工艺管道承担。若将传感器安装在水平管道上，由于重相靠管底流动可能会引入较大的测量误差，因此，应尽量安装在垂直管道上。

④ 电磁流量计

测量矿浆、煤浆、泥浆、纸浆等一类电导率较高的液体，电磁流量计具有独特的优越性。

a. 测量准确度高，可比差压式流量计高若干倍。

b. 测量结果与速度分布、流体压力、温度、密度、黏度、浓度、颗粒度等物理参数无关。

c. 采用非均匀磁场设计的传感器，使其输出与流体雷诺数无关，流场分布只要符合轴对称（层流或紊流）就不会影响测量结果。

d. 完全用不着考虑堵塞问题，因为选用与工艺管道等直径的流量传感器，不增加阻力。

e. 耐磨蚀问题，也强调将测量管安装在垂直管道上，不仅磨蚀一致，而且不易在流速低时会发生重相沉积现象。

为了对测量管内衬的磨损进行监视，文献［17］提出了内衬磨穿报警方法，在图 6.51

所示的测量管中，件号 5、6 为报警电极，当内衬被磨穿后，两电极之间经流体导通，从而发出警报。从现场运行实践看，内衬磨损在靠近测量管近法兰处最为严重，所以图 6.51 所示的测量管增设了耐磨性较强的保护环 7。

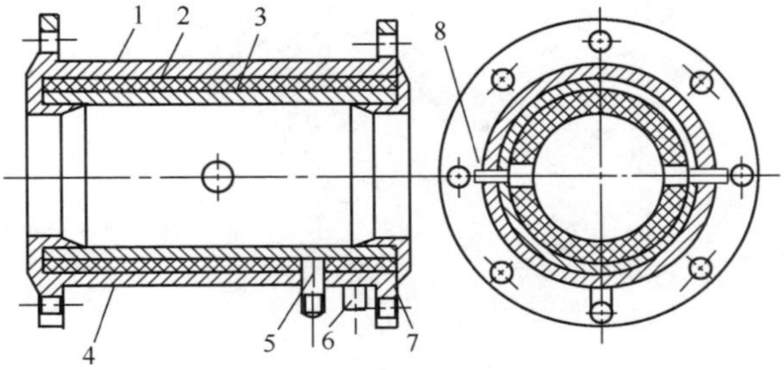

图 6.51 可换耐磨套筒式电磁流量计变送器

1—钢管；2—内衬管；3—耐磨套筒；4—板；5—报警装置接头；6—电极；7—环；8—电极端部

如何选择液固两相流仪表，可进一步查参考文献［21］。

近年来有关于声呐流量计的报道，其原理是传感带完全包裹外绑在工艺管道上，测量涡流通过传感阵列时的速度，即管道内的流体流速。用途是测量单相流以及浆料的体积流量，并给出液体的含气率。

流速测量范围：液体 1～10m/s；气体＞6m/s。夹带空气/气体范围：0～20％（体积比）。含气率测量精确度：5.0％读数值。更详细的信息尚待进一步调查。

参 考 文 献

[1] 川田裕朗，小宫勤一，山崎弘郎．流量测量手册［M］. 罗泰，王金玉，谢纪绩，等，译．中国计量出版社，1982.

[2] 路超，陈志成，王增根，等．内藏孔板和小孔板流量计的应用研究［J］. 化工与医药工程，2021（6）.

[3] 王增根，路超，陈志成，等．微小流量测量准确度的现场校准与验证［J］. 化工与医药工程，2022（4）.

[4] 蔡武昌，孙淮清，纪纲．流量测量方法和仪表的选用［M］. 北京：化学工业出版社，2001.

[5] JJG 711-1990 明渠堰槽流量计试行检定规程［S］. 1990.

[6] ISO 1438-2017 Hydrometry—open channel flow measurement using thin—plate weirs［S］. 2017.

[7] 张涛，徐苓安，赵子云，等．采用抗沾污电容传感器的明渠流量计［J］. 自动化仪表，1997. 18（8）：16-19.

[8] JB/T 6807-1993 插入式涡街流量传感器［S］. 1993.

[9] JJG 640-2016 差压式流量计检定规程［S］. 2016.

[10] 小著正伦．金属的腐蚀破坏与防腐蚀技术［M］. 袁宝林，过家驹，朱应扬，译．北京：化学工业出版社，1988.

[11] R. W. 米勒．流量测量工程手册［M］. 孙延祚，译．北京：机械工业出版社，1990.

[12] 石油化工自动控制设计手册编写组．石油化工自动控制设计手册［M］. 北京：化学工业出版社，1978：563.

[13] 左景伊，左禹．腐蚀数据与选材手册［M］. 北京：化学工业出版社，1995.

[14] 孙彦勋，梁国伟，盛健．流量计量与测试［M］. 2 版．北京：中国计量出版社，2003.

[15] 能源计量器具应用技术指南编委会．能源计量器具（流量）应用技术指南［M］. 北京：中国石化出版社，2007.

[16] 邵林，刘畅，纪波峰，等．耐强腐蚀弯管流量计的研发和应用研究［J］. 石油化工自动化，2023，59（2）.

[17] 林宗虎．气液固多相流测量［M］. 北京：中国计量出版社．1988.

[18] 薛国民．基于螺旋管分离器多相流计量装置研究．2008 全国能源计量优秀论文集［C］. 北京：中国计量出版社，2008.

[19] 曹王剑，杨建鄂．楔形流量计及其在我厂的应用［J］. 冶金自动化，1998（5）：52-54.

[20] 孙丹，胡福根．科里奥利质量流量计在高黏度液体流量测量中的应用［J］. 自动化仪表．1997，18（5）：20-21.

[21] 蔡武昌．液固两相流量测量方法和仪表选择［J］. 世界仪表与自动化 2001（6）：42-44，62.

第7章 热量和冷量的计量

7.1 蒸汽热量的计量

7.1.1 蒸汽质量计量与热量计量

以往蒸汽贸易结算，由于测量手段落后，国内外都沿用质量计量法。尽管人们对这种方法的合理性早有质疑，但由于质量流量测量相对较简单，而热量计量方法在模拟式仪表中实现较为困难，因而，质量计量法还是为人们所接受。

在计算机技术进入流量仪表之后，蒸汽热量计量和质量计量都变得简单了，于是人们实现热量计量的呼声就变成了具体行动。

水蒸气是使用最普遍的热载体。但是在其发生和输送过程中，状态变化难以避免，锅炉出口或减温减压站出口的蒸汽，温度和压力总是有一定幅度的变化，于是蒸汽的比焓（单位质量蒸汽所含的热量）相应变化。更严重的问题是蒸汽经过长距离输送后，由于沿途损失热量，蒸汽的品质下降，例如在减压站出口处，蒸汽的工况为 $p=0.9$MPaA、$t=280$℃，这时的比焓为 3012.0kJ/kg，而到末端用户处，工况就可能变成 $p=0.8$MPa 的饱和蒸汽，这时的比焓降为 2767.5kJ/kg。而且这种工况也不是固定不变的，随着季节的变化、天气的变化、用户负荷的变化等，管道中的蒸汽压力和温度总是在变化着的。采用质量计量法最吃亏的是末端用户。

质量计量方法对供方来说也并不总是合算的。因为供方对用户承诺的蒸汽品质指标不可能恰到好处。为了确保承诺的指标，供方总是要留有裕度，此裕度对供方来说就意味着利润的流失。

改用热量计量后，计量结果既包含了蒸汽的数量，也包含了蒸汽的品质，上述的几种不合理现象全被消除，因而体现了计量的公平和公正。

7.1.2 蒸汽热量的计量方法[1]

蒸汽热量计量是建立在蒸汽质量计量基础上的，它们之间的基本关系是蒸汽质量与单位质量的蒸汽所包含的热量的乘积即为热流量。但是，随着工艺流程的差异和参考点不同，热流量计算的表达式也就不一样。

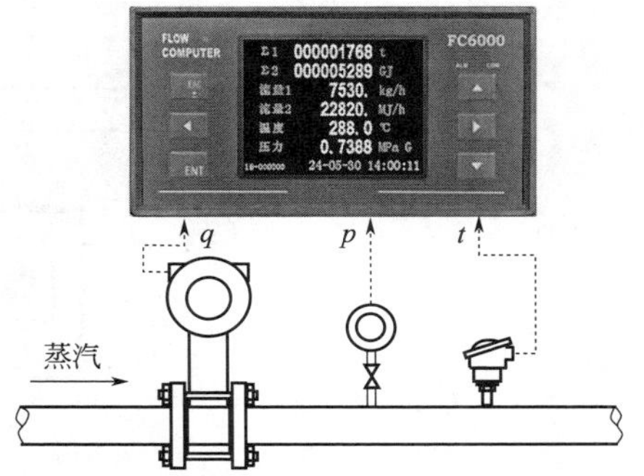

图 7.1 凝结水不返回的蒸汽热量计量

q—流量信号；p—压力信号；t—温度信号

(1) 凝结水不返回的特殊用户

对于凝结水不返回的特殊用户，其系统图如图 7.1 所示，其热量定义为以 $t=0.01$℃水的焓为参考点的实际使用条件下的蒸汽焓值。其表达式为

$$\Phi=q_m h \tag{7.1}$$

式中 Φ——热流量，kJ/h；

q_m——质量流量，kg/h；

h——蒸汽的质量焓，kJ/kg。

$$h=f(p,t)$$

式中 p——蒸汽压力，MPa；

t——蒸汽温度，℃。

热量表（或流量演算器、计算机等）按照测量得到的蒸汽压力、温度，查存储在仪表内的蒸汽表格（蒸汽性质表），得到蒸汽密度和比焓，进而计算 q_m 和 Φ。

该计量方法也可用来对蒸汽发生器输出热量进行计量。

由于该计量方法以 $t=0.01$℃时水的焓为参考点，用户难免提出异议，因为动力厂原料水（冷水）中所含的热量也视同蒸汽中所含热量作价卖出，似有不合理之处。若冬季水温以10℃计，夏季水温以25℃计，低压蒸汽比焓以2.8MJ/kg计，则冷水中的热量与蒸汽中总热量之比在冬季约为1.4%，在夏季约为3.6%。解决这一问题的合理方法是供用双方协商一个双方都能接受的协议参考点，对表计计量结果进行适当处理，作为结算热量。

(2) 蒸汽净热量计量

蒸汽净热量计量适用于凝结水全额返回的用户，其系统如图 7.2 所示。其表达式为

$$\Phi=q_m(h_s-h_w) \tag{7.2}$$

式中 h_s——蒸汽质量焓，kJ/kg；

$$h_s=f(p,t)$$

h_w——凝结水质量焓，kJ/kg。

$$h_w=f(p,t)$$

为了简化起见，凝结水温度假设与热交换器上游测量到的压力所对应的饱和蒸汽温度相等。

这一方法既适用于过热蒸汽又适用于饱和蒸汽。

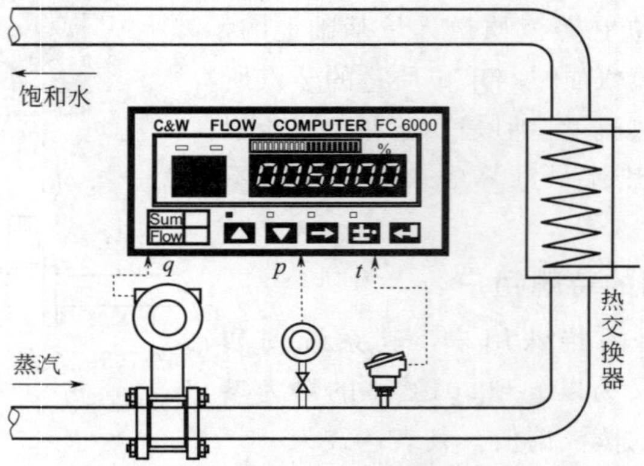

图 7.2 蒸汽净热量计量系统

(3) 热量差计量方法

热量差计量方法也适用于凝结水全部返回的用户，其系统如图 7.3 所示。其测量原理是饱和蒸汽提供的热量扣除凝结水中残存的热量，即为热交换器从蒸汽抽取的热量。其表达式为

$$\Phi = q_m (h_s - h_w) \tag{7.3}$$

式中 h_s——饱和蒸汽质量焓，kJ/kg；

h_w——凝结水质量焓，kJ/kg。

$$h_w = f(t)$$

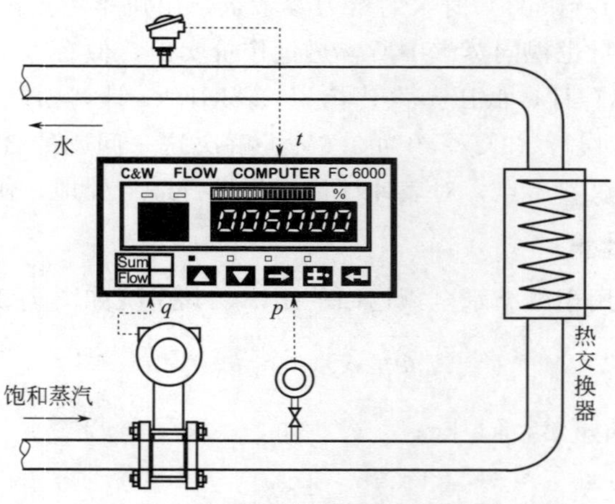

图 7.3 热量差计量方法系统

这一方法仅适用于饱和蒸汽是因为目前商品化的定型的流量（热量）显示表通常只有三个模拟输入通道，如果用于过热蒸汽，就必须增加一个输入通道用于过热蒸汽温度信号的输入。实现的方法可用计算机，也可向仪表制造厂特殊订购。

7.2 热水热量的计量

在采暖供热系统中，热水是使用最广的载热液体。由于用途的差异和设计的不同，供水温度常用的有 60℃、90℃和 130℃等几个等级。水的品种有淡水和地热水，其中地热水温度不能自主决定，但也要在 60℃以上才有使用价值。

由于供热量的规模大小不等，测量系统的设计和仪表的选型差异也很大。其中，动力厂有时用双流量计系统，终端用户一般采用单流量计系统。

7.2.1 双流量计系统

双流量计系统如图 7.4 所示，其测量原理是分别计算供水热量和回水热量，差值即为测量结果。其表达式为

$$\Phi=q_{mi}h_{i}-q_{mo}h_{o} \tag{7.4}$$

$$h_{i}=f(t_{i},p_{i})$$

$$h_{o}=f(t_{o},p_{o})$$

式中 q_{mi}——供水质量流量，kg/h；

h_{i}——供水质量焓，kJ/kg；

t_{i}——供水温度，℃；

q_{mo}——回水质量流量，kg/h；

h_{o}——回水质量焓，kJ/kg；

t_{o}——回水温度，℃；

p_{i}——供水压力，MPa；

p_{o}——回水压力，MPa。

水质量焓与温度及压力的关系见本书附录 C。

在这个系统中，用两台流量计分别测量供回水流量是为了监视热水损失情况。因为在寒冷地区，一个采暖季节覆盖的时间长，热水除了采暖之用外，在生活其他方面也有广泛的用途，因此，回水的损失很严重。如果不对其进行计量和管理，不仅损失了大量热量而且损失了淡水。

在式(7.4) 中，p_{i} 和 p_{o} 可以由测量得到，热量表为 6 个输入通道。这时，由仪表自动查表得到 h_{i} 和 h_{o}，然后计算 ϕ。也可以手动设定，然后由仪表采用查表和计算的方法得到。

在图 7.4 所示的系统中，如果流量计输出的信号代表的是体积流量，还必须用式(7.5)和式(7.6) 计算质量流量。

$$q_{mi}=q_{vi}\rho_{i} \tag{7.5}$$

$$\rho_{i}=f(t_{i},p_{i})$$

$$q_{mo}=q_{vo}\rho_{o} \tag{7.6}$$

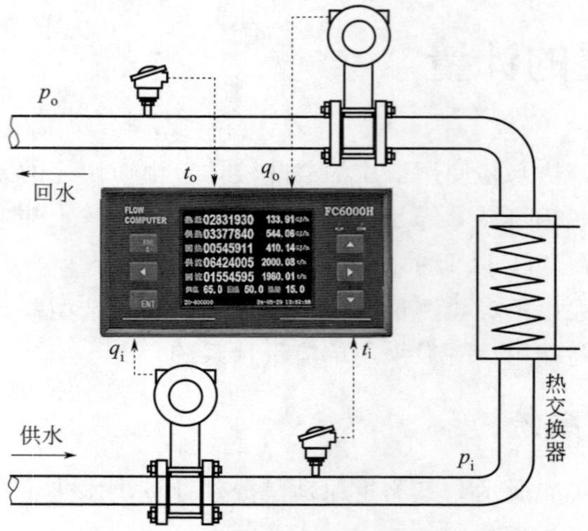

图 7.4 双流量计热量计量系统

$$\rho_o = f(t_o, p_o)$$

式中 q_{vi}——供水体积流量，m^3/h；

ρ_i——供水流体密度，kg/m^3；

q_{vo}——回水体积流量，m^3/h；

ρ_o——回水流体密度，kg/m^3。

其余符号的意义同式(7.4)。

水密度与温度及压力的关系见本书附录 C。

这种系统适用于大用户。由于一个计量点需装两台流量计，因此投资比单流量计系统明显增大。

7.2.2 无人值守供热站与六通道热量计量系统

(1) 为什么要六个通道

六通道热量计量系统在现场使用得很多，因为它除了满足用户的热量计量需求之外，还满足了用户的其他需求：

a. 对系统的失水进行监视；

b. 对系统的供回水压力进行监视；

c. 用实测压力（与相应的温度一起）去查焓值表更合理。

现在有很多换热站已实现无人值守，只在集控室才有人操作。供回水温度、压力、流量是一个换热站的关键参数，这些参数连同热量计量结果借助六通道智能热量表的数字通信口，经传输网远传至数据采集系统，就可方便地送到集控室的计算机内，既简单又方便。

(2) 两台流量计示值为何不平衡

六通道热量计量系统图如图 7.5 所示，图中热交换器到流量计的距离可能只有几十米，也可能长达几千米，管路越长，情况越复杂。运行人员最关心的是供回水流量的平衡，热水外泄和管道内不凝气聚集，都会使供回水流量出现较大差值。其中，系统压力变化引起动态不平衡最常见。当系统压力升高时，管内气体体积缩小，引起供水流量示值大大高于回水流量。当系统压力降低时，管内气体体积增大，引起供水流量示值低于回水流量，因此，两台流量计示值出现较大差异，并不一定是流量计出问题。

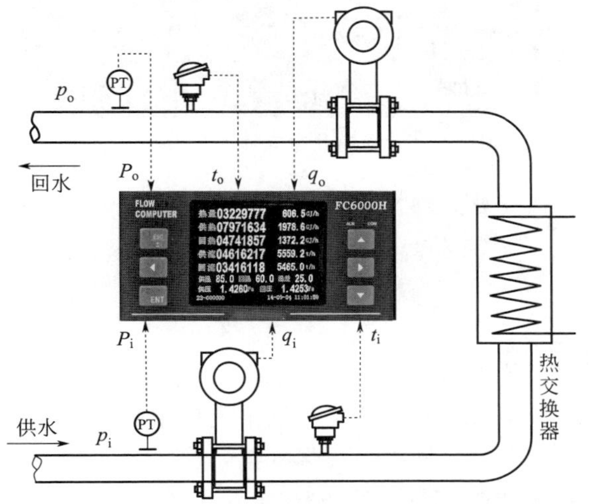

图 7.5　六通道热量计量系统

供回水管道内和热交换器的角落处积气，还会使管道阻力增大，以致循环流量升不到应有值。

管道内的气体主要来自三个方面：

一是系统启动时未将管内空气排尽。有的管内根本就未设排气阀，以致气体在高处聚集而不能被水流带走。

二是每时每刻的系统补水，带入气体。因为补入的水是冷水，水中溶解有较多的空气。进入系统后，冷水变成热水，溶解在水中的空气部分释放，日积月累，占据管道的流通截面。

三是设备检修时，空气进入管道，设备修毕重新启用，空气进入管网。

所以在管网设计时，应在相关的高点增设排气阀，并定期检查和排气。

式(7.4) 所示的表达式是基于系统的稳态，即供回水流量、温度和压力长时间稳定在某一数值，如果某一参数有较大变化，将会出现动态误差，例如供水温度突然降低，将会使供水热量陡降，甚至会使供热量为负值，因此在二次表设计时，应设计好处理程序。

从原理分析，动态误差并不影响稳态计量结果，而收费是按照稳态计量结果结算的，因此，这个关系应与交接双方讲清楚。图 7.6 所示为典型六通道热量表主数据显示画面。

(3) 供回水流量出现量差怎么办

供回水两套流量计计量结果存在量差是难免的，尤其是在供热网启动和管道内排气未尽时。但是在稳定供热后，供回水流量的稳态值不应有大的差值。按照质量守恒定律，回水流量应与供水流量相等，但因管网会有漏损，回水流量会比供水流量略小。供热公司的经验是漏损率在供水流量的 2%左右。如果回水流量示值比供水流量显示值低得太多或者回水流量显示值大于供水流量显示值，就要进行具体分析。计入漏损率之后，供回水流量计量差值不

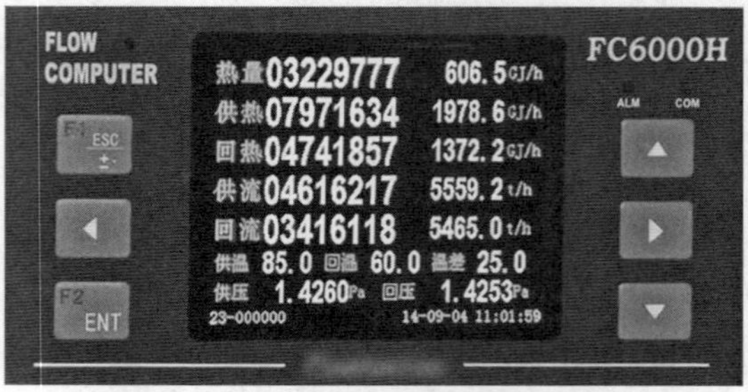

图 7.6 六通道热量表主数据显示画面

应大于两套流量计最大允许误差之和。如果超过，除了检查仪表本身是否存在问题之外，还要检查仪表安装是否合规，尤其是直管段长度是否满足要求。漏损严重会使回水流量显著减小。

7.2.3 单流量计系统

单流量计热量计量系统是假定回水流量与供水流量相等，然后计算其热流量。或者在此基础上再以供用双方协议的方式对回水损失作补偿。

单流量计热量计量系统的热流量计算方法有两种，一种是基于载热液体的质量流量测量，另一种是基于载热液体的体积流量测量。

(1) 基于质量流量的计算公式

基于质量流量的计算公式，其系统图如图 7.7 所示。

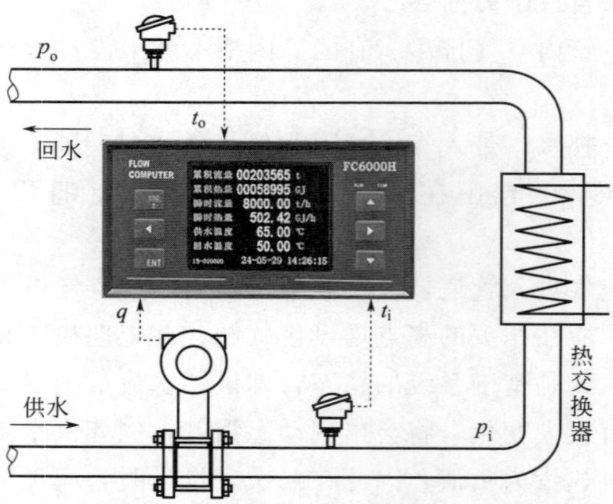

图 7.7 基于质量流量的热量计量系统

$$\Phi = q_m (h_i - h_o) \tag{7.7}$$

式中 q_m——热水质量流量，kg/h；

其余符号意义同式(7.4) 和式(7.5)。

其中，流量计位置既可在热交换器进口处，也可在出口处。

这种测量方法是对图 7.4 所示的系统的简化，可显著节省投资，在大多数场合得到应用。

(2) 基于体积流量的计算公式

基于体积流量的计算公式，其系统如图7.8所示。其中，流量计位置应在热交换回路的出口处，否则应进行密度修正[2-4]。

$$\Phi = k\Delta t q_v \tag{7.8}$$

式中 q_v——载热液体流过的体积流量，m^3/h；

Δt——热交换回路中载热液体入口处和出口处的温差，℃；

k——热系数，它是载热液体相应进口温度、出口温度和压力的函数，kW·h/（m^3·摄氏度）。

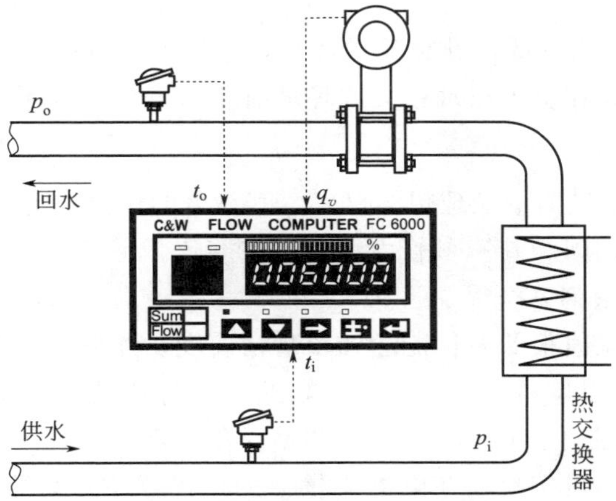

图7.8 基于体积流量的热量计量系统

7.2.4 仪表选型

(1) 热水流量测量仪表

① 热水流量测量的特点

a. 被测流体温度不很高。当流量计安装在热交换器液体入口处时，流体温度一般不高于140℃，安装在热交换器液体出口处时，流体温度更低。

b. 被测流体压力也不很高。在楼宇供热系统中，为了将热水送到最高层，有时压力高一些。在地面管网供热系统中，压力最高也就是1MPa多一些。

c. 管径大小不等。最小的用户，管径仅为DN20～DN40，而大口径流量计有时达1m以上。

d. 洁净程度较好。热水虽不如自来水那样洁净，但水中的固形物和它的黏度对一般流量计不会带来大的影响。

e. 腐蚀性。淡水对流量测量仪表没有腐蚀，但地热水有一定程度腐蚀，因为它含有氯离子等，能将普通不锈钢材料腐蚀，流体温度越高，腐蚀越严重。

f. 对可调比的要求不很高。动力厂（站）输送热水的泵一般大小结合，供热量最大时，一般开数台大泵，供热量最小时，一般只开一台小泵，最大流量与最小流量之比约为5～10。单个用户热量计量用流量计，在采暖季节流量测量可调比达10倍已能满足需要，但在热水阀关断后，流量示值应为 0。

② 孔板流量计

在动力厂（站）的大口径管道上，孔板仍用来测量供水流量和回水流量，主要是取其下列优点：

a. 孔板本身可靠性高。不会因孔板原因而中断供热。

b. 检定方便。孔板只需用几何法检定，而无需像有些流量传感器、变送器那样，必须送检定中心在标准装置上实流校准。

c. 口径较大时，投资相对较省。

它最大的不足是压损较大，因而不利于节省动力。

③ 涡街流量计

涡街流量计的压力损失一般比孔板流量计小，精确度和可调比都较孔板流量计为优，但是其口径一般≤400mm，在管道振动较大或环境有明显振动的场所，不宜选用。

④ 电磁流量计

电磁流量计是热水流量测量最理想的仪表。其显著的优势如下：

a. 压损可忽略不计，因为其测量管内径与管道一致。

b. 口径从小到大，系列齐全。

c. 测量精确度高，流速很低时仍能达到较高精确度，详见本书 5.1 节。

d. 温度等级能满足测量需要。其中 120℃的耐温等级能满足大多数对象的测量需要，180℃的耐温等级能满足流体温度高于 120℃测量对象的需要。

e. 压力等级能满足测量需要，在电磁流量计的产品样本中，定型的大口径电磁流量计的压力等级有的只能达到 0.6～1MPa，但可作为特殊订货，满足压力较高的使用对象的要求。

f. 有耐腐蚀的系列产品。地热热水由于产地不同，所具有的腐蚀性也不同。对于含氯离子的地热热水，电磁流量计配以聚四氟乙烯内衬和钛电极就已能满足需要。

g. 对管道及环境的振动适应性强。

h. 能测量脉动频率不高的脉动流，详见本书第 9 章。

⑤ 旋转式流量计

旋转式流量计的优点是结构简单，常与热量表结为一体，使用方便，价格低廉，适合一般家用和非连续运行的对象。

⑥ 超声流量计

超声流量计在热水流量测量中的成熟应用已有多年的历史，发展速度很快。夹装式超声流量计尤其适合一年四季无停车机会的测量对象。

(2) 温度传感器的选型

用于供回水温度测量的传感器通常选铂热电阻，因为其稳定性好，精确度较高。具体选用时应注意如下方面：

a. 尽量选用 A 级精确度。在 130℃时的误差限为±0.41℃。

b. 一个热量计量点所用的供回水温度传感器应配对。所谓配对就是在为数众多的可供选择的一批铂热电阻成品中，分别测出 0℃阻值及 100℃阻值，然后选 0℃阻值和 100℃阻值都最接近的两支为一对，然后做好标记，配对使用。温度传感器配对比传感器的精确度本身更重要。这是因为温度传感器的误差总是难免，但是在热水热量计量系统中，如果一个热量计量点中的温度测量虽然有误差，但供水温度误差与回水温度误差大小相等且方向相同，就不会对热量计量带来误差。

(3) 对热能表的要求

① 对热能表的精确度要求

国家标准 GB/T 32224—2020 热量表，对热能表的准确度等级及最大允许误差 E 做了规定，按总量检定时，准确度等级及最大允许相对误差 E 列在表 7.1 中。按分量检定时，准确度等级及最大允许相对误差 E 列在表 7.2 中[5]。

表 7.1　准确度等级及最大允许相对误差 E（按总量检定）

1 级	2 级	3 级
$E=\pm\left(2+4\dfrac{\Delta t_{\min}}{\Delta t}+0.01\dfrac{q_p}{q}\right)\%$	$E=\pm\left(3+4\dfrac{\Delta t_{\min}}{\Delta t}+0.02\dfrac{q_p}{q}\right)\%$	$E=\pm\left(4+4\dfrac{\Delta t_{\min}}{\Delta t}+0.05\dfrac{q_p}{q}\right)\%$

注：1. 对 1 级表 $q_p \geqslant 100m^3/h$；
2. q_p 为常用流量；
3. $\Delta t_{\min}$ 为最小温差；
4. q 为流量；
5. E_q 为流量传感器误差限；
6. Δt 为温差。

表 7.2　准确度等级及最大允许相对误差 E（按分量检定）

等级	流量传感器误差限 E_q	配对温度传感器误差限 E_0	计算器误差限 E_G
1 级	$\pm\left(1+0.01\dfrac{q_p}{q}\right)\%$ 且 $\leqslant\pm3.5\%$	配对温度传感器的温差的最大允许误差为 $\pm\left(0.5+3\dfrac{\Delta t_{\min}}{\Delta t}\right)\%$ 单支温度传感器温度的偏差与 IEC 60751—2008 标准值之差不大于 2℃	$\pm\left(0.5+\dfrac{\Delta t_{\min}}{\Delta t}\right)\%$
2 级	$\pm\left(2+0.02\dfrac{q_p}{q}\right)\%$ 且 $\leqslant\pm5\%$		
3 级	$\pm\left(3+0.05\dfrac{q_p}{q}\right)\%$ 且 $\leqslant\pm5\%$		

注：对 1 级表 $q_p \geqslant 100m^3/h$。

从表 7.1 和表 7.2 中可以看出，在相对温差较小和相对流量较小时，都放宽了对相对误差的要求，这是合理的。

② 对示值分辨力的要求

热量表示值显示应有适当的分辨力，分辨力太低固然不好，但分辨力太高，导致显示值末位频繁跳动也不受使用者欢迎。对于带有热流量显示的热量表，分辨力值为误差限的 1/3～1/20 是适宜的。近年生产的热量表基本已实现可编程，这样，只需在程序中留出一个“计量单位换算系数”的窗口，并填入适当的数值就能得到合适的分辨力值。

7.2.5　热水质量流量的计算

(1) 孔板流量计的质量流量计算

用于计量热水的孔板流量计，其计量单位一般已经按质量流量设计，但是流体温度偏离设计温度时必须进行密度补偿，才能得到预期的准确度。此项补偿可在热量表中进行，因为

流量信号和流体温度信号均已引入热量表，只需指定补偿所依据的自变量，仪表运行后即可自动进行补偿。补偿公式为

$$q_m=\sqrt{\rho_f/\rho_d}\,q_{md} \tag{7.9}$$

式中 q_m——补偿后水的质量流量；

q_{md}——未经补偿的质量流量；

ρ_f——当前流体密度，kg/m^3（由温度 t 查表得）；

ρ_d——设计状态流体密度 kg/m^3（由温度 t_d 查表得）。

其中流体温度 t 应根据流量计安装位置决定，若流量计安装在热交换回路入口处，则指定 $t=t_i$，若流量计安装在热交换回路出口处，则指定 $t=t_o$。t_d 则由差压装置设计计算书提供。

(2) 速度式流量计质量流量计算

速度式流量计如电磁流量计、涡街流量计、涡轮流量计、超声流量计等，其输出信号同流过的体积流量成正比，此信号经热量表计算得到体积流量，然后乘流量计安装处的热水密度，即得质量流量。其表达式为

$$q_m=q_v\rho$$
$$\rho=f(t)$$

若流量计安装在热交换回路入口处，则 $t=t_i$，若流量计安装在热交换回路的出口处，则 $t=t_0$。

计算质量流量并进而计算热流量及热能的任务均由热量表来完成。

7.3 冷冻水的冷量计量

随着大型楼宇和现代化建筑物的增多，供冷系统获得了高速发展。工业及其他行业对冷量的需求也促进了集中供冷事业的发展。集中供冷就是动力厂（站）用冷媒体（一般为淡水和盐水）将冷冻机所制冷量供给用户，为了对制冷设备的运行进行管理和核算，对用户所耗冷量进行结算，需要对有关节点进行冷量计量。

冷冻水冷量计量就其方法来说，同热水的热量计量相同，所供冷量可以看作是负的热量。只是由于流体温度低，导致具体做法上出现一些差异。

7.3.1 淡水冷冻水的冷量计量

空调用的冷冻水，水温等级一般为 5～6℃，冷媒体为淡水。低于 5℃的供冷，则用盐水或其他冷媒体。

淡水冷冻水的冷量计量方法多采用如图 7.9 所示的基于质量流量的方法，它同图 7.5 无实质性差别。暂时还不能采用基于体积流量的方法是因为热系数表中流体温度尚未覆盖冷冻水温度。

冷冻水冷量计的特点是水温低和温差小。为了解决这两个问题，就必须采取相应措施。

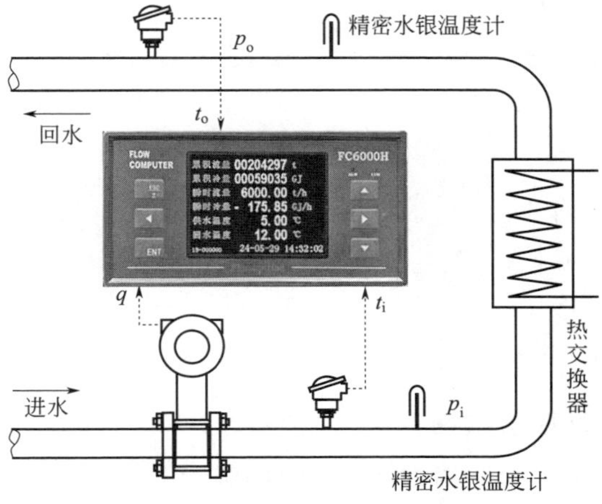

图 7.9　淡水冷冻水冷量计量系统

(1) 冷冻水测温问题

空调用冷冻水的供回水温差大多数设计为 5～6℃，但是在季节更替或调节不当时，温差小于 3℃，这就对温度测量的准确度提出了极其高的要求，这时温度测量结果如果引起温差出现 0.2℃的误差，就将导致冷量测量误差大于 6.6%R，这是很可观的数字。而 0.2℃误差又是很容易产生的。因为温差测量不仅包含两个温度传感器，而且包含热量表（冷量表）的两个温度输入通道。为了提高温差测量精确度，下面的几个实用方法可供采用。

a. 选用高精确度温度传感器。如 A 级铂热电阻，名义精确度可达±0.2%。

b. 一个计量点的供回水温度采用配对温度传感器。

c. 将热量表（冷量表）的测温分辨率提高到 0.01～0.02℃。

d. 在热量表（冷量表）内分别设置供水温度和回水温度误差校正（也称传感器校正 SC）功能，以便在配校出现误差时，予以校正。

e. 将热量表（冷量表）同供水温度传感器及回水温度传感器一起配套校正。

f. 在供回水温度传感器安装点附近的管道上各开一个深度足够、管径合适的校验口，插入同一根标准水银温度计，以便对温度示值进行核查，以避免仪表安装环节及其他环节引入大的误差。

(2) 质量焓与压力的关系

淡水的质量焓是温度的函数，同时又受水压的影响，附录 C 列出了两个不同压力条件下质量焓值随水温变化的表格。对于流量值较大的测量对象，不应忽略压力的影响。

7.3.2　盐水冷冻水的冷量计量

盐水冷冻水的冷量计量与淡水冷冻水的冷量计量方法大致相同，其系统图与图 7.7 相同。但是由于盐水的几个特点，也带来了几个不同点。

(1) 盐水的密度同含盐量有关

由于盐水的温度等级有异，所以含盐量不同，这导致其密度也不相同。因此，在从盐水体积流量计算质量流量的过程中，应留一个窗口，填写参考温度条件下的盐水密度。

(2) 采用比热容方法计算热流量

如果无法获得不同条件下质量焓表（如工艺专业提供不出不同含盐量盐水的质量焓表），无法采用式(7.7) 计算冷量，只能采用平均比热容的方法计算冷量。其表达式为

$$\Phi=\Delta tcq_m \tag{7.10}$$

式中 Φ——热流量，kJ/h；

Δt——供回水温差，℃；

c——冷媒体平均比热容，kJ/(kg・℃)；

q_m——质量流量，kg/h。

(3) 仪表选型应能耐盐水腐蚀

因为盐水对不锈钢等材质都有腐蚀性，所以测温套管及流量计与盐水接触的部分都应能耐盐水腐蚀。

(4) 仪表选型应注意耐更低的温度

例如选用电磁流量计测量流量时，应考虑零下若干度的流体，不致引起励磁线圈受潮导致仪表损坏。

7.3.3 冷冻水冷量计量的仪表选型

(1) 铂热电阻的选型

① 防止铂热电阻套管中生成冷凝水的设计

由于热电阻套管中气体与大气之间的呼吸作用，在夏季大气中水蒸气含量高，被吸入套管冷凝成水，若选用装配式铂热电阻，久而久之铂金电阻丝及其引出线极易被水淹没，引起故障。为了避免此类问题的发生，必须选用铠装铂热电阻，其接线盒结构如图 7.10 所示。由于铠装铂热电阻的套管中空间被烧结成型的氧化镁粉填满，套管的口上一段管内又有环氧树脂封填，将套管内的残存的气体同管外完全隔绝。从而杜绝了水的侵入。

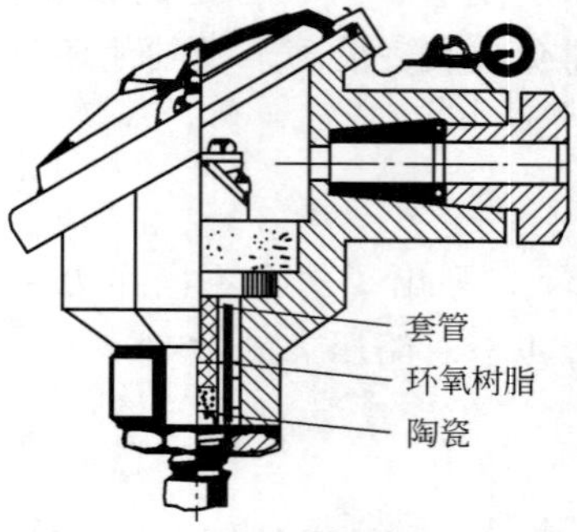

图 7.10 铠装铂热电阻接线盒结构

② 接线盒内接线端子的防潮问题

由于冷冻水温度可能比环境温度低 20～40℃，接线盒如果太靠近冷冻水管，由于热传导影响可能使接线盒温度大大低于环境温度，引起接线端子之间结露，导致绝缘性能下降甚至短路，造成温度示值偏低。为了避免这个问题的发生，接线盒至少应离开保温层 100mm。使接线盒温度与环境温度接近。

③ 减少测温套管热传导引起的测温误差

由于冷冻水冷量计量中对测温精确度要求特别高，所以应考虑测温套管热传导引起的测温偏高（假定环境温度高于冷冻水温度）现象。应选用铠装铂热电阻，由于其套管细，管壁薄，热传导所引起的测量误差可忽略不计。

④ 温度传感器和校验口安装位置的选定

安装在冷冻水管道上的温度传感器和校验口，安装位置选在管道的上方和侧面，都不影

响测量精确度。但从使用和维修角度考虑，校验口如果安装在管道上方，容易因固形物落入套管内而影响使用，而且套管内积累的冷凝水在温度低于0℃时要结冰，影响使用。所以，建议将校验口安装在管道侧面。温度传感器也是如此，在温度低于0℃的盐水管道上，应将测温套管安装在盐水管道的侧面。

⑤ 管外贴装的铂热电阻

有一些测量对象一年四季没有机会停车，无法在管道上开口装表，只能用管外贴装铂热电阻的测温方法。所贴铂热电阻必须有防水防潮性能，因为冷冻水管外壁上总是湿漉漉的。热电阻与管壁之间应有良好的热传导，热电阻贴装处及周围区域应强化绝热保温，经这样的处理后，铂热电阻测到的温度比管内水温偏高的数值被限制在0.1～0.2℃以内是完全可能的。

(2) 流量计的选型

① 电磁流量计

在冷冻水的流量测量中，电磁流量计有明显的优势，7.2.4小节中所述的电磁流量计的优点，在冷冻水流量测量中也都能显露出来，其中耐腐蚀问题，对于盐水冷冻水尤为重要。在高楼大厦中，有的空调水压力较高，这时可与仪表制造厂协商，特殊制造耐压能满足要求的电磁流量计。在具体设计时尚有下列问题需要考虑。

a. 测量管内衬的选择。如果冷冻水是淡水，则选用橡胶内衬，价格较低。如果冷冻水为盐水，则须选聚四氟乙烯内衬。如果既测淡水冷冻水又测盐水，则必须选聚四氟乙烯内衬。

b. 电磁流量计测量管励磁线圈防潮问题。电磁流量传感器中的励磁线圈密封在壳体内的方法常用的有两种：一种是用上下两半外壳，用螺丝将密封条压紧后，达到密封；另一种是用壳体焊接密封法，将线圈与外界隔绝。其中后者更可靠，可完全杜绝线圈空腔的呼吸现象，防止外界潮气侵入。但在生产过程中，线圈周围空腔内总是充满空气，而其中的水汽含量随装配时的大气温度和相对湿度的变化而变化。如果水汽含量较高，则流量计投入使用后由于导管和空腔中温度降低，很可能会出现结露现象，导致线圈受潮，绝缘被破坏。因而，在冷冻水温度较低时（有的制造厂是以0℃为界），用氮气将空腔中的空气置换掉，而在温度更低时（如−10℃或更低），用甲基硅油（有的厂家用变压器油）充灌，不同的制造厂做法不尽相同，但总的一条是封入的干燥介质不会逃逸，而且在长期使用中，线圈绝缘性能不会降低。

c. 内衬承受负压问题

冷冻水流量正常测量时，测量管本身并不承受负压，只有在将管道中的存水排放时，由于管道最高点的放空阀忘记打开，才会使管道上部出现负压，如图7.11所示。

由于同样的原因，热水管道内也会出现负压。

KROHNE公司的几种内衬能够承受的管内负压如表7.3所列。管内负压一旦超过规定值，就有可能使测量管内衬瞬间脱落，因此，应设法避免。解决这一问题的另一方法是选用能承受真空的内衬，这种内衬由于特殊设计的骨架而使其能承受绝对真空的压强，其结构如图7.12所示。横河等公司也有此类产品。当然，选用带骨架型内衬将会使投资明显增加。

表 7.3 IFS 4000 型传感器在不同介质温度下的负压极限值

衬里	测量管尺寸 DN/mm	介质温度/最低工作绝对压力/kPa							
		≤40℃	≤50℃	≤70℃	≤90℃	≤100℃	≤120℃	≤140℃	≤180℃
PFA(F46)	25～150	0(0)	0(0)	0(0)	0(0)	0(0)	0(0)	0(0)	0(0)
PTFE (Teflon)	10～20	0	0	0	0	0	0	0	0
	200～250	50	75	100	100	100	100	100	100
	300～1000	80	100	100	100	100	100	—	—
氯丁橡胶	50～300	40	40	—	—	—	—	—	—
	350～3000	60	60	—	—	—	—	—	—
Irethane	200～300	50	—	—	—	—	—	—	—
硬橡胶	200～300	25	40	—	—	—	—	—	—
	350～3000	50	60	—	—	—	—	—	—
软橡胶	200～300	50	—	—	—	—	—	—	—
	350～3000	60	—	—	—	—	—	—	—

注：摘自参考文献 [5]。

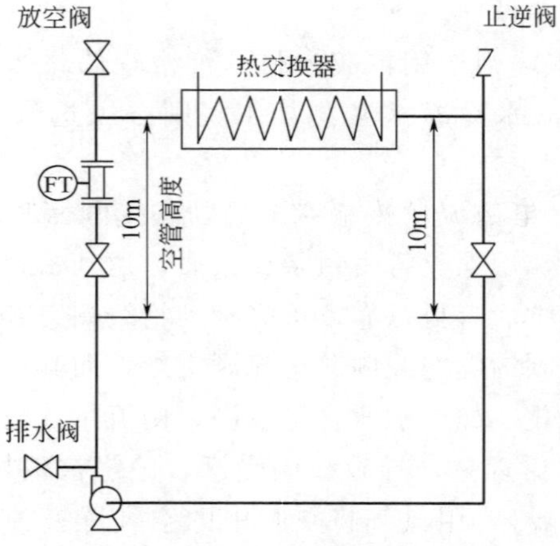

图 7.11 误操作造成管内负压示意

图 7.12 适用于真空的内衬骨架网

解决负压的另一方法是将原来的放空阀改为单向阀（止逆阀），在管道出现微小负压时，止逆阀自动开启，从大气中吸入空气，从而确保安全[6]。

② 超声流量计

有些测量对象一年四季没有机会停下来开口装表，这时只能用夹装式超声流量计测量冷冻水流量。

超声流量计从原理分有多普勒法和时差法，空调系统中的冷冻水由于较洁净，应选时差法，经合理的安装调试能达到（1%～3%）R 的精确度[6]。

超声流量计的传感器防护等级有高有低，用来测量冷冻水流量的传感器，由于传感器连同电缆插头都有可能被包在保温层里面，所以电缆插头处结露在所难免，解决方法是选用 IP 68（潜水型）防护等级。

7.4 冷量和热量计量两用的计量表

有些楼宇，暖通专业设计的空调热交换器只有一个，冬季通入热水供热，夏季通入冷冻水供冷，其系统图如图 7.13 所示。从图 7.13 中可看出，切换一下阀门就可从供热改为供冷，而热量计量的表计要冷热两用。

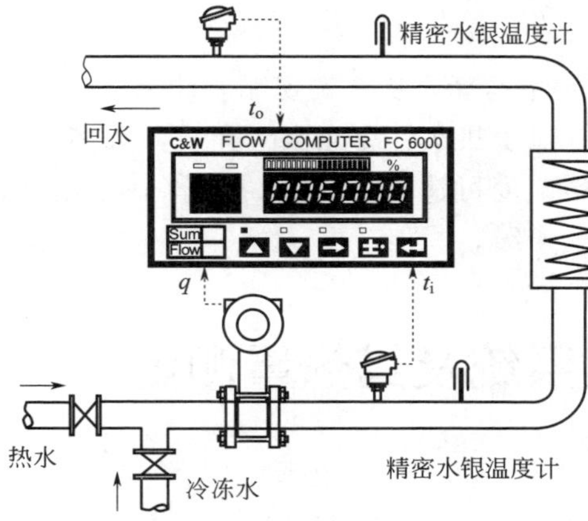

图 7.13 供热和供冷两用的系统

其实，有些热量表的设计中已经考虑到冷热两用[3]。当供热时，供水温度高于回水温度，仪表显示的温差和热流量为正值，其单位为 kJ/h 或 MJ/h、GJ/h，其累积值为 MJ、GJ 或 kWh。当供冷时，供水温度低于回水温度，仪表显示的温差和热流量为负值。但是热能和冷能都为正值，这是为了防止从供热改为供冷后，累积数字倒走。另外，可编程热量（冷量）表除了能显示上面的数据之外还能显示供水温度、回水温度、温差、瞬时流量、累积流量等参数。

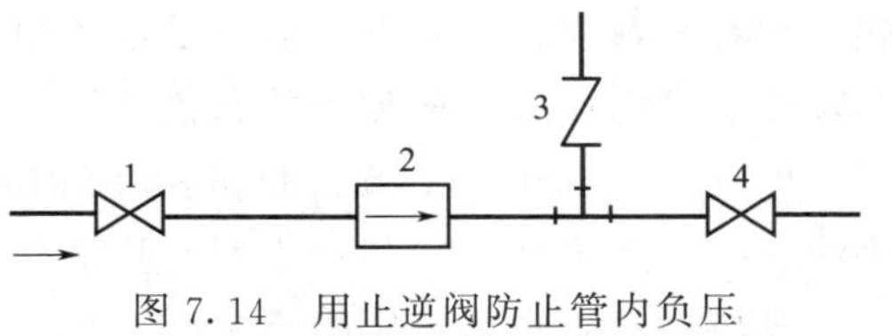

图 7.14 用止逆阀防止管内负压
1,4—截止阀；2—传感器；3—止逆阀

氟塑料内衬电磁流量传感器应用须特别防止管道负压。正压管系有时也会出现负压，例如被测液体温度高于室温的管系，关闭传感器上下游截止阀停止运行后，流体冷却收缩也会形成负压，解决此问题的简单方法是在传感器附近装设单向阀（止逆阀），如图 7.14 所示。

7.5 热水热量和冷冻水冷量计量精确度分析

GB/T 32224 标准将热量表和冷量表的结构形式分为整体式和组合式两种，前面几节中所讨论的工业应用中的热量计和冷量表，显然属于组合式。

在上述两个标准中对热量表和冷量表的计量精确度要求作了具体规定，如表 7.1 和表 7.2 所示。经仔细计算可知，要求都很低，例如当实际温差为最小温差时，等级最高的 1

级表允许误差也达±7.5%，这样的计量精确度对于城市供热网中的户用表计，也许是适合的，但工业应用中，供需双方就可能有意见，因为这一误差对应着惊人的结算费用，因此有必要进行改进和提高。

在图 7.9 和图 7.13 所示的系统中，采取下列措施，可使计量精确度大幅度提高。

a. 采用配对温度传感器。

b. 实现温差的无差测量，在供回水温度校验口中用同一支精密水银温度计做标准，并修改计算机中的 SC 值，使其供回水温度显示值与标准温度计示值一致。

c. 流量传感器采用数字信号（或脉冲信号）将流量信号传送到计算器（热量表，冷量表），从而实现无差传送。

d. 计算器中全部采用数字量运算，从而实现无差计算。

最后剩下流量测量误差。对于热水、冷冻水等介质，大多采用电磁流量计测量其流量，在规定可调比范围内，测量精确度可达 0.3%～0.5%，显然热量和冷量计量精确度可比上述标准要求的精确度高一个数量级。

7.6 导热油供热系统及其热量测量

7.6.1 概述

水和水蒸气作为传热介质因其价格低廉、水蒸气热容量大、冷凝时传热系数大等优点，在工业上得到最广泛的应用。

但是，由于水在高温下的饱和蒸汽压较高，如 250℃时水的饱和蒸汽压为 4MPa[7]，因此，水和水蒸气在高温下的应用受到了限制。为了解决这个问题，人们开始使用在常压下沸点较高的矿物油或其他类型的有机液体作为传热介质。这类介质统称为导热油或热媒[8-11]。

导热油（heat transferoil）是以液相或气相形态进行热量传递的介质。它包括矿物性导热油（称为热传导油）和合成型导热油（称为热传递液）。

导热油的研究和应用始于 20 世纪 30 年代。1929 年，美国陶氏（DOW）化学公司生产出联苯醚和联苯的混合物，其商品名称为 Dowtherm A，后来获得专利并应用于加热系统，开创了生产导热油的先河，为载热体的发展开辟了新的途径。

与利用蒸汽传递热量相比，导热油具有加热均匀、操作简便、操作压力低等优点，在化纤、化工、木材加工、建材等多个行业被作为传热介质得到广泛应用。

导热油通常由循环泵强制循环，将导热油炉产生的热能送往用户，用户热交换器或其他用热设备吸收了导热油的热量后，油温降低，返回循环泵进口，其流程如图 7.15 所示。

在图 7.15 所示的流程图中，膨胀槽（高位槽）虽不参加热载体的循环流动，但有几个重要的作用。

a. 由于它被安装在系统管道最高点，因此为管道提供一个基础压头，使循环泵工作稳定。

b. 排气作用：新油装入系统后，整个系统的导热油在升温过程中会将溶解的气体释放出来。导热油循环使用后，也会有少量分解，这些气体最终汇集到膨胀槽而排出系统。

c. 补偿作用：导热油温度变化而产生的体积变化，由膨胀槽补偿。

图 7.15 中的油气分离器也必不可少，它用离心分离的方法将循环的导热油中不凝性气体、水蒸气及易挥发组分分离出来送膨胀槽排放掉，从而保证导热油在液相状态下稳定运行。

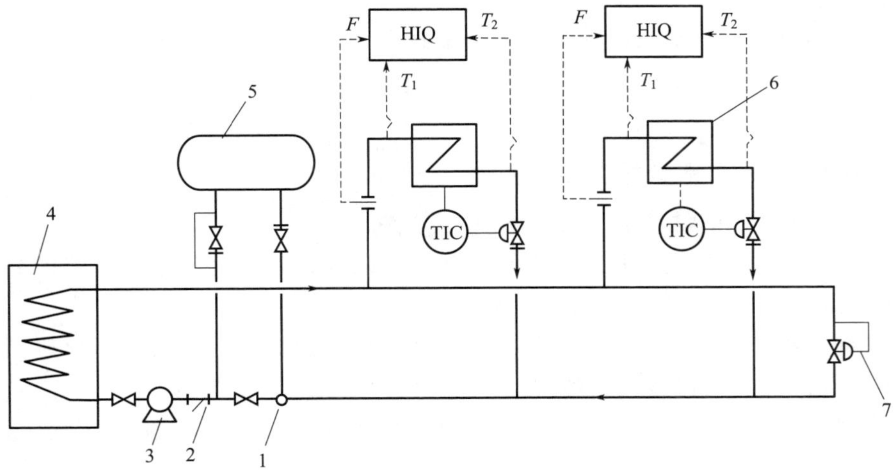

图 7.15　导热油供热系统流程

1—油气分离器；2—过滤器；3—循环泵；4—加热炉；5—膨胀槽；6—用户热交换器；7—压力调节系统；HIQ—热量计量；TIC—温度调节

7.6.2　导热油供热系统的特点

由于高温，导热油在循环过程中始终伴随着热裂解和热聚合等反应，其中热裂解反用生成气体和低沸物，热聚合反应生成高沸物和高分子黏稠聚合物，最后形成沉渣。沉渣还会黏附在导热油炉炉管内壁结焦，并进一步生成胶质、沥青质等黏稠物，引起导热油黏度增大，传热效率降低。

炉管内壁结焦如果很严重而又未及时发现，极易由于炉管局部过热引起爆管以致引发爆炸事故。

导热油高温带来的另一个隐患是人身安全，因为高温条件下的导热油渗透性极强，极易从法兰的缝隙中、阀杆的密封填料处外泄。一旦有导热油从管道内或设备内喷出，高温的液体极易引起人身伤害。所以，在设计和安装时，要有具体措施，未雨绸缪。在现场操作时，要严格执行安全操作规程，以防万一。其中操作人员（包括维修人员）必须穿戴好防护用品。开关阀门时动作要轻、慢，头部不要正对阀门，防止载体从阀杆与填料的缝隙中喷出，烫伤身体。

循环中的导热油从系统中喷出，另一个危险是因减压引起的导热油闪蒸，闪蒸生成的易燃易爆蒸气，如遇明火极易酿成火灾。因此，导热油供热系统的首要任务是安全，导热油不得外泄。这也是这一流程中的仪表工作之首要任务。

7.6.3　导热油热量计量的仪表选型

(1) 用涡街流量计测量导热油流量

导热油的流量测量仪表选型并不复杂，只是要根据导热油的特点采取适当措施。仪表的类型大多选用差压式流量计和涡街流量计，早年的装置一般都是差压式流量计，近年来的装置，也有选用涡街流量计。

在选用涡街流量计的设计中，要解决下面几个问题：

a. 在最高温度条件下仍能正常工作。

b. 连接法兰处不允许导热油外泄。法兰密封面型式和法兰垫片型式及材质，应能满足易燃、易爆介质、高度和极度危险工况的需要[8]。

c. 满足防爆要求[12]。

(2) 用喷嘴流量计测量导热油流量

在选用差压流量计的设计中，应采取如下措施：

a. 采用焊接式差压装置，而且差压装置与管道之间，导压管与切断阀阀体之间也采用相同材质焊接的方法连接。

b. 差压装置根部切断阀采用波纹管密封。在差压变送器的三阀组处，导热油温度已经降得很低，不强调采用波纹管密封的阀。

c. 考虑导热油中可能存在焦屑对节流件的磨损，差压装置选用 ISA1932 喷嘴较合理[13-15]。

d. 差压变送器选用防爆型，防爆等级符合防爆规程。

(3) 测温元件的选型

测温元件一般选用铂热电阻，应满足以下要求：

a. 防爆等级符合 GB 3836 国家防爆标准和相关规程[12]。

b. 热电阻元件可以从套管中抽出以便维修，若不能抽出应考虑一个测温点安装两支铂热电阻，一用一备，以免电阻体损坏后影响计量。

c. 密封垫片的材质应具有足够的耐温和耐酸能力。因为导热油可能会有热氧化反应，生成低分子或高分子的酸性物质，具有一定的腐蚀性。

(4) 热量演算器的选型

导热油的热量计量表达式如 7.2.3 小节中式(7.7) 所示[5]，即

$$\phi = q_m (h_i - h_o)$$

式中 ϕ——热流量，kJ/h；

q_m——导热油质量流量，kg/h；

h_i——供油质量焓，kJ/kg（由查导热油质量焓表得到）；

h_o——回油质量焓，kJ/kg（由查导热油质量焓表得到）。

$$h_i = f(t_i) \tag{7.11}$$

$$h_o = f(t_o) \tag{7.12}$$

式中 t_i——供油温度，℃；

t_o——回油温度，℃。

当流量计采用涡街流量计时，还要测量出流量计安装处的导热油密度，用式(7.13) 计算质量流量。

$$q_m = q_v \rho \tag{7.13}$$

式中 q_m——质量流量，kg/h；

q_v——体积流量，m^3/h；

ρ——工况条件下导热油密度，kg/m^3（由查导热油密度表得到）。

$$\rho = f(t) \tag{7.14}$$

式中 t——导热油温度，℃。

当流量计安装在供油管道上时，t 为供油温度，流量计安装在回油管道上时，t 为回油温度。

导热油的质量焓表和密度表由导热油供应商提供，如表 7.4 所示。不同制造商提供的同牌号的导热油，在相同温度条件下质量焓、密度和动力黏度差异较大，不能随意代用。

表 7.4 Diphyl® 导热油物理性质

温度/℃	蒸汽压/MPa	密度/(kg/m³)	质量焓/(kJ/kg)	动力黏度/mPa·s
180	0.0132	927	290.5	0.461
200	0.0242	909	331.1	0.399
220	0.0418	892	372.9	0.347
240	0.0686	873	415.5	0.304
260	0.108	855	459.0	0.270
280	0.162	836	503.7	0.238
300	0.237	818	549.3	0.210
320	0.335	798	596.1	0.189
340	0.463	779	643.3	0.172
360	0.624	759	692.2	0.159

用上述方法设计安装的热量计量系统，符合行业标准和计量检定规程[5]，能通过计量机关的检定，在现场长期使用，满足计量收费的需要。

7.7 气体热交换器热量计量

在工业生产过程中，气体热交换器常被用来回收热量，如锅炉及工业炉窑中的空气预热器是利用锅炉烟气加热一次风。硫酸生产流程中的沸腾炉余热被用来加热余热锅炉，气体的热量计量，都可采用式(7.10) 计算，由流量计测出气体质量流量，由工艺专业提供平均比热容数据，然后连同进口温度和出口温度信号，由热量表计算热量值。

参 考 文 献

[1] GB/T 34060-2017 蒸汽热量计量方法 [S]. 2017.

[2] EN1434 Heat meters [S]. 2015.

[3] 甄兰兰，沈昱明. 热量表的热量计量原理及计算 [J]. 自动化仪表，2003 (10)：41-43.

[4] JIS B7550-2001 积算热量计 [S]. 2001.

[5] GB/T 32224-2020 热量表［S］. 2020
[6] 吴育，纪纲．冷量计量技术的新进展［J］. 化学世界，2002 年增刊．
[7] 王森，纪纲．仪表常用数据手册［M］. 2 版．北京：化学工业出版社，2006，403-421.
[8] 沈德清．导热油与导热油加热系统［J］. 化工设计，1995 年第 2 期：24-26，29.
[9] GB/T 7631. 12-2014 润滑剂和有关产品（L 类）分类第十二部分：Q 组（热传导液）［S］. 2014.
[10] CRC The handbook of chemical and physics 90th［M］.
[11] GB/T 23971-2009 有机热载体［S］. 2009.
[12] GB 3836-2021 爆炸性环境 第一部分：设备 通用要求［S］. 2021.
[13] GB/T 2624. 3-2006 用安装在圆形截面管道中的差压装置测量满管流体流量 第 3 部分：喷嘴和文丘里喷嘴［S］. 2006.
[14] 孙淮清，王建忠．流量测量节流装置设计手册［M］. 2 版．北京：化学工业出版社，2005.
[15] 林明校，邢军，陈俊杰，等．导热油供热系统及其热量测量［J］. 石油化工自动化，2016，52（5）：51-53.

第8章 流量批量控制系统

在生产过程和经营管理中，人们为了提高生产效率和控制精确度，很多年以前就已开始使用定量控制的方法，例如：用柱塞定量筒向包装瓶内定量装入规定容量的液态产品；用计量槽作为液态原料计量手段，然后加入反应器；等。所定的量有以容积为单位，也有以质量为单位。定量控制所完成的任务是对液体进行计量和不太复杂的逻辑控制，属于一种批量控制。

流量批量控制是以流量为基本变量的批量控制，在批量控制系统中是较简单的一种。

流量批量控制的基本要求如下。

a. 按批量操作流体总量设定值进行批量发料、装桶、装车或装船等操作，并达到规定的准确度。

b. 在危险情况发生时能立即快速切断放料阀，然后进行人工干预，以确保安全。

c. 重大的异常情况发生时能发出报警信号。

8.1 流量批量控制系统的功能要求

流量批量控制系统涉及的每次发料数量差异很大，有的是装铁道槽车，而另一些却是装桶、装瓶。有的料液如果外溢并无严重后果，而另一些却是会造成严重经济损失或带来安全问题、环境问题，因此，所完成的任务不同，流量批量控制系统的功能要求也有很大差异。

下面列举的功能要求有些是每个流量批量控制系统都必须具备的，而另一些只在某些系统中是必要的。

8.1.1 控制器的流量信号处理功能和显示功能

a. 能对所输入当前流量模拟信号进行处理。

b. 能对所输入当前流量频率（脉冲）信号进行处理。

c. 能将流量信号处理得到的当前瞬时流量值进行显示。

d. 能对本次发料的当前总量进行计算并显示。

e. 能对本批发料的已完成的次数进行计数并显示。

f. 能对本批发料的已完成的总量进行计算并显示。

8.1.2 逻辑控制功能

(1) 通过控制器面板上的操作键或数字拨盘或用通信方法设定下列数据

a. 本批操作重复次数。

b. 本批操作中每次发料量（每次发料量具有相同值）。

(2) 通过控制器面板上的操作键和/或外接按钮或经通信方法实现下列操作

① 批量发料启动

完成此项操作后，发料阀应打开，瞬时流量应从零开始升高到正常值。有的系统设计还要求开启阀门的动作与启动输送泵的操作关联起来。

② 紧急停止

a. 遇有紧急情况，经人工干预（如按“紧急停止”按钮），立即暂停本次操作。

b. 当表示“受槽已装满”或“容器已装满”的上限液位探测器动作时立即停止本次操作。

此项操作的后续操作是按“启动”键继续未完成的操作，还是按“复位”键结束本批操作，由预先组态决定。如果选择“结束”，则有可能最后装的一个容器未达规定装量或发料未发足，需另做记录。

③ 复位

a. 复位操作就是按一下“复位”按钮或“复位”键或其他特殊定义的功能键。进行复位操作后，上一批操作的总量显示值应清零。

b. 使控制阀返回到“关”的位置。做好重新启动的各项准备。

c. 如果下一批操作的发料次数和每次发料总量与上一批不同，则在下批操作启动前应对“本批发料次数”和“每次发料总量”重新设定。

d. 复位操作完成后应以“准备就绪”或“ready”词句或使规定的灯闪烁代表“准备就绪”，提示操作人员可以进行下一批量操作。

e. 如果阀位回信器送入的信号不具备条件或液位探头送入的信号仍为“容器满”，则复位不能完成。应对现场异常情况进行检查并使之恢复正常后再一次进行复位操作。

④ 报警功能

a. 结束报警。本批发料结束，进行声光报警，但声音报警信号只应持续数秒。待按下“复位”按钮后，灯光报警信号也应消除。

b. 无流量报警。按一下“启动”按钮后，瞬时流量仍为零或小于规定的流量（此规定值在组态时预先设定）进行灯光（闪烁）报警。

c. 断料报警。本批发料未结束，瞬时流量长时间低于规定值或短时间低于规定值，定义为断料。

d. 紧急停止报警。“容器已满”时，进行声光报警。按一下“紧急停止”按钮后进行闪光报警。

e. 报警输出的消除。按一下“复位”，报警信号消除。若因按紧急停止按钮而报警，则按“启动”按钮后，闪光报警信号消除，继续原批量操作。

8.2 流量批量控制系统的组成

由于服务对象的差异，如计量准确度的要求、资金承受能力等因素，流量批量控制系统就有多种结构，但系统结构是有共性的。例如系统都有流量测量仪表（传感器、变送器）和执行器，不同结构的差异主要在于完成逻辑控制任务的设备。大体上可分为三种结构，即以计算机或 PLC 等通用设备组成的系统、在流量转换器上增设控制功能完成逻辑控制的系统、用专为批量控制设计的智能仪表完成批量控制的系统。

8.2.1 以计算机或 PLC 等通用设备组成的控制系统

(1) 系统组成

图 8.1 所示是一个完成 90[#]、70[#] 汽油经鹤管向铁道槽车发料的批量控制系统实例[1]，图中 ZF1 和 ZF2 气缸闸阀完成 90[#]、70[#] 汽油装车的切换。ZF3 为油气回收阀，ZF4 控制鹤管上的气缸左右移动，实现鹤管的横向对位。鹤管的上下伸缩由鹤管上的开关控制。以上操作均通过现场的气动控制箱手动控制。

当空槽车从铁道上进入装车台位后，台位上操作工进行鹤管对位等操作，准备工作完成后，按下就地控制箱的“准备就绪”按钮，计算机接收到此信号后，就开始发料装车，当达到设定值时，立即发出信号关闭闸阀 FV-253，实现定量装车。LV-254 完成溢料联锁。

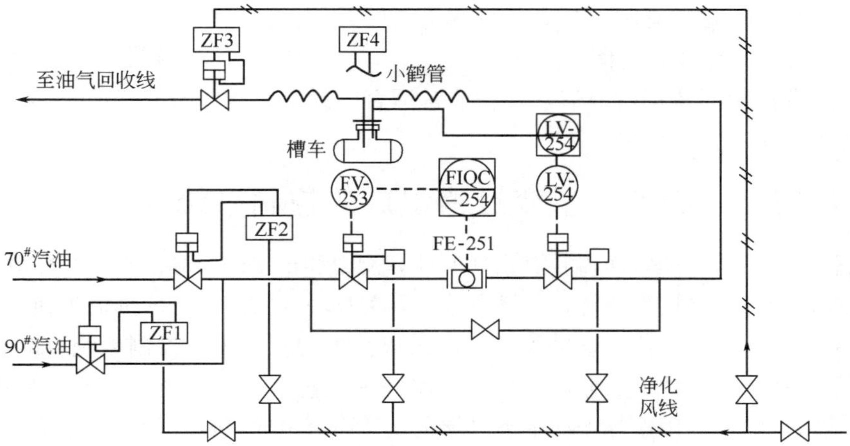

图 8.1 小鹤管汽油定量装车系统

FE—流量传感器；FV—流量控制阀；FIQC—流量指示积算控制；LV—液位控制阀

(2) 流量计和计算机的配置

流量计选用涡轮流量计，计算机选用工控制机，配 5 块 PCL-830 与 5 块 PCLD-880 板构成 50 路频率输入口，供流量信号采集。开关量输入采用 2 块 PCL-722 与 PCLD-782B 构成 288 路光电隔离开关量输入，开关量输出采用 2 块 PCL-722 与 PCLD-785B 构成 288 路继电器输出。考虑以后要接收模拟输入信号，另外配置了模拟量采集用的 1 块 PCL-813 和 5 块 PCLD-880 构成光电隔离 A/D 转换输入。

(3) 系统功能

① 手动/自动功能

为确保系统的可靠性，系统在具备自动控制功能的同时，还具备手动功能。在需要时，操作工可手工实现对现场阀门的启闭。

② 模拟流程图功能

操作室离装车台位较远，为使操作工准确、直观地了解现场情况，在操作室内的操作台上设置模拟流程图。通过阀门上的回信开关将现场阀门的状态及流量值在流程图上显示。

③ 参数设定功能

通过计算机可设定装车车型及装车量，并具有良好的容错功能。

④ 记录输出功能

系统自动记录每次作业的阀位状态，装车量等各种数据，并可根据需要打印出报表。

⑤ 显示画面

可显示每个鹤位的参数、操作状态、流量数值、阀门状态、报警内容等。

⑥ 密码设定功能

各个操作工都有自己的密码，键入密码后，计算机自动登录，从而有效防止未被授权的人员擅自操作，引发事故，并为追查事故原因及责任人提供了依据。

(4) 系统特点

a. 系统设计考虑得较全面，安全可靠性好。

b. 做到管控一体化，有利于提高管理水平。

c. 适合每次发料需较长时间的对象。

d. 对于多台位相同装车对象依次操作非常适合，投资可大大节省。

e. 需要自行开发应用软件。

8.2.2 带逻辑控制的流量变送器组成的控制系统

科里奥利质量流量计的转换器具有很强的计算能力和很快的运算速度，在完成流量信号转换等任务之外，加入逻辑运算功能，并增设若干开关量输入通道和开关量输出通道，从而能实现简单的逻辑控制，与执行器及辅助设备一起组成简单的流量批量控制系统。例如 3000 系列科里奥利流量转换器与组件控制器，能接受 4 路开关量输入信号，最多可有 6 路开关量输出，每路开关量输入和输出的用途都可在组态时指定，从而可组成流量批量控制系统[2]。

科里奥利质量流量计具有很高的测量精确度，而且直接显示质量流量，因此与逻辑控制部分结合完成流量批量控制，有可能得到较高的控制精确度。

8.2.3 由智能流量批量控制器组成的控制系统

在由智能流量批量控制器组成的系统中，由于控制器是为流量批量控制专门设计，所以功能较全，如果功能方面还存在某些不周全之处，可以与制造厂协商作为特殊订货进行补充。

(1) 系统组成

图 8.2 所示是一个成品油装船发料批量控制系统实例[2]，由科里奥利质量流量计测量流量，专用批量控制器进行逻辑控制。根据需要分别对两个码头上的油船进行发料。通过切换开关选择发料对象。

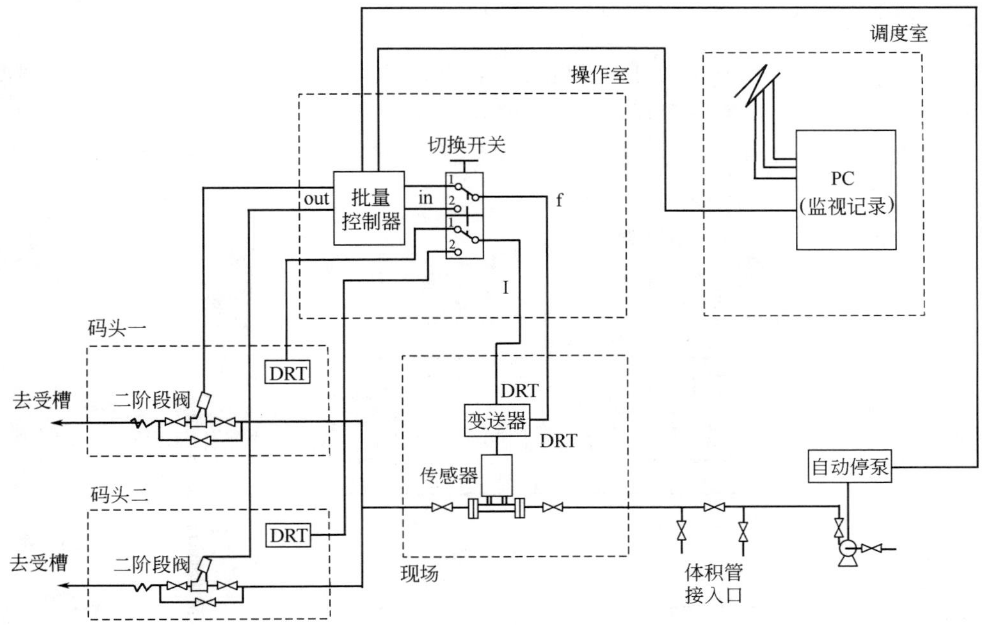

图 8.2　成品油装船批量控制系统

由于流量转换器装在放料阀前面，所以背压能得到保证，但是如果切断阀在发料停止信号到来时立即全关，原来高速流动的液体会产生"水锤"效应，对仪表造成影响，为了避免这种情况的发生，切断阀采用了二阶段阀。

该系统中的现场显示器是为了提高操作透明度而设置的，即流量变送器的模拟输出信号送到位于码头上的数字积算仪。积算仪在进行发料的同时，同步积算并显示总量，从而避免黑箱操作，使客户放心。

控制器中的信息通过通信口送上位机，实现自动化装船管理，自动开票、生成报表等。

(2) 系统特点

a. 系统的组成较简单，只需对控制器进行组态，系统即可投入使用。

b. 由于系统还有在线校准装置，科里奥利质量流量计可定期在线校准，所以发料精确度更有保证。

c. 本系统设计一表两用和增设现场总量指示，都是从实际需要出发，是很有实用价值的。

8.2.4　IC 卡发货及在液碱自动定量装车系统中的应用

(1) 引言

前面所述的流量批量控制器，须与控制阀、机泵等配套设备一起，组成流量批量系统，才能完成流体定量控制任务。

一个批量发货点的车位（台位）数有多有少，如果只有一两个，一般采用就地操作，类似于加油站的操作，如果车位较多，尤其是多品种发货，牵涉到车辆排序、地中衡过秤、门卫放行等多项管理，为了做到安全、有序、准确，一般采用集中控制与管理。下面例子就是某氯碱公司年发量数百万吨的液碱自动定量装车系统，共有四种液体产品，11 个车位。

（2）系统的构成

考虑工业控制系统有关安全可靠性的需要，本系统采用分级组网的方式，最大程度地使风险分散，即上位机负责集中管理，下位机每个车位一台，用于定量控制和操作显示，而且下位机可以脱离上位机独立运行，完成定量发货任务[3]。系统图如图 8.3 所示[4]。

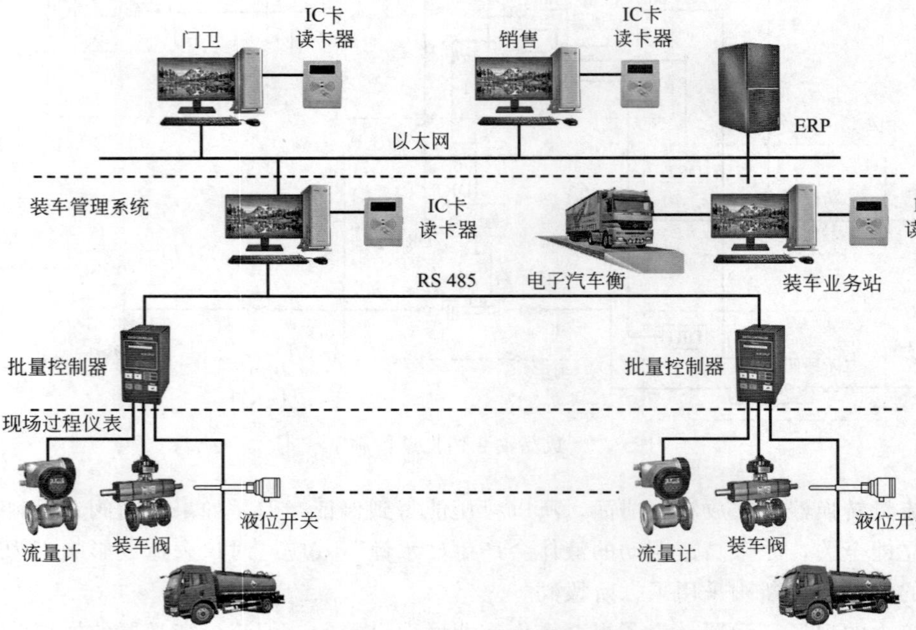

图 8.3　IC 卡自动定量装车系统图

定量装车发货系统由 IC 卡制卡售卡子系统、IC 卡读卡管理子系统、现场定量控制子系统、汽车衡管理子系统、门卫放行管理子系统，以及电控子系统组成。所有子系统都是公司局域网的组成部分。各子系统正常工作时，在各个终端都能显示发货的各个重要数据，从而将整个发货过程置于透明状态，而从根本上杜绝作弊现象。

（3）定量控制子系统

定量控制子系统如图 8.4 所示。其核心是批量控制器，其接受来自电磁流量计代表瞬时体积流量的频率信号，与内置的液碱密度值、流量系数相乘得质量流量，由于这些计算都是数字量运算，所以不损失精度。因为密度是温度的函数，在控制器中进行了温度补偿。

控制器的 RS 485 口与读卡子系统相连，接受本次发货预设值信号，并将状态信号、瞬时流量及累积值信号送上位机，与企业物流管理系统或者 ERP 系统进行数据交互、对接。

控制器的 DI1、DI2、DI3 口接受来自操作台及就地控制箱的启动、停止及复位信号、灌装鹤管防溢信号、现场车辆静电接地信号等。

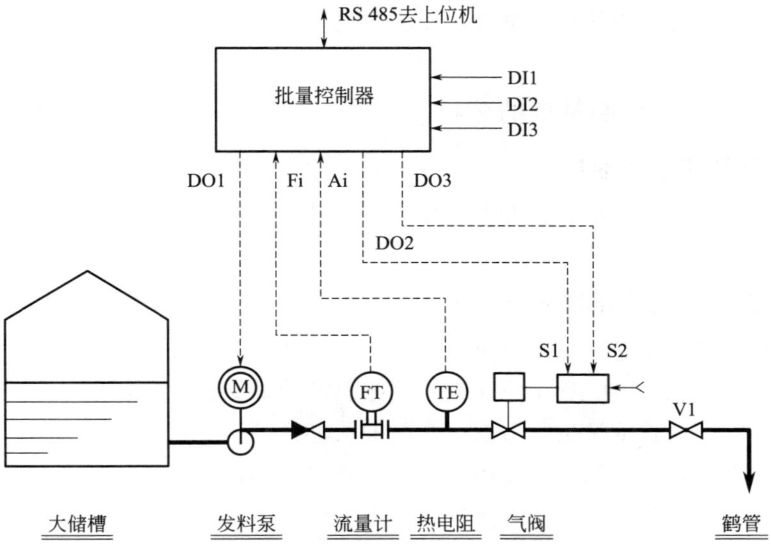

图 8.4 定量控制子系统

气动二阶段控制阀能有效地提高控制精度[5]。

控制器对阀和泵的控制采用阀泵联动方式，不仅可节约能源而且可削弱水锤效应。

(4) IC 卡发货操作过程

提货车辆在空车过磅后由司磅员通过称重系统将预发货信息（如提货品种、提货量）通过 IC 卡读写器写入 IC 卡。车辆到发货点后工作人员根据发货车位实际情况在发货控制软件的空闲发货车位读取 IC 卡内信息，软件自动比对提货品种、提货量、车牌号及车辆额定装载量等信息，核对无误后，软件自动将 IC 卡中的“提货量”转化为发货控制器“待发量”，并在对应位号的批量控制器预设量窗口显示。车辆进入车位，放下鹤管并插上插销，由跟车人员按下就地控制箱上的“准备就绪”按钮，操作台上对应位号蜂鸣器发出声光信号，操作员按下“启动”按钮，于是开阀开泵，“正在发货”指示灯亮，待发量递减，直至待发量递减至零，阀门关闭。装车过程中发货控制器相关数据都可在发货控制软件上实时显示，如瞬时流量、累计发货量、就地控制箱信号是否良好等。装车完毕，在 IC 卡读卡器上刷卡将实发量写入卡中。本车发货完毕，“正在发货”指示灯熄灭，按一下复位按钮，等待下一批发货指令。如果不按“复位”按钮，则控制器不接受新的发货任务。

完成定量装车后，跟车人员完成罐体的封装动作，检查车辆无异常状态后，上汽车衡由称重系统进行重车称量、三单检验等计量工作，所有流程完毕之后离开装卸区域，驶离厂区。

(5) 为什么要选电磁流量计（EMF）

在很多定量装车系统中，采用科里奥利质量流量计（以下简称 CMF）测量物料质量流量，能得到较高的测量准确度，但是采用 EMF 的原因有三：

a. CMF 价格太高，11 台 0～200t/h 的 CMF，需要 200 万元，而 CMF 只需 15 万元。

b. CMF 压力损失太大，大大降低装车速度。而若选择 EMF，因完全不增加阻力而具有绝对优势。

c. CMF 名义精度为 0.05 级，但因零漂大的缺点[6-7]，使系统精度大打折扣。而 EMF 虽然只有 0.3 级精确度，但因装车系统的特点，流量计是在接近恒定流量的条件下使用，实际上对控制精度起决定作用的是流量计的重复性[8]。实发精度能控制在±10kg 范围内，完全能够满足准确度要求。

(6) 关于提高定量控制精度的分析

① 流量测量准确度的影响

因为流量计是在接近恒定值条件下工作，所以其误差可以用汽车衡称重结果的反馈信息予以校正。

② 对液碱密度的温度影响进行补偿

液碱定量装车的精度要求是用质量总量表示的。每批次发货量大多为 10t、15t、20t 和 30t 等 4 种，但偶尔也有一次发 5t 的任务。而电磁流量计属速度式流量计，其输出代表的是体积流量，将其换算到质量流量，需乘上当时的流体密度。

在液碱浓度为常数的情况下，流体密度又是其温度的函数，所以要按数学模型进行温度补偿。

③ 过冲量变化的影响

控制阀的动作总是有一定的滞后，控制器的运算时间和继电器的渡越时间等也会引起一定的滞后，该滞后导致实发量多于预设的待发量。此差值可通过控制器中预先设定的“提前量”予以校正。为了提高控制精度，采用大小阀控制，所以大阀和小阀分别确定合适的“提前量”。每一个发货车位由于配用控制阀和机泵的不同，液碱的密度也可能不同，使其理想的“提前量”各不相同，系统投运后需逐个车位进行调试，依据的是控制器上显示的实发总量与预定发货量之间的偏差。“提前量”设定偏小，将导致实发总量过量，“提前量”设定偏大，将导致实发总量缺量。一般经过两次修正，就可使实发总量与预定发货量基本相等。

(7) 系统的安全可靠性设计

设备发生故障无法做到完全避免，但是发货作业不能耽搁时间太长，因此必须设计各种后备及冗余手段。按照规定的权限，可将系统从 IC 卡发货切换到无卡发货，也可切换到全手动操作，从而在设备故障时，避免车辆大排长龙，系统还具有溢料联锁功能、拒绝重复发货功能等。

(8) 小结

a. 采用相对廉价的智能电磁流量计，经温度补偿和频率信号传送以及数字量计算质量流量，也能得到优于±0.1%的装车精度。符合液体化工产品计量交接计量器具 0.2 级准确度的要求，所以选用电磁流量计是合理的。

b. 二级组网将风险彻底分散。上位机实时监控每一个车位每一次装车发货的全过程，使发货过程透明化，从而从根本上杜绝作弊现象。

c. 流量批量控制是专门用途的 PLC，是专为液体定量发货而设计的自带显示器和操作键的 PLC，使用时无需组态，只需在几条菜单中填上相关数据即可，因而简单实用，操作方便[9-10]。

d. 完善的逻辑设计和可靠性设计，使系统具有高度的安全可靠性，从而使系统能长周期安全、可靠、精准、高效运行。而且控制器、操作台上的每一个按键、按钮如果出现误操作都不会引发事故。

8.2.5 基于 PLC 的油品密闭装车系统

油品装车是炼油行业成品油出厂的重要环节。在装车期间，由于油品喷洒、搅动，不可避免地会发生油气蒸发，引起油品运输中的损耗，也污染了环境，危害操作人员的健康，而且容易因油气扩散而引起火灾事故，对生产造成很大威胁。为此，密闭装车系统很早就已成为人们的研究课题。

图 8.5 所示是一个基于 PLC 的油品发料控制和管理系统实例[11-12]，它由一个 PLC 控制站，两个装车监控操作站和安装在现场的流量计、可燃气体报警器、控制阀、油品回收阀和液位报警器、静电接地夹等组成。

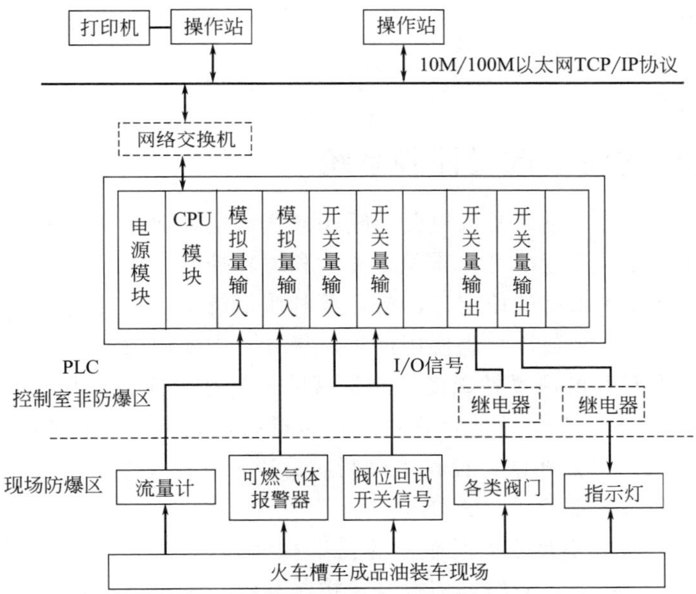

图 8.5　基于 PLC 的油品密闭发料控制和管理系统

其中，装车监控操作站（上位机）部分设置两台工控机，分别安装点数足够的 I/O 开发版和运行版监控软件，这样从软件上进一步保证操作站监控的独立性。两个操作站设置成互为备用的工作方式，如果一个出现故障，仍然可以通过另外一个操作站进行装车操作，从而提高了系统的可靠性。

该实例中，上位机监控软件使用 CIMPLICITYHMI6.0，PLC 使用 Versapro 编程软件。系统具有下列联锁功能。

① 总管阀联锁条件

各鹤位控制阀回信有一个及以上为开；

各鹤位液位开关一个及以上高报警；

紧急停车按钮被按下。

② 油气阀联锁条件

静电接地夹有一个及以上未夹或接触不良；

90# 与 93# 油手动阀非仅开一个；

预置装车量小于车型标准量；

实装量达到预置量；

液位开关高报警发生；

紧急停车按钮被按下；

上位机无发油命令。

③ 控制阀联锁条件

静电接地夹未夹或接触不良；

液位开关高报警发生；

90# 与 93# 油手动阀非仅开一个；

预置装车量小于车型标准量；

实装量达到预置量；

紧急停车按钮被按下；

油气阀未开到位。

8.2.6 最简单的流量批量控制系统

最简单的流量批量控制系统常以电磁切断阀或气动电动切断阀为终端执行元件，以流量批量控制仪或计算机完成流量演算、累积、显示和逻辑控制。流量传感器或变送器的型号有很大的选择空间，近几年来有的单位选用科里奥利质量流量计，这当然有利于提高计量精确度，但投资较高。目前大多数用户仍使用涡轮流量计，主要原因如下：

a. 涡轮流量计有较高的测量精确度、非常高的重复性，而且流量只在很小范围内变化，0.2 级传感器经非线性校正后，准确度还可进一步提高，能满足绝大多数使用需要。

b. 价格便宜。大约只需相同口径科里奥利质量流量计的 1/20。

c. 安装、使用和维修都简单、方便。

d. 涡轮流量计的最大不足之处是轴承容易磨损。这一点对于流量定量控制来说问题并不严重，因为这种控制是间歇操作，多数定量控制系统一天只运行数小时，所以，轴承的寿命可比 24h 连续运行工况长若干倍。

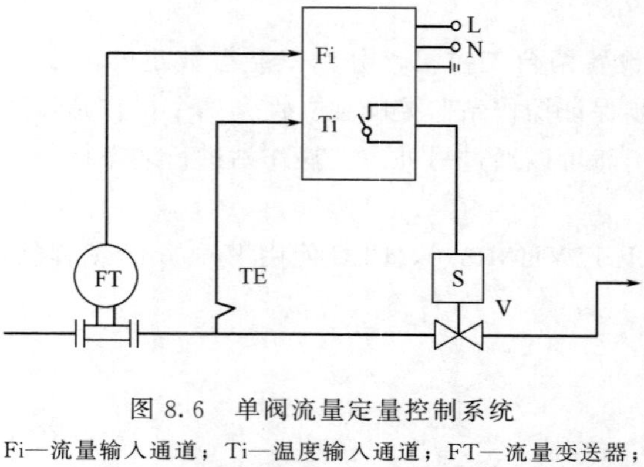

图 8.6 单阀流量定量控制系统

Fi—流量输入通道；Ti—温度输入通道；FT—流量变送器；TE—温度传感器；V—电磁阀

图 8.6 所示为以涡轮流量计为流量测量单元，以软密封电磁阀为终端控制元件，同智能批量控制仪一起组成的典型流量定量控制系统。就其结构而言也是由专用流量批量控制器组成的系统。

流量批量控制简单的动作过程如下：操作人员向控制器输入本次发料量设定值 Q_S（或保持上一次设定值）后按一下“复位”键，然后“准备就绪”指示灯闪烁，就可按启动按钮，继电器闭合，电磁阀励磁打开，以预期的瞬时流量 q_v 开始发料。控制器指示瞬时流量并累积发料量 Q（或一边累积一边做 $\Delta Q=Q_S-Q$ 的运算）并显示此累积值，当 $Q=Q_S$ 时，控制器发出关阀信号，将继电器接点断开。完成本次发料。待按一下复位（RESET）按钮，即准备下一次发料。

8.2.7　单摆式交替灌装控制系统

这种控制方式适用于在灌装台上对两个台位的容器进行交替灌装操作。图 8.7 所示是被广泛使用的一种定型系统也属由专用控制器组成的系统，如 FBC-10 型流量批量控制器[4]。

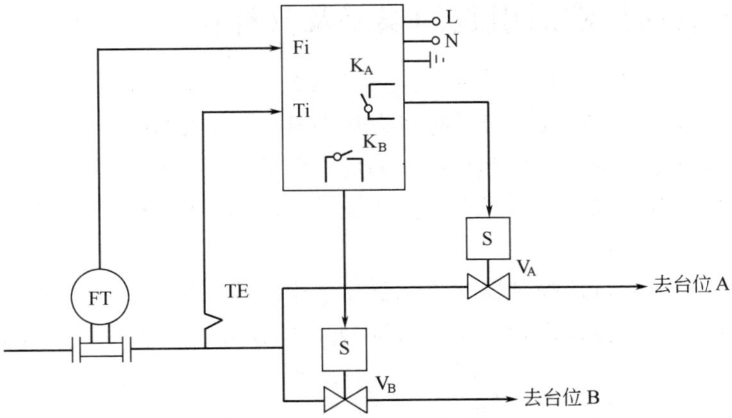

图 8.7　单摆式交替灌装系统

Fi—流量输入通道；Ti—温度输入通道；FT—流量变送器；TE—温度传感器；V_A，V_B—电磁阀

在这种控制系统中，操作人员通过面板上的按键设定好“本批操作发料次数”“一次发料预定量”和“V_A 阀提前量”“V_B 阀提前量”“间歇时间”“小流量监视值”“小流量监视时间”等数据之后，就可按“复位”键、“启动”键开始发料，先是 V_A 阀开，待累积流量达到“一次发料预定量”－“提前量”时，V_A 阀关闭，进入间歇期，“发料次数”加 1。间歇期结束后，自动打开 V_B 阀灌装。如此交替灌装，直至实际“发料次数”与预定的“本批操作发料次数”相等，才停止循环。

交替灌装的特点是接受料液的容器容积小，发一次料所需的时间也短，稍有不慎就会发生料液外溢的事件。而忘记开泵、工艺阀门切换不当的情况又难以杜绝，所以设置有“小流量监视值”和“小流量监视时间”两参数，当“V_A 阀控制接点”闭合（或“V_B 阀控制接点”闭合）后，如果定量控制器接收到的流量信号小于“小流量监视值”，就启动计时器，所计时间大于等于“小流量监视时间”后，组态就可以有两种选择，即“启动操作继续有效”和“发料操作暂停”。交替灌装时一般选“发料操作暂停”，若想继续发料操作，则可按“复位”键。因为进入小流量监视程序后，操作人员首先要处理为什么没有流量问题，往往无暇顾及台位上的操作。

为了应急，定量控制器上还应有“紧急停止”按钮。

在单摆交替灌装定量控制系统中，提高定量精确度需从两方面做工作，一是分别精确测定 V_A 和 V_B 执行器的滞后时间，二是寻找滞后时间短的切断阀。据报道，在现场有防爆要求的条件下，经过改进的快速气动切断阀，滞后时间可以做到 0.2s 以内[11]。

8.3 提高流量批量控制计量精确度问题

在流量批量控制系统中，计量精确度是重要的控制目标。这里所说的计量精确度就是每批实际发料总量同预期总量的一致程度。影响计量精确度的因素除了执行器动作滞后外，主要的还有流量测量误差，包括流量测量仪表的非线性误差，流体温度变化、组分变化等所引起的误差。下面详细介绍其原理和解决方法。

8.3.1 执行器动作滞后引起的误差及其补偿

从上面的动作过程可知，执行器动作滞后必然引起控制计量误差，误差值约为滞后时间 τ 与瞬时流量 q_v 的乘积 τq_v，其中滞后时间为从 CPU 发出关阀指令到切断阀关死之间的全部时间，即包括继电器的动作滞后和切断阀的动作滞后，其性质属纯滞后。具体滞后时间主要取决于阀门的型号及口径，小口径电磁阀的滞后时间约为数十毫秒，口径越大，滞后时间越长。

动作滞后引起的误差可从控制器的累积值显示中准确地读出。纠正这一误差最简单的方法是在控制器“提前量”窗口设置一个提前量 Q_f，即在 $Q=Q_s-Q_f$ 时，CPU 就发出指令，关闭切断阀[10]。

8.3.2 表前压力变化对定量精确度的影响

在流量定量控制系统中，流量计前的流体压力经常发生变化。压力变化主要是储罐中液位高度变化所引起的。满罐时，储罐中的液位可能有 10m 高度，罐中料液即将发完时，可能只剩 1m 高度，由此引起的流量计前的压力变化十分显著，压力变化引起发料时瞬时流量变化。

发料时流量变化对定量控制精确度带来两个影响。

a. 瞬时流量不同，要求相应改变提前量。从 8.3.1 小节可知，执行器动作滞后引起的误差为 τq_v，合理的提前量 Q_f 应与此误差值相等，即

$$Q_f=\tau q_v \tag{8.1}$$

式中 Q_f——关阀提前量，L；

τ——纯滞后时间，s；

q_v——瞬时流量，L/s

因此，提前量设置为一个常数是不合理的，它应与 q_v 成正比。但是，在实际操作中经常修改提前量又是一件很麻烦的事，如果我们舍弃提前量这个概念，而采用提前时间这个方法，就可以完全不受表前压力的影响了。这个方法是简单的，但提前关断切断阀的时间间隔 Δt 需在实际的装置上具体测定，测定方法如下：

先在控制器的对应窗口设定一个数值很小的“本次发料量”，而“提前时间”设定为 0。定量控制系统“启动”后，正常发料，读出瞬时流量，当本次发料结束后，总是会发现实发量比设定值多一些，则可按式(8.2) 计算滞后时间。

$$\tau=\frac{Q_e-Q_s}{q_v} \tag{8.2}$$

式中 τ——滞后时间，s；

Q_e——最终实际发料量，L；

Q_s——预定发料量，L；

q_v——瞬时流量，L/s。

反复测定数次，得到滞后时间平均值 $\bar{\tau}$，置入仪表，就可长时期使用。

b. 不同流量时流量传感器流量系数不同。表前压力变化引起流量变化对定量控制精确度的影响的另一个原因是流量传感器的非线性，即流量系数的变化。

在经流量批量控制系统发出的料液属贸易实物时，往往此料液要连同装载运输工具一同称重，作为贸易结算依据。以不同的瞬时流量值所发的料装的车，往往会出现千分之几的差异，这主要是流量传感器非线性所引起的。例如 0.2 级涡轮流量传感器的各点流量系数允许偏离平均流量系数±0.2%，而 0.5 级传感器则允许偏离±0.5%。第 5 章中的表 5.6 所示为一台 DN40 涡轮流量传感器试验报告中的各个试验点流量系数，以及与平均流量系数相比较的相对误差。

显然，在以 $8.84\text{m}^3/\text{h}$ 瞬时流量发料时，偏高 0.38%属必然之事，而若以 $4.55\text{m}^3/\text{h}$ 瞬时流量发料时，偏低 0.08%也属理所当然。

对流量传感器的非线性进行恰到好处的校正，最简单的方法是将该传感器的标定数据制作成校正折线，然后写到智能流量批量控制器中。仪表运行后，用查表和线性内插相结合的方法得到流量系数校正系数，进而精确地计算瞬时流量，从而完成对传感器非线性的校正。CPU 求取流量系数校正系数的程序框图如第 5 章中的图 5.29 所示。

流量传感器的非线性经校正后，从简单的逻辑关系分析，似乎传感器的误差就不存在了，其实不然，因为流量传感器除了非线性误差之外，还有重复性误差、时间漂移等，但是经过上述校正后，精确度等级可以提高一档是肯定的。

8.3.3 对液体热胀冷缩引起的误差进行补偿

绝大多数液体在常温条件下都有热胀冷缩的特性，这对于流量传感器以速度式为测量元件的系统会产生明显误差，即流体在工作温度条件下的总量尽管控制得很准，但换算到标准状态的总量却与预定值偏离很多。

纠正此项误差的方法是对流体温度影响进行自动补偿。最简单的补偿模型是如式(8.3)所示的一次函数式。

$$k=1+\mu_1(t_f-t_d) \tag{8.3}$$

式中 k——温度补偿系数；

μ_1——一次温度系数，℃$^{-1}$；

t_f——流体工作状态温度，℃；

t_d——流体设计状态或参比状态温度，℃。

具体实施时，重要的是求取实际流体使用温度范围之内的密度随温度变化系数平均值 μ_1。下面以常见流体酒精为例，说明 μ_1 求取方法。

表 8.1 所示是酒精、水混合物在不同酒精浓度条件下，密度与温度的关系[13]。

表 8.1 5～36℃酒精的密度

温度/℃	酒精密度/(kg/m³)			
	酒精浓度/%			
	100	99	96	95
5	801.99	807.05	820.27	824.24
6	801.14	806.21	819.42	823.39
7	800.30	805.36	818.58	822.54
8	799.45	804.51	817.72	821.69
9	798.60	803.66	816.87	820.84
10	797.76	802.81	816.02	819.98
11	796.91	801.96	815.17	819.13
12	796.06	801.11	814.31	818.27
13	795.21	800.25	813.45	817.42
14	794.36	799.40	812.59	816.56
15	793.51	798.54	811.73	815.70
16	792.65	797.68	810.87	814.84
17	791.80	796.83	810.01	813.97
18	790.95	795.97	809.15	813.11
19	790.09	795.11	808.25	812.25
20	789.24	794.25	807.42	811.38
21	788.38	793.39	806.55	810.51
22	787.53	792.53	805.09	809.65
23	786.67	791.67	804.82	808.78
24	785.81	790.81	803.95	807.91
25	784.95	789.95	803.08	807.03
26	784.09	789.08	802.21	806.16
27	783.23	788.22	801.34	805.29
28	782.37	787.36	800.47	804.41
29	781.51	786.49	799.60	803.54
30	780.65	785.63	798.72	802.66
31	799.78	784.77	797.85	801.78
32	778.92	783.90	796.97	800.90
33	778.05	783.04	796.10	800.02
34	777.18	782.17	795.22	799.14
35	776.31	781.20	794.34	798.26
36	775.44	780.44	793.46	797.37

如果常用浓度为 96%，温度变化范围为 15～25℃，则两个点温度对应的密度分别为

811.73kg/m³ 和 803.08kg/m³。先在酒精密度-温度坐标系中将这两个点找出来，然后在其间用直线连接，按解析几何的方法，则直线的斜率即为密度随温度变化的系数 α。

$$\alpha=\frac{803.08-811.73}{25-15}=-0.865\text{kg}\cdot(\text{m}^3)^{-1}\cdot℃^{-1}$$

取 $t_d=15℃$，t_d 所对应的密度（参比密度）$\rho_d=811.73\text{kg/m}^3$，连同 α 数值一同经控制器面板上的操作键写入仪表，则仪表运行后就会自动进行温度补偿。

在流体温度变化范围不大，流体密度随其温度变化关系偏离线性不严重的情况下，采用一次函数补偿引入的误差并不大，但若温度变化范围较大，或流体密度随其温度变化的关系偏离线性较严重，就应考虑采用较完善的补偿公式如一般二次多项式[4]。对于涡轮流量计，补偿公式为

$$k=1+\mu_1(t_f-t_d)10^{-2}+\mu_2(t_f-t_d)^2 10^{-6}=\rho_f/\rho_d \tag{8.4}$$

式中 μ_1——一次温度系数，$10^{-2}℃^{-1}$；

μ_2——二次温度系数，$10^{-6}℃^{-2}$；

ρ_f、ρ_d——分别为工作状态和设计（或参比状态）流体密度，kg/m³。

μ_1 和 μ_2 的求取方法。详见本书 5.3.4 小节。

然后将 μ_1、μ_2、t_d 和 ρ_d 数值写入流量批量控制仪的菜单中[4]，仪表运行后，就会按式(8.4) 自动进行温度补偿。

8.3.4 对流体组分的变化进行补偿

在流量批量控制系统中，有时碰到组分变化的情况，而且组分变化引起液体密度显著变化，如果不对这种变化进行补偿，势必引起质量总量的较大误差，轻者影响企业效益，更重要的是影响企业声誉。

仍以酒精为例，在表 8.1 中，$t=20℃$时，酒精含量从 95%升到 96%，酒精密度就减小 0.49%。在一个储罐中，料液的组分往往都是取样用化学法或仪器法测量得到的，最简单的补偿方法是测量组分的同时将参比温度条件下的液体密度一同测量出来（实际上是这样做的)，然后设置到批量控制器中，仪表运行后，即完成自动补偿。

8.3.5 用大小阀控制提高定量精确度

在液体人工装桶或装瓶的操作中，操作工有一条基本经验，即在即将到达控制终点时，适当减慢灌装速度，以提高控制精确度。人们在自动批量控制中吸收了这一条经验，将如图 8.6 所示的单阀控制改进为大小阀控制。其中大阀用于快速发料，小阀用于精确定量，其连接示于图 8.8。

为了使大小阀协调动作，在定量控制器中设置有“大流量发料提前量”和“小流量发料提前量”，当操作工通过面板上的按键设定好“本次操作发料量”等数据后，按一下“复位”键，系统就“准备就绪”，并有相应的灯闪烁，按一下“启动”键，就开始本次发料作业[4]。这时“大阀控制接点” K_1 和“小阀控制接点” K_2 立即闭合，通过电磁阀的作用将大阀和小阀同时开足，液体经流量计流向受槽或其他容器。当

本次发料累积值=本次发料预定值-大流量发料提前量

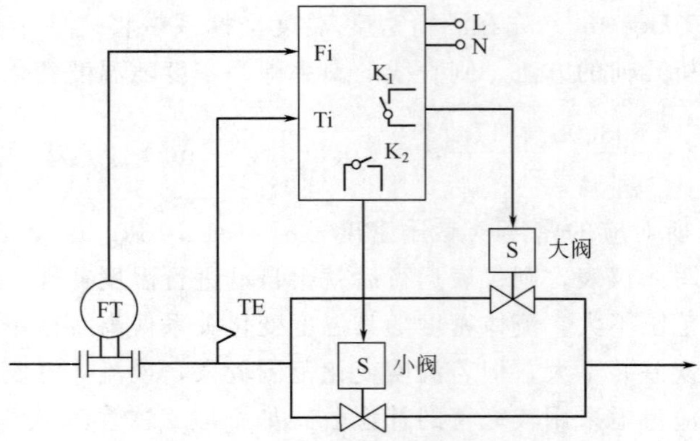

图 8.8 大小阀精确控制线路连接

FT—流量变送器（传感器）；TE—测温元件；F_i—流量信号输入口；T_i—温度信号输入口

时，大阀控制接点断开，大阀关闭，并保持此状态，而小阀继续发料。当

本次发料累积值＝本次发料预定值－小流量发料提前量

时，小阀控制接点断开，小阀也关闭，从而结束本次发料。

这种控制方法适用于操作周期较长的发料对象。其优点是定量准确，付出的代价是投资增加一些，发料时间也稍长一些。合理调试“大流量发料提前量”，可使发料时间趋于合理。

合理选择小阀的流通能力是重要的，兼顾经济性和流量传感器的范围度，一般可选其为大阀流通能力的 1/10 左右。

8.3.6 二阶段阀及其应用

8.3.5 小节所讨论的大小阀控制，是从提高控制精度的方面分析。如果配用的是科里奥利质量流量计，更是必须。因为切断阀的快速切断，将引发水锤，如果是单阀控制，所引发的水锤对科里奥利质量流量计产生强大的作用力，因而流量测量失准。

大小阀控制的另一个不足之处是小阀通径的确定有难度，因为一旦发现通径选得太大或太小，只能用更换另一个通径阀门的方法去解决，很不方便。本小节所述两阶段控制阀则能很好地解决这一问题。

(1) 二阶段气动切断阀的特性

二阶段气动切断阀首先是一种切断阀，在关闭时能做到完全无内泄，适合用作批量控制。其核心是一台比例式气动控制阀，送入 100kPa 以上的气信号，阀门全开，送入 20kPa 以下的气信号，阀门全关，送入 20～100kPa 的任意气信号，可使其开度为所需要的值。于是，比例式气动阀在两台空气过滤减压阀和两台电磁阀的配合下，就可完成“全开→任意小开度→全关”的三位控制。通过减压阀的调整，能将“小开度”定在一个理想值。

阀门定位器能提供强大的输出功率并具有迅速排气功能，所以阀门具有很短的响应时间。

(2) 二阶段气动切断阀工作原理

典型的二阶段气动切断阀工作原理如图 8.9 所示。具体动作过程如下，当电磁阀 2 带电时（电磁阀 1 带电不带电均可），过滤减压阀 2 输出 0.1MPa，信号气压达到 0.1MPa，通过气/气阀门定位器使切断阀全开。电磁阀 1 带电同时电磁阀 2 失电（注意一般电磁阀 1 带电 3s 后电磁阀 2 失电），信号端气压达到 20kPa～100kPa（过滤减压阀输出 20kPa～100kPa），阀转为小开度。当电磁阀 1 失电（电磁阀 2 依然失电），阀门全关。过滤减压阀 1 的输出可在 20kPa～100kPa 之间调节。

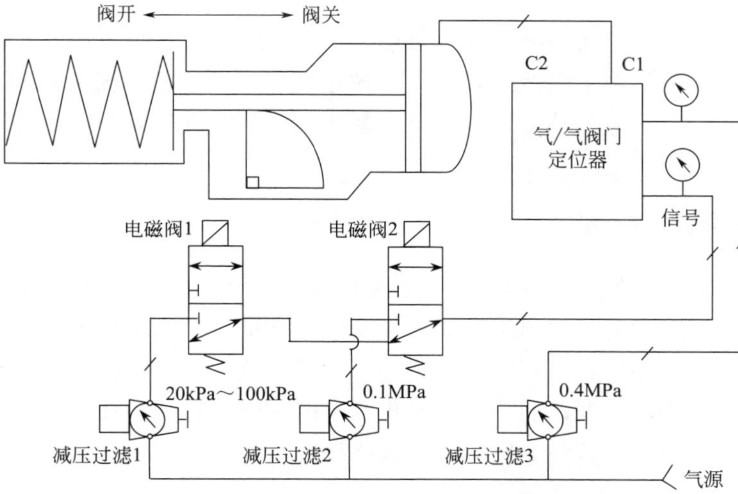

图 8.9　二阶段气动切断阀工作原理

(3) 自行改制的二阶段控制阀

上述二阶段气动切断性能固然很好，但与普通的气动阀相比，多了两台过滤减压阀和两台电磁阀，对于一个企业来说，就增加了一种类型的控制阀，不利于维修。于是有人就想到，是否可利用备品库中现成的气动切断阀（如 V 形气动球阀）改制成二阶段控制阀。于是就出现了如图 8.10 所示的简易二阶段控制阀。

在图 8.10 中，K_1 和 K_2 同时闭合，将 R_2 短接，选配 R_1 的阻值，使 $I=20mA$，阀门全开。K_1 断开后串入 R_2，选配 R_2 的数值，使切断阀开度为理想值。K_2 也断开后，$I=0mA$，阀门全关。所以既简单可靠，又便于维修，而且节约投资。

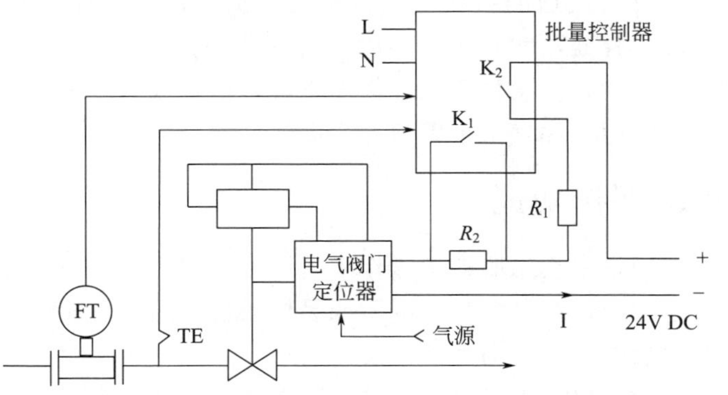

图 8.10　简易二阶段控制阀

8.4 辅助逻辑功能

流量批量控制是以流量准确计量为基础的，逻辑控制功能丰富的复合控制系统，根据用户的使用要求可以有各式各样的逻辑控制功能，下面举几个实例。

8.4.1 设定值出错判别功能

有的单位管理人员为了防止操作人员误操作，要求对所设定的“本次发料预定值”进行判别，当其数值在下限值和上限值之间时，就被接受，当其数值超过此范围时，则不响应，而且相应窗口的数据显示值闪动，以示有误。为此，菜单中须有两条，分别设定下限值和上限值。

8.4.2 料液品质判断

南通某化工企业，待发料液存放在液-液分层器中，其中下层为料，上层为水，要求不能将水发到下道工序。为此，用科里奥利质量流量计测量料液流量和密度，两路信号分别送到批量控制器。在分层器中，料层和水层之间有一过渡层，当料层放完后，液体密度就有显著减小，从而将阀门切断，并使面板上“累积流量值”闪动，以示终点未到。当料层增厚之后，可按面板上的“启动”按钮，继续本次发料操作。

8.4.3 阀和泵的联动

上面所说的大阀、小阀、A 阀、B 阀都应是带软密封的无泄漏阀，但有时料液密度较小，阀两端压差较大，阀门容易泄漏，为此有的用户提出阀与泵的联动，即开阀前先开泵，延迟一段时间后再开阀，而关阀后延迟一段时间再关泵，采用这种控制方式，在管路连接时应避免停泵后液体倒流，否则实发总量与仪表计量值将会出现差值。如果流量变送器（传感器）前的管道在停泵时出现空管，则重新开泵后，管道中的气体易使流量计空转，从而出现较大偏差[1]。

8.4.4 溢料保护功能

经流量定量控制系统所发送的料液，大多是较贵重的油品和化工产品，不少属易挥发品，气味浓重，一旦溢出容器，就易污染环境。有一些还是易燃品，更要加倍注意。为此，有的系统配有溢料保护装置，当发料系统工作不正常，槽车或包装桶等容器液位高于规定值后，控制系统立即切断阀门，并发出报警信号，以保证安全。

8.4.5 静电接地保护功能

槽罐车在行驶过程中，由于轮胎的绝缘作用，车身与空气摩擦，壳体上易积聚静电。这种静电与大地之间的电位差，在易燃易爆场所或易燃易爆物质附近构成安全隐患。为此，需将静电释放。实现的方法是将车身与大地连通。

车辆停到装车车位后，操作人员将接地夹夹到车身的金属底盘上，使车身接地。接地夹上的两个极中一个极接地，一个极接控制器 DI 口，如果两个极与车身导体接触良好，则 DI 表现为 0 电平，如果接触不良，则 DI 表现为高电平，控制器拒绝启动，从而实现静电接地保护。

8.4.6 声光报警

适量的声光报警有利于操作人员及时得到来自控制器的特定信息，如溢料报警、断料报警等，用户对报警的要求不尽相同，在签订合同时应将此项要求弄清楚，制造厂通过软件设计以达到合同要求。

8.4.7　误操作保护功能

在多车位批量装车发货站，总是有人机接口界面，总是有很多接受操作命令的操作键，不论它们是用鼠标操作的键还是触摸屏上的模拟键，或者批量控制器上的按键甚至操作台上的按钮，尽管形式多样，但其用途相同，即接受操作员的命令。

对于数量很多的操作键，操作员往往产生疑虑，生怕一时疏忽的误操作引发事故。于是仪表人员就得积极响应操作人员的这一要求，在系统设计和逻辑设计时，仔细推敲，做到即使误操作也不会引发事故。

在此类操作站中，操作键虽多，但按功能分类其种类并不多，即“急停”“消音”“复位”“启动”等，分别叙述如下。

①“急停”键

其作用是遇到危急状况时紧急关阀，中断发货。即使错按了“急停”键中断发货，仍可在查明真相后，按下“启动”键继续发货，因此不会引发事故。

②“消音”键

其作用是在接受蜂鸣器、喇叭等报警信号后，将声音消除，因此也不会引发事故。

③“复位”键

其作用是在新的一次批量操作之前的准备工作。本批发货未结束，复位操作无效。已经处于复位状态，再重复按“复位”键不会产生新的动作，因此也是安全的。

④“启动”键

其作用是在启动条件满足时，按下“启动”键开阀开泵，其条件是：

a. 已完成复位操作。

b. 溢料保护继电器处于“断开”状态。

c. 车身静电接地已完成。

d. “现场已就绪”信号已送达。

e. 本批发货量指令已送达，并为系统所接受。

f. 其他规定的条件已满足。

如果有一个或多个条件不满足，系统就拒绝启动请求。因此任何键的误操作都不应引发事故。

8.4.8　有流量定值调节功能的定量控制系统

在化工、制药等行业，对化学反应器或生化反应器间歇补料有时既要控制总量又要求补料期间瞬时流量均匀，要完成这一任务，最简单的方法是用一台批量控制仪和一台通用型调节器组成复合控制系统，如图8.11所示。当批量控制器面板上的“启动”键按下时，K闭合，由流量变送器、调节器和阀组成流量定值调节系统，瞬时流量值可根据要求设定。待本次补料总量到达后，K断开，结束补料操作。

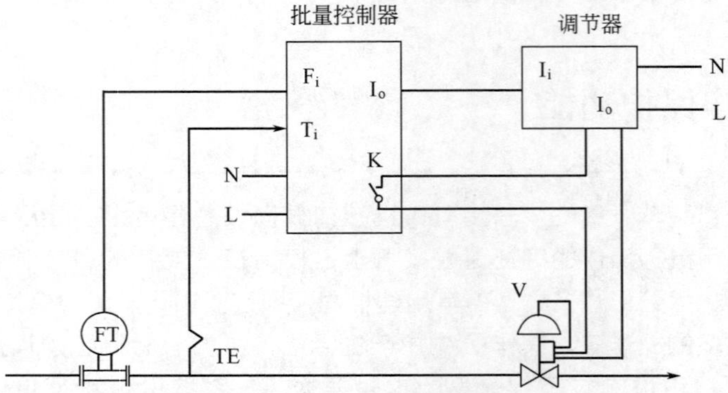

图 8.11 流量定值调节定量控制系统

FT—流量变送器；TE—温度传感器；V—快速调节切断阀；I_i—电流输入口；I_o—电流输出口

8.4.9 小结

a. 流量定量控制系统是集流量测量、显示、累积和逻辑控制于一体的复合控制系统。将单阀控制改为大小阀控制或二阶段阀控制，将提前量控制改为提前时间控制，能大大提高定量精确度。如果流量测量采用速度式流量计，则引入流量传感器非线性校正、流体温度补偿、流体组分补偿等实用方法，也有利于提高控制精确度。

b. 单摆交替灌装操作周期短，为了确保安全，须有特殊的逻辑控制功能。

c. 随着工艺控制要求的不同，流量定量控制会有许多发展变化。在不改变硬件结构的情况下，通过软件设计，绝大多数新要求都能得到满足，非常重要的是工艺专业将要求向系统设计和软件人员讲清楚，并且规定验收试验方法。

d. 流量定量控制系统如果在易燃易爆场所使用，还必须遵守防爆规程，以确保安全。

参考文献

[1] 李景玉．定量装车计算机控制系统的实现［J］. 石油化工自动化，2001，37（2）：73-74.

[2] 王丹丹，黄龚，陶培荣．成品油出厂计量与批量控制［J］. 石油化工自动化，2001，37（4）：32-33.

[3] 单新云．定量装车控制系统的设计与应用［J］. 石油化工自动化，2020，（56）．3：89-91.

[4] 纪波峰，刘赓．IC 卡液碱自动定量装车系统的设计与调试［J］. 氯碱化工，2022（12）．

[5] 陈昕，李琼．浅析石化行业中两阶段气动切断阀的使用［J］. 天津化工，2015（29）：01.

[6] 肖素琴，韩厚义．质量流量计［M］．北京：中国石化出版社，1999：14-15.

[7] 王池，王自和，张宝珠，等．流量测量技术全书［M］. 北京：化学工业出版社，2012.

[8] 蔡武昌，马中元，瞿国芳，等．电磁流量计［M］. 中国石化出版社，2004.

[9] 任艳庆．汽车定量装车系统的集成和应用［J］. 数据技术与应用，2011（7）．

[10] 黄金荣．可编程控制器在油品装车中的应用［J］. 自动化仪表，2004，25（12）：65-67.

[11] 刘立忠．密封装车自控系统在油品装车中的应用［J］. 石油化工自动化，2004，40（3）：28-30.

[12] 张越．成品油火车自动装车系统设计［J］. 石油化工自动化，2004，40（6）：22-24.

[13] 于世奇，朱勤德，邱钦伦．高精度酒精定量发售自控系统的研究与设计［J］. 自动化仪表，1999，20（12）：28-31.

第9章 脉动流影响和流量测量准确性的现场验证

流量计现场应用中，有时会碰到脉动流对流量计产生影响，使之出现较大误差。本章将对脉动流的发生，脉动流对几种流量计产生明显影响的幅值界限，流动脉动引起的流量测量误差的估算及充分阻尼的条件作较详细的分析。

在流量计的现场应用中，流量测量示值的准确性往往受到怀疑，因此，仪表人员经常要为验证测量的准确性而工作。验证的常用方法有物料平衡法、热量平衡法、设备能力估算法等。在验证中一旦出现物料或热量的不平衡，一般应先找非仪表的原因，在无足够依据证明仪表示值是准确的情况下，可以创造必要的条件在现场对流量计进行校验或拆下流量计离线校验。本章结合大量实例介绍常用的验证方法和验证中应注意的事项。

9.1 脉动流对流量测量的影响

9.1.1 引言

流量计实流校准时的参比条件是流动状态必须为定常流（稳定流）。所谓定常流就是流场中各点处的流速、压力、密度和温度等诸参数不随时间变化的一种流动状态。

真正的定常流只有层流条件下才存在。大多数工业管流为紊流（也称湍流）状态，其流动参数在与时间无关的平均值附近随时间有微小的变化，只能称“统计定常流”或“平均定常流”。如果这种波动类似于充分发展的管流，而且无周期脉动，就像 ISO 5167-1 中规定的那样，则仪表显示的瞬时流量与正常测量不确定度应该无任何差异。

如果流动流体的某个参数如流速、压力、密度、温度等不断地随时间变化，就称非定常流。如果测量管段中的流量虽为时间的函数，但在足够长的时间间隔内的平均值是一个常数，则称这种流动为（具有恒定平均值的）脉动流。它是非定常流中的一种流动状态。

脉动流可分为周期性脉动流和随机波动脉动流。有关文献中讨论的通常指周期性脉动流。

9.1.2 脉动流的发生

流动脉动常见于工业管流，它可能由旋转式或往复式原动机、压气机、鼓风机、泵产生，带翼的旋转机械也能以叶片通过频率产生小的脉动。有的容积式流量计也能产生脉动。振动引起的共振，管道运行和控制系统的振荡，阀门“猎振”（hunting）、管道配件、阀门或旋转机械引起的流动分离，也是流动脉动可能的来源。流动脉动还可能由流量系统和多相流引起的流体动力学振荡所引发，例如：流体流过测温保护管，如同流过涡街流量计的旋涡发生体而产生涡列；在三通连接的流路中，自激引起流体振荡；等。

从现场仪表指示往往看不出工业管流中脉动的存在，这是因为平常使用的流量计、压力计响应较慢，而且设有阻尼，但事实上，流动脉动可能是存在的。脉动还可以从上游传递到下游，也可以从下游回溯到上游，所以脉动源可能在流量计的上游影响其示值，也可能在流量计的下游影响其示值。然而从脉动源到流量计的距离增大能使脉动衰减，幅值变小。可以通过可压缩性效应（包括气体和液体）使之衰减到在流量计安装地点探测不到脉动幅值。

流动脉动频率范围从若干分之一赫兹到数百赫兹，脉动幅值从平均流量的百分之几到百分之一百甚至更大，都是可能的。在脉动幅值小的时候，往往难以区别脉动流和紊流。

脉动流的主要参数有脉动幅值、脉动频率和脉动波形。其中脉动幅值多用流速波动均方根值与时均流速之比来表示。

9.1.3 稳定流阈值

目前工业上常用流量计标准规范都指明流量计只能用于稳定流，它是流量计基本误差参比条件之一。实际上，各类流量计应用稳定流都有一个阈值，即允许的非定常流的界限值。

(1) 差压式流量计

差压式流量计在下式的流速脉动幅值可界定为稳定流：

$$U'_{p,\mathrm{rms}}/\overline{U}\leqslant 0.05$$

$$U=U'+\overline{U}$$

式中 $U'_{p,\mathrm{rms}}$——流速波动均方根值；

$\overline{U}$——时均轴向流速；

U——瞬时轴向流速；

U'——流速波动值。

等效的差压脉动阈值为

$$\Delta p_{p,\mathrm{rms}}/\Delta\overline{p}_p\leqslant 0.10$$

$$\Delta p_p=\Delta\overline{p}_p+\Delta p'_p$$

式中 $\Delta p_{p,\mathrm{rms}}$——差压波动均方根值；

$\Delta\overline{p}_p$——时均差压；

Δp_p——脉动条件下瞬时差压；

$\Delta p'_p$——差压波动值。

(2) 涡轮流量计

在给定的流速脉动幅值条件下，随着脉动频率的增高，涡轮流量计读数趋于升高。对于正弦波形脉动，产生 0.1%系统误差所对应的脉动是 3.5%，所以正弦脉动的阈值为

$$U_{rms}/\overline{U} \leqslant 0.035$$

通常激光多普勒和热量风速表能测定流速脉动幅值。如果流量计输出脉冲频率是已知的，而且涡轮惯性也是已知的，则可由流量计显示的脉动幅值推算实际流量脉动幅值并估算校正系数[1]。

(3) 涡街流量计

涡街流量计的旋涡剥离过程随流动脉动产生很大误差。当脉动频率接近旋涡剥离频率时，会出现严重问题。但在脉动幅值足够小的条件下，因为脉动被忽略，因此不发生测量误差。此界限幅值只有平均流速的 3%[2]，类似于流速扰动幅值。

9.1.4 脉动流的流量测量

脉动流流量测量方法有三种：

a. 用响应快的流量计；
b. 用适当的方法将脉动衰减到足够小的幅值，然后用普通流量计进行测量；
c. 对在脉动流状态下测得的流量值进行误差校正。

有的系统中，b、c 两种方法需结合起来才能实现测量，这是因为脉动幅值大，超出估算公式的适用范围。若仅用阻尼方法，衰减后的脉动幅值又未进入稳定流范围。

(1) 用电磁流量计测量脉动流流量

当电磁流量计选用较高的激励频率时，能对脉动流作出快速响应，因此能对脉动流流量进行测量，常用来测量往复泵、隔膜泵等的出口流量。

能用于脉动流测量的电磁流量计，通常在下列三个方面须作特殊设计并在投运时作恰当的调试：激励频率可调，以便得到与脉动频率相适应的激励频率；流量计的模拟信号处理部分应防止脉动峰值到来时进入饱和状态；为了读出流量平均值，应对显示部分作平滑处理。

① 激励频率的决定

以 IFM 型电磁流量计为例，该仪表的技术资料提出，当脉动频率低于 1.33Hz 时，可以采用稳定流时的激励频率，当脉动频率为 1.33～3.33Hz 时，激励频率应取 25Hz（电源频率为 50Hz 时），显然，激励频率要求虽不很严格，但必须与脉动频率相适应，太高和太低都是不利的。

② 流量信号输入通道饱和问题

脉动流的脉动幅值有时高得出奇，如果峰值出现时仪表的流量信号输入通道进入饱和状态，就如同峰值被削除，必将导致仪表示值偏低。

IFM 型电磁流量计流量信号输入通道的设计分两档，其中测量稳定流时，A/D 转换器只允许输入满量程信号的 150%，而测量脉动流时，允许输入满量程信号的 1000%，因此，在测量脉动流流量时，编写菜单应指定流动类型为“PULSATING”（脉动流）而不是

“STEADY”（定常流）。

③ 时间常数的选定

由于电磁流量计的测量部分能快速响应脉动流流量的变化，忠实地反映实际流量，但是显示部分如果也如实地显示实际流量值，势必导致显示值上下大幅度跳动，难以读数，所以显示应取一段时间内的平均值，其实现方法通常是串入一阶惯性环节，选定合适的时间常数后，仪表就能稳定显示。但若时间常数选得太大，则在平均流量变化时，显示部分响应迟钝，为观察者带来错觉。

IFM 仪表资料提出了计算时间常数的经验公式。

$$t(s)=1000/N$$

式中 N——每分钟脉动次数。

(2) 脉动流流量测量的充分阻尼条件

电磁流量计虽能测量脉动流流量，但它仅适用于电导率在合适范围内的液体，而更多的脉动流流量测量对象仍然需在测量前将脉动滤除。

2018 年国际标准化组织对 ISO/TR 3313 进行了增补参改，颁布了 ISO/TR 3313：2018《封闭管道中流体流量的测量——流体脉动对流量测量仪表的影响指南》。它虽不是国际标准，只是一份技术报告，却总结了几十年来国际上对脉动流流量测量主要研究成果，对脉动流流量测量有重要的参考价值。

ISO/TR 3313 对流动脉动的阻尼提供了几个有实用价值的方法，并对其设计计算给出了具体的公式。其中充分阻尼的条件针对标准差压装置而言。

① 气体的脉动流流量测量的充分阻尼条件

气体或蒸气的脉动能被脉动源与仪表之间的节流管阻和气容组成的滤波环节所阻尼，类似于电路中的 RC 滤波器，此气容的容积包括容器和管路本身的容积。此管阻可由阀门和其他装置提供，管路上的压损也有节流效果。脉动源可以在仪表的上游，如图 9.1(b) 所示，也可在仪表的下游，如图 9.1(a) 所示，对这种单容器的阻尼系统满足充分阻尼的条件为

$$H_0/\kappa \geqslant \frac{1}{4\pi\sqrt{2}} \times \frac{1}{\sqrt{\varphi}} \times \frac{q'_{mo,\mathrm{rms}}}{\overline{q}_m} \tag{9.1}$$

式中 H_0——霍奇森数（Hodgson number）；

$$H_0=\frac{V}{\overline{q}_v/f_P} \times \frac{\Delta\varpi}{p} \tag{9.2}$$

V——脉动源与流量计之间的阻尼器容积；

$\overline{q}_v/f_P$——一个脉动周期的时均（时间平均）体积流量；

$\Delta\varpi$——恒压下脉动源与阻尼容器之间的时均压力损失；

p——阻尼容器中的平均绝对静压；

κ——气体的等熵指数（对于理想气体，$\kappa=\gamma$，γ 为比热容比）；

$q'_{mo,\mathrm{rms}}$——脉动源处测得的质量流量脉动分量均方根值；

$\overline{q}_m$——质量流量的时均值；

φ——脉动流下流量计示值的最大允许不确定度。

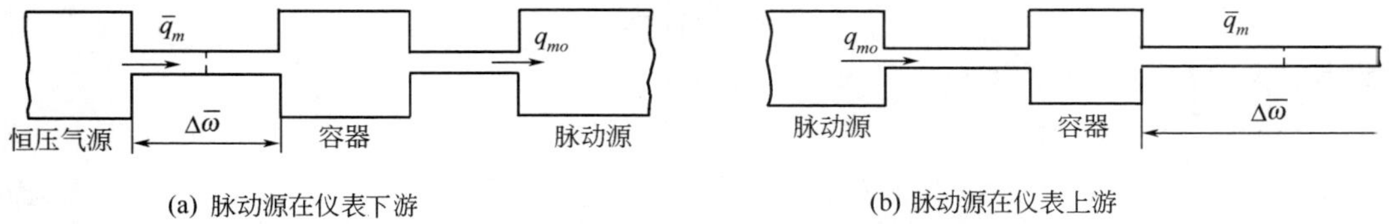

图 9.1 气体阻尼系统

② 带限流管的阻尼器

在单容器阻尼系统中，设计时能够变更的设备参数只有容器的容积，为了得到充分的阻尼，容器容积必须很大，为具体实施带来困难。如图 9.2 所示的带限流管的分隔容器阻尼器，在设计计算时，除了容器容积大小可供选择外，适当减小限流管截面积也能改善阻尼效果，所以总体积可比单容器阻尼系统小得多，因此更具实用性。

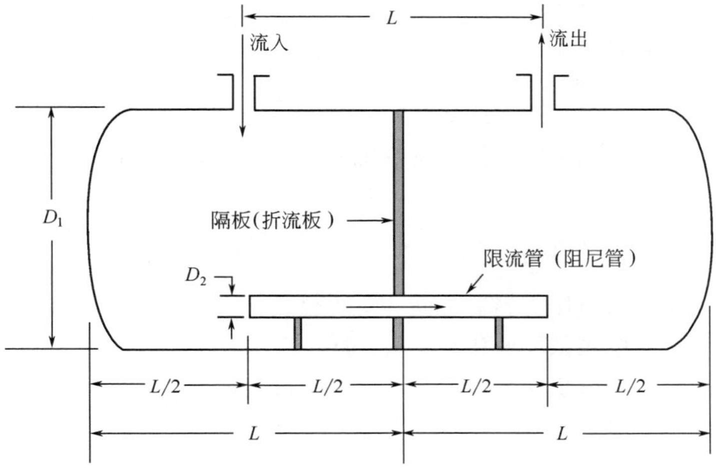

图 9.2 带限流管的分隔容器阻尼器

这种阻尼器的响应系数 μ 为

$$\mu=\frac{(U'_{\rm rms}/\overline{U})_{\rm d}}{(U'_{\rm rms}/\overline{U})_{\rm u}}=\frac{1}{\left\{\left[1-3\left(\frac{\omega}{\omega_0}\right)^2+\left(\frac{\omega}{\omega_0}\right)^4\right]+\left(\frac{2\pi H_0}{\kappa}\right)^2\left[2-\left(\frac{\omega}{\omega_0}\right)^2\right]^2\right\}^{\frac{1}{2}}} \tag{9.3}$$

式中 $(U'_{\rm rms}/\overline{U})_{\rm d}$——经阻尼的脉动幅值；

$(U'_{\rm rms}/\overline{U})_{\rm u}$——未经阻尼的脉动幅值；

ω——脉动频率的角速度；$\omega=2\pi f_P$

ω_0——分隔容器一半的共振角速度。

$$\omega_0=\frac{1}{(LC)^{\frac{1}{2}}}$$

$$L=\rho l_c/A_c$$

式中 l_c——限流管长度；

A_c——限流管截面积；

C——容积，$V/2$（容器总容积的一半）。

③ 液体的充分阻尼条件

液体脉动流的阻尼有两种方法，调压室和空气阻尼器，图 9.3 和图 9.4 所示的布置，脉动源在流量计的上游，如果脉动源在仪表的下游，则须将图 9.3 中的调压室与恒压压头容器互换位置，或将图 9.4 中的空气容室与恒压压头容器互换位置。

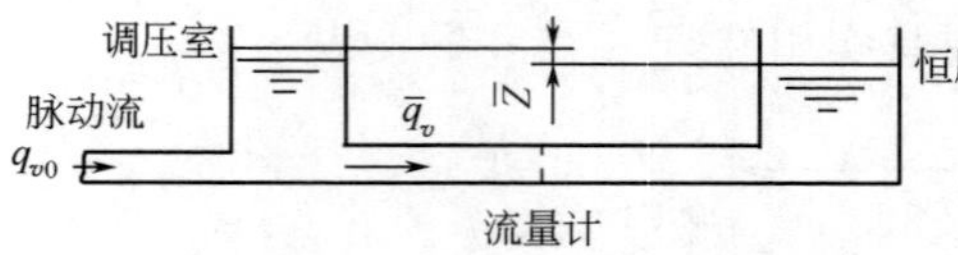

图 9.3 调压室液体阻尼系统

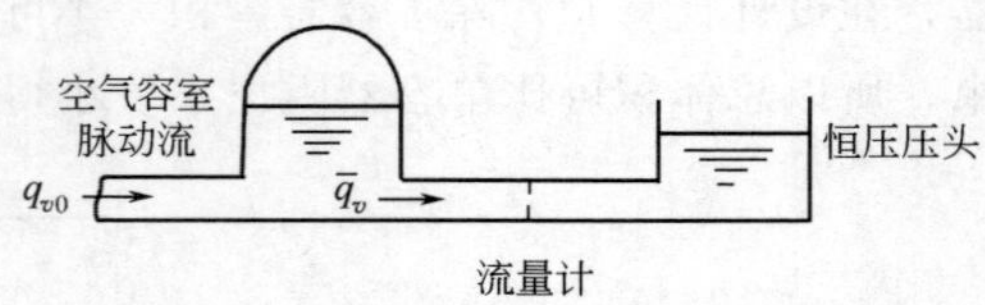

图 9.4 空气容室液体阻尼系统

a. 调压室阻尼系统。调压室液体阻尼系统满足充分阻尼的条件为

$$\frac{\overline{Z}A}{\overline{q}_v/f_P}\geqslant\frac{1}{4\pi\sqrt{2}}\times\frac{1}{\sqrt{\varphi}}\times\frac{q'_{vo,\mathrm{rms}}}{\overline{q}_v} \tag{9.4}$$

式中 $\overline{Z}$——调压室与恒压头容器之间的时均位差；

A——调压室的横截面面积；

φ——脉动流下流量计示值的最大允许不确定度。

其余符号意义同上。

b. 空气容室阻尼系统。空气容室阻尼系统满足充分阻尼的条件为

$$\frac{1}{\kappa}\times\frac{V_0}{\overline{q}_V/f_P}\times\frac{\Delta\overline{\omega}}{p_0}\times\frac{1}{(1+V_0\rho g/p_0\kappa A)}\geqslant\frac{1}{4\pi\sqrt{2}}\times\frac{1}{\sqrt{\varphi}}\times\frac{q'_{v0,\mathrm{rms}}}{\overline{q}_V} \tag{9.5}$$

式中 V_0——空气阻尼器中空气的体积；

κ——空气的等熵指数；

ρ——液体密度；

g——重力加速度；

A——空气阻尼器中液体的自由表面面积；

$\Delta\overline{\omega}$——空气阻尼器与恒压头容器之间的时均压差；

p_0——空气阻尼器中空气静压；

φ——脉动流下流量计示值的最大允许不确定度。

(3) 流动脉动对流量测量仪表的影响

流量测量仪表的种类很多，在脉动流条件下，容积式流量计精确度影响极微已经很清楚，除此之外，对节流式差压流量计、涡轮流量计和涡街流量计也进行了较多的研究，而且取得了一些成果。

① 孔板、喷嘴和文丘里管

脉动流对节流式差压流量计的影响主要是平方根误差、动量惯性引起的误差和流出系数的变化。

a. 平方根误差。对于稳定流，流体流过差压装置，其流量正比于节流件正负端取压口间差压的平方根，其关系如第 3 章式（3.1）所示。

如果此关系被推广用于瞬时变化的脉动流，而且按照稳定流条件用时均差压的平方根代表时均流量，必将产生平方根误差，因为：

$$(\Delta\overline{p})^{\frac{1}{2}} \neq (\Delta\overline{p^{\frac{1}{2}}}) \tag{9.6}$$

b. 惯性影响。当流量快速变化时，差压组件需要产生一个瞬时加速度，而流体通过节流件需要传递（convective）加速度，流量-差压关系为

$$\Delta p_P = K_1 \frac{\mathrm{d}q_m}{\mathrm{d}t} + K_2 q_m^2 \tag{9.7}$$

式(9.7）的右边，第一项是动量惯性，第二项是传递惯性，其中 K_1 是节流件几何尺寸和取压口之间轴线距离的函数，K_1 和 K_2 又都跟流体的速度分布有密切的关系。在脉动流中，节流件上游和流体通过节流件的速度分布是周期变化的，所以 K_1 和 K_2 是周期变化的，它们的时均值往往与稳定流数值不相等，除非脉动幅值很小，脉动频率很低。差压式流量计测量脉动流更准确的特性现在还不清楚。

c. 对流出系数的影响。在稳定流中，各种类型差压装置的流出系数都同入口流体的速度分布有关，比标准分布廓形平坦的速度分布，流出系数减小，比标准廓形尖锐的速度分布，则效果相反。

在脉动流中，瞬时速度分布随脉动周期而变，变化程度由速度分布脉动幅值、波形和脉动斯特罗哈尔数决定，因此，瞬时流出系数有赖于脉动频率、幅值、波形和斯特罗哈尔数。现在还不能用数学方法描述瞬时流量系数与脉动参数的关系。

d. 误差估算。现在与差压装置配用的差压变送器响应都不快（频率上限约 1Hz)，输出的是平均差压 $\Delta\overline{p}_P$，在此基础上相应的平均流量指示 $(\Delta\overline{p}_P)^{\frac{1}{2}}$ 即包含平方根误差和动量惯性误差。

9.1.4 小节（2）中所给出的充分阻尼条件如能得到满足，即可按 GB/T 2624 或 ISO 5167-1 确定脉动流的平均流量，并估计流量测量总不确定度。

脉动流流量总不确定度等于按 GB/T 2624 计算的测量基本误差与脉动附加不确定度的合成。

理论上脉动附加不确定度 E_T 总是正的，其估算公式为

$$E_\mathrm{T} = \left[1 + \left(\frac{U'_{\mathrm{rms}}}{\overline{U}}\right)^2\right]^{\frac{1}{2}} - 1 \tag{9.8}$$

或

$$E_\mathrm{T} = \left[1 + \frac{1}{4}\left(\frac{\Delta p_{p,\mathrm{rms}}}{\Delta p_{ss}}\right)^2\right]^{\frac{1}{2}} - 1 \tag{9.9}$$

或
$$E_{\mathrm{T}}=\left(\frac{1}{2}\left\{1+\left[1-\left(\frac{\Delta p_{p,\mathrm{rms}}}{\Delta p_{p}}\right)^{2}\right]^{\frac{1}{2}}\right\}\right)^{\frac{1}{2}}-1 \tag{9.10}$$

$$U=\overline{U}+U'$$

式中 U——轴向流速；

$\overline{U}$——轴向时均流速；

U'——流速脉动分量；

U'_{rms}——流速脉动分量均方根值；

Δp_{p}——脉动流时节流件取压口处差压；

Δp_{ss}——稳定流时节流件取压口处差压。

公式应用条件为

$$\frac{q'_{v,\mathrm{rms}}}{\overline{q}_{v}}=\frac{U'_{\mathrm{rms}}}{\overline{U}}\leqslant 0.32$$

$$\frac{\Delta p'_{p,\mathrm{rms}}}{\Delta p_{ss}}\leqslant 0.64$$

$$\frac{\Delta p'_{p,\mathrm{rms}}}{\Delta p_{p}}\leqslant 0.58$$

E_{T} 为实际测量的附加不确定度，它可能小于阻尼条件的允许不确定度 ψ。可以用（$1-E_{\mathrm{T}}$）作为修正系数，对差压装置流出系数进行修正。

在具体实施中，以下的措施也是有益的。

- 差压装置尽量远离脉动源。
- 差压装置采用尽量大的 β 和 Δp，为此可适当减小管径。
- 两根差压引压管阻力应对称。

② 涡轮流量计

a. 非定常流运动方程。涡轮流量计输出随时间变化的关系 $f(t)$ 对于通过流量计的瞬时流量随时间变化的关系 $q_v(t)$ 可由下面的运动方程描述：

$$b\,\frac{\mathrm{d}f}{\mathrm{d}t}=q_{v}^{2}-q_{v}f+b\left(\frac{I_{\mathrm{F}}}{I_{\mathrm{F}}+I_{\mathrm{R}}}\right)\frac{\mathrm{d}q_{v}}{\mathrm{d}t} \tag{9.11}$$

式中 b——流量计的动态响应参数（对于指定流体）；

f——流量计指示的瞬时流量（频率信号）；

t——时间；

q_v——实际瞬时流量；

I_{R}、I_{F}——涡轮转子转动惯量和滞留在转子中流体的转动惯量。

其中，b 代表的是流量计和液体的联合特性而不只是流量计的特性。对于给定的平均流量，$b/\overline{q}_v$ 有参考时间间隔或时间常数的特性。对 DN25～DN100 的流量计，测量压力接近大气压的气体流量，典型时间常数为 1s 数量级。对 DN20～DN50 的流量计，测量水流量时的时间常数也是 1s 数量级。显然，由于脉动产生的附加误差，流量计测量气体（在大气压条件下）比测量液体误差大。

b. 动态响应参数的获得。获得响应参数值的方法有两个，一是通过阶跃响应测试获得，另一是通过文献中许多分析公式计算。

动态响应参数不仅同具体的涡轮流量计本身有关，还同流体的密度有关，许多研究者建议 b 与 ρ 成反比关系。而且实验已经证实流动是相似的，所以在流体为空气时由阶跃响应测试获得的响应参数，可由空气和液体密度换算得出液体流动的响应参数。

表 9.1 是文献［2］给出的典型涡轮流量计的动态响应参数。

表 9.1　响应参数典型值

流量计			设计流体	$b/(m^3)^{-1}$
直径/英寸(1 英寸＝25.6mm)	叶片数	叶片材质		
2	12	塑料	气体	0.0046
3	16	金属	气体	0.023
4	12	塑料	气体	0.016
4	16	塑料	气体	0.017
4	16	金属	气体	0.035
4	16	金属	气体	0.065(气体密度 0.935kg/m^3)
6	20	金属	气体	0.156(气体密度 0.935kg/m^3)
6	20	金属	气体	0.183(气体密度 0.935kg/m^3)
8	20	金属	气体	0.261(气体密度 1.105kg/m^3)
2	10	不锈钢	水	0.009
1	6	不锈钢	水	0.0012
7/8	6	金属	煤油	0.002
3/4	6	金属	水	0.001

c. 平均流量误差的估算。根据方程式(9.11)，任何瞬时的误差由下式给出。

$$\frac{f-q_v}{q_v}=\frac{b}{q_v^2}\left(-\frac{\mathrm{d}f}{\mathrm{d}t}+\frac{I_F}{I_R+I_F}\times\frac{\mathrm{d}q_v}{\mathrm{d}t}\right) \tag{9.12}$$

在忽略了式(9.12) 中的 $\mathrm{d}q_v/\mathrm{d}t$ 与 $\mathrm{d}f/\mathrm{d}t$ 的误差后，式(9.12) 可写作

$$\frac{f-q_v}{q_v}=-\frac{b}{q_v^2}\times\frac{\mathrm{d}q_v}{\mathrm{d}t}\left(\frac{I_R}{I_R+I_F}\right) \tag{9.13}$$

在频率为 f_P 和幅值为

$$\alpha=(q_{v\max}-q_{v\min})/2q_v$$

的正弦脉动这一特殊情况下，误差可写为

$$\frac{f-q_v}{q_v}=-\frac{2\pi f_P\alpha b}{\bar{q}_v}\times\frac{I_R}{I_R+I_F}G(\alpha) \tag{9.14}$$

式中，$G(\alpha)$ 的值从 1（$\alpha=0$ 时）到 1.6（$\alpha=0.5$ 时）平滑地变化。

阿特辛松对流量计的响应做了大量的实验，证实了他的结果[1]，图 9.5 示出了平均流量误差 δ 与 α 和 β 的关系，其中：

$$\beta = b f_P \sqrt{q_v}$$

从而使人们能比较方便地使用式(9.14) 估算误差。

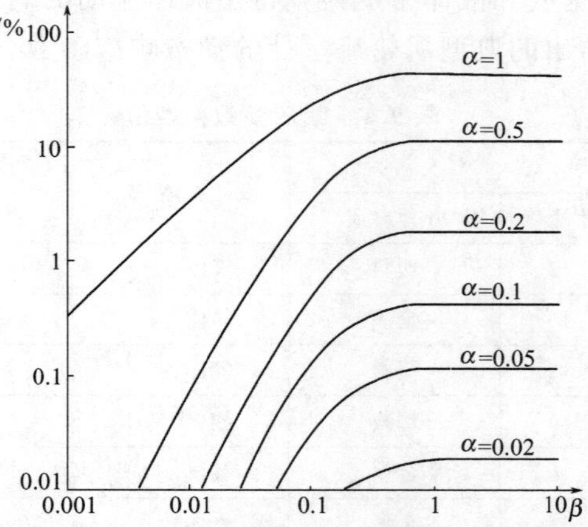

图 9.5 平均流量误差同 α 和 β 参数的理论关系

③ 涡街流量计

a. 脉动频率的影响。在分析流动脉动对涡街流量计影响时，脉动频率也是重要参数，起决定性作用的是脉动频率与旋涡剥离频率之比值，当此比值较小时，具有近似的稳定流特性，旋涡剥离频率随流速变化，斯特罗哈尔数或校准常数不变。

当脉动频率与旋涡剥离频率之比值较大时，就出现一种强烈的趋势，即旋涡剥离周期被“锁定”（“Lock-in”）为与脉动周期相同（$f_v = f_p$）或一半（$f_v = \frac{1}{2} f_p$）。在锁定条件下，流量计输出停顿，流量指示误差可高达±80%。当脉动频率大大高于旋涡剥离频率时，无明显的锁定现象，但斯特罗哈尔数变化，其后果是稳定流校准数据明显偏离，达到 10^{-1} 的数量级。

关于流速脉动幅值 $U'_{\mathrm{rms}}/\overline{U}$ 的试验数据表明，此幅值不能超过 20%。关于脉动频率的限定，在最低流速时，脉动频率应小于旋涡剥离频率的 25%。

b. 用涡街流量计测量脉动流流量。采取合适的阻尼方法将脉动衰减到足够小的幅值(通常为 3%)，是用涡街流量计测量脉动流流量的最常用也是最有效的方法。但当经过努力脉动幅值仍高于 3%，则可对测量不确定度进行估算，然后对误差进行校正。

脉动引起的锁定现象应设法避免。可行的方法有两个：其一是制造发生体较窄的涡街流量计，将仪表的输出频率提高，从而使旋涡剥离频率同脉动频率错开得远一些；其二是采用插入式涡街流量计测量大管径流量。在相同流速的条件下，小口径流量计输出频率比大口径高若干倍，因此采用插入式涡街流量计也能将旋涡剥离频率同脉动频率有效错开。

c. 测量不确定度的估算。如果 $f_v/f_p < 0.25$ 而且 $U'_{\mathrm{rms}}/\overline{U} < 0.2$，测量不确定度约 1%。

如果 f_v 比 f_p 高得多，但无明显的锁定现象，流速脉动幅值在 0.1～0.2 之间，则误差可能为流量示值的 10^{-1} 的数量级。

9.1.5 脉动流流量测量的几个实例

例 1：往复泵引入的脉动及其克服

在聚甲醛连续聚合流程中，精单体、共单体、催化剂等均需保持恒定的流量，这一任务就交由往复式计量泵来完成。这种泵使用一段时间后，常因活门的卡滞、泄漏而出现流量失控现象，为生产酿成重大损失。为了对计量泵输送的流量进行监视，于是安装了流量计。图 9.6 所示为其中的二氧五环（共单体）流量计系统。

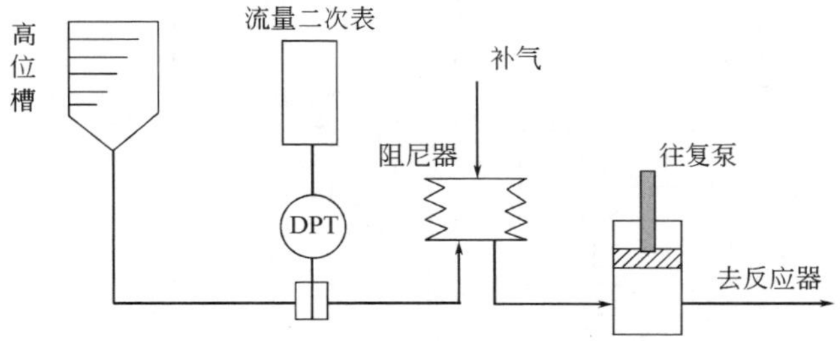

图 9.6 二氧五环流量计系统

图 9.6 中流量计（DPT）为 FT 900 型内藏孔板流量计，测量范围为 0～25kg/h，用机械储能元件（波纹管）吸收往复泵引起的流动脉动，以减小对流量计的影响。为了改善阻尼效果，波纹管内充压缩空气。由于阻尼器设计、安装合理，系统投运后，仪表示值稳定准确。在阻尼器内充以洁净的压缩空气是保证阻尼效果的必要条件，但是由于阻尼器内压力比高位槽内液面上方的气体压力（大气压）高，所以阻尼器中的液体对其上方的气体存在吸收现象，因此大约每隔 2 个星期就需（通过减压阀）补一次气。如果忘记补气，阻尼器中的气体耗尽后，脉动就会严重影响流量计的工作。例如有一段时间，阻尼器正常工作，流量二次表示值稳定在 37%*FS*，后因波纹管卡牢和内部缺气，完全丧失阻尼作用。瞬时流量在（0～74%）*FS* 之间摆动，其波形如图 9.7 所示。将流量二次表内阻尼时间常数加大后，二次表示值稳定在 52%*FS*，比正常示值升高 2/5。

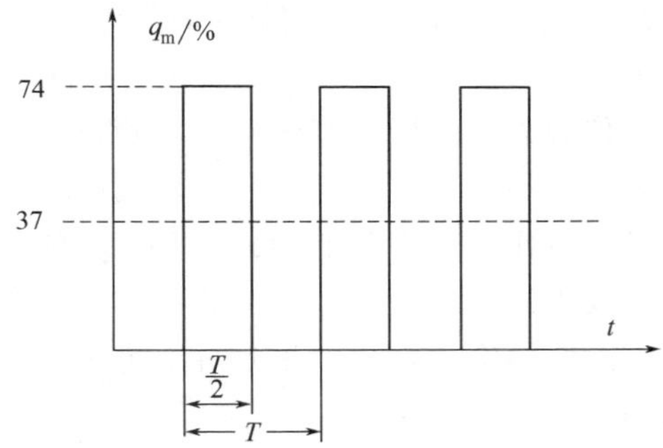

图 9.7 往复式计量泵出口流量

在这个例子中，脉动流的平均流量$\overline{q}_p$ = 37%*FS*，其方波峰值为 q_{pmax} = 74%*FS*，它对应的差压 Δp_{pmax} = 54.78% *FS*，则 $\Delta \overline{p}_p = \Delta p_{pmax}/2$ = 27.39% *FS*，$(\Delta \overline{p}_p)^{1/2}$ = 52.33%*FS*，与式（9.6）相符。

显然，在测量脉动流量时，合适的阻尼器是至关重要的，使阻尼器正常工作与测量本身具有同等重要性。

例 2：调节系统振荡引入的脉动及其克服

上海某轮胎厂新建两台 35t/h 锅炉供 3.9MPa 饱和蒸汽，蒸汽流量用涡街流量计测量，仪表配置如图 9.8 所示。锅炉投入运行后，各路蒸汽分表示值之和与总表经平衡计算，差值 $\leqslant 1\%R$，发汽量与进水量平衡测试结果也令人满意，运行三个星期后出现了新情况，即去除氧器的一套蒸汽流量计示值有时突然跳高，从而使分表之和比总表示值高约 20%。

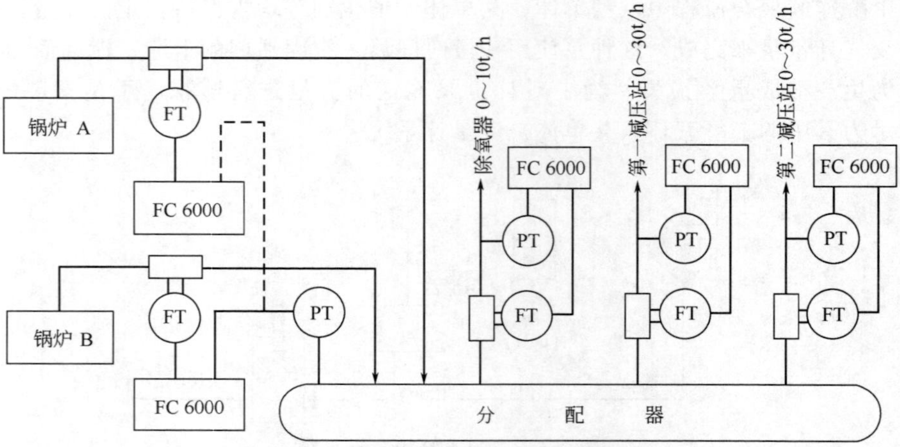

图 9.8 锅炉房蒸汽计量系统仪表配置

在现场运行人员介绍之际，仪表人员观察到流量计示值跳高现象突然发生，从记录纸上也可清楚看出，测量范围为 0～10t/h 的除氧器耗汽流量，正常时在 3t/h 左右波动，最高时也未高于 5t/h，但是异常情况发生后，流量示值突然跳到 10t/h 以上并长时间维持此值。

仪表人员立即到蒸汽分配器处观察，发现去除氧器的一路蒸汽管有异常的振动，管内压力有周期性的小幅度摆动。仪表人员又到除氧器处观察，其配管如图 9.9 所示。3.9MPa 蒸汽经直接作用压力调节器减压到 0.6MPa 后，再经用于除氧温度控制的偏芯旋转阀送除氧头。仪表人员发现，减压阀后蒸汽压力在 0.1～0.8MPa 之间大幅度、周期性摆动，周期约 4s，而偏芯旋转阀阀位并无明显摆动，显然，压力振荡是由直接作用式压力调节系统振荡引起的。

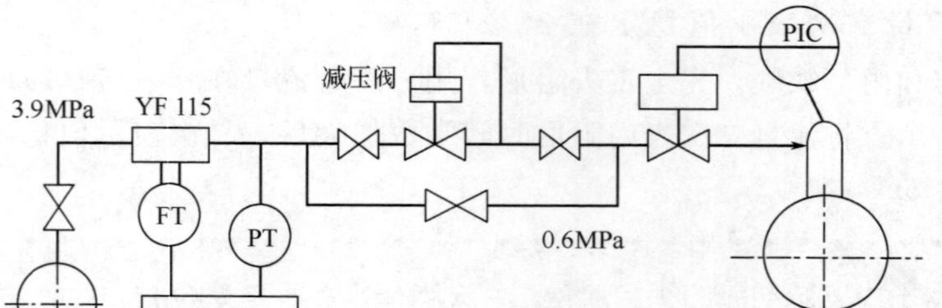

图 9.9 除氧器蒸汽系统配管

仪表人员建议热力工程师将减压阀前的切断阀缓慢关小，直至振荡停止，流量示值也恢复正常。

分析上述现象，归纳出以下五点：

a. 流量示值突然跳高是由于流体从定常流突然变为脉动流。

b. 脉动流的形成源于减压阀振荡。

c. 减压阀振荡是因其两端压差大，阀门开度小，阀芯还可能存在一定的干摩擦。

d. 关小调节阀的上游切断阀后，减压阀开度增大，振荡停止，是因为阀门开大后，减压阀两端压差减小，等效放大系数相应减小。

e. 减压阀应尽早拆开检查，改善干摩擦清除卡滞，以彻底消除产生脉动的根源。

例 3：蒸汽喷嘴引入的脉动及其克服

上述两例，流体不同，脉动引发的方式大不相同，所使用的流量计也不同，但是有一点是共同的，即有固定不变或基本稳定的脉动周期，下面的一个例子，脉动完全是随机的。

锅炉的除氧器是用蒸汽将进水加热到规定温度，于是水中氧的饱和溶解度相应减小，从而达到除去水中部分氧的目的。

国产锅炉除氧器，蒸汽是从除氧头下部引入，进水从除氧头上部引入，汽水在除氧头内的筛板段进行热量传递和质量传递。这样的结构形式，对除氧器蒸汽流量测量毫无影响。但在上海的一幢 88 层高楼遇到的却是另一种情况。该大厦安装有德国 ROS 公司的蒸发量各为 10t/h 的 4 台锅炉，随锅炉带来除氧器。该除氧器的加热方法是在卧式热水箱接近底部的高度，横卧一根蒸汽喷管，在喷管上密密麻麻打了很多小孔，全部蒸汽均从这些小孔中喷出同周围的水接触，完成热量传递，并带着水中的氧上升，浮出水面，达到除氧的目的。其蒸汽计量和加热系统如图 9.10 所示。

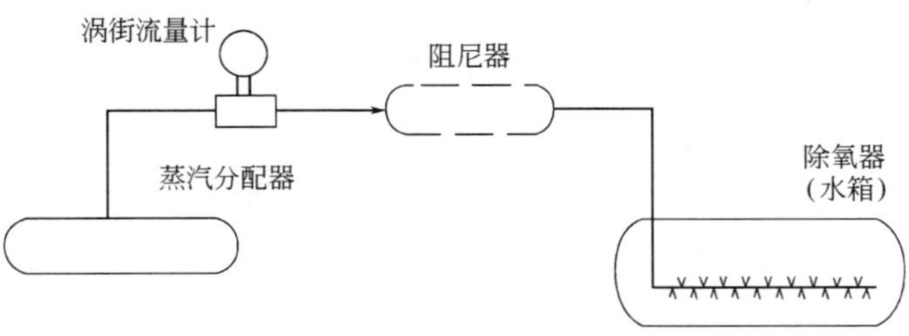

图 9.10　除氧器蒸汽计量和加热系统

这种结构的除氧器对蒸汽流量测量带来严重威胁。因为蒸汽从小孔中喷出后，马上同温度较低的水接触，导致气泡破裂，仿佛水箱底部每秒都有许多小气球在爆破。这种爆破产生的流动脉动经蒸汽管路反向传递到安装在上游的涡街流量计，使流量计示值比热平衡计算得到的理论值高 150%～170%，显然，问题是严重的。后在流量计与除氧器之间加装了一台阻尼器，使气泡破裂产生的脉动在阻尼器中得到衰减。阻尼器投入运行后，不仅流量计示值与理论计算值基本符合，而且管道振动也明显减小。为了解决安装空间问题，阻尼器结构与图 9.2 略异，采用管道式，如图 9.11 所示。

在设计蒸汽（气体）阻尼器时，两个气容容积大小和限流管内径的设计是关键，因为容积太小，阻尼效果不好，而容积做大，效果好了，但体积和成本均增大。限流管的内径也如此，管径取得太大，阻尼效果不佳，而管径取得太小，阻力大，压损大。因此需合理计算。

文献 [3] 给出了在不同流量条件下阻尼器的尺寸，如表 9.2 所示。该文献中计量单位为英制，表 9.2 中已换算成公制。

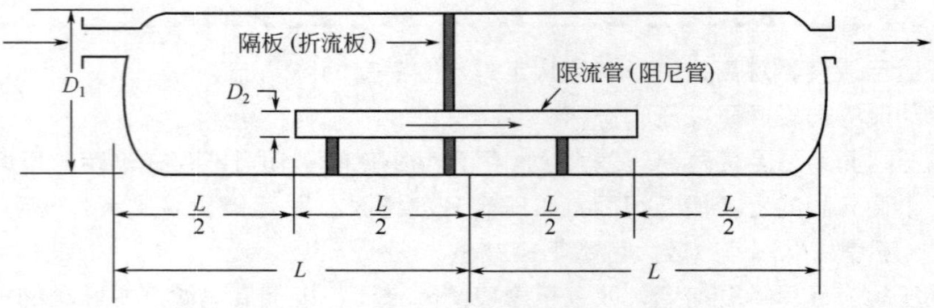

图 9.11 阻尼器结构

表 9.2 阻尼器尺寸

流量 q_s/(m^3/h)	罐直径 D_1/mm	阻尼管直径 D_2/mm	长度 L/mm
3500	400	38	950
3500～12700	600	50	850
12700～20000	750	80	1000

例 4：搅拌器桨叶旋转引起的脉动及其克服

江苏仪征某化工厂，母液如图 9.12 所示经 FT-377 电磁流量计从前一设备送向母液罐，仪表投入投运后，流量示值以固定频率上下跳动。现场检查前后直管段长度及接地等安装条件均符合要求，未查出原因。一次偶然机会，母液罐内的搅拌器停止运转，这时流量示值稳定。经进一步检查发现，此搅拌器是侧壁安装，而且其位置距安装流量计的进料管管口仅 1m 左右，很明显是搅拌器桨叶以固定的周期翻起浪波使得进料口处的阻力周期变化导致管内流体脉动。电磁流量计出口端到容器壁的距离 D_1 太近，仅约 1.5m，使流量计出口流速不稳，流量示值产生有规则的摇摆。后将流量计改到 B 位置，远离原安装位置约 10m，流量计示值趋稳定。

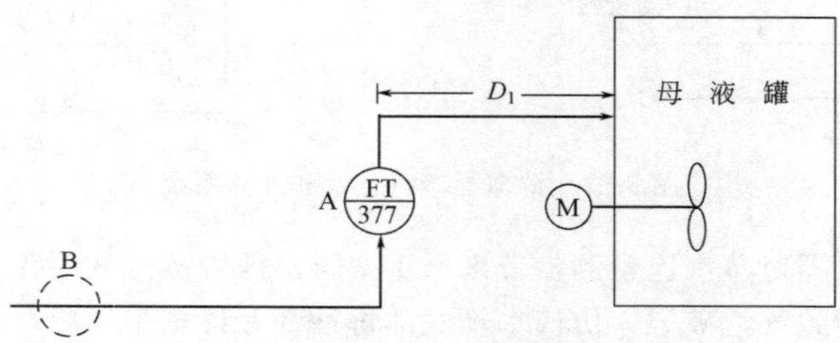

图 9.12 电磁流量计 FT-377 安装示意

本例中所说的流动脉动对仪表积算总量影响还不大，因为搅拌器桨叶引起的脉动频率较低，其数值远远低于所选电磁流量计的激励频率，所以尽管流量示值大幅度周期性摆动，但其准确度并无明显变化，其影响仅仅是示值难以读数和 DCS 中趋势曲线无法制作。

例 5：减压阀振荡对涡街流量计的影响

直接作用式压力调节阀在现场使用得很普遍。这种阀振荡时不像例 2 那样容易察觉，而且非常隐蔽，因此处理人员很容易被表象所蒙蔽。

该实例所述之事发生在上海的一幢 88 层大厦。大厦所属锅炉房经分配器向洗衣房供汽。因蒸汽压力太高，所以中间设置一个直接作用式减压系统，流量计为涡街流量计。系统示意图如图 9.13 所示。

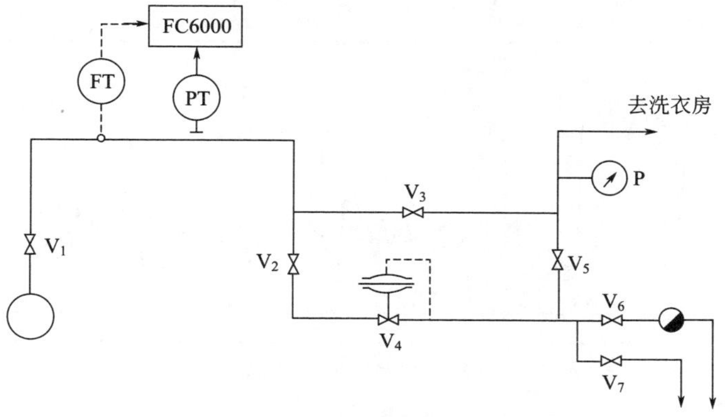

图 9.13　蒸汽减压与流量测量系统示意图

该系统投运后的最初几年，运行一直良好。白天和上半夜，洗衣房开工，蒸汽流量在 1.0～2.5t/h 之间波动。后半夜收工后，流量减为 0.2t/h 左右。典型的历史曲线如图 9.14 所示。

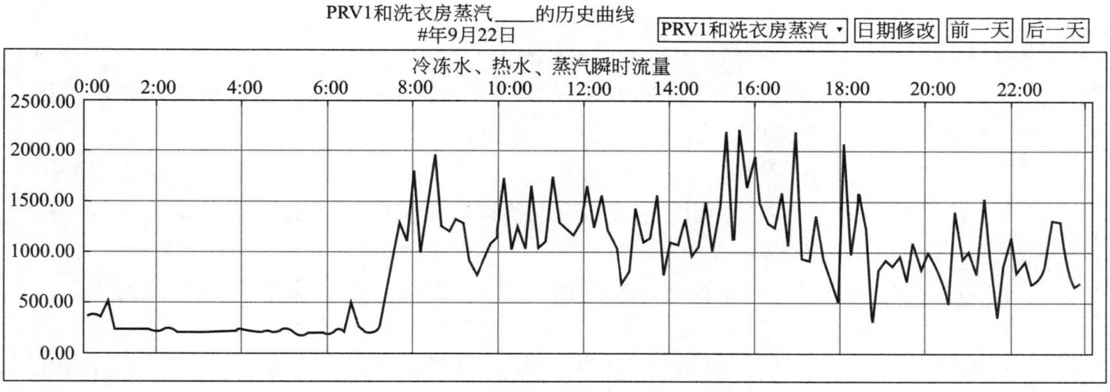

图 9.14　减压阀正常时的典型流量曲线

可是在一次停车小修之后，情况发生了变化。其中，开工期间的流量变化范围并无异样，而停工期间的流量示值却大幅度升高，甚至比开工期间的最大流量还要大。典型的历史曲线如图 9.15 所示。因此，有关人员特地在收工期间进行检查。

先是检查涡街流量计的零点。然而，关掉切断阀后，流量计指零。

其次怀疑涡街流量计损坏。然后，将涡街流量计拆下放在流量标准装置上校验，一切正常，指标合格。

在停工期间，检查人员靠近图 9.13 中阀门 V_4 的位置听管道中流体流动的声音，噪声很大，在场人员推算，管内流速很高。可是顺着管路去查，沿途无任何泄漏，也无疏水器漏汽的迹象。

有人怀疑疏水器损坏，而在停车期间流量太小，饱和蒸汽带入减压系统的凝结水有可能在图 9.13 中的 V_5 前积累，使得蒸汽通过水层时，出现鼓泡，导致流量脉动。可是，打开阀门 V_7，并无积水的证据。

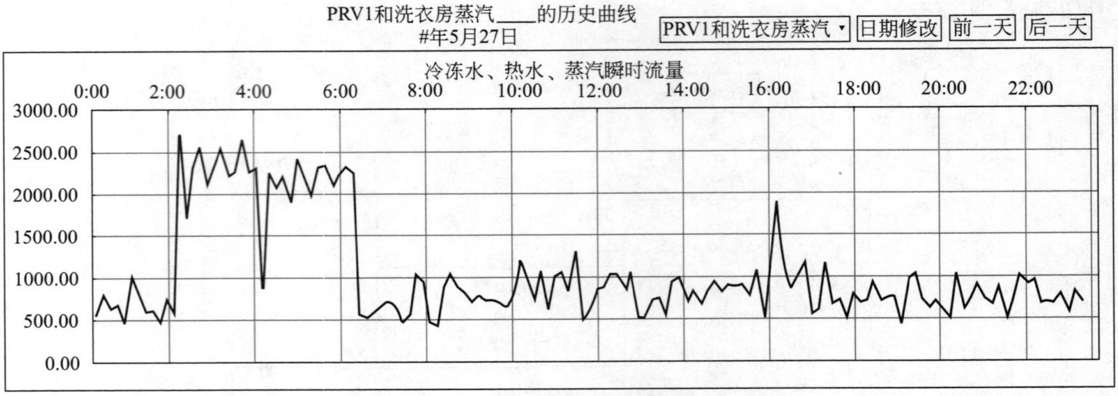

图 9.15　减压阀异常时的典型流量曲线

在一筹莫展的情况下，开始怀疑减压阀，因为不论流量大与小，减压阀后的压力总是稳定在 0.4MPa，所以，人们一直认为它是好的，没有怀疑的必要。

于是，通过阀门 V_3 对出口压力进行控制，而将阀门 V_2 逐步关小，直至关死。

待切换完毕，流量示值跌到 0.2t/h 以下，从而真相大白。后来，维修人员更换了减压阀的金属膜片，最终处理了故障。

这一故障的教训如下。

a. 一台减压阀能将出口压力（或进口压力）稳定地控制在规定值，从而完成其主要任务，但不能因此而忽视其对流量测量可能存在的影响。

b. 一台减压阀在开度大的时候可能对流量测量不存在影响，但不能因此断定在开度小的时候也不存在影响，因为阀门前后的压差不同、开度不同、管网的配置不同等，都可能影响减压阀的稳定性。

c. 减压阀是否振荡，通常观察它是否存在明显的振动、是否阀芯存在明显的抖动、是否发出振荡叫声，但即使无振动、无抖动也无叫声，也不能作出不振荡的判断。

检验减压阀是否振荡并对涡街流量计产生干扰，最可靠和简单的办法是跳开减压阀，改由旁通阀控制。

d. 减压阀振荡（或仅在某一开度存在振荡现象）导致涡街流量计示值偏高，是由于振荡引起流动脉动，干扰涡街流量传感器的工作。

e. 解决减压阀振荡的方法是对减压阀进行维修或改善其工作条件，使振荡条件不成立。

例 6：T 形管道引起的脉动及其克服

横河公司在其旋涡流量计选型资料中介绍，由图 9.16 所示的 T 形管道而引起的脉动压力，要对旋涡流量计产生干扰。当图中的阀门 V_1 关闭时，流体循 B 方向流动，对流量计 A 来说，流量为 0，但由于该脉动压力被流量计中的传感器检测到，以致流量计产生“假流量”输出，出现所谓的“无中生有”现象。该公司建议将 V_1 的位置换到 V_1' 位置，这时，V_1' 关闭，能将脉动压力完全阻断，从而消除“无中生有”现象。而 V_1' 保持一定开度时，由于 V_1' 的节流作用，对脉动压力有一定的衰减效果。当然，流量计的安装位置如有可能，应尽量向下游移，远离脉动源，上述衰减作用会更显著。

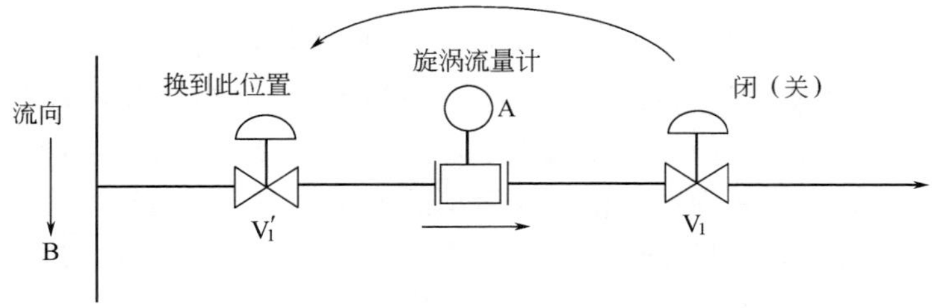

图 9.16　T 形管道引起的脉动

本章例 6 所讨论的是流体在三通管处做直线运动时，对支管上的涡街流量计造成干扰的例子，其实流体在三通管处作 90°曲线运动时，也会引发流动脉动，而且破坏性更严重，下面就是一个此类实例。

例 7：用旁通阀控制流量示值陡增 20%

苏州某热电厂供热网上的一路蒸汽管上装有一台山东某厂生产的涡街流量计，其系统图如图 9.17 所示。该系统在试运行过程中，下游切断阀走正路时，示值正常，走旁通时，流量示值陡增 20%。不仅如此，瞬时流量示值还非常不稳定，经常出现很高的毛刺。走旁通阀和走正路时的流量趋势图如图 9.18 所示。

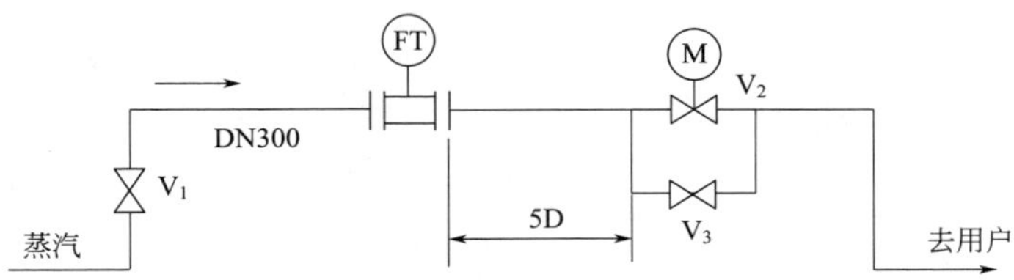

图 9.17　流量测量与控制系统图

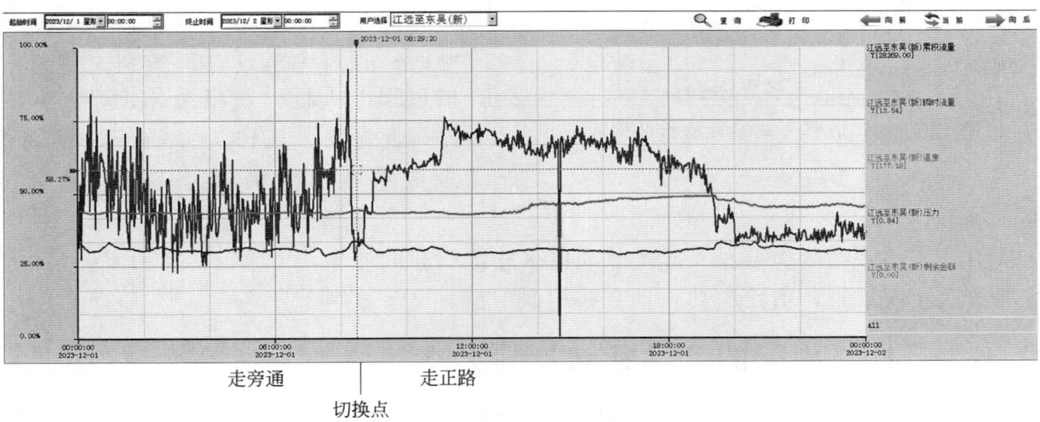

图 9.18　用旁通阀控制和用正路阀控制的流量趋势图

a. 为什么走旁通时，流量示值大幅偏高？高速流动的流体具有很高动能，当走旁通时（正路阀关闭）沿直管高速流动的流体撞击在正路阀的阀芯上，动能转化为正压，流体折返向三通口流去，从而导致流体旋转产生旋涡，旋涡引发的流动脉动沿着流体上传到涡街表探头，从而使输出脉冲增多。这个脉动频率不很高，但因涡街口径大，DN250 时，K_t = 0.0699P/L，V=20m/s 时，f=80P/s。

b. 为什么走正路时，示值正常？走正路时，高速流动的流体流过全开阀不会产生旋涡。流过下游 90°弯头时，由于管壁的导向作用，流路平滑，可顺畅通过，只引起流场对称性变差，也不会产生旋涡。但是流体流过三通管口，因为管径较大，可能会产生涡流。

要判断流过三通时是否有旋涡发生，最简单的方法是在近三通管处安装一台压力表，如果在高流速时压力值有明显的抖动，则表明有旋涡存在。当然最好的方法是在涡街流量传感器附近，不要设置大直径三通管。

例 8：减温减压器引发流动脉动

电厂外供蒸汽大多经减温减压的工序，以满足客户对蒸汽温度和压力的需求。减温减压后的蒸汽，一般流量较大，管径较粗，而且流量值均需精确计量，以作为财务结算的依据。此类流量测量对象的仪表选型，绝大多数为差压式流量计，但是偶尔也有的设计人员选用涡街流量计，其后果大多是流量示值严重偏高，偏高幅值一般与蒸汽温度的高低、压差的大小、管径的粗细，以及涡街流量计与减温减压装置之间的距离有关。减温减压的工作原理并不复杂，就是将减温水喷入蒸汽中，将其汽化，吸收高温过热蒸汽的部分热量，达到减温目的。减温减压器的结构原理如图 9.19 所示。

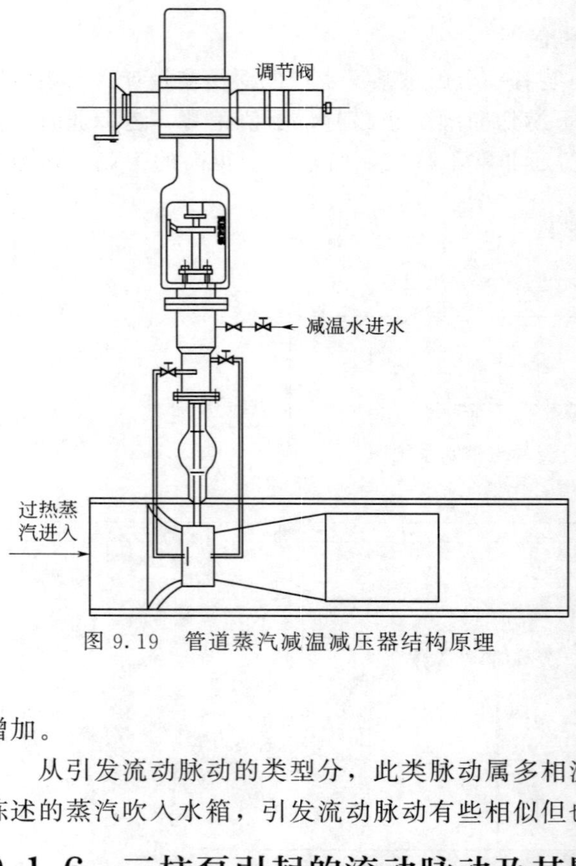

图 9.19 管道蒸汽减温减压器结构原理

减温减压器有一体式和分体式之分，不管哪种型式，当减温水喷入减温器时，在减温器中，减温水与过热蒸汽接触的瞬间，总是伴随着气泡破裂和水滴汽化的过程，从而引发汽液相流体的剧烈振动，此振动以流体为介质传递到涡街流量传感器的探头上，使其输出脉冲数增加。

从引发流动脉动的类型分，此类脉动属多相流引起的流体动力学振荡所引发。与例 3 中陈述的蒸汽吹入水箱，引发流动脉动有些相似但也有显著差别。

9.1.6 三柱泵引起的流动脉动及其影响

在 9.1.5 小节的例 1 中，讨论的是柱塞式计量泵引发的流动脉动及其对差压式流量计的影响。由于柱塞只有一根，所以引起的流体脉动非常严重，大多在定量加药时应用。在液体大流量输送中使用的高压泵，常常采用三柱泵，由于三根柱塞的动作在时间上错开 120°，所以能实现流体连续的高压输送。但是由于三根柱塞排出液体的时间只有 1/6 周期是重叠的，所以重叠期间的排出量为一根柱塞的两倍，如图 9.20 所示。

从图 9.20 中可以看出，三根柱塞的共同作用引起流动脉动的频率是一根柱塞的 3 倍。

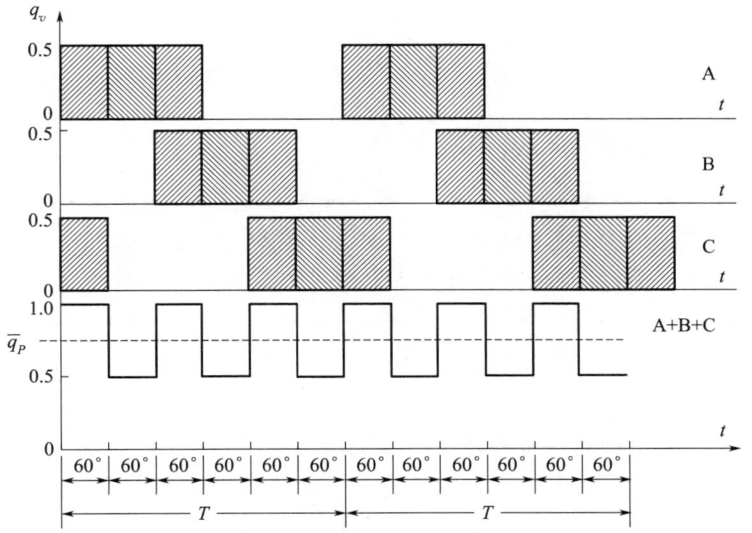

图 9.20　三柱泵出口流量的合成

在图 9.20 中假定三根柱塞的排液量幅值相等，其幅值均为 $0.5q_v$，则三柱泵总排液量在 $0.5q_v \sim 1.0q_v$ 之间周期性变化。三柱泵平均排液量为

$$\overline{q}_P = \frac{0.5q_v + 1.0q_v}{2} = 0.75q_v \tag{9.15}$$

式中　$\overline{q}_P$——三柱泵出口流量平均值，m^3/s；

q_v——三柱泵出口流量峰值，m^3/s。

即为一根柱塞排液量的 3 倍。由于流量最大值为 $1.0q_v$，所以平均排液量为 $0.75q_v$。

如果在三柱泵出口装设的流量计为差压式流量计，而且假定在流量幅值为 q_v 时，流量传感器输出的差压值为 ΔP_{max}，则当流量幅值为 $0.5q_v$ 时，按照差压流量计的分度规律，则差压为 $0.25\Delta P_{max}$，于是平均差压为

$$\Delta\overline{P}_\rho = \frac{0.25\Delta P_{max} + \Delta P_{max}}{2} = 0.625\Delta P_{max} \tag{9.16}$$

式中　$\Delta\overline{P}_\rho$——脉动流条件下的差压平均值，Pa；

ΔP_{max}——流量峰值对应的差压，Pa。

$\Delta\overline{P}_\rho$ 与 ΔP_{max} 之比经开平方运算得到流量相对值，即

$$q_{vm} = \left(\frac{\Delta\overline{P}_\rho}{\Delta P_{max}}\right)^{0.5} \approx 0.7906 \tag{9.17}$$

式中　q_{vm}——流量计显示的流量相对值，无量纲。

从而可得流量测量误差。

$$\delta=\frac{q_{vm}}{\overline{q}_P}-1 \tag{9.18}$$
$$=5.4\%$$

式中 δ——流量测量示值误差，无量纲。

所以，三柱泵出口的差压式流量计，流动脉动使其偏高5.4%。这个计算结果是基于三根柱塞完全对称，而且泵内球阀均工作在理想状态。

9.1.7 小结

脉动流体对流量测量仪表的影响是个十分复杂的问题，有时只感到流量示值误差大，并未察觉是流动脉动的影响，也未察觉脉动的存在，上述几例属于比较简单的情况，可通过阻尼或消除脉动源，使问题得到解决。另外还有一些问题需要去研究和解决。

9.2 流量计示值准确性的现场验证

9.2.1 概述

流量计在出厂之前需按检定规程进行检定。有些种类流量计例如涡街流量计、电磁流量计、涡轮流量计、科里奥利质量流量计等还须在流量标准装置上通入校准流体，对被检表进行逐台校准（calibration），校准有时也称对刻度进行标定。GB/T 17611—1998对校准所作的定义是：在规定条件下确立由测量装置所指的值与采用适用于被测流量的测量标准器所获得的相应已知值之间关系的一组操作[4]。但是出厂检定合格的流量计安装到使用现场后，一般还得经过使用环节的实践考验，才算真正“合格”。这一环节就是交工验收时对流量计示值准确性的现场验证。将这项工作称作“验证”，是因为它不同于检定。“检定”这个术语在JJF1001—2011中的定义是“查明或确认计量器具是否符合法定要求的活动，它包括检查、加标记和（或）出具检定证书”[5]。很明显，对于流量计，检定是对某台器具所进行的工作。而一台流量计安装到使用现场后，往往还要同其他相关联的仪表（如二次表）配套，连同被测对象一起组成流量测量系统，并在特定的使用环境中运行。一个流量测量系统中所包含的各台计量器具可能全部是合格的，但组成一个流量测量系统却可能不合格，因为器具选型不当、量程选择不当、器具之间匹配不合适、安装不合理、环境恶劣使器具不能适应、测量对象对器具测量可调比要求太高等原因，都会造成系统误差太大。所以，这里所说的验证是对为一个具体的对象服务的在一个特定的环境中运行的测量系统而言。一套流量计在某个特定的环境中运行可能不“合格”，而换一个环境，可能是“合格”的。对这一对象服务可能不“合格”，改作为另一对象服务，可能又是“合格”的。因此验证不能脱离具体的系统、具体的对象、具体的环境。

比对这个术语在《计量辞典》中的定义是“在规定条件下，对相同准确度等级的同类基准、标准，或工作用计量器具之间的量值进行比较”[6]。看来用比对来代表现场的验证工作也不完全合适，因为现场验证有些是在相同准确度等级的测量系统之间进行比较，而有的却不是。“验证”一词在 GB/T 19000—2016 中定义为“通过提供客观证据对规定要求已得到满足的认定”[7]。这虽是质量管理和质量保证标准中的术语，将其借用到测量系统的质量管理，基本上也适用。

但是不管叫什么名称，这项工作还是必须做的，而且是一件十分重要的事。验证时：可能是供应商提出很多数据和理由，证明测量系统示值是足够准确的，而由业主单位进行验收；也可能是安装调试单位交工，而由建设单位或建设单位委派的监理单位验收；在同一个单位中，则可能是仪表计量设备部门交工，而由使用部门验收。

下面介绍常用的现场验证方法。

9.2.2 流量测量系统的现场校验

在使用现场对流量测量系统进行校验，一般包括零点校验和零点以外的示值校验，通常先进行零点校验，在零点正常后，如果有条件才进行零点之外其他点的示值校验。如果零点不正常，一般应先查找原因，经处理使之正常后再进行其他点的示值校验。

(1) 流量测量系统零点的校验

在使用现场对流量测量系统的零点进行校验同在实验室中进行校验方法没有什么不同，都是使流过流量计的流量为零，然后读取流量表的示值。只是使用现场条件没有实验室那么理想，有较多不利因素。

经验丰富的工程监理人员或验收人员在流量计启用前对其检查验收时都要检查一下流量计的零点示值，因为此项校验最容易实施，也最为重要。

在校验时流量计既不能无中生有，也不能指向负值。校零时需注意如下各点。

① 保证流过流量计的流体流量确实为零

这是流量计校零的基础。现场使用一段时间的切断阀关闭后能做到无内泄者不是很多。所以校对零点时，需确认这一点，才能避免弄巧成拙。

② 在流量计测量通道中必须充满被测介质

这一点对于电磁流量计尤为重要。因为大多数电磁流量计在空管时都会指向满度值。这是由于测量管空管时，电极之间开路，使示值超过满度。

③ 小信号切除问题

对于以模拟信号输出的流量计，由于模拟电路难免有些漂移，导致零点出现微小的偏移。通常用小信号切除的方法予以解决，这一方法也有缺点，因为切除点以下的小流量信号也一起被切除了，所以切除点不能定得太高。在流量仪表普遍实现可编程后，切除点可根据需要任意设定。为解决这一困难提供了有效的手段。但应注意，有些变送器（例如差压变送器）由于安装位置有一定的倾斜，或因承受机械应力，导致零点漂移，不能用小信号切除的方法解决，只能用零点校准的方法解决。

涡街流量计测量液体，管中充满着的液体，包围在传感器周围，具有良好的阻尼。若测量管中充的是气体，由于气体的密度和黏度均比液体小得多，阻尼特性较差，管道或厂房的振动，甚至周围空气较强烈的振动，都会导致仪表示值的“无中生有”。

④ 振动对涡街流量计零点的影响

涡街流量计在测量管充满被测介质时，如果零点示值偏高，也即存在“无中生有”的现象，一般都可通过噪声平衡（NB）调整和触发电平调整（TLA）使输出回零[8]。但若安装现场振动较严重，往往无法用仪表调整的方法解决问题，因为将触发电平调得太高，或将放大器增益（GAIN）调得太小，必将导致提高可测最小流量值，甚至在流量较大时涡街所产生的信号仍低于触发门限值而被当作噪声予以滤除。这时就得另想办法，例如减小振动、换上耐振性更佳的仪表等。

⑤ 涡街流量计在零流量时易引入干扰

涡街流量计校零时容易接受外界干扰的主要原因是其传感器前置放大器的变增益特性。以压电传感器为例[9]，由于传感器的输出幅值同流过测量管的流速的平方成正比，流速越高，传感器的输出幅值越大，反之，输出幅值就小。微弱的信号送入涡街流量计的前置放大器，该放大器为了将幅值悬殊的频率信号放大到幅值近似相等的信号，采用了变增益放大器，即流速高时输入频率高，增益小，流速低时输入频率低，增益大，当然，输入频率为零时，增益最大，这时，各种干扰也一视同仁被放大了很多倍数，而高于触发器的门限值，最终被当作信号送到输出端。

(2) 流量测量系统的示值校验

流量测量系统的零点示值校验，实施起来较容易，因为使流过流量计的流量为零，比较容易实现。本小节所述的校验是零点之外其他点示值的校验。

① 校验前的准备工作

要对流量测量系统示值进行现场校验须具备必要的条件，如图 9.21 所示要预留校验口和切断阀，是在仪表安装时就已设置好的。如果只设置出料校验口，则只能用流量计实际被测流体校验，如果既装设了出料校验口又装设了进料校验口，就可用其他合适的流体校验。

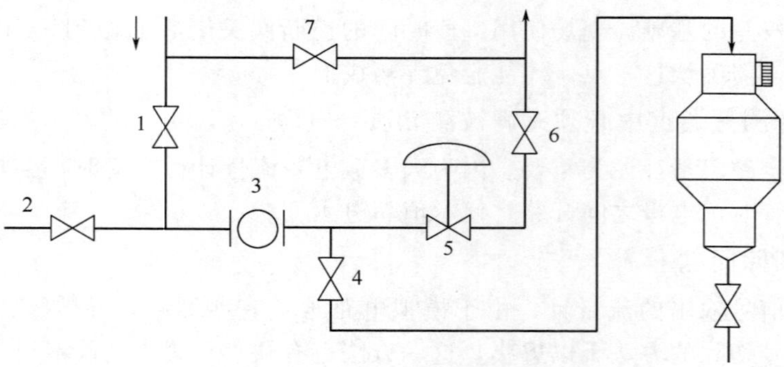

图 9.21 容积法校验系统

1—上游切断阀；2—进料校验口；3—被校表；4—出料校验口；5—调节阀；6—下游切断阀；7—旁通阀；8—标准容器

② 用容积法进行校验

用容积法对被校表进行校验，其管道连接就如图 9.21 所示。适用于液体流量校验，流量校验点一般取被校流量计常用流量，可在不影响生产操作的情况下实施校验。标准容器的容量不应小于 1min 的输送量。

流量计的误差按下式计算，即[10]：

$$E=\frac{V_m-V}{V}\times100\% \tag{9.19}$$

式中 E——流量计误差（一般指累积误差），取两位有效值；

V_m——流量计测得值（即示值）；

V——经修正后，流量标准装置测得值（即实际值）。

$$V=V_sC_{ts}C_{tl}C_{pl} \tag{9.20}$$

$$C_{ts}=1+\beta_s(t_s-20)$$

$$C_{tl}=1+\beta_l(t_m-t_s)$$

$$C_{pl}=1+F_lp_m$$

式中 V_s——标准装置测得的未经修正的体积值；

C_{ts}——工作量器温度修正系数（纯数）；

C_{tl}——工作液体温度修正系数（纯数）；

C_{pl}——工作液体压力修正系数（纯数）；

β_s、β_l——分别为工作量器和工作液体的体胀系数，$℃^{-1}$；

F_l——工作液体的压缩系数，Pa^{-1}；

p_m——流量计处表压，Pa；

t_s、t_m——分别为工作量器内和流量计处液温，℃。

上面的算式是检定规程中规定的完整公式，由于现场校验受条件的限制，标准器和操作要全面达到规程的要求还有困难，因此，温度和压力的修正也往往被简化了。

用标准容器在现场对被校表进行校验，校验点（瞬时流量值）要做到高是困难的，达到$60m^3/h$的例子已不多见。因为流量越大，困难越多，诸如动力、标准容器的搬移、场地、操作，以及校准液的回收等。

当流量更大时，可利用现场现成的水池、槽、罐等代替标准容器，用一段时间内容器中液位的变化计算容积值，然后同流过流量计的总量进行比较。但是计算时，容积值的计算不能以竣工图数据为准，须实测，容器上人孔、法兰口、内件的影响都要扣除，阀门不能泄漏，旁路管道流出流入的量要特别注意。

还要说明一点，这里所说的槽、罐等容器可能已作量值传递并取得“容量计量检定证书”，可具有明确的精确度。但若这些计量容器不符合规程规定的要求，未能作法定检定，就不能作为流量仪表高一级的标准容器，或容器精确度不够（如作标准容器用的水池精确度低）因此不能称作校验，更谈不上校准或检定，只能称“比对”或“验证”。即使图9.21所示的标准容器是已经取得检定证书的精确度很高的标准容器，由于现场使用的切换机构和计时系统不够完善，难以获得较高的系统精确度，所以这样的操作也只能称得上“比对”或“验证”。

③ 用称量法进行校验

用称量法对被校表进行现场校验，其管路连接如图9.22所示。

计算标准装置测得的体积值并进一步计算被校表误差。

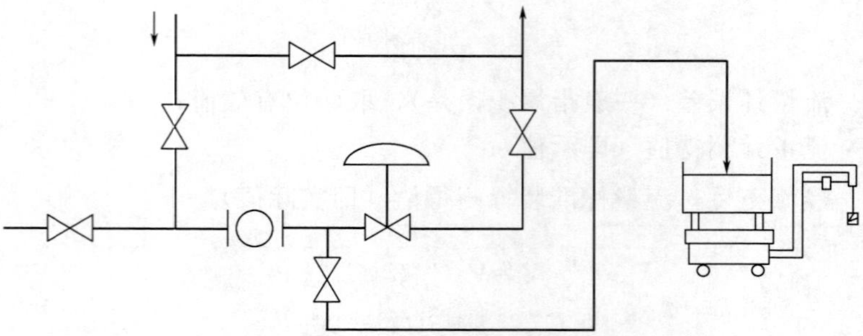

图 9.22 称量法现场校验管路连接

$$V=V_sC_{t1}C_{p1} \tag{9.21}$$

式中

$$V_s=\frac{M}{\rho_1}C$$

$$C=1+\rho_a\left(\frac{1}{\rho_1}-\frac{1}{\rho}\right)\approx 1.00106 \tag{9.22}$$

$$C_{tl}=1+\beta_1(t_m-t_s)$$

$$C_{pl}=1-F_1p_m$$

式中 V——经换算修正得到标准装置测得的体积值，m^3；

V_s——标准装置测得的未经修正的体积值，m^3；

M——称量液体所加的标准砝码示值，$M=M_2-M_1$，kg；

C——空气浮力修正系数（纯数）；

ρ_1——工作液体的密度，kg/m^3；

ρ——标准砝码的材料密度，kg/m^3；

ρ_a——空气密度，kg/m^3；

C_{t1}——工作液体温度修正系数（纯数）；

C_{p1}——工作液体压力修正系数（纯数）；

β_1——工作液体膨胀系数，1/℃；

F_1——工作液体压缩系数，1/Pa；

t_m，t_s——分别为流量计处和称重容器内的工作液体的温度，℃；

p_m——流量计处表压，Pa。

当标准秤不用砝码时，式(9.22) 变为

$$C=1+\rho_a/\rho_1\approx 1.0012$$

称量法在现场校验中比容积法用得多，原因是标准秤比标准容器容易得到，灵活性也更大。

④ 用标准表法进行校验

上面所述的容积法和称重法只能用液体进行校验，而标准表法既适用于液体又适用于气体。用标准表法进行现场校验，管路连接如图 9.23 所示。

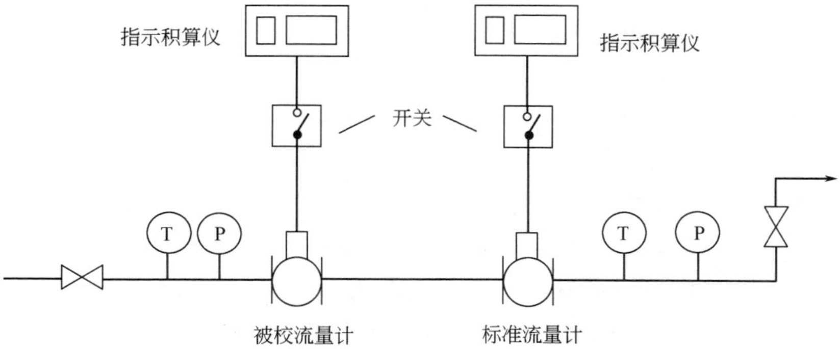

图 9.23 标准表法现场校验管路连接

标准表的选择灵活性很大，主要取决于交工单位和验收单位的资源情况，在不得已的情况下，有时也使用精确度达不到规程要求的流量计作标准表。对于液体，选精确度优于 0.2 级的涡轮流量计是适宜的，对于气体，流量不大时选用煤气表，流量较大时，选用临界流流量计。连接管道时，下面各点应注意。

a. 保证前后直管段。

b. 保证管道中充满被测流体。因此，当被测流体为液体时，常将管道末端向上翻高，如图 9.23 所示。

计算标准流量计测得的体积值，并进一步计算被校表误差。当被测流体为液体时：

$$V=V_s C_{t1} C_{p1} \tag{9.23}$$

$$C_{t1}=1+\beta_1(t_m-t_s)$$

$$C_{p1}=1+F_1(p_s-p_m)$$

式中 V——标准流量计测得的修正过的体积值，m^3；

V_s——标准流量计测得的未经修正的体积值，m^3；

C_{t1}、C_{p1}——分别为标准流量计处流体受温度和压力影响的修正系数；

β_1、F_1——分别为工作液体的体积膨胀系数（$℃^{-1}$）和液体压缩系数（Pa^{-1}）；

t_m、t_s——分别为被校流量计和标准流量计处的温度，℃；

p_m、p_s——分别为被校流量计和标准流量计处的表压力，Pa。

当被测流体为气体时，情况要复杂一些。因为气体温度膨胀系数大，又容易被压缩，当其状态偏离标准状态较远时，还需进行压缩系数修正。被校表的类型有多种，标准表的类型也可以有多种，对于直接式质量流量计，其示值不受流体状态影响，而其他类型仪表，必须进行流体温度、压力、压缩系数补偿。测压点的位置要求也有很大差异，例如：涡街流量计要求装在流量传感器下游数倍管径的管道上；孔板流量计要求装在差压装置正端取压口处；其他原理流量计，大多数要求装在流量计上游管道上。因此，如何处理被校表和标准表测量数据，应按相应的仪表说明书，得到被校表和标准表的示值后，按式(9.19) 计算被校表误差。

c. 运用标准表法时应注意的事项。在用标准表法对现场流量计进行校验时，由于被校流量计和标准流量计安装在同一根管道上，而且相隔距离又很近，两台表很容易相互影响引起误差增大，甚至无法工作。例如在用科里奥利质量流量计对现场的一台科里奥利质量流量计进行校验时，两台仪表都应用支架固定牢固，如果两台表的振动相互干扰难以消除，可在两台表之间用一段挠性管连接。

在用旋转式容积流量计作标准表对涡街流量计等进行校验时，应注意旋转式容积流量计工作时可能引发的流动脉动对被校表的影响[10]。

容积流量计中的椭圆齿轮式、腰轮式、旋转活塞式等，由于其工作原理的特性，工作时会引发一定幅值的流动脉动，图 9.24 所示为参考文献［11］所提供的椭圆齿轮流量计和腰轮流量计角速度变化情况[11]，角速度的变化引发流动脉动，作用在涡街流量计等流动脉动非常敏感的仪表上，导致其示值明显偏高。解决这一问题的方法一是避免采用容易引发流动脉动的标准表，二是在两台表之间增设阻尼器，如 9.1.5 小节所述。

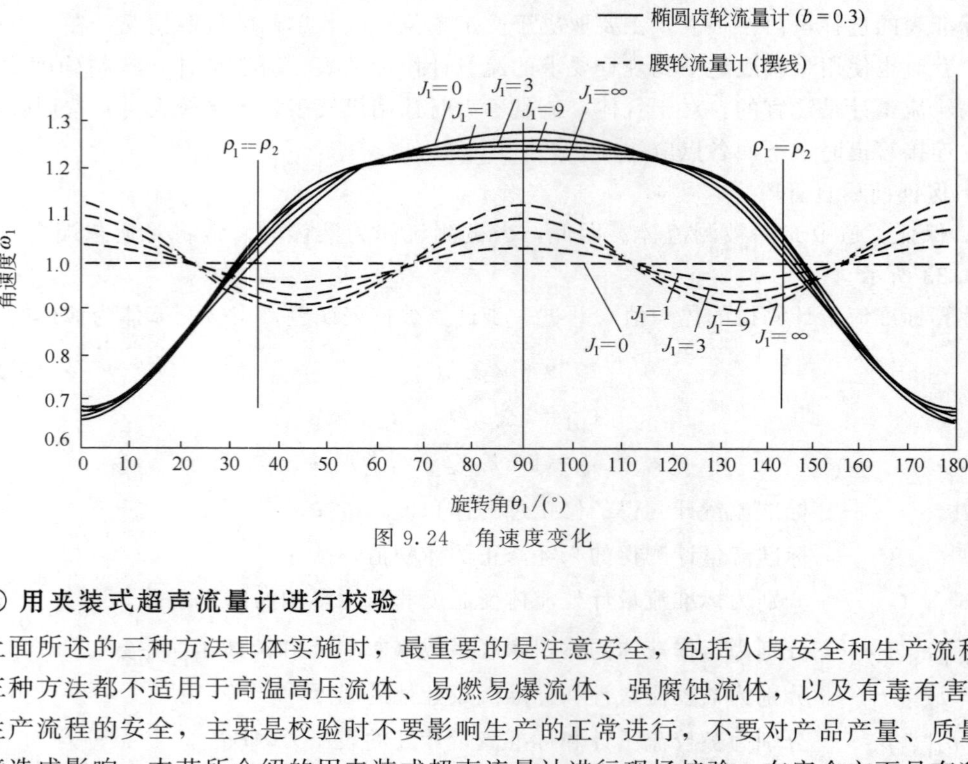

图 9.24 角速度变化

⑤ 用夹装式超声流量计进行校验

上面所述的三种方法具体实施时，最重要的是注意安全，包括人身安全和生产流程的安全。三种方法都不适用于高温高压流体、易燃易爆流体、强腐蚀流体，以及有毒有害流体。至于生产流程的安全，主要是校验时不要影响生产的正常进行，不要对产品产量、质量，以及环境造成影响。本节所介绍的用夹装式超声流量计进行现场校验，在安全方面具有独特的优点。因为超声探头被夹装在管道外面，对管道内流体的流动毫无影响，因此对生产安全和人身安全无直接影响。

用超声流量计对流量计进行现场校验，从方法来分类仍属标准表法，但是超声流量计的实际准确度多半达不到规程要求，例如单声道时差法超声流量计，流速精确度为读数值的 0.5%～1%，再计入流通截面积求取的误差、传感器安装距离误差等不确定性很大，所引起的流量误差更大，所以也只能称为比对或验证。

在用超声流量计对被校流量计进行现场校验时应注意以下各点：

a. 管道中流体的雷诺数 Re_D 对超声流量计的示值有影响，在 $Re_D \geqslant 5000$ 后，仪表才能稳定指示。所以流速太低时，不宜使用。

b. 管道内流体流速分布不均匀，对仪表示值影响较大。如果换能器安装位置上、下游存在弯头、异径管、阀、泵或管道内有阻流物等，流体形成横向二次流，流速分布偏离，在直管段长度不够时，测量精确度下降，在有旋涡的情况下甚至不能测量[13]。

图 9.25 所示为上游有 90°弯管，不同直管段长度的测量误差，共 3 组试验数据。

c. 管道内径和壁厚尺寸必须实际精确测量，不能用名义值代替。据富士电机公司资料介绍，管道内径误差 ±1%，会引起约 ±3% 的流量误差[13]。

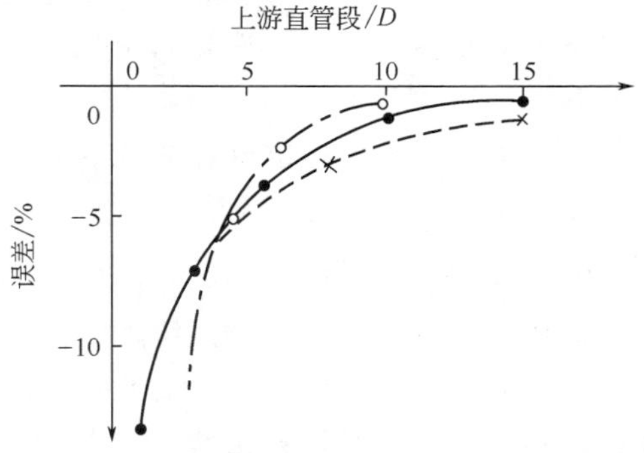

图 9.25　不同直管段长度的测量误差

d. 注意管道内壁沉积结垢，因为这使得声道偏离原预设的声道，也改变了流通截面积。有的旧管道结垢严重或起皮，以致无法正常测量流量。

e. 换能器安装在水平管道上时，为避开管道顶部可能存在的气隙和底部可能沉积的泥沙或其他固形物，应尽可能安装在与水平成 ±45°角的位置，如图 9.26 所示。

f. 换能器不能安装在管道焊缝或法兰安装处。如图 9.27 所示。

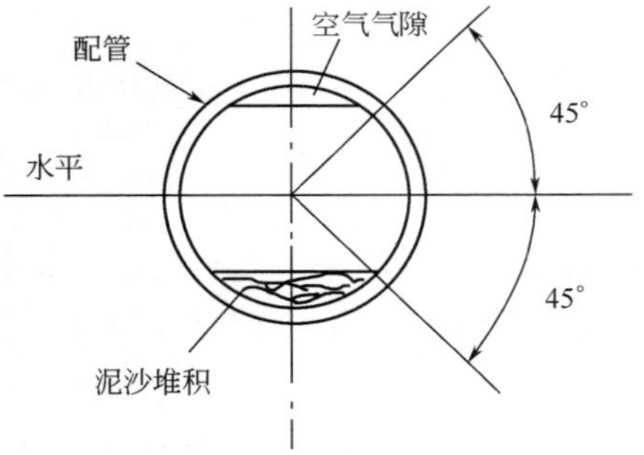

图 9.26　换能器安装位置

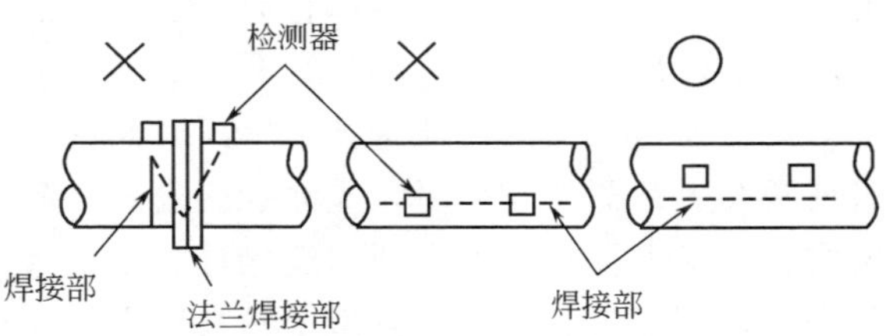

图 9.27　安装避开焊缝和法兰

g. 保证直管段长度。为了消除流速分布不均匀对示值的影响，各生产厂家都规定了上、下游直管段的下限长度。例如富士电机产品规定上游直管段为 10D 以上，下游为 5D 以上。如果上游有泵、阀等设备，则要求 30D 以上。实际上这一规定只适用于流速在 2m/s 以下的 90°弯管和流体自然流下的场合，如图 9.28 所示。如果流速超过 2m/s，要求直管段的长度为上述规定的 1.5～2 倍。

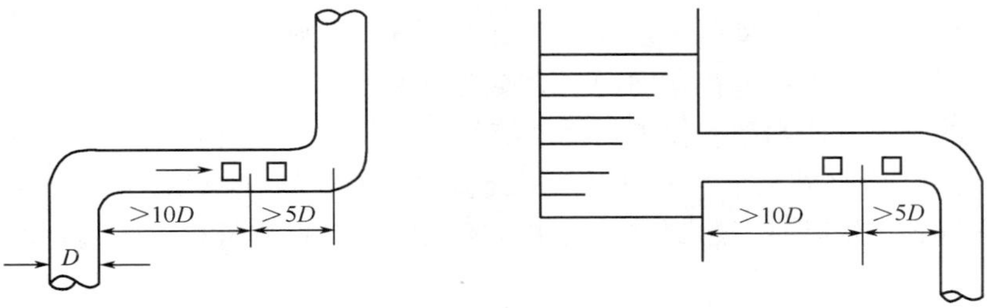

图 9.28　直管段基本要求

9.2.3 流量测量系统示值准确性的现场验证

上面所说的容积法、称量法和标准表法三种现场校验的方法，在交工验收时并不经常使用，因为费力费工，十分麻烦，实际交工验收时首先用到的是对各有关流量计的测量结果进行验证，只是在发现较大误差而用其他方法又查不出原因所在时，才对重点怀疑的流量计进行校验。

流量测量系统示值准确性的现场验证经常采用物料平衡法、热量平衡法、设备能力估算法、流量增量验证法。

(1) 物料平衡法

流体从封闭管道的一端连续地流到另一端，在管道内充满被测流体而且工况稳定的条件下，可忽略管道中物料滞留量的变化，因而在管道的始端和末端所测量到的流体总量应是相等的。物料平衡的验证方法就是利用这一原理进行的。

① 一根管道两套表

在生产和经营活动中，一根管道上串联装有两套计量表的情况并不少见，例如：

a. 用于物料交接的一根管道上，交接双方各装一套计量表。

b. 在火力发电厂，锅炉出口和汽轮机进口一般都装有蒸汽流量计，在采用一炉对一机运行方式时，也存在一根管道两套表的情况。

c. 在火力发电厂，汽轮机背压引出的蒸汽一般都装有流量计，低压蒸汽总管上也装有流量计，在汽轮机只有一台运行时，总管上的蒸汽流量应与汽轮机出口流量相等（假定减温减压系统停用）。

一根管道上的两套流量计，一段时间内所计的总量应相等，这是常识。在利用这一关系验证两套表的测量结果时，应注意两套表之间的管路上不应有泄漏，也不应有引入物料或引出物料的支管存在。如果两套流量计相距较远，应注意物料在管道中输送时工况是否已发生了变化，例如饱和蒸汽在管道中经长距离输送后，其中一部分蒸汽因损失了热量而变成水，如果下游的一台流量计是涡街流量计，因为它对水不响应，因而导致下游的一套流量计示值明显低于上游的一套流量计。

② 各分表示值之和同总表示值相等

居民家用电度表往往采用大表拖小表的做法，即一幢楼房装有一台总表，楼房中的每个家庭各装一台分表，各分表所计总和，应与总表一致，否则就会有表计不准或偷电之嫌。

在流体计量方面，也普遍存在着分表与总表的关系。要做到各分表示值之和（总量）同总表示值（总量）基本相符，在许多情况下难度较高，这不仅同仪表本身的品质有关，还同设计条件的准确性、仪表选型、测量范围选定、仪表安装质量、环境条件、实际流量变化范围等密切相关，任何一个环节存在问题都会使平衡数据大相径庭。

平衡差允许值同流体类型和仪表精确度等级有关，对于蒸汽来说，如果使用的都是涡街流量计（1.5 级），验收方完全有理由提出平衡差绝对值≤3%的要求。各台流量计示值与各自的满量程流量之比较高时，达到这一要求并不困难，但在流量相对较低时，达到这一要求很不容易。

例 9：上下游的 DN500 喷嘴流量计示值差异微小

江苏某市的新港热电公司为附近的富德能源化工公司供汽，在上游装了一套双量程喷嘴流量计，富德在下游也装了一套 DN500 双量程喷嘴流量计，蒸汽常用压力为 4.5MPa，常用温度为 450℃，流量测量范围均为 0～260t/h，管网图如图 9.29 所示。

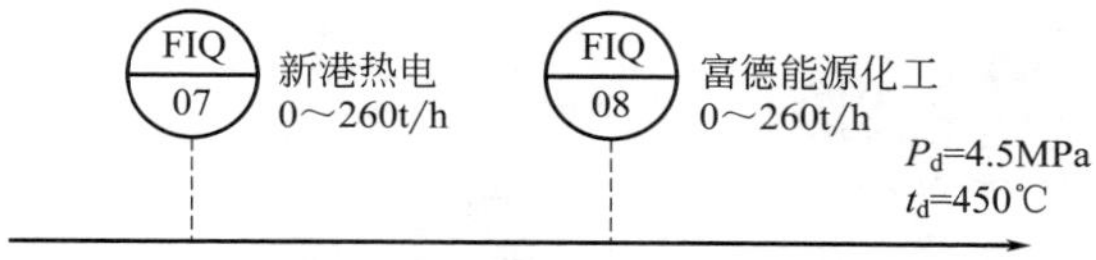

图 9.29 新港热电去富德能源化工蒸汽管网

该系统于 2015 年 10 月份投入使用，富德能源化工是一家新厂，投产初期蒸汽用量小，波动大，2016 年 1 月，蒸汽平均流量升高到 40t/h，约占满量程的 15%，三个星期的累积流量差值为 0.98%，详见图 9.30 所示的 SCADA 监控系统自动生成的报告。于是供需双方对两套流量计的准确度表示满意。

图 9.30 富德线报表截图

例 10：总表为喷嘴流量计，分表为涡街流量计

如图 9.31 所示，总表为喷嘴流量计，分表为涡街流量计，计量结果吻合得很好，一个月的总量差 1%。

沙洲电厂在 2014 年铺设了一根 DN350 的低压蒸汽管供 4 个用户，关口表 FIQ13 为 FDId 型双量程喷嘴流量计，各分表均为横河涡街。

总表与分表为不同类型的流量计，而且由不同的供应商供应。分表之和与总表示值一个月的总量差 1%，表明总表和各分表都是准确的。详见 SCADA 系统自动生成的统计报表（图 9.32）。

例 11：流量测量范围选定不合理引出的问题

在流量计选型和选定测量范围时，口径选得过大，测量上限取得过高的情况并不少见，待仪表投入运行后发现实际流量比预计的小得多，有的甚至进入“小信号切除”区间，从而导致测量误差增大。

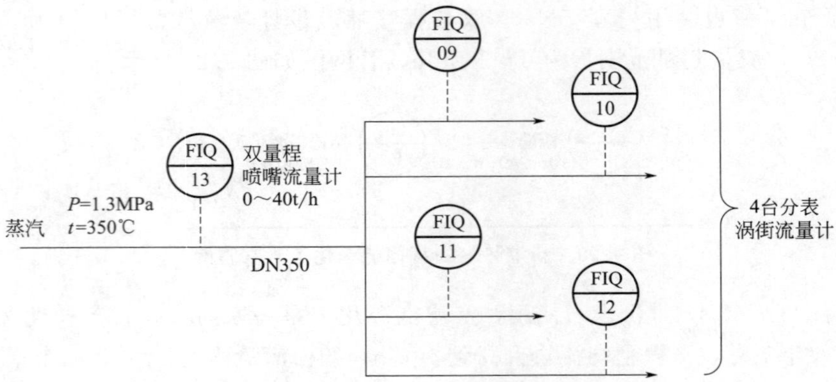

图 9.31　沙电 1＃外供汽总管网络图

序号	用户	平均温度(℃)	平均压力(MPa)	质量流量累积(T)	热量流量累积(GJ)	补差	补全	用汽时间
1	溧胜化工	147.7852	0.4162	307.9430	845.5923	0.0000	0.0000	0.02
2	越洋码头	148.0273	0.4070	420.1585	1154.0686	0.0000	0.0000	0.02
3	联合铜业	159.6295	0.5188	8116.4950	22398.7050	0.0000	0.0000	0.02
4	焊材厂	154.3246	0.5080	1.5623	4.3060	0.0000	0.0000	0.00
5	总管	257.4850	0.5809	8932.0000	26563.0000	0.0000	0.0000	0.00
	(x)= 总供量			8,932.0000	26,563.0000			
	(x)= 总用量			8,846.1588	24,402.6719			
	(x)= 补差补全合计					0.0000	0.0000	

质量流量(供)	质量流量(用)	质量管损	质量管损率	质量流量售热率	热量流量(供)	热量流量(用)	热量管损	热量管损率	热量流量售热率
8,932.0000	8,846.1588	85.8412	0%	100%	26,563.0000	24,402.6719	2,160.3280	8%	92%

图 9.32　沙电 1＃蒸汽总管计量报表

例如某仪表公司在上海金茂大厦内建立蒸汽计量网时，锅炉总共有 4 台，冬季开其中的 3 台，总蒸发量 28t/h 左右，但到了夏季，整个蒸汽网的消耗量才 2t/h。如此大的变化范围对流量计提出了非常高的要求。例如有一台分表，管道为 DN300，建筑设计院提供的数据是 20t/h 蒸汽，于是据此选用了 DN200 涡街流量计，其最小可测流量为 2.1t/h（流体为 $p=0.87$MPa 饱和蒸汽），仪表投入运行后，冬季最大流量也只有 4t/h 多一些，不到设计院所提条件值的 1/4。夏季到来后，该路流量更小，有时甚至低于切除点 600kg/h，引起分表示值之和比总表示值小 30％左右，后来业主单位根据实际运行数据对设计条件作了调整，改用 DN80 的涡街流量计来测量该路流量，使计量精确度有了保证，从而使低负荷运行条件下流量计量数据平衡差≤3％R，满足了委托方的要求。

③ 根据质量平衡关系对计量数据作出判断

质量平衡是自然界的基本法则，在生产过程中也不例外，大到一个生产系统，小到一个生产设备，采出物料总量总是同投入物料总量相等，例如：单一进料的精馏塔，顶底出料之和同进料量相等；锅炉发汽流量同锅炉进水流量平衡；等。但在作锅炉汽水平衡计算时，应考虑汽水采样损失、泄漏损失、蒸汽带水损失及下汽包排污损失等。还应考虑汽包压力和水位的变化引入的汽包存水量的变化。为了消除这些因素对平衡计算的影响，一般做法是在测试期间停止排污，流量累积值读数时，汽包压力和水位应在规定范围内。

在根据物料平衡关系对流量计计量数据进行平衡计算时，如果数据平衡差值为零，并不能肯定与平衡计算有关的各台流量计误差为零，但是没有理由说流量计不准，因为计量数据符合物料平衡的规律。

在用物料平衡法对相互有关系的流量计进行验证时，应注意流体工况的变化，有时候就是由于流体工况的差异，引起仪表测量误差，或者流体工况已经有很大变化了，运行人员仍然按照变化之前的数量概念来估算流量值。下面就是这方面的两个实例。

例 12：流体温度变化引起流量测量误差

青岛某厂的一台 220t/h 锅炉，发汽流量和进水流量均用孔板流量计测量，锅炉长期以来一直满负荷运行，但有一个不解之谜，即发汽流量总是比锅炉进水流量与减温水流量之和高 2%左右。照理说根据差压式流量计测量结果计算出来的平衡差能达到≤2%已属不易，但运行人员仍不满意。于是仪表人员对孔板计算书进行复算，对各台仪表进行复验，对仪表安装进行检查均未发现问题。最后要求仪表制造厂作解释。于是有关人员对这两个测量系统方方面面的情况作了较全面的调查。最后，当问及流体实际运行工况同孔板计算书中的设计工况是否偏离时，运行人员解释除氧水温度因故比设计条件低 50℃，而这一偏离在进水流量表中既未作相应的修正，也未引入温度补偿。由于温度的这一偏离，使流体实际密度增大 4%，进水流量计偏低 2%是理所当然的事。

例 13：液体温度升高，体积膨胀，体积流量相应增大

江苏某化工厂两台 DN100 电磁流量计分别测量两根管道的两种稀酸，汇合后进入总管并由 DN200 电磁流量计计量总流量。使用单位向仪表制造厂反映总表流量为分表流量之和的 120%～130%，认为 3 台仪表均不准确。经现场了解管道压力为 0.6MPa 绝对压力，两分管液体温度为 30℃，混合液体进入总表前经反应器热交换，温度升高到 180℃。假定稀酸的温度体积膨胀系数与水相近，从 30℃升高到 180℃体积增加约 12%，可判定总表和分表总和之间读数差主要是液体温度变化所致。此外，0.6MPa 绝对压力 158.5℃水已开始沸腾，流过总表的流体，在液体中夹有部分蒸汽，亦会增加总表体积流量的读数，可认为找到了总表读数多 20%～30%的原因[11]。

④ 用凝结水量验证蒸汽流量计的准确性

有许多蒸汽用户是取用蒸汽中的热量，此蒸汽经过流量表计量后，送用热设备，蒸汽放出热量后变成质量相等的凝结水，然后从疏水器排出。将一段时间内的凝结水收集起来，测量其质量，然后与同一段时间内蒸汽表所计的总量比较，验证蒸汽表的准确性，是在流量计安装使用现场经常使用的简单而易行的方法，但应注意下面两点：

a. 凝结水在排出疏水器时总要夹带少量的蒸汽，进行总量比较时应予考虑。最好是将疏水器排入装有适量冷水的容器底部，从而使残余的蒸汽全部变成凝结水，测量之。

b. 如果流经流量计的是饱和蒸汽，必须考虑其中夹带的水滴对平衡计算的影响。现在使用涡街流量计测量蒸汽流量的方法应用十分普遍，而涡街流量计对蒸汽中的水滴基本不响应[12]，而在疏水器的排出液中却包含了这些水滴，因此，如果蒸汽的湿度为5%，那么，凝结水总量比蒸汽流量表所计的总量高5%则属正常。困难的是蒸汽的湿度究竟是多少难以测量。只知道在进流量计之前，如果管道上装有疏水器，则可将分层流动的水排放掉，这时蒸汽中的水滴含量约为0~5%（质量比）[12]。

⑤ 运用物料平衡法时应注意的问题

a. 仪表的安装应符合规程要求，如果因现场条件限制无法完全满足，则在核算时应对由此引起的误差作出评估。

例 14：一幢大楼的低区冷冻水系统流量测量总表与各分表示值之和差5%

该系统共有12台分表，管径从DN80～DN200，均用IFM型电磁流量计测量流量，而总管为DN600，采用AT 868型夹装式超声流量计测量流量，如图9.33所示。供水温度和回水温度也接入二次表，以实现对冷量的计量。总管流量计HIQ 01由于管径大，对直管段要求高，现场无法满足要求，前直管段只能勉强达到5*D*，仪表投运后发现总管流量示值比各分管流量示值低5%。

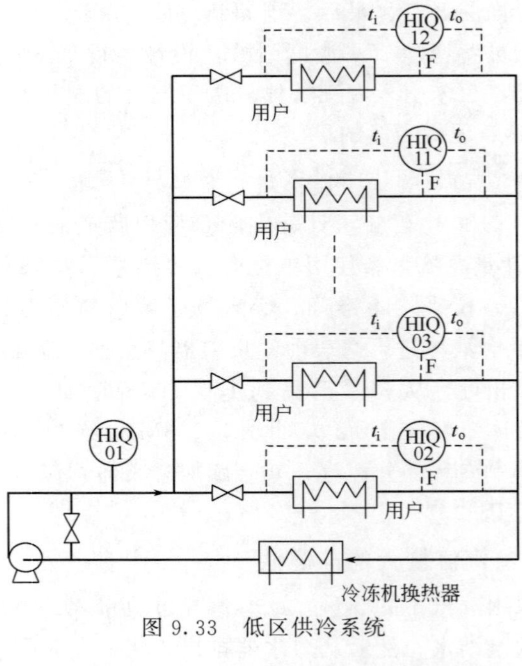

图 9.33 低区供冷系统

在作系统误差分析中，工作人员核对了各分表的数据设置和各台表所对应的用户的设备能力，确认流量示值可信。尤其是该型号电磁流量计精确度较高，其基本误差限为±0.3%*R*，因此初步判定5%的量差主要是由于总管流量计误差大引起的。

在分析直管段长度不够对超声流量计示值影响的过程中，富士公司的经验起到了作用，该公司提供的三条曲线（如图9.25所示）都表明夹装式单声道超声流量计在直管段不够长时，示值偏低，在前直管段长度为5*D*时，示值约偏低5%。从而使总表与分表量差的矛盾找到了答案[13]。

b. 防止流体倒流导致重复计量而引入误差。

例 15：间歇发料系统，停泵期间泵出口外管内存料返回到泵的进口

上海某氯碱厂用泵将料液从一个部门打到另一个部门（图 9.34）。输送量由一台智能电磁流量计测量。当一批料输送完毕泵即停止运转，于是泵出口外管内的料液返回泵的进口。由于外管直径大，线路长，所以每次返回量较大。一段时间只发现流量计所计总量比储槽中用容积法所计总量大，但原因不明，后来检查中调阅智能流量计所保存的总量值，才明白问题所在，该仪表中保存的总量值有三个，即正向总量 Q_D，反向总量 Q_R 以及正反总量之差 $Q=Q_D-Q_R$。结果储槽中用容积法所计总量值与 Q 基本相等，于是电磁流量计面板显示总量指定为 Q，问题得到解决。

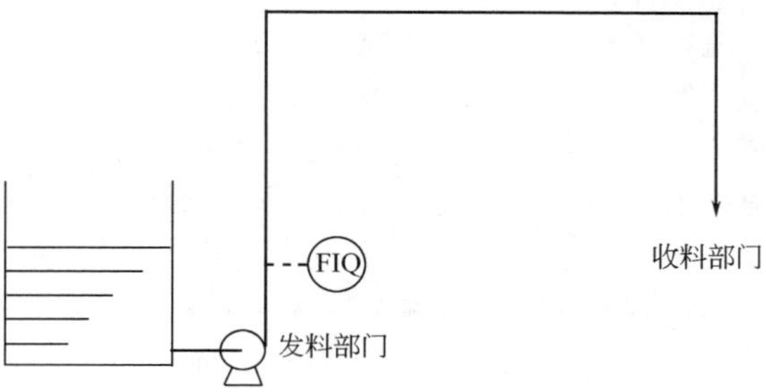

图 9.34 液料间歇输送系统

(2) 热量平衡法

将与被测流量相关联的有关数据代入热量平衡方程式，计算出流量理论值，用以验证流量计示值，这是仪表工程师们常用而有效的验证方法。

下面所举的是计算锅炉除氧器蒸汽消耗量的实例。

例 16：除氧器蒸汽消耗量的估算

有一台除氧器用压力为 $p=1.2\text{MPa}$（表压力），温度为 250℃的蒸汽经减压后直接加热进水，除氧器进水温度为 45℃，出水温度为 105℃，在锅炉产汽流量为 15t/h 的条件下，除氧器消耗蒸汽应为多少？

解： 设除氧器加热蒸汽流量为 $x$kg/h，则除氧器进水流量应为 $(15000-x)$kg/h，从蒸汽的温度和压力参数查表知其比焓为 2954kJ/kg，1kg 蒸汽变成 105℃凝结水放出的热量为 2514kJ，则根据热量平衡关系有下面的方程式成立。

单位质量蒸汽放热量×蒸汽流量＝水的比热容×(出水温度－进水温度)×进水流量，将已知数据代入上式得：

$$2514x=4.1868\times(105-45)\times(15000-x)$$

则

$$x=1363\text{kg/h}$$

除氧器顶部排放氧气的时候，还要带走少量蒸汽，排放量以加热耗汽量的 3%计，则除氧器总汽量应为 1404kg/h。

本例计算是建立在除氧器送出的除氧水全部进入锅炉并全部变成蒸汽这一基础上，因此汽水系统不能有泄漏，测试期间不能排污，而且汽水采样损失的水量作忽略不计考虑，如果采样量较大而不容忽略，则应对损耗量作一测试或估算。

(3) 设备能力估算法

根据设备能力来估算流量是个“古老”的方法，早在几十年前，煤气公司就用煤气压缩机开机台时作为输送煤气的计量手段，直到有了较先进的煤气流量计的现在，这一方法仍作为监视、核对流量计示值的手段。

运用该方法时，应注意下面各点：

a. 压缩机出口压力应为规定值，因为出口压力不同，压缩机的内泄量也相应变化。如果达不到规定值，应计入此因素对排气量的影响。

b. 设备的效率同其完好状况密切相关，在其完好状况不佳时，输出流量相应减小。

c. 压缩机毕竟不是计量器具，它没有计量准确度的概念，同一种型号同一个规格的压缩机，在规定的条件下考核，排气量也允许有 -5%~ +10%的差异[14]。多年来人们沿用这一方法：一是煤气压缩机出现得早，在其投入工业应用时，还没有合适的流量计可选用；二是有“定排量”（positive displacement）的概念，即压缩机每旋转一周或每往复一次，就有固定量的气体被吸入和排出；三是因为出口压力很低，机内泄漏可以忽略，在其他类型的压缩机上，因为出口压力较大，机内泄漏受多种因素影响，仍使用这个方法不够可靠。

将这一方法引申到泵上，也应区别对待，因为泵的种类很多，对于齿轮泵，属正排量类型，用其铭牌上所标的输送流量数据作参照，意义较大，但应考虑出口压力、流体黏度和齿轮新旧程度对机内泄漏的影响，出口压力越高、流体黏度越小、齿轮磨损越严重，机内泄漏越大。对于离心泵，其铭牌上所标的输送流量数据基本上不能用作验证流量计示值的依据。下面的两个例子是仪表制造厂现场服务工程师实际碰到的有代表性实例[15]，都是由使用单位用离心式水泵铭牌数据验证流量计示值和由于对水泵的特性认识不深而引发的误解。

例 17：两台同规格水泵由于实际性能差异引发的误解

某水厂两台同规格水泵输给两条管线，分别装有 DN600mm 电磁流量计，布置如图 9.35 所示。该水厂运行人员从泵铭牌上的额定流量来核对仪表读数，称泵 A 通 A 表（即关闭阀 C）仪表误差+(10～15)%，泵 B 通 B 表误差为−5%，认为两台仪表均不准确。仪表厂服务人员即利用装有阀 C 的有利条件，试测泵 A 通 B 表和泵 B 通 A 表的流量，得出与上述相近的数据。两台流量计测出同一台泵的输水量相近，证明除管网负载有些差别外，主要是两台水泵性能上的差异。

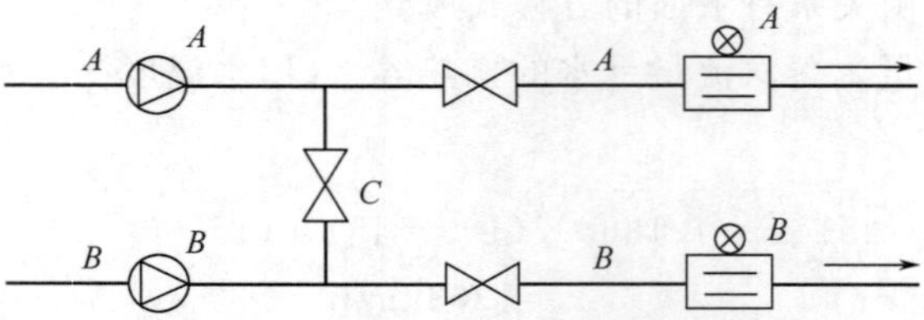

图 9.35 双泵双表交叉测试管线

例 18：扬程差别大的泵并联运行误认为流量仪表间相互干扰

吉林某厂用几台泵并联输送液体，每台泵的下游各装有电磁流量计，然后汇集总管输出。各泵单台运行（或其中几台并联）都很正常，但增开某一台泵并入管系，原来运行各泵的仪表指示流量明显减少，甚至出现指示反向流现象。运行人员认为该特定泵所装电磁流量计干扰了其他运行中的仪表。经检查确认为仪表正常，找出产生这一现象的原因是所增开泵的扬程比其他高得多，致使压抑低扬程泵的输出，使之减少甚至倒流。

例 19：往复式空压机排气量受吸入口温度影响大

某仪表公司为上海某柴油机厂空压站配置空气流量计 14 台，用于往复式空压机出口流量和空压站出口总管流量测量。仪表在夏季投运后，带温压补偿的流量计所显示的标准状态体积流量值普遍比空压机铭牌数据低，厂方未对此提出异议。因为已使用几乎到 40 年的老机器出力不足是可以理解的。但是到了冬季，流量计示值普遍大幅度升高，有一部分高于铭牌数据，于是厂方提出以下异议。

a. 已使用了几十年的老机器排气流量如此高不可能。

b. 排气量比铭牌数据还高，也是不可能的。

仪表公司解释说，空压机排气流量冬季增大是因为空压机吸入口空气温度降低、密度增大所引起，一段气缸每往复一次吸入的空气体积是常数，但其质量随空气密度成正比增加。夏季大气温度以 30℃计，按理想气体定律，大气温度降到 0℃时，空气密度增大约 11%，仅此一项，冬季的流量就有可能比夏季流量高 11%。

其次，空压机排气量考核时其吹入气体温度是以 20℃为参考点，如果吸入口温度降为 0℃，则吸入口空气密度比 20℃条件下密度增大约 7.3%，因此，排气流量高于铭牌数据也属正常。经此分析，厂方接受了这个观点。

除了压缩机和泵之外还有很多设备，其铭牌数据在验证流量计示值时可作参考，在这方面，工艺工程师和设备工程师的知识比仪表人员丰富，在利用这些数据时，应共同讨论。

(4) 流量增量验证法

在仪表使用现场，如果能有条件对流量计的示值进行校验，当然是一件值得庆幸的事。但是，在大多数场合，这一条件不具备，流量计一旦投入运行，流过流量计的流体量就不允许按照仪表校验的需要进行调节，如果能有机会将流过流量计的流体关断几秒至十几秒，校对一下流量计零点已经算是幸运的了。但是，有些流量系统在不影响生产、不影响正常运行的前提下，采用合适的方法使流量计示值有一个显著的增量，并对引起这一示值的增量所对应的流体的增量进行较准确的测量，还是有可能的，下面的例子就是属于此种类型。

例 20：循环水流量的增量验证法

上海某药业公司在组建全厂能源计量管理网络过程中，对新装的一套循环水流量计的显示值提出异议。该计量点安装的是 KROHNE DN200 电磁流量计，流量测量范围为 0～200m^3/h。流量计安装在地面上，流量计下游的管道上方有一个 DN20 排气阀。工艺配管如图 9.36 所示。

工艺专业认为，该路循环水应有 100m^3/h 左右的流量，可是，仪表显示值只有 5m^3/h 多一些，变化幅值也不大。于是怀疑仪表误差大。

仪表人员在检查核对仪表的数据设置正确无误后，与工艺专业制定了一个验证方案：将排气口作为液体排放口，将 DN20 阀门开足后的流量增加值为输入信号，读取仪表示值增量。于是，准备了软管、秒表和容器后，进行了验证操作。试验结果是阀门开足后，仪表示值增加 5m^3/h，用塑料桶收集从阀门中排出的水，10s 装了一桶，用台秤称得净重为 14kg，经计算得阀门中排水的平均流量为 5.04m^3/h，所以验证结论是，仪表示值可信。

这一验证方法其实还不够完美，因为仪表示值增量与实际流量增量相符，仅仅表明该台仪表分度线的斜率是对的，并不说明在整个测量范围内的示值都准确。

一台理想的流量计，其显示值与实际流量的关系可用图 9.37 中的一根直线来表示，这是一根通过原点的与横坐标夹角为 45°的直线。在例 20 中，如果仪表的零点不准，也能得到示值增量相符的结果。因此，在用增量法验证的时候，如果条件具备，最好也验证一下仪表的零点示值。

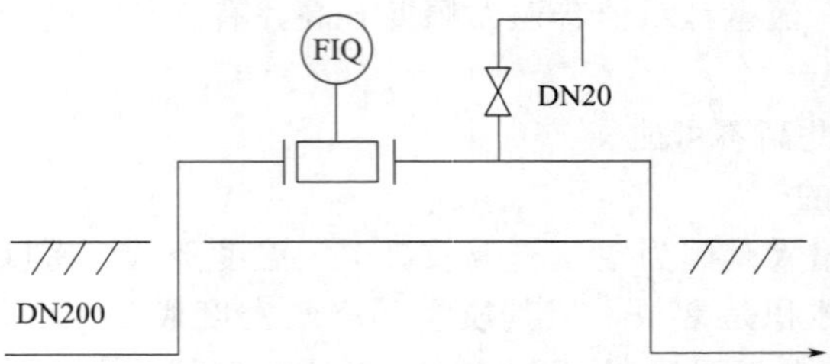

图 9.36 循环水流量计的布置

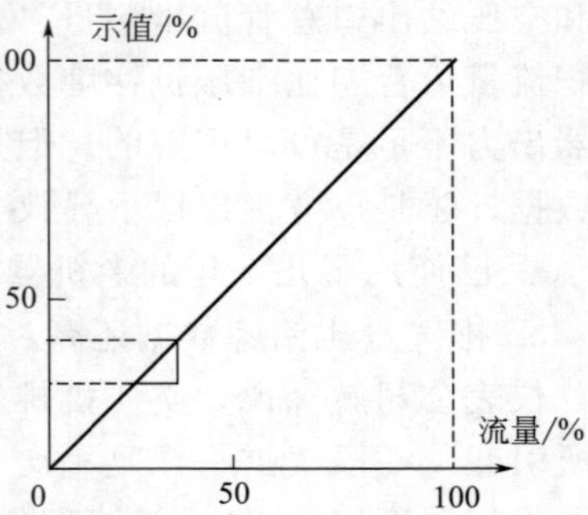

图 9.37 流量计理想示值与流量的关系

增量验证法其实是一种最简单的模型辨识，在应用这一方法时，有几条要领值得重视。

a. 验证前后的一段时间内，仪表示值应平稳，以免本底信号的波动干扰验证结果。

b. 验证的时间，即例 20 中从开阀到关阀的时间间隔应尽量短，以削弱验证期间的干扰影响。

c. 在工艺允许的前提下，验证时所加的信号应尽量大一些。

d. 例 20 中的阀门打开后，应注意观察仪表示值的变化，读取其平均值。如果仪表内部的阻尼时间设置得太大，应事先修改到较小的数值。

e. 例 20 中的阀门关闭后，应再一次读取仪表的稳定示值，如果与开阀前的示值有差异，应取其平均值计算示值增量。

f. 排出的流体的收集和回收与否，应同工艺专业协商，以免污染环境和造成损失。对于水之类的流体，可不予回收，对于价值较贵或污染环境的流体，必须回收。

g. 操作时应注意安全。

例 20 所举的是一个流量计口径较大而排放口通径较小的例子，流量计下游增加 $5m^3/h$ 的负荷不会改变其他用户的流量。如果流量计口径不很大，而排放口排出的流量相对较大，则在排放时，流到用户的流量会有一定的减少。因此，这一验证方法有时还是属于定性的。

这一方法也可用于气体及蒸汽流量计，但须解决排放口排出物的流量测量问题。最简单的方法是用临界流流量计测量气体流量。

例 21：氧气流量的增量验证法

上海某铁合金公司的工程项目中，有两台用于氧气流量测量的 DN50 涡街流量计，用户要求对其准确性进行验证。于是按照 ISO 9300 标准自制了一台临界流流量计[16]。

流量计的布置如图 9.38 所示。阀门打开后，涡街流量计示值有一增量。然后记下压力值 p_1，并将临界流喷嘴数据和气体参数代入公式计算排放流量，结果表明，涡街流量计示值增量与排放流量基本相同。

用临界流流量计验证气体流量计的条件有两个：一是工艺专业允许气体作一定量的排放；二是管内绝压 p_1 高于 0.2MPa，能满足临界流喷嘴使用条件。

上面的两个实例是应用增量法验证流量计示值的准确性，这一方法有时也用于验证流量计是否运行正常。

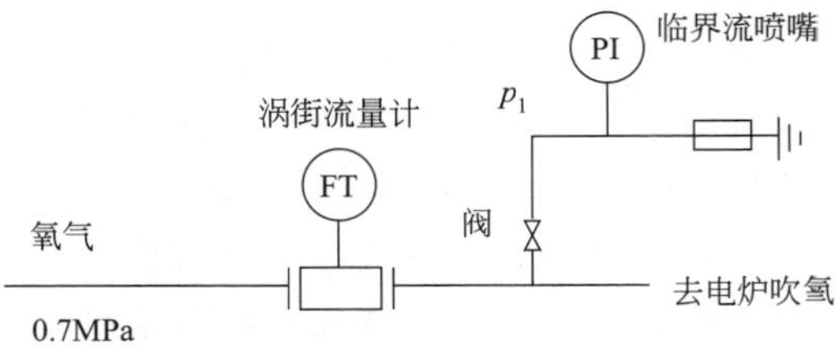

图 9.38 用临界流流量计验证气体流量计

例 22：涡街流量计的增量验证法

涡街流量计用于测量蒸汽流量的实例不胜枚举。流量计投入使用后，往往因为实际流量太小，流体流速太低，而无旋涡产生。或虽有旋涡产生，但因流量低于最小可测量而被当作小信号予以切除[17-19]。这时，验收人员往往对流量计是否能正常工作表示担心。于是，仪表人员往往在流量计下游找一个蒸汽排放口，打开阀门，使得流过流量计的蒸汽流量有一个幅值足够大的增量，从而使流量计有一个相应的示值。

(5) 用 PVTt 法校验

例 23：应用 PVTt 法校验气体流量计

工作原理：PVTt 法是用来检定音速喷嘴等高精确度气体流量计的标准装置。是某一时间间隔 t 内，气体进入容积为 V 的容器，根据容器内气体的绝对压力 P 和热力学温度 T 的变化，求得气体的质量流量[20]。在仪表使用现场应用 PVTt 方法对流量计进行校验，往往是利用现场现成的容器，标定出其容积，然后根据容器内气体压力和温度的变化，计算质量流量总量，与被校表的总量示值作比较。

其质量流量的数学模型如式(9.24) 所示。

$$q_m=\frac{V}{t}\left(\frac{P_F}{T_F Z_F}-\frac{P_E}{T_E Z_E}\right)\frac{T_N Z_N}{P_N}\rho_N \tag{9.24}$$

式中 q_m——气体的质量流量，kg/s；

V——容器的容积，m^3；

t——计时器测得的时间，s；

T_N——标准状态热力学温度，$T_N=293.15K$；

P_N——标准状态绝对压力，$P_N=101325Pa$；

Z_N——在标准状态（T_N、P_N）下的气体压缩系数；

ρ_N——在标准状态下的气体密度，kg/m^3；

T_F——检定结束后在标准容器内测得的气体平均热力学温度，K；

P_F——检定结束后在标准容器内测得的气体绝对压力，Pa；

Z_F——在 T_F、P_F 下的气体压缩系数，Z_F 可由 T_F、P_F 求得；

T_E、P_E、Z_E——分别为检定前标准容器内气体平均绝对温度、绝对压力、压缩系数。

其质量总量即为

$$Q_m = V\left(\frac{P_F}{T_F Z_F} - \frac{P_E}{T_E Z_E}\right)\frac{T_N Z_N}{P_N}\rho_N \tag{9.25}$$

式中 Q_m——质量总量，kg。

其余符号意义与式(9.24) 相同。

当流量计显示的是标准状态体积流量时，计算公式即为

$$Q_{VN} = V\left(\frac{P_F}{T_F N_F} - \frac{P_E}{T_E N_E}\right)\frac{T_N Z_N}{P_N} \tag{9.26}$$

式中 Q_{VN}——体积总量，Nm^3。

其余符号意义与式(9.24) 相同。

图 9.39 所示是一个利用现场的一台气罐校验气体流量计的例子。江苏张家港的一家化工厂，怀疑一台氢气流量计偏低，氢气输送系统如图 9.40 所示。然后，将一台气罐请计量检定机构上门检定，并取得证书，得知其空间容积 $V=11.8m^3$。

校验起始工况：$P_E=0.1MPa(G)$；$t_E=20℃$。

校验结束工况：$P_F=5.0MPa(G)$；$t_F=50℃$。

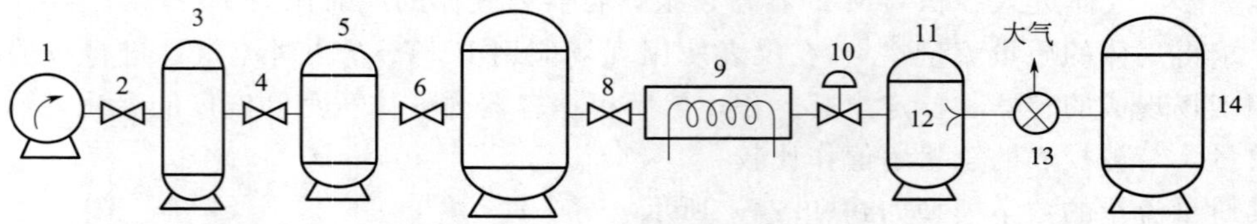

图 9.39 高压气体流量标准装置

1—压气机；2,4,6,8—阀门；3—过滤器；5—干燥器；7—贮存容器；9—温度调节器；10—压力调节器；11—滞止容器；12—音速喷嘴；13—换向阀；14—标准容器

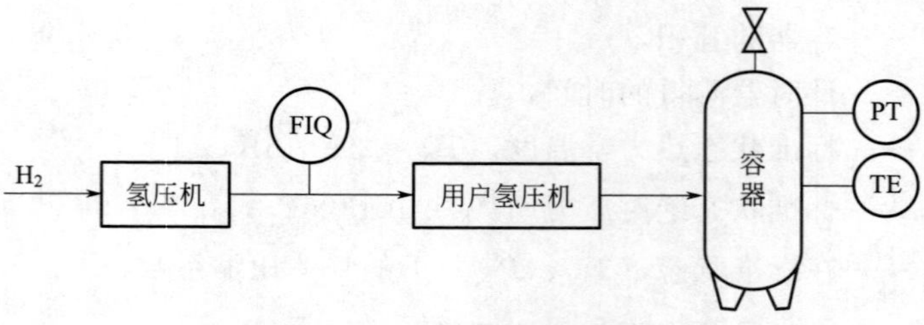

图 9.40 氢气输送系统

当地大气压 $P_A=0.101325MPa$。

查表得 $Z_N=1.0006$[21]。

查图得 $Z_E=1.001$，$Z_F=1.022$[21]。

因为 $T_N=293.15K$，$P_N=0.101325MPa(A)$。

代入式(9.22) 得

$$\Delta V_{\mathrm{N}}=11.8\left[\frac{5.0+0.101325}{(50+273.15)\times 1.022}-\frac{0.1+0.101325}{(20+273.15)\times 1.001}\right]\frac{293.15\times 1.0006}{0.101325}$$

$$=504.21\mathrm{Nm}^3/\mathrm{h}$$

然后就可按式(9.23) 计算误差。

$$E_i=\frac{\Delta Q_{Ni}-\Delta V_{\mathrm{N}}}{\Delta V_{\mathrm{N}}} \tag{9.27}$$

式中 E_i——仪表在校验点 i 处的示值误差，%；

ΔQ_{Ni}——仪表总量增量，Nm^3；

ΔV_{N}——实际容积增量，Nm^3。

9.2.4 小结

a. 对流量测量系统示值准确性进行现场验证是一项十分细致的工作。它是用系统的方法对已经装设的流量测量系统是否准确可靠并满足使用要求进行的验证。在设计条件确定、仪表选型及工程设计、仪表制造及安装、开表投运和系统调试中的每一个环节，都会导致合格仪表得不到满意的数据。

b. 验证的方法很多，在使用实流校验法时，应特别注意安全。在使用有关数据进行验证时，需要细心周到，不要遗漏重要因素。丰富的生产流程知识和设备方面的知识有助于顺利地完成验证任务。

c. 交工验收的实践表明，供应商或承包商在承担交钥匙工程时，如果必须对流量测量系统能够达到的准确度做承诺，适宜的做法是分段承诺，即开表后流量值落在自控条件表所提范围之内，则仪表测量系统能够达到较高准确度，如果超出自控条件表所提范围，则承诺的准确度相应降低。以免交工验收时发生不愉快的事情。

参考文献

[1] ATKINSON, K. N. A Software tool to Calculate the over-registration error of a turbine meter in pulsating flow [J]. Flow Measurement and Instrumentation, 3 (3) . 1992, 167-172.

[2] ISO/TR 3313: 2018 Measurement of fluid in closed conduits-Guidelines on the effect of flow pulsations on flowmeasurement instruments [S]. 2018.

[3] R. W. 米勒．流量测量工程手册 [M]. 孙延祚，译．北京：机械工业出版社，1990.

[4] GB/T 17611-1998 封闭管道中流体流量的测量 术语和符号 [S]. 1998.

[5] JJF 1001-2011 通用计量术语及定义 [S]. 2011.

[6] 上海市计量测试学会管理专业委员会．计量辞典 [M]. 上海：学林出版社，1986.

[7] GB/T 19000-2016 质量管理体系 基础和术语 [S]. 2016.

[8] 朱德祥．流量仪表原理和应用 [M]. 上海：华东化工学院出版社，1992.

[9] 张学巍．涡街流量计输入电路的设计 [J]. 自动化仪表，1998，7 (6) .

[10] JJG 667-2010 液体容积式流量计检定规程 [S]. 2010.

[11] 蔡武昌，孙淮请，纪纲．流量测量方法和仪表的选用 [M]. 北京：化学工业出版社，2001.

[12] 纪纲．流体相变及其对流量测量的影响 [M]. 医药工程设计，2001 (1) .

[13] 强发红．毛协柱．时差法超声波流量计的应用技术 [J]. 石油化工自动化，2001 (1)：60-62.

[14] ISO 1217-2009 容积式压缩机验收试验 [S]. 2009.

[15] 蔡武昌．水泵特性排量与流量仪表测量值之间出现偏差的分析 [J]. 自动化仪表，1999 (4)：7-9.

[16] ISO 9300：2022 用临界流文丘里喷嘴测量气体流量 [S]. 2022.
[17] 姜仲霞，姜川涛，刘桂芳. 涡街流量计 [M]. 北京：中国石化出版社，2006.
[18] 刘政利，纪纲. 流量计小信号切除的最优化 [J]. 自动化仪表，2007（10）：51-54
[19] 刘政利，纪波峰，纪纲. 基于质量守恒定律的流量测量准确度的现场验证 [J]. 化工与医药工程，2019，40（4）.
[20] 苏彦勋，梁国伟，盛健. 流量计量与测试 [M]. 2 版. 北京：中国计量出版社，2007.
[21] 王森，纪纲. 仪表常用数据手册 [M]. 2 版，北京：化学工业出版社，2006.

第10章 典型流量显示仪表的功能与校验

流量测量（传感）部分所得到的流量信号及其积算总量需在显示机构上显示出来，这些显示机构或与测量部分合为一体，或与测量部分（即流量传感器或变送器，亦称一次仪表）相分离，组成独立单元称为显示仪表（习惯上称之为二次仪表）。三十多年来流量显示仪表逐渐增加了各种计算功能，如开平方运算、积分运算、工程运算等。

自微处理器进入仪表后，流量信号处理技术发生了革命性变化。结构组成也从原需要十几台单元组合仪表才能实现的计算功能，在一台可编程的流量计算显示仪中得到完成，显示则更简化为几个数码管或液晶屏。人们称这类仪表为流量计算机（flow computer）或流量演算器（flow calculator），实际上它是一种以完成流量信息处理为主要任务的专用计算机，本书所述流量显示仪表主要是指这种带有微处理器或单片机的流量信号处理和显示装置。由于在流量测量中所起的作用不同，流量显示仪表所具有的功能也不同，按照用途的差异，就具有不同的名称，如智能流量积算仪、流量演算器、智能热量表、流量批量控制器等。

本章仅以上海同欣自动化仪表有限公司的几个典型产品为例，对其硬件和软件结构，功能和校验作较详细的介绍。

10.1 分类

10.1.1 按所处理的流量信号种类分

(1) 模拟输入型

该类仪表常与差压式流量计、电磁流量计、模拟输出涡街流量变送器等配用，如DDZ-Ⅱ和DDZ-Ⅲ电动单元组合仪表中的比例积算器、开方积算器等。模拟流量信号常见的有4～20mA和1～5V等。

(2) 脉冲输入型

该类仪表通常由专门生产涡轮流量计等脉冲输出型流量传感器制造厂配套生产，型号众多。脉冲信号经整形，一路除以流量系数和倍率，送电磁机械计数器显示累积流量，另一路送积分电路转换成瞬时流量模拟信号，放大后用作模拟输出和面板显示。这种显示仪表的累积流量精确度可做得很高，误差仅为±1 个脉冲，但瞬时流量信号输出和显示，难以高于 0.5 级。采用计算机技术后，精确度可明显提高，瞬时流量显示精确度一般可达 0.1 级～0.3 级。采用 HART 通信方法去智能变送器读取数据可做到不损失精度，瞬时流量精确度可达 0.01 级。

(3) 模拟脉冲兼容输入型

以微处理器或单片机为基础的流量显示仪表，多数设计成该类型，因为单片机具有强大的计算功能，设计成兼容型比设计成只会处理一种信号的仪表，所增加的成本微不足道，而具有良好的通用性。

10.1.2 按接受流量信号的能力分

(1) 单路型

该类仪表只能接受并处理一路流量信号。目前在生产和使用的流量显示仪表，绝大多数为该类型。

(2) 多路型

该类仪表能接受并处理两路或两路以上的流量信号。选用此类演算器，费用可降低些，但操作、使用和维修不如单路型仪表方便。

10.1.3 按流体种类分

(1) 液体流量显示仪表

此类仪表常常与椭圆齿轮流量计、腰轮流量计等配合使用，有的还引入流体密度、温度补偿（如开封仪表厂石油制品用 XLM-663 型），有的还具有定量控制功能，应用于定量装桶、定量发料（如上海光华仪表厂的 XSK-40 型）。

(2) 气体流量显示仪表

此类仪表一般均带流体温度、压力补偿，并在表内装有按理想气体定律进行补偿的数学模型。

(3) 蒸汽流量显示仪表

此类仪表型号很多，有些适用于过热蒸汽，带温度压力补偿，有些适用于饱和蒸汽，按压力或温度进行补偿。从温度压力求取蒸汽密度的方法有用曲线拟合法，也有用查表法，以查表法较准确。

(4) 固体流量显示仪

此类仪表专门与固体流量传感器配套，完成固体流量测量、积算和显示。

(5) 通用型流量显示仪表

此类仪表一般均以微处理器为基础，功能较强，可与大多数流量变送器、传感器配套，实现多种流体的流量演算、积算和显示。通用型将是流量显示仪表的发展方向。

10.1.4　按带补偿情况分

(1) 不带补偿型

此类仪表一般只有 1 个信号输入通道。

(2) 带补偿型

此类仪表至少有两个信号输入通道。用于补偿的输入信号常见的有流体温度、流体压力、流体密度等。在造纸厂也有将纸浆浓度引入演算器，进行纸浆质量流量计量。流量与这些自变量之间的关系，则取决于流体物性和流量测量原理。

10.1.5　按可编程能力分

(1) 不可编程型

所有模拟式流量显示仪都属不可编程型，此类仪表往往利用改变电阻阻值的方法获得所需的积算速率。

有些以微处理器为基础的演算器，做成固定编程型，利用编码开关来设置流量系数和积算速率等，也属不可编程型，但操作要比模拟式方便一些。

(2) 可编程型

此类仪表一般以微处理器或单片机为基础，编程的目的有通道组态，功能选用，流量系数及测量范围的设置，补偿公式的选用，各种系数、常数的设置，等。

10.1.6　按累积值显示方式分

(1) 机械计数器显示

气动积算仪等使用这种方法。

(2) 电磁机械计数器显示

早期的电动积算仪多使用这种方法。

机械计数器、电磁机械计数器的局限性是可观察距离短和末位齿轮容易磨损，电磁机械计数器还存在噪声较大的问题。它们的优点是简单和数据不会丢失。

(3) 电子数码显示

此类仪表常用的有 LED 和 LCD，在电子数码显示中不存在电磁机械计数器显示的局限性，但必须与数字电路匹配。

10.1.7　按动力种类分

(1) 气动式

此类仪表以 0.14MPa 压缩空气为动力。

(2) 电动式

此类仪表以 24V DC 或 220V AC 为动力。

10.1.8 按表体结构分

(1) 盘装式

此类仪表适合安装在仪表盘上，面板尺寸常有160mm×160mm、80mm×160mm、160mm×80mm、80mm×80mm、144mm×72mm等。

(2) 台式

此类仪表适合安放在操作台上，外形尺寸种类更多。

(3) 墙挂式

此类仪表适合安装在墙壁上、仪表箱中等无仪表盘的场所。

10.1.9 按控制能力分

(1) 指示积算型

此类仪表不具有任何控制能力。

(2) 带连续控制输出型

此类仪表带连续控制输出功能，以实现流量定值调节。

(3) 批量控制输出型

此类仪表具有批量控制输出功能。

不同类型的流量显示仪表，所具有的功能也不同，在设计选型时，应从所需解决的问题出发，选择合适的二次仪表。

我国实行改革开放政策以来，国外的流量显示仪表也纷纷进入中国市场，例如横河公司的STLD*E型、YFCT型流量计算机，E+H公司的DXF351型流量计算机，Bailey-Fischer&Porter公司的52BT1000型流量累积表，Spirax-sarco公司的M800L型流量计算机，GEORGE FISCHER公司的9010型流量控制器，FOXBORO公司的75LBA型液体批量积算仪和75MCA型的质量积算仪，等。

10.2 智能流量积算仪

10.2.1 用途与特点

智能流量积算仪能对来自流量传感器、变送器的脉冲信号或模拟信号进行处理，得到瞬时流量值和累积流量值，然后显示，而且具有流量再发送功能和通信功能。

10.2.2 硬件结构

图10.1所示为FC 3000型智能流量积算仪，它由单片机、操作键、显示器、通信接口和过程通道组成。过程通道包括模拟流量信号输入通道、脉冲流量信号输入通道及流量再发送信号输出通道。为了节省配电器，模拟信号和脉冲信号输入通道都带有外供直流稳压电源，每路电源均带短路保护，以免操作不慎将电源短路时，引起仪表损坏。

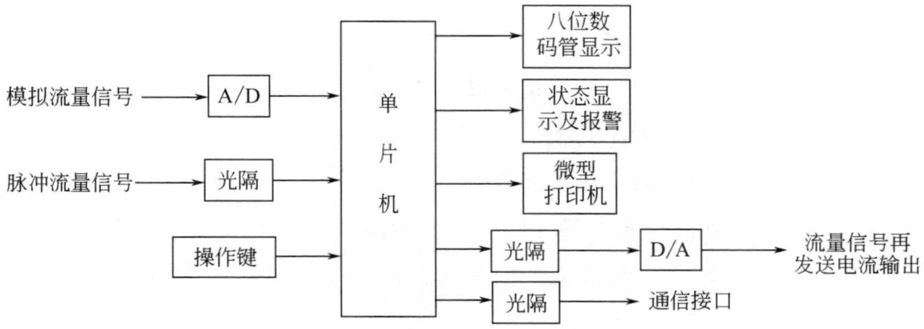

图 10.1 FC 3000 型仪表硬件结构框图

10.2.3 信息流程

图 10.2 所示的是 FC 3000 型仪表实现其主要功能的信息传送关系流程。其中多处涉及信号切换和选择则由软件实现。这一方法比编码开关、选择开关等硬件实现方法可靠性更高和成本低。

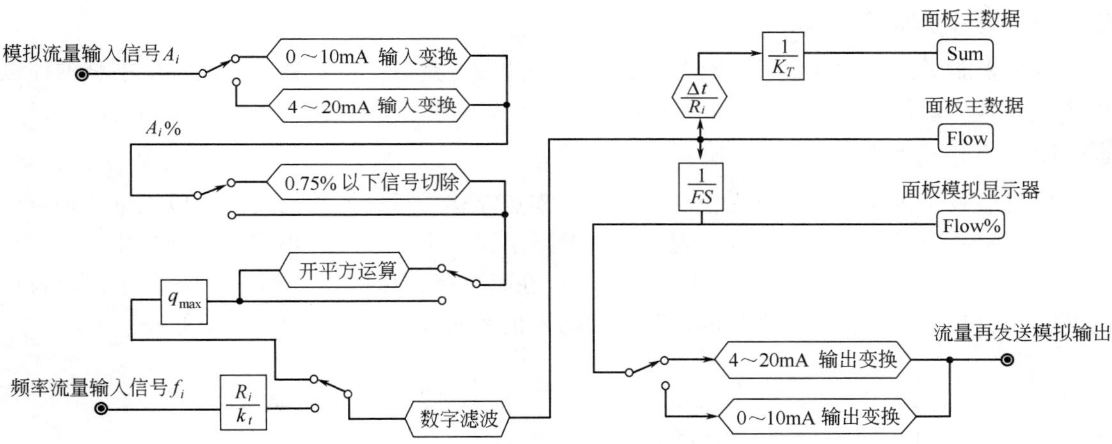

图 10.2 FC 3000 型仪表信息流程

Sum—总量显示器；Flow—（数字）流量显示器；Flow%—模拟流量显示器；*FS*—流量再发送满度值

10.2.4 主要功能

(1) 瞬时流量和累积流量计算与显示功能

① 输入为差压信号

$$q=q_{max}\sqrt{A_i} \tag{10.1}$$

式中 q——瞬时流量；

q_{max}——流量测量上限；

A_i——经无量纲处理后的差压信号，0～1。

② 流量与输入信号呈线性关系

$$q=q_{max}A_i \tag{10.2}$$

③ **输入为脉冲信号**

$$q=fR_i/K_t \tag{10.3}$$

式中 f——脉冲输入信号频率，Hz；

R_i——瞬时流量单位时间换算系数；

K_t——脉冲输出流量计流量系数（当 q 为体积流量时，K_t 为单位体积对应的脉冲数；当 q 为质量流量时，K_t 为单位质量对应的脉冲数）。

④ **累积流量与瞬时流量之间的关系**

$$Q=\frac{1}{K_T}\int_0^t q\frac{\Delta t}{R_i}\mathrm{d}t \tag{10.4}$$

式中 Q——累积流量值；

Δt——采样周期；

K_T——积算倍率。

(2) 开平方运算功能

该仪表能对流量输入信号进行开平方运算。开平方是数字量运算，采用多倍字长的浮点运算，可以认为是无误差运算。

(3) 小信号切除功能

模拟信号在转换和处理过程中，难免存在零点漂移，虽然流体已无流动但流量计仍有读数，导致缓慢地积算。为杜绝这一现象，流量显示仪表中一般均有小信号切除功能。

从图 10.2 可看出，该仪表的小信号切除可在菜单中选择：a. 不切除；b. 使用用户自选的切除点。其中仪表制造厂规定的切除点为输入信号的 0.75%，如图 10.3 所示。

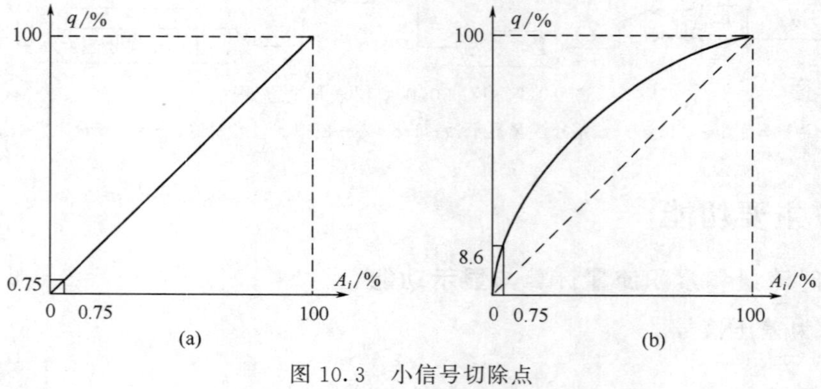

图 10.3 小信号切除点

由于小信号切除是在模拟流量输入信号经无量纲处理和 A/D 转换后进行的，因此该项操作也属数字量运算，可做到准确无误。

(4) 断电保护功能

断电保护功能是可编程流量显示仪表的一项必不可少的功能，是在主电源中断时，保护仪表的设定数据和累积值，使之不丢失和不被修改。

断电保护时间是这种功能的主要指标。用电池实现断电保护的传统方法，保护时间一般只能达到几天至几个月。利用电可擦不挥发存储器（E^2PROM）技术实现保护，保护时间可达10年以上，FC 3000型采用后一种方法。

(5) 定时抄表功能

定时抄表功能是按操作员预先设定的抄表时刻自动读取流量累积值，并存放在仪表内的一个单元中。当抄表人员按一下抄表键后，仪表即显示抄表符号和该单元中的数据。该单元中的累积值一直保持到次日“抄表时间”才被刷新。如果整个网络所有流量显示表设置同一抄表时间，那么，抄表人员巡回路线和时间的差异就不影响抄录结果，因此有利于分表和总表的平衡计算。

(6) 实时时钟

老式可编程仪表的时钟是以表内的晶振为基础的，不仅误差较大，而且依赖外部电源，当主电源中断时，时钟停走，所以需经常对时钟。新型的时钟是以自带锂电池的专用芯片为核心的实时时钟（realtime clock），走时误差很小，仪表的主电源中断后，依靠其自带锂电池可继续走10年，所以减少了麻烦。

(7) 自诊断功能

可编程仪表的一个重要优越性是其自诊断功能，仪表按照预先设计的程序定时对有关硬件和有关数据进行检查和诊断，发现异常情况后，面板上的报警灯点亮，并在一定的条目中用代码或助记符或短语显示故障类型或故障发生在何处。

图10.4所列为FC 3000型仪表的故障代码及意义。但若CPU发生故障，图10.4所列的诊断无法进行，这时面板上的“CPU故障”灯点亮，通知有关人员进行处理。

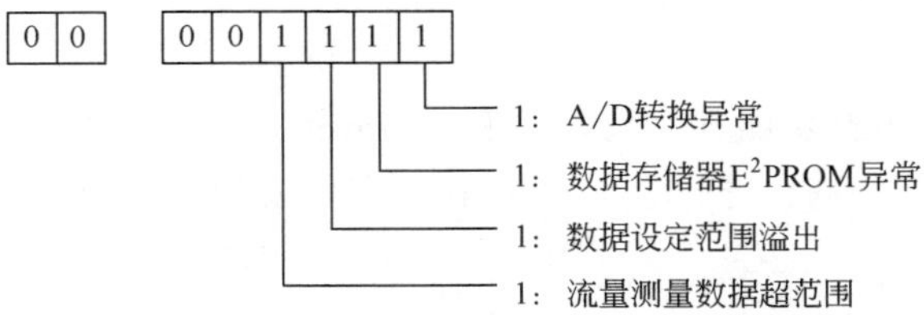

图10.4 故障代码及意义

(8) 密码设置功能

密码设置功能是可编程仪表防止未被授权的人员修改关键数据的重要手段。

本章所介绍的几种流量显示仪表的初始密码均为“000000”，如果想对仪表中先前设置的关键数据作修改，须将规定的条目调出来，然后键入密码“000000”并得到CPU认可，然后数据修改才能实现。

如果想换上自己的密码，可按下面的步骤：

a. 先用初始密码将锁打开；

b. 将密码输入条目调出来，输入自己新的密码；

c. 按回车键后并按规定操作退出数据修改状态，密码即更换成功。

密码一经更换，操作者即应记住自己设定的密码，如果经过努力还是回忆不起，可以同供应商联系，由他们提供一个“万能密码”，将锁打开，但是锁打开之后还是需要设定一个自己的密码，否则经常使用“万能密码”，次数一多，密码被泄露，仪表就不会再有密码了。

(9) 面板清零有效性选择功能

早年模拟式流量积算仪，面板上都设置有累积值清零机构，操作很方便，但同时也给数据安全带来问题。所以仪表设计者在用于清零的按键上开了一个小孔，可以插入一把小锁，以保证数据安全。

在可编程流量显示仪表中，为了确保累积流量数据安全，设计有“面板清零有效性”选择功能，在仪表组态时如果选择“面板清零有效”，则按下复位按钮，累积值即被清除。如果选择“面板清零无效”，则需打入密码并被确认后，累积值才会被清除并复零。

这一功能在仪表校验时也能给仪表人员带来方便。因为在对流量累积值进行校验时，人们习惯累积值从零开始，这样，就需要频繁进行清零操作。于是选择“面板清零有效”，仪表校验完毕交付使用前，要回到“面板清零无效”，以确保投入使用后的数据安全。

(10) 积算速率设置功能

流量显示仪表中的积算速率设置功能是为了获得合适的积算速率。如果速率太高，则累积流量显示器很快被积满复零，而若速率太低，读得的累积值分辨力太低影响数据的应用，所以都给使用带来不便。

在可编程流量显示仪表中，可通过面板按键的操作，并与窗口显示相配合，便捷而准确地设置满量程积算速率。

积算速率一般引入 10 的 n 次幂的倍率概念，在同一个区域内测量同一种流体的各台流量表，往往取相同的倍率。例如，全厂蒸汽流量计取 $n=-1$，则倍率为 $0.1t$，抄表员在抄得累积流量的读数后，乘以 $0.1t$，即为累积流量，这样，不会因各台表倍率各异带来麻烦和差错。

(11) 仿真功能

流量显示仪表中的仿真功能其实只是仿真（simulation）方法在流量二次表中的一种应用，它是在仪表的单片机按菜单中设定的流量仿真值发生一个代表流量的频率值或经无量纲化的模拟信号（0～100%），然后取代流量输入信号，对流量显示仪表进行校验，其框图如图 10.5 所示。

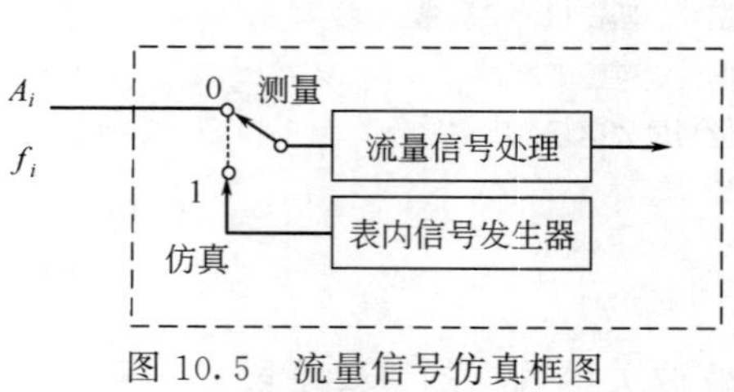

图 10.5 流量信号仿真框图

仿真功能的用途是故障查找。当仪表流量示值异常时，若想判断原因存在于二次表还是流量输入信号，这时可将软开关从“0”位置切换到“1”位置，于是“流量信号处理”部分与外部输入的流量信号断开，而接受“表内信号发生器”送出的信号。这时如果显示准确无误，则表明二次表数字运算部分正常，如果显示不正常，则表明二次表有问题。

仿真检查结束后，还需将软开关切回到“测量”位置。

(12) 远程通信功能

可编程流量显示仪表的远程通信功能可用于同上位机通信，也可用于两台可编程仪表之间的通信。通信标准常用 RS-232C 或 RS 485：RS-232C 的通信距离只能达到几十米，但可与计算机直接连接，适用于通信距离较短的场合；而 RS 485 的通信距离可达 2km，通信速率有 1200、2400、4800 和 9600 波特率几挡可选。较低的波特率适用于通信速率要求不高的系统中，这时可以在不增装中继器的情况下，通信距离延长到数千米。

10.2.5 国内外流量指示积算仪概况

(1) 处理流量信号能力的差异

生产流量显示仪表的厂家国内有很多，在中国市场销售的外国同类产品也有不少品种，有的制造商能供应只具备指示积算功能的产品，如横河公司的 STLD—101* E 型流量积算仪、FOXBORO 公司的 75RTA 型流量积算仪等，有的制造商只有带温度、压力输入通道的流量显示仪表，但在不使用其温度、压力输入通道的情况下，也能用于简单的流量指示积算。有的厂家将处理模拟流量输入信号和脉冲流量输入信号的仪表分别制成两个产品。有的厂家通过 8 选 1 模拟开关使一台仪表具有处理 8 路流量输入信号的能力。

(2) 总量显示位数的差异

流量显示仪表的数码显示器件常用的有 LED 和 LCD，其中 LCD 显示的位数一般多达十进制 8 位以上，而 LED 显示一般为 6～8 位，在显示总量时，有些用户希望位数更长一些，于是有的制造商设计了分段显示的方法，即总长 12 位（或 16 位）的十进制总量显示，面板上经常显示的是其低 6 位（或 8 位）按一下特殊定义的读数键即显示其高 6 位（或 8 位），同时给出高位段的标志，这样，若干年也不会积满复零，从而弥补了位数欠长的缺陷。

(3) 精确度等级的差异

国外产流量显示仪表的精确度一般都定得较高，而国产流量显示仪表以 0.5 级和 0.2 级居多。这主要同所选用的 A/D 转换器的精确度有关，仪表中用的 A/D 转换器一般为双积分型，转换速度较慢，但稳定性好，跳码小，抗干扰能力强。高精度 A/D 转换器的分辨力高，精确度也高，但价格相应较贵，而精确度较低的 8 位 A/D 转换器，由于价格低，所以在 0.5 级精确度的产品中也有采用。

国产的处理脉冲流量输入信号的流量显示仪表，总量测量精确度一般都定得较高，而瞬时流量精确度却差异较大，精确度有的定为 0.1%R，有的却定为 0.5%R 甚至 1%R，经分析主要是因瞬时流量求取方法不相同，前者是采用计算机方法，即在输入信号频率较高时由单片机测定输入信号的平均频率，而在频率较低时，由单片机测定脉冲平均周期，然后与流量系数一起计算瞬时流量。而后者是以 RC 积分技术为基础，即将输入脉冲整形后送 RC 积分电路，得到与频率成正比的电压信号，经平滑处理后送 A/D 转换器，得到数字量，然后显示。由于转换环节多和 F/V 转换方法本身的缺陷，测量精确度难以提高。

(4) 通信标准的差异

国产流量显示仪表通信口一般为 RS-232 或 RS 485 现场总线标准，但国外早期产品有一些为 RS-422 等其他标准，近期推出的产品基本上也已统一为 RS-232 或 RS 485 标准。有的还可提供 FF 现场总线等接口。

(5) 电磁兼容性等指标的差异

有些国外制造商在产品的电磁兼容等环境适应性方面也做了很多工作。例如 FOXBORO 公司的 75 系列流量显示仪表，其射频电磁场辐射抗扰度指标定为 3V/m，(27～1000)MHz。而其尘密水密性指标定为 IP65。这两项试验，国产流量显示仪表基本上没有开展。

10.3 通用流量演算器

10.3.1 用途和特点

FC 6000 型通用流量演算器是一种通用性较强，功能较丰富的多用途流量演算器，除了常规的流体温度补偿、压力补偿、密度补偿、温度压力补偿之外，该仪表还有以下功能：

a. 对一般气体的压缩系数 Z 进行补偿；

b. 对天然气的超压缩系数 F_z 进行补偿；

c. 对流量系数非线性进行补偿；

d. 对差压式流量计的可膨胀性系数进行补偿；

e. 对蒸汽密度进行查表并进行相应的补偿；

f. 对湿气体的干部分流量进行测量。

仪表中的海量存储器能依次存储 65536 组最新历史数据，有利于计量管理中查阅和数据导出。

10.3.2 硬件结构

图 10.6 所示的硬件结构，其过程通道除了流量信号输入通道外，还有流体温度和压力输入通道。

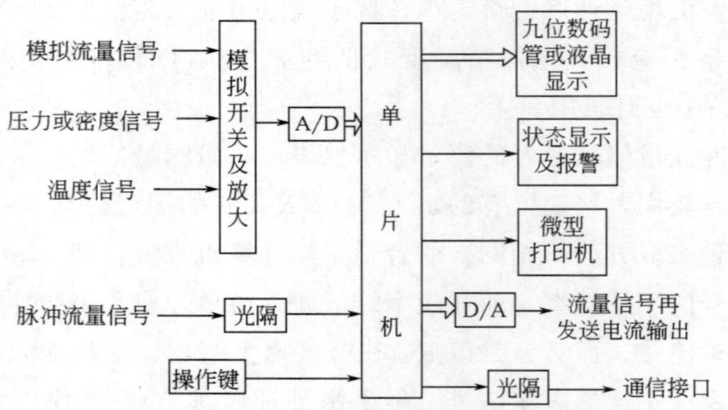

图 10.6 FC 6000 型通用流量演算器硬件结构框图

10.3.3 信息流程

图 10.7 所示的信息流程图，示出了实现其主要功能的信息传送关系和信号处理顺序。

10.3.4 主要功能

FC 6000 型仪表的功能比 FC 3000 型仪表功能更强大，它除了能完成 FC 3000 型仪表所具有的积算和各项辅助功能外，还具有下列各项演算功能。

(1) 流体工况补偿功能

绝大多数流量计，只有在流体工况与设计条件一致的情况下，才能保证测量精确度。有些流体如气体，流体工况变化对测量精确度的影响特别大，必须进行补偿。

按流量传感器类型和流体种类，可选用不同工况参数和不同补偿公式。下面叙述目前常用的补偿公式和实现方法。

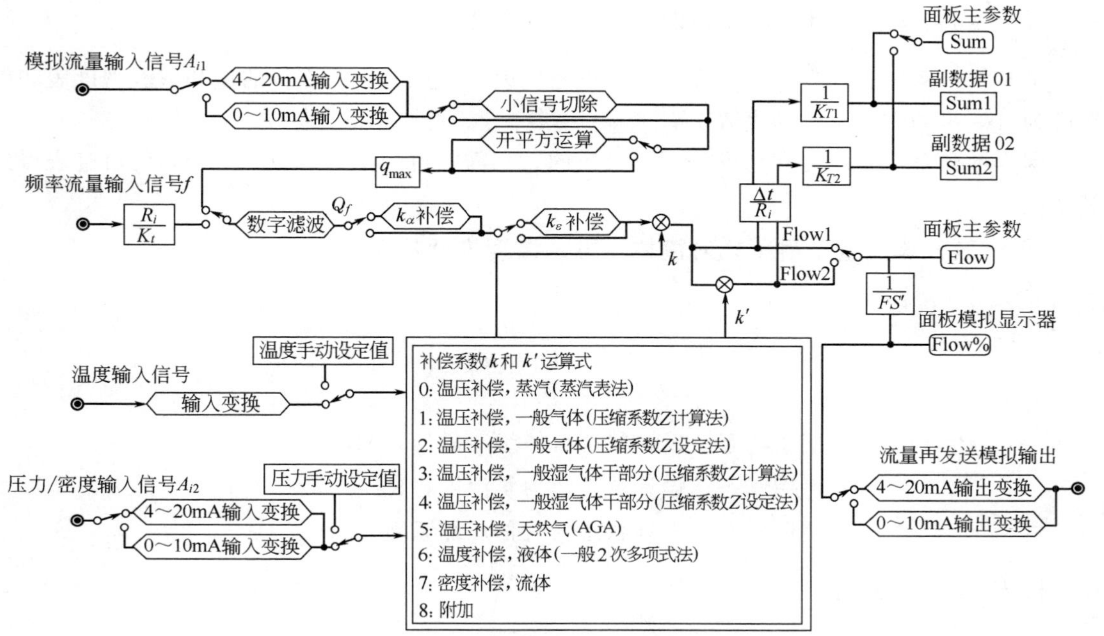

图 10.7 FC 6000 型仪表信息流程

① 蒸汽质量流量测量

a. 差压式流量计[1~3] 按式(10.5) 补偿。

$$k=\sqrt{\frac{\rho_f}{\rho_d}} \tag{10.5}$$

式中 k——工况补偿系数；

ρ_f——使用状态流体密度，kg/m^3；

ρ_d——设计状态流体密度，kg/m^3。

b. 模拟输出涡街流量计按式(10.6) 补偿。

$$k=\rho_f/\rho_d \tag{10.6}$$

c. 脉冲输出涡街流量计按式(10.7) 补偿。

$$k=\rho_f \tag{10.7}$$

式(10.7) 与式(10.5)、式(10.6) 有很大差别的原因是根据涡街流量传感器送出的脉冲频率及其流量系数所计算出来的是体积流量。同一个体积流量如果流体密度不同，所代表的蒸汽质量流量也不同。

从蒸汽的压力和温度求取蒸汽密度，在可编程流量演算器中，一般采用查表法。

$$\rho_f=f(P_f,t_f) \tag{10.8}$$

$$\rho_d=f(P_d,t_d) \tag{10.9}$$

式中 P_f、P_d——使用状态和设计状态蒸汽绝对静压，MPa；

t_f、t_d——使用状态和设计状态蒸汽温度，℃。

国际蒸汽密度表共有三张，即过热蒸汽密度表，以压力为自变量的饱和蒸汽密度表和以温度为自变量的饱和蒸汽密度表。

因为饱和蒸汽的压力和温度是一一对应的，只需知道两个参数中的一个，就可查表得到其密度。

② 一般气体流量采用下式对流体压力、温度进行补偿

a. 差压式流量计。

$$k=\sqrt{\frac{P_f T_d Z_d}{P_d T_f Z_f}} \tag{10.10}$$

式中 P_f、P_d——使用状态、设计状态流体绝对静压，MPa；

T_f、T_d——使用状态、设计状态热力学温度，K；

Z_f、Z_d——使用状态、设计状态的气体压缩系数。

b. 模拟输出涡街流量计。

$$k=\frac{P_f T_d Z_d}{P_d T_f Z_f} \tag{10.11}$$

c. 脉冲输出涡街流量计。

$$k=\frac{P_f T_n Z_n}{P_n T_f Z_f} \tag{10.12}$$

式中 P_n——标准状态流体绝对静压，MPa；

T_n——标准状态流体热力学温度，K；

Z_n——标准状态气体压缩系数。

经式(10.12)补偿的流量为标准状态体积流量。式(10.12)中的 P_n 一般取 101.325kPa（绝对值），T_n 可以根据对标准状态的约定取 20℃、0℃，煤气行业常取 $t_n=$ 15℃，然后换算到绝对温度。

式(10.12)中的 Z_f，可以由 P_f、T_f，根据流体名称查理化手册得到，也可由仪表自动计算得到。一旦指定仪表自动计算 Z_f，必须在演算器菜单中填入被测流体的临界压力值和临界温度值。

③ 一般气体干部分流量按式(10.13)～式(10.17)对流体工况进行补偿

a. 差压式流量计[4]。

$$k=\frac{P_f-\varphi_f p_{sfmax}}{P_d-\varphi_d p_{sdmax}}\times\frac{T_d}{T_f}\times\frac{Z_d}{Z_f}\times\sqrt{\frac{\rho_d}{\rho_f}} \tag{10.13}$$

式中 φ_f、φ_d——使用状态、设计状态湿气体相对湿度；

p_{sfmax}——使用状态（P_f、t_f）湿气体中饱和水蒸气压力，MPa；

p_{sdmax}——设计状态（P_d、t_d）湿气体中饱和水蒸气压力，MPa。

$$\rho_f=\rho_n\frac{P_f-\varphi_f p_{sfmax}}{P_n}\times\frac{T_n}{T_f}\times\frac{Z_n}{Z_f}+\varphi_f\rho_{sfmax} \tag{10.14}$$

$$\rho_d=\rho_n\frac{P_d-\varphi_d p_{sdmax}}{P_n}\times\frac{T_n}{T_d}\times\frac{Z_n}{Z_d}+\varphi_d\rho_{sdmax} \tag{10.15}$$

式中 ρ_f——使用状态（P_f、T_f、Z_f、φ_f）湿气体的密度，kg/m^3；

ρ_d——设计状态（P_d、T_d、Z_d、φ_d）湿气体的密度，kg/m^3。

p_{sfmax}——使用状态（P_f、T_f）湿气体中饱和水蒸气压力，MPa；

p_{sdmax}——设计状态（P_d、T_d）湿气体中饱和水蒸气压力，MPa。

b. 模拟输出涡街流量计。

$$k=\frac{P_f-\varphi_f p_{sfmax}}{P_d-\varphi_d p_{sdmax}}\times\frac{T_d}{T_f}\times\frac{Z_d}{Z_f} \tag{10.16}$$

c. 脉冲输出涡街流量计。

$$k=\frac{P_f-\varphi_f p_{sfmax}}{P_n}\times\frac{T_n}{T_f}\times\frac{Z_n}{Z_f} \tag{10.17}$$

仪表按照上面的公式计算湿气体的干部分流量时，一般顺序如下：

先从 T_d 的设置值查存储在表内的饱和水汽分压表、饱和水汽密度表，求得 p_{sdmax}、ρ_{sdmax}，再将 ρ_n、P_d、φ_d、P_n、T_n、Z_n 和 Z_d 的设置值一起代入式(10.15)，求得 ρ_d。从测量值 T_f 查表求得 p_{sfmax}、ρ_{sfmax}，再与测量值 P_f、T_f，以及 ρ_n、φ_f、P_n、T_n、Z_n 和 Z_f 一起代入式(10.14) 求得 ρ_f。

在此基础上，将有关数据代入式(10.13) 求得 k，即完成整个计算。

在上面的式子中，φ_f 理应使用测量值，但因流体情况十分复杂，湿度的在线测量用得还不多，湿度变送器输出送入流量演算器参与计算的例子更少。具体实施时，φ_f 仍由人工输入（设置）。这个方法在湿煤气流量测量中应用得较多，这是因为绝大多数的煤气的相对湿度等于或接近 100%[2]。从而省却了流体湿度的在线测量。

④ 液体流量测量按式(10.18) ～式(10.20) 对流体温度进行补偿

a. 差压式流量计。

$$k=\sqrt{1+\mu_1(t_f-t_d)} \tag{10.18}$$

式中 μ_1——液体一次补偿系数，$℃^{-1}$。

b. 模拟输出涡街流量计。

$$k=1+\mu_1(t_f-t_d) \tag{10.19}$$

c. 脉冲输出涡街流量计。

$$k=1+\mu_1(t_f-t_n) \tag{10.20}$$

式(10.18)、式(10.19)、式(10.20) 用一次表达式来补偿液体温度对液体流量测量的影响，其实质是对液体密度随温度变化而变化进行补偿。在实际液体中，$\rho_f=f(t_f)$ 的关系都不是一根直线，所以，有些流量演算器用一般二次多项式进行补偿，这样做比用一次式补偿更准确。

采用二次多项式进行补偿时，式(10.18)～式(10.20) 分别变为式(10.21)～式(10.23)。

$$k=\sqrt{1+\mu_1(t_f-t_d)+\mu_2(t_f-t_d)^2} \tag{10.21}$$

$$k=1+\mu_1(t_f-t_d)+\mu_2(t_f-t_d)^2 \tag{10.22}$$

$$k=1+\mu_1(t_f-t_n)+\mu_2(t_f-t_n)^2 \tag{10.23}$$

式中 μ_2——液体二次补偿系数，℃$^{-2}$。

⑤ 使用密度变送器测量流体密度时按式(10.24)～式(10.26) 进行补偿

a. 差压式流量计。

$$k=\sqrt{\frac{\rho_f}{\rho_d}} \tag{10.24}$$

b. 模拟输出涡街流量计。

$$k=\frac{\rho_f}{\rho_d} \tag{10.25}$$

c. 脉冲输出涡街流量计（换算到标准状态体积流量）。

$$k=\frac{\rho_f}{\rho_n} \tag{10.26}$$

上面列举了几种流量计和几种流体的工况补偿公式，尚未覆盖全部但已经相当繁复了。若包含在同一台仪表中就出现了一个选择问题，仪表厂提供的选择手段常见的有两种，其一靠编码开关由硬件选择，其二靠软开关，在菜单中指定。后一种方法更为可靠经济。

(2) 流量系数修正功能

差压式流量计的流量系数与雷诺数呈一定的函数关系，当雷诺数小到一定的数值时，流量系数就有较大变化，不宜使用。为了提高系统精确度和扩大可调比，演算器中常带有流量系数修正功能，修正雷诺数变化引入的测量误差。

孔板等节流件（以角接取压为例）有下面的关系式[1]：

$$C=0.5961+0.026\beta^2-0.216\beta^8+0.000521\left(\frac{10^6\beta}{Re_D}\right)+(0.0188+0.0063A)\beta^{3.5}\left(\frac{10^6}{Re_D}\right)0.3 \tag{10.27}$$

式中 C——流出系数；

β——差压装置直径比 d/D（d 为节流件孔径，D 为管道内径）；

Re_D——雷诺数。

先由满度流量 q_{max} 计量雷诺数 $(Re_D)_m$，代入式(10.27)计算满度时的流出系数 C_m。再由测量点（根据差压信号计算得到的）流量 q_i 计算雷诺数 $(Re_D)_i$，并代入式(10.27)计算该点流出系数 C_i，则：

$$k_\alpha=\frac{C_i}{C_m} \tag{10.28}$$

$$q_i'=k_\alpha q_i \tag{10.29}$$

式中 k_α——流量系数修正系数；

q_i、q_i'——修正前、修正后的流量值。

按照原理，应以 q_i'为起点进行迭代，求得更精确的修正系数。

采用这种方法也可用若干段折线完成修正。即 $0\sim q_{max}$ 之间分成若干段（常为 9～15 段）作为横坐标，再由 q_i 计算相应的修正系数 k_{α_i}，作为纵坐标组成折线，对瞬时流量进行修正时，只需由未经修正的流量值，查表和线性内插就可获得[5-6]。

多段折线的修正方法不仅适用于差压式流量计，也适用于涡街流量计等通过实标法获得流量系数的仪表[6]，即以实标数据为基础计算各标定点的修正系数，制成折线表输入仪表。

(3) 可膨胀性系数修正功能

这一功能是专门配用于节流差压式流量仪表。

差压式流量计测量可压缩流体时，流体流过节流件后压力降低，并出现流束膨胀。这一现象使得 q 正比于$\sqrt{\Delta p}$的关系产生偏差。可膨胀性系数 ε 就是补偿这一偏差。一副差压装置的 ε 并非常数，它取决于差压、静压和等熵指数。

在演算器中，常用式(10.30)[3] 计算不同相对流量时的 ε，再计算 ε 的修正系数 k_ε。

$$\varepsilon_1=1-(0.351+0.256\beta^4+0.93\beta^8)\left[1-\left(\frac{p_2}{p_1}\right)^{\frac{1}{\kappa}}\right] \tag{10.30}$$

式中 ε_1——可膨胀性系数；

β——直径比；

p_2——差压装置负端取压口流体绝对静压力，$p_2=p_1-\Delta p$，Pa；

p_1——差压装置正端取压口流体绝对静压力，Pa；

Δp——差压，Pa；

κ——等熵指数。

$$\Delta p=\left(\frac{q_i}{q_{max}}\right)^2\Delta p_{max} \tag{10.31}$$

式中 q_i——未经任何补偿的流量；

q_{max}——满量程流量；

Δp_{max}——差压上限，Pa。

$$k_\varepsilon=\varepsilon_1/\varepsilon_d \tag{10.32}$$

式中 k_ε——修正系数；

ε_d——设计状态可膨胀性系数。

这样，演算器利用两个输入变量 q_i、P_f，五个置入数据 q_{max}、Δp_{max}、β、κ 和 ε_d 就可方便地计算 k_ε，其中 P_f 为 P_1 的实测值。

(4) 蒸汽热量计算功能

演算器与蒸汽流量计配用时，仪表可按使用者指定显示热量。热量计算是以蒸汽质量流量 q_m、蒸汽压力 P_f、蒸汽温度 t_f 为自变量的，即

$$\Phi=q_m h_f \tag{10.33}$$

$$h_f=f(P_f,t_f) \tag{10.34}$$

式中 Φ——热流量，kJ/h；

q_m——质量流量，kg/h；

h_f——使用状态下蒸汽比焓（由仪表根据 P_f、t_f 查国际蒸汽热焓表得到），kJ/kg。

(5) 天然气超压缩系数计算

天然气的性质与一般气体有很大差别，其中压缩系数最为明显，计算天然气的超压缩系数是件烦琐的事。仪表由有关自变量实时自动求取超压缩系数，也只有引进了计算机技术才可能实现。

按照 A. G. AReport No. 8 或 GB/T 21446—2008 标准规定，天然气的超压缩系数是下列自变量的函数：

a. 流体温度 t_f；

b. 流体压力 P_f；

c. 天然气真实相对密度 G_r；

d. 天然气中二氧化碳的摩尔分数 M_c；

e. 天然气中氮气的摩尔分数 M_N。

流量演算器根据在线测量到的流体温度、流体压力以及菜单中人工设置的 G_r、M_c、M_N 等参数，采用计算和查表相结合的方法得到超压缩系数。每个计算周期对超压缩系数计算一次。

(6) 双密码设置功能

双密码技术是在单密码技术的基础上发展起来的。它体现了供需双方的公平公正。完整的密码通常有 6 位数，其中高 3 位由供方掌控，低 3 位由需方掌控。操作时，先进入副数据画面，供方在指定的窗口送入高 3 位密码（在此窗口，低 3 位为无效数字），确认后需方在指定的另一窗口，送入低 3 位密码（在此窗口，高 3 位为无效数字），待 6 位密码验证符合后，才可对菜单的内容进行修改。修改完毕退出副数据画面，回到主数据画面。

(7) 双口通信功能

双口通信功能是为了满足一台流量演算器为两个 SCADA 系统提供计量数据而设计的。一台仪表在供需双方的 SCADA 系统中的通信站号可以不同。仪表分时响应两台上位机的请求，为上位机提供数据。如果其中一个 SCADA 系统未开通或故障，不影响另一个 SCADA 系统与仪表的交互。

(8) 数据保存功能

流量演算器的海量存储器中可保存 65536 组最新数据，每组数据包括第一累积流量、第

二累积流量、第一瞬时流量、第二瞬时流量、流体温度、流体压力。保存间隔时间有多种，可通过面板操作选定。如果选定保存间隔时间为 10min，则该存储器可储存 455 天最新数据。这些数据可供 SCADA 系统读取，也可导出至移动硬盘，还可做本机屏幕显示、绘制趋势图。

(9) 数据导出功能

所谓数据导出就是将保存在仪表 E^2PROM 中的数据导出。通常在仪表上提供一个 USB 插口，插入 USB 移动硬盘后，屏幕上即显示对话框，通过面板上的操作键送入起讫时间，并按一下确认键，就开始数据导出。数据导出结束后，仪表回到主数据画面显示。将移动硬盘中的数据装入电脑，就可编制统计报表，制作历史曲线等。

此项功能大多在仪表不与 SCADA 系统连接，而又需要读取大量历史数据时应用。

(10) 经补偿后的流量信号再发送功能

这一功能的用途是将经补偿后的瞬时流量信号以模拟信号的方式送到调节器、记录仪或 DCS 等后续仪表或装置。因此，再发送信号的更新周期就成为关键参数。一般说来，更新周期为 0.5s 时，对流量调节系统的调节品质和记录品质均无严重影响。

经补偿后的流量满度值（4～20mA 信号制为 20mA 所对应的流量值），有时要求与流量测量上限值不相同，因此在菜单中可以根据需要填入合适的再发送流量满度值。

(11) 故障诊断代码的合成与分解

流量演算器中的故障诊断内容更丰富，除了 CPU 故障之外，还有如表 10.1 所示的 13 种故障。如此多种类的故障有可能同一时刻只发生一种，也有可能同时发生几种。要在 00 条副数据（故障诊断结果显示条目）中将可能同时发生的各种故障都显示出来，这就产生了一个代码合成与分解的问题。

表 10.1 故障代码、故障内容和仪表相应动作对照

ALM 灯	显示代码	诊断内容	异常时动作
灭	000000	正常	
亮	000001	A/D 转换异常	流量运算处理停止
	000002	数据存储器 E^2PROM 异常	流量运算处理停止
	000004		
	000008		
	000010	测定温度输入信号范围溢出	用温度手动设定值运算
	000020	测定压力/密度输入信号范围溢出	用压力/密度手动设定值运算
	000040	温度补偿范围溢出	用温度补偿范围极限值运算
	000080	压力补偿范围溢出	用压力补偿范围极限值运算
	000100	测定流量输入信号范围溢出	用极限值运算
	000200	流量模拟显示/再发送范围溢出	用极限值运算
	000400		
	000800	过热蒸汽成为饱和蒸汽	作为饱和蒸汽运算
	001000	数据设定范围溢出	流量运算处理停止
	002000	标定点流量-补偿系数设定不合理	用 $k_\alpha=1$ 进行运算
	004000	k_ε 补偿计算用副数据设定不合理	用 $k_\varepsilon=1$ 进行运算
	008000	压缩系数 Z 计算用副数据设定不合理	用 $Z=1$ 进行运算

举例：诊断代码显示值为[000B30]。

由于代码显示为十六进制，上面的显示值可作如下分解：

000B30＝000010＋000020＋000100＋000200＋000800

表示的故障（或异常）有5个，分别是测定温度输入信号范围溢出、测定压力输入信号范围溢出、测定流量输入信号范围溢出、流量模拟显示/再发送范围溢出、过热蒸汽成为饱和蒸汽。

10.3.5 国内外流量演算器概况

(1) 通用性的差异

国外生产的流量演算器（也有的命名为流量计算机、积算仪等）大多具有较高的通用性，有的不仅适用于多种流体的流量显示，还可用作热量计算和显示[8]，如Endress＋Hauser公司的DXF351型流量计算机，但是也有与特定流量传感器（变送器）配用的流量计算机，如本书3.2节中所述的spirax-sarco公司的M800系列流量显示计算机是专为该公司的线性孔板配套的显示仪表。国内有的制造厂为不同的流体制成不同的流量演算器，例如有分别适用于饱和蒸汽质量流量、过热蒸汽质量流量、气体流量测量的流量演算器等。

(2) 输入信号多样性的差异

国外产和国产流量演算器中有的只接受1～5V DC输入信号，因此，需另设供电箱和配电器为变送器供电，并将电流信号转换成电压信号。有的除了能接受模拟流量输入信号、脉冲流量输入信号和热电阻输入信号之外，还能接受一路开关量输入信号，用于远程复位操作。

(3) 信号处理方式的差异

不同的制造商所生产的流量演算器信号处理方式、所使用的公式也不尽相同，例如孔板式差压流量计中的可膨胀性系数ε_1的计算，有的外国制造商采用经验公式：

$$\varepsilon_1=1-8\times10^{-4}\ \frac{\Delta p}{p_1}$$

式中 Δp——差压，$inH_2O(1inH_2O=249.082Pa)$；

p_1——孔板前压力，bar（$1bar=10^5Pa$）。

再举个例子就是间接法蒸汽质量流量计中蒸汽密度的求取方法。不同的制造商所采用的蒸汽密度求取方法有较大的不同，即如3.4节所述的查表法和数学模型法，而数学模型法中又有多种不同的模型，其中用得较多的是：饱和蒸汽的密度用“端点连线法”建立起来的如式(3.17)所示的一次表达式；过热蒸汽按理想气体定律处理，从而节省存储器的内存空间，但精确度比查表法差一些。

(4) 输出信号多样性的差异

① 带有继电器接点输出

继电器接点输出可用于变量越限报警。

② 流量再发送输出信号的多样性

流量再发送器（retransmitter）有的公司也称中继器（repeater），有的国外产品除了能提供两路4～20mA再发送信号之外，还能提供一路频率再发送信号，以满足后续仪表不同的需要。

③ 笔式记录功能

BAILEY—FISCHER&PORTER公司通用性极强的圆图形记录仪经组态后可以用于流量演算和热量计量，它最多可以有4路隔离的4～20mA再发送输出，各路再发送输出的用途可编程，因此，经补偿后的质量流量、流体温度、流体压力等信号都可经再发送输出口送到DCS或调节器。除此之外，仪表最多可带4支划线记录笔，每支笔所记录的变量可由编程决定。

④ 失效输出功能

有的流量演算器与调节器配合实现流量定值调节，即经补偿运算得到的流量信号经再发送口送到调节器作测量信号。如果流量演算器失效，则调节器接收到的是一个虚假信号，这时调节系统处于开环状态，弄得不好就会因调节器的积分作用导致调节阀跑到极限位置，因此，流量演算器失效时应立即通知调节器，这时调节器可立即切换到“手动”位置，并发出报警信号，从而保证系统的安全。

具有失效输出功能的流量演算器，在失效后立即送一个开关信号。

10.4　同步显示器

10.4.1　用途与特点

一套流量表测量得到的瞬时流量、累积流量示值在另一个地方同步显示出来，是人们很多年以前就有的主观愿望，也是计量管理、经营管理等活动中的一项客观需要。以前有人将这种二次仪表的示值作异地显示的仪表称作“三次仪表”，曾有不少使用模拟式仪表完成此项任务的例子，但是均不够理想，其原因一是误差大，二是传送的数据容量小。一直到计算机技术和通信技术进入仪表后，这一任务才得到圆满解决。

要求将流量数据作异地同步显示的例子很多。例如贸易结算使用的流量数据，不仅供方需要掌握而且需方也需要知道。增设一台同步显示器，将流量演算器中一切必要的数据如瞬时流量、累积流量、流体温度、流体压力甚至一些中间计算结果用通信的方法传送给同步显示器，就能满足这一要求。同步显示器具有流量演算器相同的面板，既可通过面板按键选择显示内容，又可自动循环显示。所显示的数据与流量演算器所显示的同名数据一字不差。

同步显示器与流量演算器之间的连接如图10.8所示。

10.4.2　硬件结构

FC4000型仪表是一台典型的单片机，其硬件结构比流量演算器简单，它无需过程通道，因为它的数据完全是由流量演算器经通信口传来的。其面板上的按键也不用作菜单设置，而仅用于显示内容切换。其硬件结构框图见图10.9。

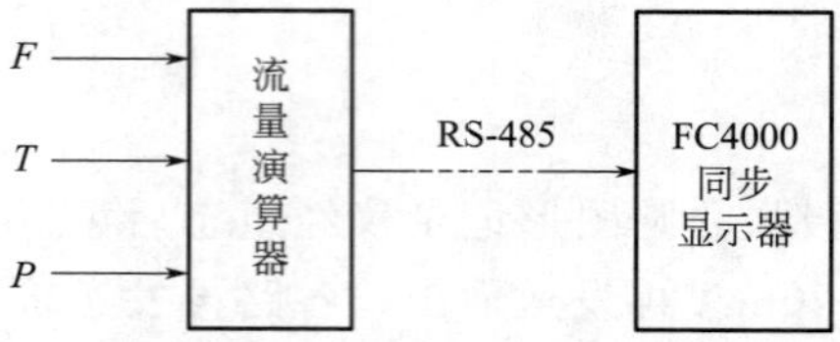

图 10.8 流量数据同步显示系统

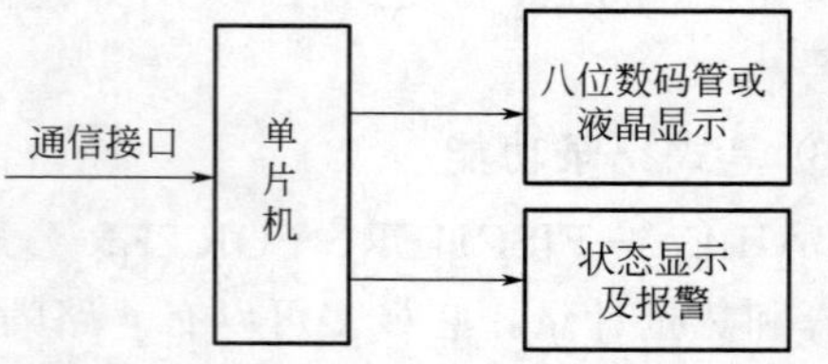

图 10.9 FC4000 型仪表硬件结构框图

10.5 贸易结算型流量演算器

10.5.1 特点

FC6000 PLUS 贸易结算型流量演算器是为了满足贸易结算中的流量计量而设计的。其硬件结构同 FC6000 型仪表完全一样，只是在软件设计上增加了贸易结算专用的功能。

10.5.2 贸易结算专用功能

(1) 小流量计费功能

按照供需双方的约定，当实际流量小于“下限流量约定值”时，按照“下限收费流量”收费。所以在该流量演算器的菜单中，有一条写入“下限流量约定值”，另一条写入“下限收费流量”，仪表运行后，如果实际流量小于“下限流量约定值”，即以“下限收费流量”取代实际流量进行积算。

如果演算器虽用于贸易结算流量计量，但供需双方并无此约定，或虽有此约定但暂不执行，则将“下限流量约定值”和“下限收费流量”都写入 0 即可。

(2) 停汽判断功能

停汽判断功能是专为蒸汽贸易结算设计的。当蒸汽总阀关闭后，阀后蒸汽管内流体温度迅速下跌，流体压力接着下跌（以过热蒸汽为例），仪表就是以这两个参数作为是否停汽的判断依据。

在仪表中有一个窗口写入“停汽温度标志值”，另一个窗口写入“停汽压力标志值”，这两个标志值由供需双方协商决定。当关闭总汽阀后，测量到的蒸汽温度和压力只要有一个低于其标志值，仪表即作出“已停汽”的判断，这时不管实测流量为多少，一律停止积算，也不按“下限收费流量”进行积算。

如果双方约定不使用这一功能，则可将相应窗口中的“温度标志值”和“压力标志值”设置得足够低，低到一般情况下不可能到达的数值。

用管道内的蒸汽温度和蒸汽压力来对停汽作出判断，必然存在一定的滞后，因为管道有一定的容积，温度和压力下跌需要有一个过程，如果想加速这一过程，可在总汽阀关闭后，打开阀后的放净阀。

有的使用现场，由于历史原因，蒸汽总阀并不设置在蒸汽流量计的上游，而是在下游，这时，总阀关闭压力变送器测得的压力信号并不下跌，温度传感器测得的信号也不下跌。对于这种情况，可在总阀下游另外安装一个温度传感器（变送器）并接入流量演算器，专门监测停汽信号，如图 10.10 所示。

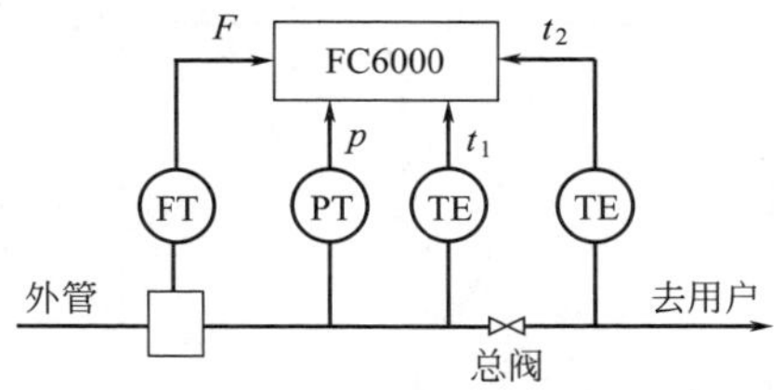

图 10.10 带停汽监测温度传感器的系统

(3) 超计划耗用收费功能

流量演算器实现这一功能需占用两条菜单，其中一条写入“最大耗用流量”，另一条写入“超用费率”。仪表运行后，按下式计算收费流量。

$$
\begin{aligned}
q_{mm}&=q_m & (q_m\leqslant q_{mp})\\
q_{mm}&=b(q_m-q_{mp})+q_{mp} & (q_m>q_{mp})
\end{aligned}
\tag{10.35}
$$

式中 q_m——实际质量流量，kg/h 或 t/h；

q_{mm}——收费流量，kg/h 或 t/h；

q_{mp}——计划最大耗用流量，kg/h 或 t/h；

b——超用费率。

如果仪表中已经有此功能，但暂时不用，则可将“最大耗用流量”设置得非常大，而将“超用费率”设置为 1。

(4) 分时段计费功能

对于分两个时段收费的对象，实现这一功能占用 4 条菜单，即“日间起始时间”“日间结束时间”“日间收费费率”和“夜间收费费率”。仪表运行后，单片机读取实时时钟所提供的当前时间，并对落在哪一个时段作出判断，如果落在“日间”时段，则按“日间收费费率”计算累积流量。否则按“夜间收费费率”计算累积流量。

该型号仪表最多可提供 4 时段计费功能，于是菜单中有 4 条供分别写入 4 个时段的起始时间，另有 4 条菜单，供分别写入“第一时段费率”“第二时段费率”“第三时段费率”和“第四时段费率”。仪表运行后，有一个窗口显示当前所处的时段号。另外定义一个按键，用以调阅各个时段的累积流量（未经时段费率计算的累积流量），按一下该键，显示第一时段累积流量 0 1 × × × × × ×，再按一下该键，0 2 × × × × × ×，然后是 0 3 × × × × × × 和 0 4 × × × × × ×。而这 4 个时段未经费率处理的流量，分别乘上各自的费率，然后计算它们的代数和，即应同窗口显示的总计费流量相等。

在有分时段计费功能的仪表中，如果不使用这一功能，最简单的方法是将各时段的费率全部设置为 1。

(5) 打印曲线功能

流量演算器所具有的普通打印功能用于贸易结算，往往已不能令用户满意，因为它只能将打印时刻的数据记录下来，而不能将历史情况记录下来，而 FC6000 PLUS 仪表中的打印曲线功能，就是为了满足这一要求。这一功能一般是 24h 定时打印一段瞬时流量曲线和一组当前仪表示值。而召唤打印和越限加速打印只打印数字不打印曲线。图 10.11 所示为一幅典型的打印结果。

(6) 掉电记录功能

流量演算器实现掉电记录的基础是仪表内装有实时时钟。该实时时钟集成电路自带长寿

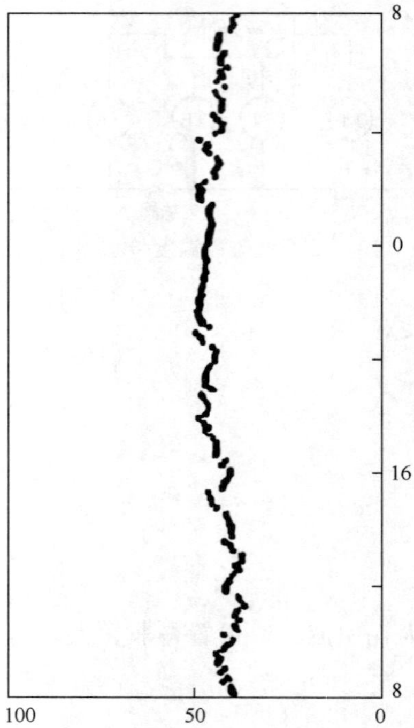

图 10.11 带 24h 瞬时流量曲线的打印结果

命蓄电池，可以长期使用。当主电源掉电时，仪表自动记下实时时钟所指的日期和时间，当主电源恢复供电时，仪表再一次记下实时时钟所指的日期和时间。因此，每次掉电事件，仪表的 E^2PROM 中都自动记下 5 条数据，即掉电事件序号、掉电起始日期、掉电起始时间、恢复供电日期、恢复供电时间。一台仪表最多可记录 60 次掉电事件，而且记满之后如果再有掉电事件发生，则自动推掉最陈旧的一次记录。

掉电记录数据可通过仪表面板上的操作键调阅，但无法擦掉，使用者可按供需双方的约定，依一定的计算方法对掉电期间少计的累积值进行处理。

10.5.3 国内外同类产品概况

上面所述的贸易结算专用功能是近几年国内区域集中供热事业蓬勃发展的产物，它是根据用户提出的要求逐步发展和完善的，而且还在继续发展，不同的用户还在提出一些其他方面的要求，例如插卡消费功能、不同类别用户区别对待功能等。

国外产同类产品中，打印功能大多数都具备。国产同类产品中，也有不少可带打印机。掉电记录功能，用户早在多年以前就提出要求，在微处理器进入流量显示仪表之前，国内有的制造商推出断电时间积分器来解决这一问题，即在一个以干电池驱动的计时器供电回路中，串入一个继电器常闭触点，继电器励磁线圈并联在流量显示仪表的电源端子上，当此电源中断时，继电器释放，其常闭触点闭合，计时器计时。这一方法只能记下掉电的累计时间，未能记下掉电和恢复供电的具体时刻，显然不够完美。

10.6 双量程流量演算器

10.6.1 用途和特点

FC6000D 型双量程流量演算器是一种特殊用途的流量演算器，它与双量程差压流量计配合实现整个流量测量范围内量程高段的流量演算和量程低段的流量演算，从而提高量程低端的系统精确度，扩大流量测量可调比。

这种仪表具有普通 FC6000 型通用流量演算器的功能，也可以具有 FC6000PLUS 型流量演算器的功能。

10.6.2 硬件结构

图 10.12 所示的硬件结构，除了普通 FC6000 型流量演算器所具有的压力信号输入通道和温度信号输入通道之外，还有两个模拟流量信号输入通道，其中一个输入低量程流量信

号，另一个输入高量程流量信号。

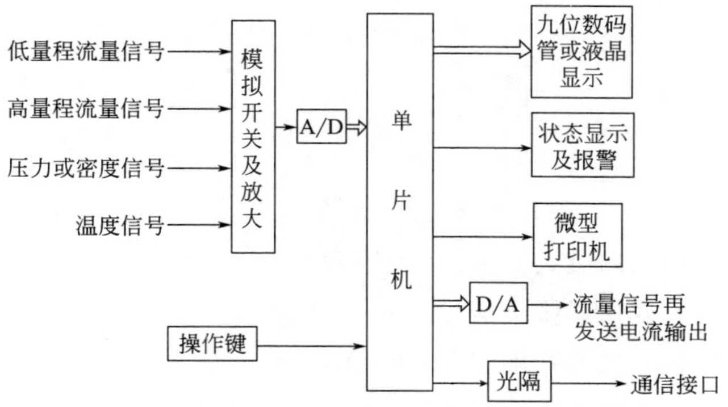

图 10.12 FC6000D 型通用流量演算器硬件结构框图

10.6.3 信息流程图

图 10.13 所示的信息流程中，低量程流量输入信号、高量程流量输入信号，以及它们所对应的量程数值 FS_L、FS_H 由软开关自动切换。其余部分同普通的 FC6000 相同。

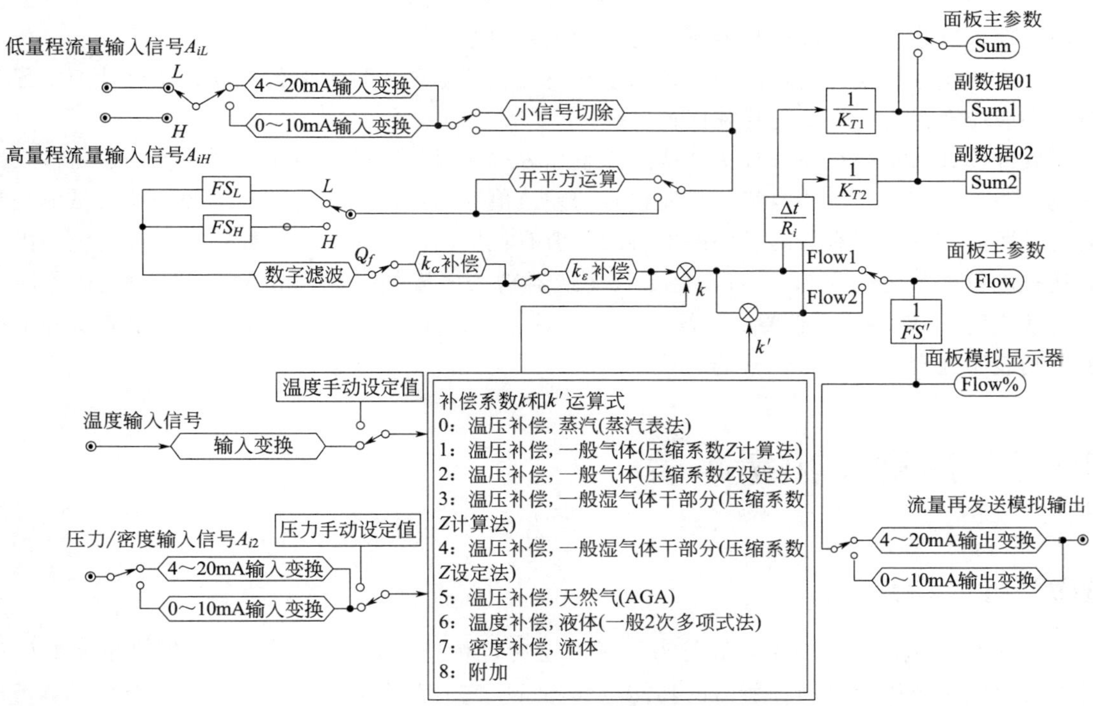

图 10.13 FC6000D 型仪表信息流程

10.6.4 高低量程的切换

高低量程的切换是要完成下面的表达式[7]。

当开平方运算在流量二次表内完成时：

$$\begin{cases} q_f=\sqrt{A_{iL}}FS_L(A_{iL}\leqslant 100\%) \\ q_f=\sqrt{A_{iH}}FS_H(A_{iL}>100\%) \end{cases} \tag{10.36}$$

当开平方运算在差压变送器内完成时：

$$\begin{cases} q_f=A_{iL}FS_L(A_{iL}\leqslant 100\%) \\ q_f=A_{iH}FS_H(A_{iL}>100\%) \end{cases} \tag{10.37}$$

式中 q_f——未经补偿的流量，单位由 FS 确定；

A_{iL}——低量程变送器输出信号，0～100%；

A_{iH}——高量程变送器输出信号，0～100%；

FS_L——低量程满度流量，kg/h、t/h 或 Nm^3/h 等；

FS_H——高量程满度流量，kg/h、t/h 或 Nm^3/h 等。

在切换点附近的切换，由软件自动完成，一般约定：低量程变送器信号≤100%（20mA）时，低量程变送器信号有效；低量程变送器>100%时，高量程变送器信号有效。

从前面的分析可知，由于高量程差压变送器总有一定的误差存在，低量程差压变送器和二次表的输入通道也会有一定的误差存在，在进行高低量程切换时，q_f 值可能会有一定幅值的跳动，这主要是由高量程差压变送器的误差引起的。

为了防止在切换点附近出现频繁切换和与之相伴随的流量示值的晃动，在设计切换程序时，一般应考虑设计一个切换死区。

软件设计人员往往还设计一个两路流量输入电流显示功能，由于两台差压变送器输入的是同一路差压信号，两路电流信号所代表的差压值和与此差压相对应的未经补偿流量值是相同的，所以在低量程有效时，两路电流的数值有相应的函数关系，例如在高量程流量上限与低量程流量上限之比为 5.77 时，低量程变送器输入电流如果为 16mA，高量程变送器输入电流就应为 6.078mA。必要的时候观察一下两路电流示值，如果与应有的函数关系基本相符，则表明几台仪表都是正常的。

10.7 冷量（热量）表

10.7.1 特点

FC6000C 型冷量（热量）表是为测量液态冷媒体的冷量和液态热载体的热量而专门设计的，冷能和热能贸易结算所需的功能也都齐备。它有两个温度输入通道，一个用来测量供水温度，另一个用来测量回水温度，在温差只有几摄氏度的冷量计量中，供回水温度测量准确度是保证冷量计量精确度的关键，0.1℃的误差就有可能造成冷量计量百分之几的误差。为此，该型仪表中在提高测温准确度方面作了特殊设计。其中一个就是将测温分辨力提高到 0.01℃。

该型号仪表用正值代表热载体热量，而用负值代表冷媒体冷量。在楼宇空调系统中，经过阀门切换，夏季可用于冷量计量，冬季可用于热量计量，一表两用，仪表的硬件和软件无需做任何变更。

该型号仪表适用的流体既可以是淡水，也可以是其他液体。在流体为淡水时，用式(10.38) 计算用户耗用的热量（冷量）：

$$\Phi=(h_i-h_o)q_m \tag{10.38}$$

$$h_i=f(t_i,p)$$

$$h_o=f(t_o,p)$$

式中 Φ——热流量（冷流量），kJ/h；

h_i——供水比焓，kJ/kg（由查比焓表得，也称质量焓）；

h_o——回水比焓，kJ/kg（由查比焓表得）；

t_i——供水温度，℃；

t_o——回水温度，℃；

q_m——质量流量，kg/h；

p——流体压力，MPa。

从机理可知，式(10.38) 计入了冷媒体或热载体比热容随温度变化而变化的因素，因此无理论误差。但是，冷媒体和热载体如果不是淡水，$h=f(t)$ 的对应关系往往难以查到，这时，可将比热容近似为一个常数，用式(10.39) 计算冷流量或热流量。

$$\Phi=c(t_i-t_o)q_m \tag{10.39}$$

式中 c——平均比热容（蒸馏水为 4.1868kJ·kg^{-1}·℃$^{-1}$）。

10.7.2 信息流程

图 10.14 所示为 FC6000C 型冷量（热量）表的信息流程。

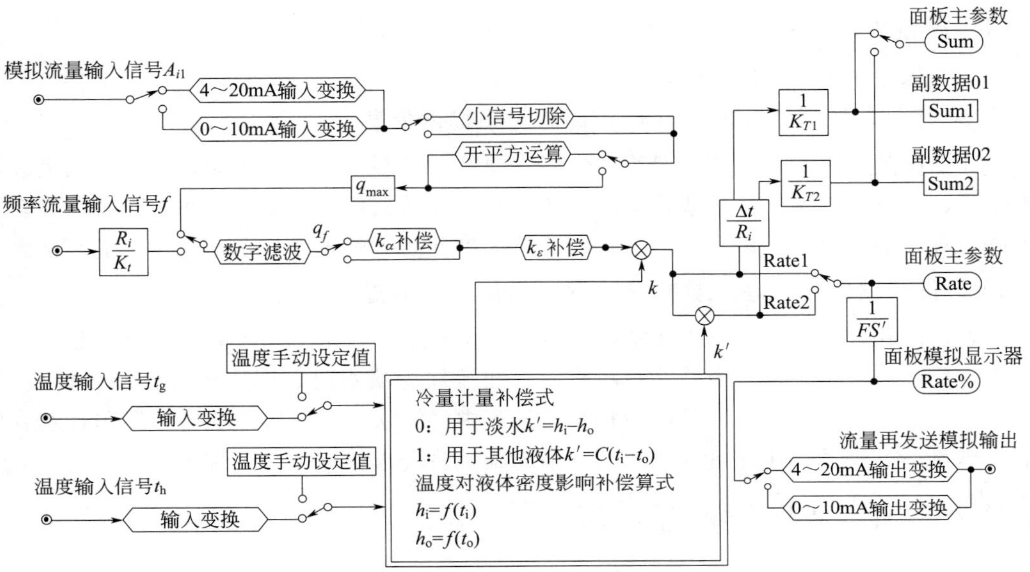

图 10.14　FC6000C 型仪表信息流程

Sum—总量显示器；Rate—瞬时值数字显示器；Rate%—瞬时值模拟显示器；FS'—瞬时值再发送满度值

10.7.3 主要功能

(1) 冷量和热量计算功能

(2) 温度传感器误差校正 (SC) 功能

引入该功能的目的是提高供回水温度测量准确度。其实它校正的不仅仅是温度传感器的误差，还包含有冷量（热量）表的温度输入通道的信号处理误差。供水温度的 SC 窗口数值，是使冷量（热量）表的供水温度示值同相应的标准水银温度计示值一致。回水温度的 SC 窗口数值，是使冷量（热量）表的回水温度示值同相应的标准水银温度计示值一致。

系统投运前对 SC 数值进行现场调试是保证冷量（热量）测量准确度的关键。

(3) 质量流量计算及温度补偿功能

从式(10.38) 可看出，用户所耗用的冷量（热量）是同冷媒体或热载体的质量流量成正比的，因此必须计算出流体的质量流量。而有些流量传感器或变送器送出的信号仅仅是体积流量，所以须用式(10.40) 换算到质量流量。

$$q_m=\rho q_v \tag{10.40}$$

$$\rho=f(t)$$

式中 q_m——质量流量，kg/h；

ρ——流体密度，kg/m^3；

q_v——体积流量，m^3/h；

t——流体温度，℃。

按照机理，流量传感器、变送器如果安装在供水管道上，则应取 $t=t_i$，如果安装在回水管道上，则应取 $t=t_o$。因此，在冷量（热量）表组态时，应予以指定，然后查 $\rho=f(t)$ 密度表得 ρ。

(4) 温差显示功能

冷量（热量）表显示温差的作用主要有两个：

① 为运行人员判断当前冷（热）负荷大小提供信息

冷冻站或热力站操作规程一般都对供回水温差的控制范围有明确规定，温差太大表示能量供应不足，应增大循环流量或提高冷媒体、热载体的品位。而温差太小表示负荷太轻，此时可适当减小循环流量，以节约动力。因此，准确而及时的温差显示，有重要的经济意义。

② 为仪表维修和管理人员核对冷量（热量）示值提供数据

仪表维修和管理人员从仪表显示的流量值、温差值，再乘上一个系数，就可粗略计算当前的冷流量（热流量）值。当然这是粗略的，在流体为淡水时，即使用计算器作精确计算，也会存在千分之几的误差，这是因为在粗略计算中将淡水的比热容作为常数参与计算，而实际上比热容是个变量，在冷量（热量）表中的确是将其当作变量来处理的。

10.7.4 国内外同类产品概况

(1) 测温分辨力的差异

国外产冷量（热量）表的供回水温度分辨力一般能达到 0.01℃，国产冷量（热量）表一部分能达到 0.01℃，而大多数仅为 0.1℃。

(2) 冷量（热量）表达式的差异

载热液体和冷媒体的热量（冷量）计算常用有三个公式，即如式(7.7) 所示的比焓差法计算公式，如式(7.8) 所示的基于体积流量的计算公式和如式(7.10) 所示的平均比热容法计算公式，其中平均比热容法计算最简单，国内外仪表中都有使用，例如有一家国外制造商，使用其通用记录仪中的减法和乘法等模块实现载热液体的热量（冷量）计算。但是将液体的比热容当常数处理会引入一定的理论误差，例如供水温度为 6℃，回水温度为 12℃时，引入的误差约为 0.2%R。

10.8 批量控制器

10.8.1 用途与特点

FBC 10 型批量控制器与流量传感器、变送器和电磁阀及保护开关等配合，能完成定量装桶、装车和定量发料等任务。仪表可引入一路温度输入信号，进行流体温度补偿。仪表有 9 段折线可用于流量传感器、变送器误差校正。从而可消除流体温度变化、贮槽液位高度变化对流量测量准确度的影响。

10.8.2 主要功能

(1) 大小阀控制功能

仪表有两副控制接点，一副控制大阀，一副控制小阀，两台阀并联使用。大阀用于快速发料，小阀用于精确定量。两台阀在仪表中的单片机控制下，协调动作，完成发料任务。

(2) 交替装桶功能

这种控制方式适用于在灌装台上对两个台位的容器进行交替灌装操作。仪表中的两副控制接点分别与两个台位上的电磁阀相连，在单片机的控制下，依次对两个容器灌装。为了使由操作人员手工完成的部分操作在时间上与控制器的操作周期相匹配，在前一台位灌装完毕与开始下一台位灌装之间，安排了一个可以设置的“间歇时间”。使用前可根据具体情况将这一时间由长到短逐步调试，直至最佳。

(3) 小流量监视功能

这一功能是为了灌装和发料的安全而设计的。有时候由于输送泵未进入正常工作状态及管路上的人工切断阀忘记打开等原因，虽然按了控制器上的“启动”按键，但是相应的瞬时流量并未升起来。这时，操作人员就得去查找原因，有时候一面查找原因，一面还要观察流量是否已经升起来。

(4) 发料量设定范围判别功能

为了消除因发料量设定误操作引起错误发料，可利用仪表中“发料量设定值范围判别功能”。仪表中有两条菜单，一条写入“发料量设定值上限”，另一条写入“发料量设定值下限”，根据使用对象的具体情况合理设置这两个数据。按下控制器的启动按钮后，仪表先对相应窗口内所填写的“本批发料设定值”进行判别，如果落在上限与下限之间，则启动有效，予以执行。如果落在上限与下限所设定的区间之外，则启动无效，控制器相应的指示灯闪烁，提请操作人员处理。

(5) 联锁保护功能

控制器备有一个开关量输入口，用于安全保护和联锁。可与现场的无源接点相连，完成特定的安全保护和联锁任务。例如在易燃易爆场所，常常装有静电接地开关，当输送物料的管道静电接地完好时，接点闭合，否则断开，将该开关与控制器相连，就可完成该项保护。再如，定量装车时常带有槽车液位继电器，在发料时，不管什么原因导致液位继电器动作时，控制器立即将电磁阀关闭，以确保安全。

10.9 流量演算器的新进展

随着用户对仪表功能要求的提高和微电子技术、软件技术的飞速发展，最近十几年以来，流量演算器在硬件和软件方面也都有了很大的进步。

10.9.1 TFT 显示技术使真彩高清显示成为现实

TFT(thin film transistor，薄膜晶体管）是新一代的 LCD 显示技术，其优点是高响应度、高亮度、高对比度，有 65536 种色彩，使屏幕显示做到真彩高清，使手机、电脑的显示更逼真。TFT 显示技术引入仪表后，使技术水平上了一个新台阶。

10.9.2 多项内容集中在一幅画面中显示

与 LED 数码管显示相比，TFT 显示技术：使屏幕显示内容更丰富，无需观察者记住所显示数值对应的计量单位和意义；全中文显示，显示内容直观明了；一幅画面同时显示多项内容；省去翻页切换的麻烦。图 10.15 所示为典型的流量演算器主数据画面，除了显示累积流量、瞬时流量、流体温度、流体压力的完整数据之外，还显示故障诊断代码和日历时钟，如有需要还可设计更丰富的内容。

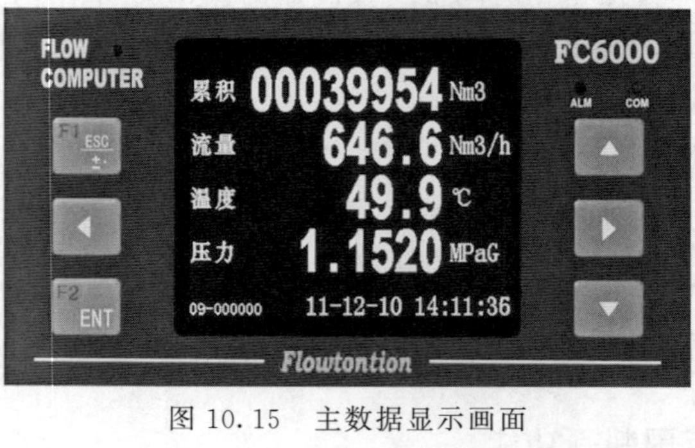

图 10.15 主数据显示画面

10.9.3 原始输入信号和中间计算结果集中显示

将原始输入信号和关键的中间计算结果集中在一幅画面中显示。可使维修调试人员对信号处理过程了如指掌。在图10.16所示的画面中，同时显示了10条相关数据，在维修时有利于故障查找。

10.9.4 用中文显示当前的自诊断结果

图10.17所示为流量演算器显示的当前自诊断结果的列表，一幅画面最多可显示10条信息。演算器还可用HART通信的方法，去所连接的智能变送器读入自诊断信息和其他相关数据，如智能差压变送器测得的介质静压值、膜盒温度等，使维修人员对故障发生点一目了然。

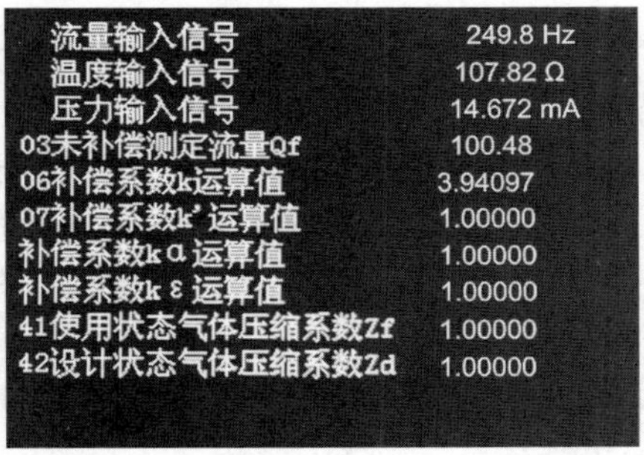

图10.16 原始输入信号和中间计算结果画面

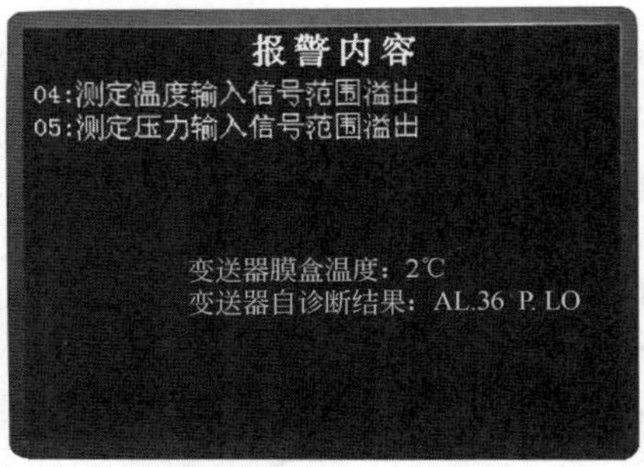

图10.17 故障诊断画面

10.9.5 趋势图和历史数据显示画面

在图10.18所显示的趋势图和历史数据画面中，红绿黄三种色彩的曲线分别显示瞬时流量、流体温度和流体压力随时间变化的趋势。纵坐标0%和100%对应的变量数值可根据需要设定。

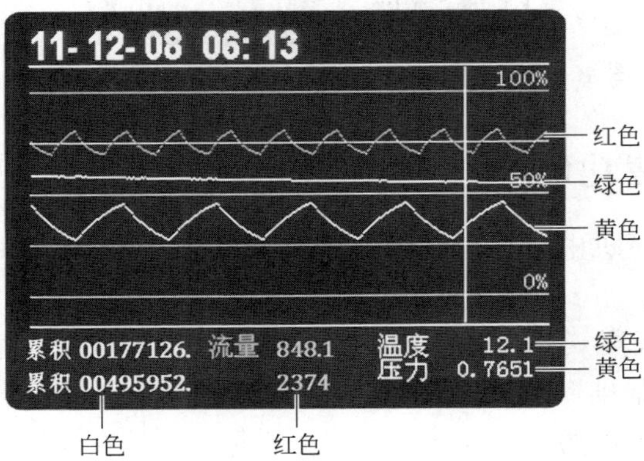

图10.18 趋势图和历史数据显示画面

在趋势图的下方，有一组保存在E^2PROM中数据显示，分别为第一累积流量、第二累积流量（白色），第一瞬时流量、第二瞬时流量（红色），流体温度（绿色）和流体压力（黄色）。计量单位与主画面中显示的单位相同。该组数据是读数线所针对的时刻保存在E^2PROM中的数据。操作面板上的“左移”“右移”键可移动白色读数线的位置。读数线所针对的时刻在趋势图的上方显示。移动读数线的同时，时钟内容同步变化。

历史数据查询还有日期快速搜索功能，以节约搜索时间。

E^2PROM 中共可自动保存 65536 组数据。保存间隔时间可设置。

10.9.6 设置数据修改追忆功能

在用于贸易交接的计量系统中，经计量表计提供的数据结算的费用可大可小，对于大宗原料、成品及能源等，一台表计可能决定一年几百万、几千万甚至上亿元的收费，因此，计量表计应力求公正、公平、准确。这就要求交接双方对表计的相关设置数据进行确认，并将数据清单制成文件，双方备案。如果要对设置数据进行修改，需将修改的数据制成档案，双方签字和保存。除此之外，还要将修改前后的数据记录在仪表的相应单元，而且永远保存不被擦除。

GB/T 21446 也要求“流量计算系统应具有计量参数和历史事件的记录功能”[8]。

在流量演算器中实现这一功能，就是要在仪表出厂后，将设置数据的每一次修改记录在案，而且无法将此记录擦除。图 10.19 所示为典型流量演算器设置数据修改记录画面的实例。其中，分隔线以上各行显示的数据为当前使用的最新设置数据，分隔线以下各行显示的是逐次修改之前的数据。每条记录包含日期、时间、数据项目编号及数值。不同品牌的产品，记录形式会有差别，但基本要素不能少。

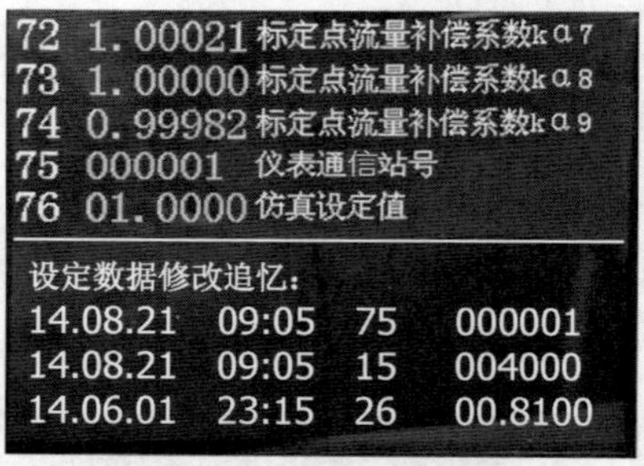

图 10.19 典型流量演算器设置数据修改记录画面

10.9.7 一键恢复功能

一键恢复功能在计算机中也有，为使用者带来很多方便。在可编程仪表中，一键恢复功能的作用更重要。

各种品牌的流量演算器，在制造厂出厂时均设置有一套数据，这套数据通常称为工厂设置数据，以这套数据为基础，用户通常对这台仪表进行校验，校验的结果一般都不会不合格，因为出厂检验时，各项指标合格才能出厂。但是一台表在使用地点确定后，由于测量任务的特殊性，往往需要对某一个数据或某一些数据进行重新设置，设置完毕一般还要对整机进行校验，检查其输出值或显示值是否与应有值一致，或误差在允许范围之内。这项工作如果进行得很顺利，当然就不存在恢复出厂设置的问题。但是有时候对某一些设置作了修改之后，发现仪表工作不正常或根本无法工作了，这时就希望退回到工厂设置参数。

由于用户有这样的要求，所以制造厂就设计了“一键恢复”功能，即只要按照说明书所述的操作方法按下一个或一组特殊定义的键，所有的设置就返回到工厂设置，然后一步一步检查，是哪一条用户数据设置有问题。

10.9.8 下位机关键数据监视功能

(1) 什么是下位机关键数据

在智能化流量测量仪表中，保存有许多描述输入输出关系的数据，这些数据对仪表的正常工作都有重要作用，其中有一部分数据对仪表的测量结果（示值或输出）有关键作用，例如流量测量仪表中的满刻度流量值、流量系数、设计状态流体压力、设计状态流体温度等，都是下位机的关键数据。

(2) 为什么要对下位机关键数据进行监视

用于贸易交接计量的智能化流量计，内部设置的关键数据是保证仪表正常工作、实现准确测量的基础，仪表有了这些基础数据之后，还要经过政府授权的计量机构按计量检定规程检定合格才能投入使用。有些仪表在检定合格之后还由检定机构加封印，并在使用期间不允许封印被破坏。

但是智能化仪表会因外界强力电磁场干扰而受影响，仪表自身故障也会使设置数据发生变化，更令人担心的是关键数据被人为修改。一旦发生此类事件，将会使测量误差大幅增大。导致严重后果。在一个能源（或原料、成品）数据采集监控系统中，流量计量点多达几十、数百甚至上千，关键数据也是大量的，用人工监视非常困难，所以改由计算机自动监视。

(3) 如何监视

实现对下位机关键数据的监视，需要做下面几件事：

a. 制作下位机关键数据清单，这是监视使用的参比数据。

b. 按程序指定的周期去下位机读取约定的关键数据，读取数据的频率不必太高，数小时或一天读一遍即可，因为完成这项工作要消耗很多的机器时间，上位机的程序应做好协调，兼顾读取关键数据和正常的数据采集。

上位机去下位机读取关键数据，需要上下位机按照约定的通信协议进行，国内广泛采用 Modbus 协议，并且不对常规的数据采集产生影响。

c. 将读取的关键数据与参比数据进行比较，如果一致则报“true”，如果不一致则报“false”。

d. 编制监视报表，给出关键数据不一致的计量点编号及数据项目号。

10.9.9 屏幕保护功能

手机、计算机、仪表显示器等都要用到屏幕，不管是哪一种显示屏都是有寿命的。用掉一天，剩余的寿命就少一天，因此需要设法保护屏幕，尽量延长屏幕寿命。

显示屏幕的预期寿命只是根据设备、材料特性和使用条件等作出的预估，预期寿命到了之后，仪表设备并不一定就彻底瘫痪而完全不能使用，而只是显示部分的亮度、对比度等性能比规定的指标要差一些。

仪表中的屏幕保护是跟计算机学来的，仪表中的屏幕保护方式与计算机略有差异，根据仪表的特殊情况，屏幕保护的方式有夜间保护和无操作命令时保护两种，因为用于计量的表

图 10.20 典型流量演算器的屏幕保护可选的几种保护方式

计，只在规定的抄表时间或巡查时间才需要显示，所以不抄表时让其显示部分进入休眠状态。

仪表显示部分也可像计算机一样，在不进行操作后一段时间进入休眠状态，这样，只要在抄表时或需要观察时按一下操作键中的任何一个，就可以被唤醒。而定时休眠的设计则在预定的休眠时间结束后，自动被唤醒。

图 10.20 所示为典型通用流量演算器的屏幕保护可选的几种保护方式。

其实屏幕的寿命除了与屏幕的点亮时间有关之外，还与屏幕的亮度有关，所以在仪表和计算机中都有亮度设置的菜单，按照固定的操作方法将屏幕的亮度设置为合适的等级，也能显著延长屏幕的使用寿命。

10.10 流量演算器的检查与校验

10.10.1 概述

计算机等新技术进入流量二次表后，使仪表的准确度大幅度提高，功能大大增强。同时也使仪表的内部变得更加复杂。其实仪表的硬件和软件趋于复杂，同仪表使用者关系并不密切，仪表工程师和仪表维修人员不一定要搞清楚仪表硬件的来龙去脉和控制仪表运行的固化在 EPROM 内的具体程序，但是需要熟悉仪表外部特性，掌握其输出与各输入变量之间的关系，了解仪表各项功能。

本节所讨论的检查与校验就是对仪表的功能进行检查，对仪表的输出同各变量之间的数量关系及逻辑关系进行校验。

对于通用性很强的流量二次表，熟练地掌握其外部特性也要有很好的耐心。因为其型号众多，又可以同多种流量传感器、变送器配合完成多种流体的流量测量。但是对于我们具体的仪表使用者不一定各种型号流量二次表、各种流体都用得着。省力的方法是先学习与自己关系密切的那一部分。

本章仅以多种型号中的流量演算器为例，又由于流体的种类众多，也仅以最常见的几种流体为例进行讨论。目的是介绍一种分析与研究的方法，更多尚未讨论到的内容，请读者自己分析。

10.10.2 流量演算器面板显示数据之间的关系

流量测量方法的多样性和影响流量测量精确度的多种因素，使得流量演算器较复杂，因为流量演算器能对影响测量精确度的多种因素进行补偿，如流体的温度压力补偿、气体压缩系数补偿、湿度补偿、对流量传感器流量系数的非线性进行补偿、对差压式流量计中的可膨胀性系数进行补偿，还能对湿气体的干部分进行计算，对天然气的有关变量进行计算等。多种多样的流量测量方法，不同类型的流体和流量传感器、变送器，其输入输出表达式也不相同。流量演算器面板能够显示的主数据和副数据，不仅包括几个输入的自变量和最终运算结果，而且有主要的运算中间结果，在调试和维修时，如果怀疑最终运算结果不正常，则可逐一检查各有关中间结果和自变量。然后结合自己的经验对照相应的关系式进行分析和判断，查找问题所在。

下面所列举的关系式中，流量测量方法以差压流量计和涡街流量计（模拟输出和脉冲输出）为例，而流体则以过热蒸汽和空气为例。方框中数字为副数据窗口编号，符号意义见本小节（7）。

在对流量演算器进行检查和校验中，这些关系式是很有用的，尤其是在流量显示数据不正常或怀疑其不正常时，可从关系式中各因子所对应的数据窗口读出各中间结果，并对这些结果进行分析，进而找出症结所在。

(1) 差压式流量计总关系式

$$q = q_f\, k\, k_\varepsilon\, k_\alpha = q_{max}\sqrt{A_i}\, k k_\varepsilon k_\alpha \tag{10.41}$$

03 06 09 08 15 第一通道输入信号

(2) 模拟输出的涡街流量计总关系式

$$q = q_f\, k\, k_\alpha = q_{max} A_i k k_\alpha \tag{10.42}$$

03 06 08 15 第一通道输入信号

(3) 脉冲输出的涡街流量计总关系式

$$q = \frac{1}{k_\alpha} k\, q_f = \frac{1}{k_\alpha} k R_I \frac{f}{K_t} \tag{10.43}$$

08 06 03 16 输入频率

(4) 流体密度修正系数关系式

① 蒸汽流量

a. 差压式流量计：

$$k = \sqrt{\frac{\rho_f}{\rho_d}} \tag{10.44}$$

06 37 38

b. 涡街流量计（模拟输入）：

$$k = \sqrt{\frac{\rho_f}{\rho_d}} \tag{10.45}$$

06 37 38

c. 涡街流量计（频率输入）：

$$k = \rho_f \tag{10.46}$$

06 37

② 一般气体

a. 差压式流量计［式(10.47)～式(10.49) 中 P_f 和 P_n 如果仪表中设定的为表压，均须换算成绝压］：

$$\underset{\boxed{06}}{k}=\left(\frac{\overset{\boxed{05}}{P_f}}{\underset{\boxed{26}}{P_d}}\times\frac{\overset{\boxed{30}}{T_d}}{\underset{\boxed{04}}{T_f}}\times\frac{\overset{\boxed{42}}{Z_d}}{\underset{\boxed{41}}{Z_f}}\right)^{\frac{1}{2}} \tag{10.47}$$

b. 涡街流量计（模拟输入）：

$$\underset{\boxed{06}}{k}=\frac{\overset{\boxed{05}}{P_f}}{\underset{\boxed{26}}{P_d}}\times\frac{\overset{\boxed{30}}{T_d}}{\underset{\boxed{04}}{T_f}}\times\frac{\overset{\boxed{42}}{Z_d}}{\underset{\boxed{41}}{Z_f}} \tag{10.48}$$

c. 涡街流量计（频率输入）：

$$\underset{\boxed{06}}{k}=\frac{\overset{\boxed{05}}{P_f}}{\underset{\boxed{27}}{P_n}}\times\frac{\overset{\boxed{31}}{T_n}}{\underset{\boxed{04}}{T_f}}\times\frac{\overset{\boxed{43}}{Z_n}}{\underset{\boxed{41}}{Z_f}} \tag{10.49}$$

③ 一般湿气体干部分

a. 差压式流量计［式(10.50)～式(10.52) 中 P_f 和 P_n 如果仪表中设定的为表压，均须换算成绝压］：

$$\underset{\boxed{06}}{k}=\frac{\overset{\boxed{05}}{(P_f-\varphi_f P_{sf\,max})}}{(\underset{\boxed{26}}{P_d}-\underset{\boxed{33}}{\varphi_d P_{sd\,max}})}\times\frac{\overset{\boxed{30}}{T_d}}{\underset{\boxed{04}}{T_f}}\times\frac{\overset{\boxed{42}}{Z_d}}{\underset{\boxed{41}}{Z_f}}\sqrt{\frac{\rho_d}{\rho_f}} \tag{10.50}$$

b. 涡街流量计（模拟输入）：

$$\underset{\boxed{06}}{k}=\frac{\overset{\boxed{05}}{(P_f-\varphi_f P_{sf\,max})}}{(\underset{\boxed{26}}{P_d}-\underset{\boxed{33}}{\varphi_d P_{sd\,max}})}\times\frac{\overset{\boxed{30}}{T_d}}{\underset{\boxed{04}}{T_f}}\times\frac{\overset{\boxed{42}}{Z_d}}{\underset{\boxed{41}}{Z_f}} \tag{10.51}$$

c. 涡街流量计（频率输入）：

05　31　43

$$k=\frac{(P_f-\varphi_f P_{sf\max})}{P_n}\times\frac{T_n}{T_f}\times\frac{Z_n}{Z_f} \tag{10.52}$$

06　27　04　41

④ 液体

a. 差压式流量计：

$$k=\sqrt{1+\mu_1(t_f-t_d)\cdot 10^{-2}+\mu_2(t_f-t_d)^2\cdot 10^{-6}} \tag{10.53}$$

06　48　04　30　49

b. 涡街流量计（模拟输入）：

$$k=1+\mu_1(t_f-t_d)\cdot 10^{-2}+\mu_2(t_f-t_d)^2\cdot 10^{-6} \tag{10.54}$$

06　48　04　30　49

c. 涡街流量计（频率输入）：

$$k=1+\mu_1(t_f-t_n)\cdot 10^{-2}+\mu_2(t_f-t_n)^2\cdot 10^{-6} \tag{10.55}$$

06　48　04　31　49

(5) k_α 是如何求得的

演算器菜单中的第 55 条至第 74 条存放着一幅 $k_\alpha=f(q_i)$ 的折线，演算器每次计算流量值时用查表和线性内插相结合的方法从 q_i 求取 k_α，并用迭代方法保证精确度，计算得到当前 k_α 值。存放在 08 中。

(6) k_ε 是如何求得的

在差压式流量计中，标准孔板三种取压方式的可膨胀性系数均可采用下式计算［式(10.56) 中 P_f 如果仪表中设定的为表压，须换算成绝压］：

15　03　22　36

$$\varepsilon=1-(0.351+0.256\beta^4+0.93\beta^8)\left\{1-\left[\frac{P_f-\left(\dfrac{q_f}{q_{\max}}\right)^2\Delta P_{\max}}{P_f}\right]^{\frac{1}{\kappa}}\right\} \tag{10.56}$$

35　05

$$k_\varepsilon=\frac{\varepsilon_f}{\varepsilon_d} \tag{10.57}$$

09　34

(7) 符号意义

式(10.41)～式(10.57) 中所用符号意义如下：

q——瞬时流量（面板主数据），单位由设计决定；

q_f——未经补偿流量，单位由设计决定；

k——补偿系数（意义见文中说明）；

k_ε——可膨胀性系数补偿系数；

k_α——流量系数非线性补偿系数；

q_{max}——满量程流量，单位由设计决定；

A_i——测定流量模拟输入信号，0～100％；

f——测定流量频率输入信号，P/s；

K_t——频率式流量计流量系数，P/L 或 P/m^3；

R_I——瞬时流量单位时间校正系数；

ρ_f——使用状态流体密度，kg/m^3；

ρ_d——设计状态流体密度，kg/m^3；

ρ_n——标准状态流体密度，kg/m^3；

P_f——使用状态流体压力，MPa（绝压）；

P_d——设计状态流体压力，MPa（绝压）；

P_n——标准状态流体压力，MPa（绝压）；

t_f——使用状态流体温度，℃；

t_d——设计状态流体温度，℃；

t_n——标准状态流体温度，℃；

T_f——使用状态热力学温度，K；

T_d——设计状态热力学温度，K；

T_n——标准状态热力学温度，K；

Z_f——使用状态气体压缩系数；

Z_d——设计状态气体压缩系数；

Z_n——标准状态气体压缩系数；

φ_f——使用状态下的湿气体相对湿度，0～1；

φ_d——设计状态下的湿气体相对湿度，0～1；

P_{sfmax}——使用状态下湿气体中饱和水蒸气压力，MPa；

P_{sdmax}——设计状态下湿气体中饱和水蒸气压力，MPa；

μ_1——液体 1 次补偿系数，10^{-2}℃$^{-1}$；

μ_2——液体 2 次补偿系数，10^{-6}℃$^{-2}$；

K'——第二补偿系数（意义见文中说明）；

ε_f——使用状态气体可膨胀性系数；

ε_d——设计状态气体可膨胀性系数；

β——节流件孔径与管径之比；

Δp_{max}——测定差压最大值（q_{max} 对应的差压）；

κ——使用状态气体等熵指数。

为了弄明白式(10.41)～式(10.57) 中有关变量在副数据菜单中的位置，表 10.2 列出 FC6000 型流量演算器的完整菜单。

表 10.2　FC6000 型流量演算器副数据菜单

<table>
<tr><td colspan="2">C&W　　FC6000 型</td><td colspan="2">流量演算器
数据记录单</td><td colspan="5">数据记录单号
仪表编号</td></tr>
<tr><td colspan="4">用户姓名</td><td colspan="2">工位号</td><td colspan="3"></td></tr>
<tr><td colspan="4">装置名称</td><td colspan="2">填写日期</td><td colspan="3">设计人</td></tr>
<tr><td>00</td><td>报警(ALM)内容</td><td></td><td></td><td>33</td><td>设计状态气体相对湿度(φ_d)</td><td></td><td></td></tr>
<tr><td>01</td><td>第 1 积算流量(Sum1)</td><td></td><td></td><td>34</td><td>设计状态气体膨胀系数(ε_d)</td><td></td><td></td></tr>
<tr><td>02</td><td>第 2 积算流量(Sum2)</td><td></td><td></td><td>35</td><td>孔板开孔直径与管径之比(β)</td><td></td><td></td></tr>
<tr><td>03</td><td>未补偿测定流量(q_f)</td><td></td><td></td><td rowspan="2">36</td><td rowspan="2">使用状态气体等熵指数常用值(κ)</td><td rowspan="2"></td><td rowspan="2"></td></tr>
<tr><td>04</td><td>测定温度(t_f)</td><td></td><td></td></tr>
<tr><td>05</td><td>测定压力/密度</td><td></td><td></td><td>37</td><td>使用状态蒸汽密度(ρ_f)</td><td></td><td>kg/m^3</td></tr>
<tr><td>06</td><td>补偿系数 k 运算值</td><td></td><td></td><td>38</td><td>设计状态蒸汽密度(ρ_d)</td><td></td><td>kg/m^3</td></tr>
<tr><td>07</td><td>补偿系数 k'运算值</td><td></td><td></td><td>39</td><td>使用状态蒸汽比焓(h_f)</td><td></td><td>MJ/kg</td></tr>
<tr><td>08</td><td>补偿系数 k_α 运算值</td><td></td><td></td><td>40</td><td>设计状态蒸汽比焓(h_d)</td><td></td><td>MJ/kg</td></tr>
<tr><td>09</td><td>补偿系数 k_ε 运算值</td><td></td><td></td><td>41</td><td>使用状态气体压缩系数(Z_f)</td><td></td><td></td></tr>
<tr><td>10</td><td>数据设定密码(密码设定)</td><td></td><td></td><td>42</td><td>设计状态气体压缩系数(Z_d)</td><td></td><td></td></tr>
<tr><td>11</td><td>积算值复位命令(复位时,设定 0)</td><td></td><td></td><td>43</td><td>标准状态气体压缩系数(Z_n)</td><td></td><td></td></tr>
<tr><td>12</td><td>功能指定(1)A B C D E F</td><td></td><td></td><td>44</td><td>临界温度</td><td></td><td>℃</td></tr>
<tr><td>13</td><td>功能指定(2)G H I J K L</td><td></td><td></td><td>45</td><td>临界压力</td><td></td><td></td></tr>
<tr><td>14</td><td>功能指定(3)M N O P Q R</td><td></td><td></td><td>46</td><td>仪表出厂编号</td><td></td><td></td></tr>
<tr><td>15</td><td>测定流量量程(q_{max})</td><td></td><td></td><td>47</td><td>定时抄表时间(时、分、秒)</td><td></td><td></td></tr>
<tr><td>16</td><td>频率式流量计流量系数(K_t)</td><td></td><td></td><td>48</td><td>1 次补偿系数 μ_1</td><td></td><td></td></tr>
<tr><td>17</td><td>测定流量输入滤波时间</td><td></td><td>s</td><td>49</td><td>2 次补偿系数 μ_2</td><td></td><td></td></tr>
<tr><td rowspan="2">18</td><td rowspan="2">流量模拟显示/再发送流量量程 FS'</td><td rowspan="2"></td><td rowspan="2"></td><td>50</td><td>天然气真实相对密度(G_r)</td><td></td><td></td></tr>
<tr><td>51</td><td>天然气中 CO_2 含量百分比(M_c)</td><td></td><td></td></tr>
<tr><td>19</td><td></td><td></td><td></td><td>52</td><td>天然气中 N_2 含量百分比(M_n)</td><td></td><td></td></tr>
<tr><td>20</td><td>第 1 积算流量倍率 K_{T1}</td><td></td><td></td><td>53</td><td>使用状态天然气超压缩系数(F_{Zf})</td><td></td><td></td></tr>
<tr><td>21</td><td>第 2 积算流量倍率 K_{T2}</td><td></td><td></td><td>54</td><td>设计状态天然气超压缩系数(F_{Zd})</td><td></td><td></td></tr>
<tr><td>22</td><td>测定差压最大值(ΔP_{max})</td><td></td><td></td><td>55</td><td>Flow1 标定点流量 q_0</td><td></td><td></td></tr>
<tr><td>23</td><td>测定压力/密度最小值</td><td></td><td></td><td>56</td><td>Flow1 标定点流量 q_1</td><td></td><td></td></tr>
<tr><td>24</td><td>测定压力/密度最大值</td><td></td><td></td><td>57</td><td>Flow1 标定点流量 q_2</td><td></td><td></td></tr>
<tr><td>25</td><td>手动设定压力/密度</td><td></td><td></td><td>58</td><td>Flow1 标定点流量 q_3</td><td></td><td></td></tr>
<tr><td>26</td><td>设计状态压力/密度</td><td></td><td></td><td>59</td><td>Flow1 标定点流量 q_4</td><td></td><td></td></tr>
<tr><td>27</td><td>标准状态压力</td><td></td><td></td><td>60</td><td>Flow1 标定点流量 q_5</td><td></td><td></td></tr>
<tr><td>28</td><td>大气压</td><td></td><td></td><td>61</td><td>Flow1 标定点流量 q_6</td><td></td><td></td></tr>
<tr><td>29</td><td>手动设定温度(t_f)</td><td></td><td>℃</td><td>62</td><td>Flow1 标定点流量 q_7</td><td></td><td></td></tr>
<tr><td>30</td><td>设计状态温度(t_d)</td><td></td><td>℃</td><td>63</td><td>Flow1 标定点流量 q_8</td><td></td><td></td></tr>
<tr><td>31</td><td>标准状态温度(t_n)</td><td></td><td>℃</td><td>64</td><td>Flow1 标定点流量 q_9</td><td></td><td></td></tr>
<tr><td>32</td><td>标准状态密度(ρ_n)</td><td></td><td></td><td>65</td><td>Flow1 标定点流量补偿系数 $k_{\alpha0}$</td><td></td><td></td></tr>
</table>

续表

C&W	FC6000 型	流量演算器 数据记录单		数据记录单号			
				仪表编号			
66	Flow1 标定点流量补偿系数 $k_{\alpha 1}$			73	Flow1 标定点流量补偿系数 $k\alpha_8$		
67	Flow1 标定点流量补偿系数 $k_{\alpha 2}$			74	Flow1 标定点流量补偿系数 $k\alpha_9$		
68	Flow1 标定点流量补偿系数 $k_{\alpha 3}$			75	仪表通信站号(No.)		
69	Flow1 标定点流量补偿系数 $k_{\alpha 4}$			76	仿真设定值		
70	Flow1 标定点流量补偿系数 $k_{\alpha 5}$			77	仪表时钟(年、月、日)		
71	Flow1 标定点流量补偿系数 $k_{\alpha 6}$			78	仪表时钟(时、分、秒)		
72	Flow1 标定点流量补偿系数 $k_{\alpha 7}$						

10.10.3 现场检查与校验

在使用现场对流量测量系统进行维修检查，一般可用仪器测量流量传感器、变送器送入流量二次表的流量信号，然后根据满量程流量 q_{max}（对于模拟流量信号）或流量系数 K_t（对于频率流量信号）计算未经补偿流量 q_f，即：

$$q_f = q_{max}\sqrt{A_i} \quad \text{（差压式流量计，开平方运算在二次表中完成）}$$

$$q_f = q_{max}A_i \quad \text{（模拟输出涡街流量计）}$$

$$q_f = f_i/K_t \quad \text{（频率输出涡街流量计）}$$

然后再按公式计算二次表应有示值 q。

$$q = kq_f$$

下面举例说明。

为了使误差计算简单些，在现场检查时，一般先将 α 修正和 ε 修正功能暂不使用，使 $k_\alpha=1$，$k_\varepsilon=1$。检查校对完毕，再予恢复。

例 1： 有一台差压式流量计，$q_{max}=10000\text{Nm}^3/\text{h}$，差压变送器送入二次表的信号为 12mA(4～20mA 信号制)，试计算未经补偿流量 q_f

解： $I_i=12\text{mA}$ 时：

$$A_{i1}=\frac{12-4}{20-4}=0.5$$

$$q_f=q_{max}\sqrt{A_i}=10000\sqrt{0.5}=7071\text{Nm}^3/\text{h}$$

若从二次表的 06 窗口查得：

$$k=1.05625$$

则

$$q=kq_f=7469\text{Nm}^3/\text{h}$$

例 2： 有一台涡街流量计用来测量蒸汽流量，其 $K_t=1.3938\text{P/L}$，从二次表 37 窗口查得蒸汽密度 $\rho_f=3.624\text{kg/m}^3$，现场测得变送器送入二次表的频率信号 $f_i=543.34\text{Hz}$，计

算体积流量 q_f 及质量流量 q。

$$q_f=\frac{f_i\times 3600}{K_t\times 1000}=\frac{543.34\times 3600}{1.3938\times 1000}=1403.37\text{m}^3/\text{h}$$

$$q=q_f\rho_f=1403.37\times 3.624=5085.8\text{kg/h}$$

10.10.4 用仿真功能进行校验

在使用现场，如果对 FC6000 仪表运算结果的准确性有怀疑，也可用仪表的仿真功能对仪表的数字运算处理部分进行检查。即用仪表自己发生的一个标准流量信号，代替外部输入的测定流量信号，然后观察运算处理结果与输入的信号是否相符。操作方法如下。

① 仿真功能的指定

将副数据第 14 项功能指定的“M”字位——运转/仿真选择指定为仿真，然后在副数据的第 76 项，用设定数据代替测定流量信号。对于组态为模拟流量信号 A_i 输入的情况下，设定 0.000～1.000 数据，就相当于送入了 0～100%的流量信号。对于组态为频率流量信号 f 输入的情况下，第 76 项设定的数据即为频率信号，单位为 Hz。

② 温度、压力仿真信号的输入

当在表 10.2 中，第 13 项数据（功能指定）的第“I”字位指定温度、压力为手动设定时，仪表取副数据第 29 项（手动设定温度）和第 25 项（手动设定压力）设定数据代替外部输入的温度、压力信号参与运算，因此，这两个信号就相当于温度、压力仿真信号。

送入适当的温度、压力仿真信号，可以检验补偿系数 k 运算结果的准确性。

10.10.5 实验室校验

(1) 实验室校验的特点

① 实验校验与现场校验的差异

在实验室对流量显示仪表进行校验同在现场对同类型仪表进行检查校验有很大差别。首先，目的性与现场检查校验不同，现场校验多数以查找故障和核对主要测量结果的准确性为目的，所以使用的仪器较简单，校验项目往往不够齐全，而工作环境也往往偏离参比条件相差甚远。

实验室校验强调按规程进行，所用的标准设备强调精确度足够，校验环境强调满足规程要求。而校验的目的，在制造厂是检验即将出厂的产品是否符合出厂标准，对于使用者来说是对即将入库或投入现场使用的计量器具，检定其是否合格。

② 用户的校验与制造厂的校验的差异

由于可编程流量二次表的通用性极强，仪表在出厂校验时，由于被检验的仪表同何种流量传感器、变送器配用合同上一般均未作说明，用来测量何种流体也不清楚，流体工况更是不了解，因此检验只能按企业制定的《检验方法》或《校验方法》进行。而用户对被检定的仪表进行检定，一般都已确定使用对象，即配用的流量传感器、变送器已确定，所测量的流体类型已明确，传感器、变送器测量范围和流体工况也已清楚，所以被检仪表在校验前就可按具体的使用条件进行组态，进行有的放矢的校验。

(2) 仪表校验前的组态

可编程仪表校验前先对其进行组态是仪表投运前必不可少的工作环节。而校验则是检查组态是否正确合理、仪表是否合格的重要工序。

制造厂在仪表出厂前需要对被检表进行组态，这自然无需读者担心，因为他们的质量检验员一直在做此事，而且一种类型的仪表在检验前所做的组态是千篇一律的，既然能通过检验，当然不会错。但是用户在仪表校验前对被校表所做的组态情况就多种多样了。

下面将可编程流量显示表组态中需注意的几个方面作简要说明。

① 首先要合理设计分辨率

例如：有一台流量演算器，其测量范围为 0～1000Nm^3/h，在其满量程窗口可以设置 001000Nm^3/h、01000.0Nm^3/h，以设置后者为宜，因为前者的分辨力值太低，为 1Nm^3/h，对于 0.2 级流量演算器，如果流量输入信号为脉冲信号，其流量输入通道允许误差 0.1%R，而如果分辨力值定为 1Nm^3/h，则精确度就难以通过指标。

流量显示仪表的国家计量检定规程 JJG 1003—2016《流量积算仪检定规程》规定瞬时流量分辨力值应不大于允许误差绝对值的 1/5。这是完全必要的。但是将分辨力取得太高也没有好处，在上面的例子中，如果满量程值取 1000.00Nm^3/h，则会出现末位数字不停地翻动现象，致使无法读数，也无此必要。

压力测量满度值的设置也有类似情况，例如压力变送器测量范围为 0～4MPa，压力满量程 p_{max} 设定值取 4.000MPa 是适宜的，如果取 0004.00MPa，则分辨力太低。而如果取 04.0000MPa 和 4.00000MPa，则分辨力太高。

累积值误差校验也有分辨力问题，JJG 1003—2016 规定“总量显示不少于 4 位数”[10]，其实，累积时间长短也有要求，因为可编程流量显示表的积算速率（或倍率）可以设置，当速率取得较高时，数秒就可达到 4 位数。在人工读取累积时间的操作中，建议累积时间取 6min，这样，即使计时误差有 0.05s，由此引入的标准器误差也不大于 0.02%。

② 其次是要按数字修约的规定处理数据

不能随意忽略一些重要的小数。不能将大气压力 101.325kPa 简化为 100kPa，将 0.5MPa 表压力简单折算到 0.6MPa 绝对压力。曾经有过某个仪表厂将客户提出的表压 1MPa 简化成绝压 11kg/cm^2 并因此而产生责任事故。在实际校验中常常有因不适当的简化和折算，最后将一台合格的仪表判为不合格的例子，尤其是低压气体和低压蒸汽测量对象。

(3) 标准设备的选取

可以用来检验、检定的标准设备型号多种多样，规程中所作的规定也是原则的。对于电流、电压、电阻信号标准器，使用点绝对误差应不大于被检表基本误差限的 1/3。频率信号发生器在使用频率范围内，误差应不超过±0.001%[9]。

(4) 校验单的制作与仪表校验

① 选择检定点

被检表的温度和压力输入通道分别按温度显示仪表和一般数字显示仪表规程选 5 个点检定，单独填写检定记录。

流量检定点应选择包括上限、10%上限在内不少于 5 个点（流量与输入信号的平方根成线性关系的仪表，检定点应包括最大流量对应的输入信号的 25%、50%、75%、100%及最小流量对应的输入信号在内不少于 5 个点）。

② 设计工况条件下的校验单制作

设计工况即 $t_f=t_d$，$p_f=p_d$，此时可按流量信号的类型分别选择式(10.1) ～

式(10.12) 计算各检定点的应有示值。同脉冲输出的流量传感器、变送器配用的二次表，还应计算各检定点的理论频率。

③ 偏离设计工况条件下的校验单制作

当被测介质为蒸汽时，在设计工况蒸汽密度上下选择两个工况密度，一个为接近饱和蒸汽的高压低温工况，另一个为低压高温的低密度工况。然后代入式(10.41) ～式(10.46) （置 $k_\varepsilon=1$、$k_\alpha=1$）计算流量理论值及对应的频率（同脉冲输出的流量传感器配用的二次表），校验时分别按这两种工况的压力和温度值以及流量信号值向被检表送信号，读取流量示值。

对于一般气体，则取使用对象可能达到的最高压力和最低温度，最低压力和最高温度分别代入式(10.10) ～式(10.12)，求取两种工况的补偿系数（取 $Z_f=Z_d$），然后代入式(10.31)～式(10.43) （置 $k_\varepsilon=1$、$k_\alpha=1$）计算各检定点的流量理论值以及对应的频率(同脉冲输出的流量传感器、变送器配用的二次表)，校验时分别按这两种工况的温度压力值以及流量信号值向被检表送信号，读取流量示值。

对于其他被测介质，则按照前述有关公式计算补偿系数，然后代入总关系式计算流量理论值。

10.11 节给出了过热蒸汽、一般气体和冷量（热量）表校验单示例供参考。读者可应用这一方法结合自己的实际情况编写制作实用的校验单。

表格中所使用的符号意义如下：

ρ_d——设计状态流体密度，kg/m^3；

p_d——设计状态流体压力，MPa G；

t_d——设计状态流体温度，℃；

ρ_f——工作状态流体密度，kg/m^3；

K_t——涡街流量计工作状态下的流量系数，P/L；

P_n——标准状态流体绝对压力，kPa；

t_n——标准状态流体温度，℃。

(5) 校验接线

流量显示表在实验室校验时，输入信号的规格不同，接线方法也不同。如果被校表输入模拟信号为电流，则此电流信号可以由电流源提供，也可由流量显示表自带的稳压源串入可变电阻来提供（如果流量显示表带外供直流电源)。

图 10.21 所示的校验接线，被校表模拟流量输入信号和压力输入信号为电流，而且此电流由被校表自己发生，而电流的测量，由标准电阻（0.01 级精确度）配数字电压表方法完成。这样，可得到较高的精确度。

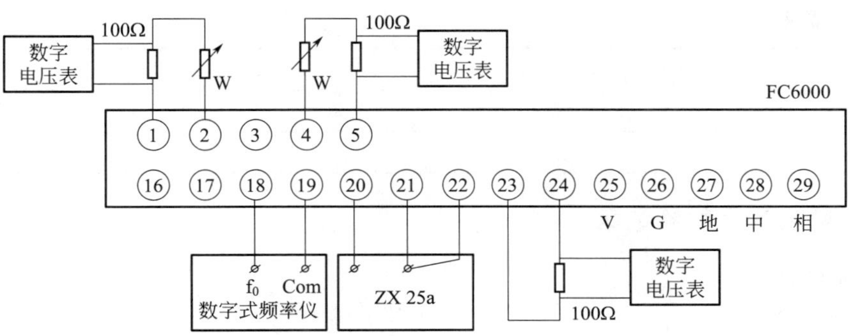

图 10.21 FC6000 型仪表校验接线

在用频率仪或频率信号发生器向被校表送频率信号时，信号幅值应与流量显示仪表相匹配，如果幅值不够，流量显示表将不会作出响应。

10.11 流量显示仪表校验记录示例

(1) 流量积算仪校验记录

① 已知条件

流体名称：过热蒸汽；

流量计类型：差压式（开平方运算在变送器中完成）；

设计最大流量：$q_{max}=10000$kg/h；

设计最小流量：$q_{min}=1000$kg/h；

设计工况：$p_d=1.0$MPaG，$t_d=250$℃，$\rho_d=4.7509$kg/m^3；

最高压力：1.3MPaG；

最低压力：0.7MPaG；

最高温度：260℃；

最低温度：200℃。

② 瞬时流量

流量信号		补偿信号1/MPa	补偿信号2/℃	密度/(kg/m^3)	标准值/(kg/h)	仪表显示值/(kg/h)	误差/%
流量信号/%	流量信号/mA						
10	5.60	1.0	250.0	4.7509	1000		
25	8.00				2500		
50	12.00				5000		
75	16.00				7500		
100	20.00				10000		
100	20.00	1.3	250.0	6.1203	11350		
		0.7		3.4160	8480		
100	20.00	1.0	260.0	4.6466	9890		
			200.0	5.3853	10647		

③ 累积流量

输入信号		积算时间/s	积算标准值/kg	仪表显示值/kg			误差/%
输入信号/%	输入信号/mA			初始值	终止值	差值	
100	20.00	720	2000.0				

(2) 流量积算仪校验记录

① 已知条件

流体名称：过热蒸汽；

流量计类型：涡街流量计（4～20mA 输出）；

设计最大流量：q_{max}=10000kg/h；

设计最小流量：q_{min}=1000kg/h；

设计工况：p_d=1.0MPaG，t_d=250℃，ρ_d=4.7509kg/m^3；

最高压力：1.3MPaG；

最低压力：0.7MPaG；

最高温度：260℃；

最低温度：200℃。

② 瞬时流量

流量信号		补偿信号1 /MPa	补偿信号2 /℃	密度 /(kg/m^3)	标准值 /(kg/h)	仪表显示值 /(kg/h)	误差 /%
流量信号/%	流量信号/mA						
10	5.60	1.0	250.0	4.7509	1000		
25	8.00				2500		
50	12.00				5000		
75	16.00				7500		
100	20.00				10000		
100	20.00	1.3	250.0	6.1203	12882		
		0.7		3.4160	7190		
100	20.00	1.0	260.0	4.6466	9780		
			200.0	5.3853	11335		

③ 累积流量

输入信号		积算时间 /s	积算标准值 /kg	仪表显示值/kg			误差 /%
输入信号/%	输入信号/mA			初始值	终止值	差值	
100	20.00	720	2000.0				

(3) 流量积算仪校验记录

① 已知条件

流体名称：过热蒸汽；

流量计类型：涡街流量计（脉冲输出）；

设计最大流量：q_{max}=10000kg/h；

设计最小流量：q_{min}=1000kg/h；

设计工况：p_d=1.0MPaG，t_d=250℃，ρ_d=4.7509kg/m^3；

最高压力：1.3MPaG；

最低压力：0.7MPaG；

最高温度：260℃；

最低温度：200℃；

传感器流量系数：K_t=0.441P/L。

② 瞬时流量

流量信号		补偿信号 1 /MPa	补偿信号 2 /℃	密度 /(kg/m^3)	标准值 /(kg/h)	仪表显示值 /(kg/h)	误差 /%
流量信号/%	流量信号/Hz						
10	25.79	1.0	250.0	4.7509	1000		
25	64.46				2500		
50	128.92				5000		
75	193.39				7500		
100	257.85				10000		
100	257.85	1.3	250.0	6.1203	12882		
		0.7		3.4160	7190		
100	257.85	1.0	260.0	4.6466	9780		
			200.0	5.3853	11335		

③ 累积流量

输入信号		积算时间 /s	积算标准值 /kg	仪表显示值/kg			误差 /%
输入信号/%	输入信号/Hz			初始值	终止值	差值	
100	257.85	720	2000.0				

(4) 流量积算仪校验记录

① 已知条件

流体名称：压缩空气；

流量计类型：差压式（开平方运算在变送器中完成）；

设计最大流量：$q_{max}=10000\text{Nm}^3/\text{h}$；

设计最小流量：$q_{min}=1000\text{Nm}^3/\text{h}$；

设计工况：$p_d=0.7\text{MPaG}$，$t_d=40℃$；

当地平均大气压：101.325kPa A；

最高压力：1.0MPaG；

最低压力：0.3MPaG；

最高温度：80℃；

最低温度：0℃。

② 瞬时流量

流量信号		补偿信号 1 /MPa	补偿信号 2 /℃	密度 /(kg/m^3)	标准值 /(kg/h)	仪表显示值 /(kg/h)	误差 /%
流量信号/%	流量信号/mA						
10	5.60	0.7	40.0		1000		
25	8.00				2500		
50	12.00				5000		
75	16.00				7500		
100	20.00				10000		

续表

流量信号		补偿信号1 /MPa	补偿信号2 /℃	密度 /(kg/m³)	标准值 /(kg/h)	仪表显示值 /(kg/h)	误差 /%
流量信号/%	流量信号/mA						
100	20.00	1.0	40.0		11723		
		0.3			7077		
100	20.00	0.7	80.0		9417		
			0.0		10707		

③ 累积流量

输入信号		积算时间 /s	积算标准值 /Nm³	仪表显示值/kg			误差 /%
输入信号/%	输入信号/mA			初始值	终止值	差值	
100	20.00	720	2000.0				

(5) 流量积算仪校验记录

① 已知条件

流体名称：压缩空气；

流量计类型：涡街流量计（4～20mA 输出）；

设计最大流量：$q_{max}=10000Nm^3/h$；

设计最小流量：$q_{min}=1000Nm^3/h$；

设计工况：$p_d=0.7MPaG$，$t_d=40℃$；

当地平均大气压：101.325kPa A；

最高压力：1.0MPaG；

最低压力：0.3MPaG；

最高温度：80℃；

最低温度：0℃。

② 瞬时流量

流量信号		补偿信号1 /MPa	补偿信号2 /℃	密度 /(kg/m³)	标准值 /(kg/h)	仪表显示值 /kg/h	误差 /%
流量信号/%	流量信号/mA						
10	5.60	0.7	40.0		1000		
25	8.00				2500		
50	12.00				5000		
75	16.00				7500		
100	20.00				10000		
100	20.00	1.0	40.0		13744		
		0.3			5008		
100	20.00	0.7	80.0		8867		
			0.0		11464		

③ 累积流量

输入信号		积算时间/s	积算标准值/Nm^3	仪表显示值/kg			误差/%
输入信号/%	输入信号/mA			初始值	终止值	差值	
100	20.00	720	2000.0				

(6) 流量积算仪校验记录

① 已知条件

流体名称：压缩空气；

流量计类型：涡街流量计（脉冲输出）；

设计最大流量：$q_{max}=10000Nm^3/h$；

设计最小流量：$q_{min}=1000Nm^3/h$；

设计工况：$p_d=0.7MPaG$，$t_d=40℃$；

当地平均大气压：101.325kPa A；

标准状态温度：20℃

最高压力：1.0MPaG；

最低压力：0.3MPaG；

最高温度：80℃；

最低温度：0℃；

传感器流出系数：$K_t=0.441P/L$。

② 瞬时流量

流量信号		补偿信号1/MPa	补偿信号2/℃	密度/(kg/m^3)	标准值/(kg/h)	仪表显示值/(kg/h)	误差/%
流量信号/%	流量信号/Hz						
10	16.55	0.7	40.0		1000		
25	41.37				2500		
50	82.73				5000		
75	124.10				7500		
100	165.47				10000		
100	165.47	1.0	40.0		13744		
		0.3			5008		
100	165.47	0.7	80.0		8867		
			0.0		11464		

③ 累积流量

输入信号		积算时间/s	积算标准值/Nm^3	仪表显示值/kg			误差/%
输入信号/%	输入信号/Hz			初始值	终止值	差值	
100	165.47	720	2000.0				

(7) 流量（热量）显示仪表校验记录

流量名称：淡水。流量计类型：差压式。开平方在差压变送器中完成。

① **瞬时流量校验记录**

设计工况：供水温度 t_i=65℃，回水温度 t_o=50℃，流体压力 p=1.6MPa；

设计最大流量：$q_{v\max}$=10000t/h。

流量输入信号		热量理论值/(GJ/h)	热量显示值/(GJ/h)	示值误差/%
流量输入信号/%	流量输入信号/mA			
10	5.60	62.7		
25	8.00	156.8		
50	12.00	313.6		
75	16.00	470.4		
100	20.00	627.2		

注：供水质量焓 h=272.56kJ/kg；回水质量焓 h=209.84kJ/kg[9]。

② **总量校验记录**

流量输入信号		热流量理论值/(GJ/h)	累积时间/min	总量理论值/GJ	总量显示值/GJ	示值误差/%
流量输入信号/%	流量输入信号/mA					
100	20.00	627.2	12	125.44		

(8) 流量（冷量）显示仪表校验记录

流量名称：淡水。流量计类型：电磁流量计。频率输出。

① **瞬时流量校验记录**

设计工况：供水温度 t_i=6℃，回水温度 t_o=12℃，流体压力 p=0.6MPa，流量计安装在回水管上；

设计最大流量：$q_{v\max}$=1000m^3/h，对应频率1000Hz；

流量系数：K_t=3600P/m^3。

流量输入信号		冷量理论值/(GJ/h)	冷量显示值/(GJ/h)	示值误差/%
流量输入信号/%	流量输入信号/Hz			
10	100	2.517		
25	250	6.293		
50	500	12.586		
75	750	18.878		
100	1000	25.171		

注：回水温度密度 ρ=999.74kg/m^3；供水质量焓 h=25.818kJ/kg；回水质量焓 h=50.989kJ/kg。

② **总量校验记录**

流量输入信号/Hz	热流量理论值/(GJ/h)	累积时间/min	总量理论值/GJ	总量显示值/GJ	示值误差/%
1000	25.171	12	5.034		

(9) 流量（冷量）显示仪表校验记录

流量名称：盐水。流量计类型：电磁流量计。频率输出。

① **瞬时流量校验记录**

设计工况：供水温度 t_i=−15℃，回水温度 t_o=−8℃，流量计安装在供水管上；

设计最大流量：$q_{v\max}=1000\text{m}^3/\text{h}$，对应频率 1000Hz；

流量系数：$K_t=3600\text{P}/\text{m}^3$。

流量输入信号		冷量理论值/(GJ/h)	冷量显示值/(GJ/h)	示值误差/%
流量输入信号/%	流量输入信号/Hz			
10	100	2.501		
25	250	6.253		
50	500	12.505		
75	750	18.758		
100	1000	25.011		

注：工艺专业提供数据，流体在－15℃时的密度为 1255kg/m^3，平均比热容为 2.847kJ/(kg·℃)。

② 总量校验记录

流量输入信号/Hz	热流量理论值/(GJ/h)	累积时间/min	总量理论值/GJ	总量显示值/GJ	示值误差/%
1000	25.011	12	5.002		

(10) 关于流量试验点的选取和误差表示方法问题

上面所列举的 9 个校验记录示例中，都存在瞬时流量试验点选取问题。在 JJG1003—2005 中，5 个试验点分别取最大流量对应的输入信号的 20%、40%、60%、80%和 100%。对误差限的要求则分两种情况：模拟信号输入按引用误差计算；脉冲信号输入按示值误差计算。而 JJG1003—2016[10] 中，除了将试验点修改为最大流量对应的输入信号的 25%、50%、75%、100%之外，还增加了最小流量对应的输入信号。对误差限的要求，全部按示值误差计算。这两项变化对流量显示仪表最小流量试验点影响很大。首先是最小流量的选取，以整套流量计的流量可调比为 10 做例子，最小流量则为最大流量的 10%。对于差压式流量计来说，该试验点差压只有最大差压的 1%，因为信号幅值太小，要通过流量显示允许差压指标有时会有困难。解决的办法是将开平方运算前移到差压变送器内完成，这样输入信号幅值就增大了 9 倍。

开平方运算交由差压变送器完成，并不使变送器的误差增大，因为在智能差压变送器中，开平方运算是数字量运算。所以这样的安排是合理的。

参 考 文 献

[1] GB/T 2624—2006 用安装在圆形截面管道中的差压装置测量满管流体流量 [S]. 2006.

[2] 纪纲，蔡武昌．流量演算器 [J]. 自动化仪表，2000，21 (9)：20-25.

[3] 蔡武昌，孙淮清，纪纲．流量测量方法和仪表的选用 [M]. 北京：化学工业出版社，2001.

[4] 许红兵，纪纲．煤气流量测量和一般湿气体的干部分计算 [J]. 医药工程设计，2012，33 (6)：37-38.

[5] 骆美珍，龚毅，陈少华．提高差压法流量测量精度点滴 [J]. 石油化工自动化，1998 (5)．

[6] 纪纲，章小风，郝建庆．孔板流量计扩大范围度的一种方法 [J]. 自动化仪表，1998 19 (6)：7-10.

[7] 国家质检总局计量司，中国计量协会．2008 全国能源计量优秀论文集 [C]. 北京：中国计量出版社，2008.

[8] GB/T 21446. 用标准孔板流量计测量天然气流量 [S]. 2008.

[9] GB/T32224—2020 热量表 [S]. 2020.

[10] JJG 1003—2016 流量积算仪检定规程 [S]. 2016.

第11章 流量测量系统误差的生成与处理

11.1 引言

一套检定合格的流量计安装到使用现场后，人们都希望能安全、稳定、可靠、准确地运行。但实际上有一部分往往做不到。

有人调查美国装用着的千余台流量仪表，发现约有60%所选择测量方法不是最合适或使用不正确，60%中的约60%虽然采用合适的测量方法，却错误地布置和安装。由此可见正确选择和使用流量仪表并非易事[1]。

究其本质的原因是流量测量这项任务难度高，情况异常复杂。首先，已经投入运行或试运行的流量测量系统，其显示的流量值究竟是否准确，要做出正确的判断就是一件困难的事。本书的第9章列举了流量测量系统示值准确性现场验证的五种常用方法。就是为了解决“判断”问题。一旦发现流量示值不准确，就要对流量测量系统进行检查诊断和分析。这项工作比上面所说的“判断”难度更高，承担此项任务的工程师不仅需要丰富的实际经验，而且需要广阔的知识面和一定的技巧。参考文献［2］列出了有代表性的166个现场诊断实例[2]，每一个实例的性质均不相同。从中可基本看出流量测量系统误差生成的常见原因及解决方法。为了便于分析、理解，将诸多案例归纳总结成如下内容，以避免重复和节约篇幅。如果想了解更详细的描述和分析，可参阅参考文献原文。

11.2 设计选型不合理

根据具体的测量任务选用合适的流量测量仪表，是用好流量计的第一步，也是关键环节。但因流量计的种类繁多，不同品牌的仪表不仅价格差异悬殊而且技术性能差别也很大。流体的性质和工况条件更是复杂多样，因此难免失误。

a. 通径选得太大，以致最小流量落在误差较大的“低区”，甚至进入小信号切除区，引起误差。这种情况很常见。

b. 通径选得太小，以致超上限流速运行，引起涡街流量计示值严重偏低，甚至涡街流量计的漩涡发生体被冲断裂，脱落。

旋转式流量计例如涡轮流量计、容积式流量计、旋翼式涡翼式水表，如果通径选得太小，容易超速旋转，导致机构的加速磨损。

c. 满刻度流量选得太小，流量计易进入限幅（饱和）状态，以致严重偏低。

d. 小流量切除值定得太大。小信号切除不属于工程设计的一部分，但属于现场调试人员“设计”的内容。不少调试人员对小信号切除的最佳值如何确定不清楚，或因现场仪表安装质量不理想。对于差压式流量计，如果差压上限太小，或因其他原因引起差压信号传送失准，也会在工艺管内流体已停止流动仪表却有较高的流量值显示，这时不得不将小信号切除值定得较大，于是，系统若在低负荷条件下运行，就有可能进入小信号切除区，最后出现应当显示的流量值变为0[3]。

11.3 仪表制造环节的缺陷引起流量测量误差

(1) 导压管配管不当引入误差的实例之一

安装在垂直管路上的测量蒸汽流量的差压装置，按照信号不失准传送的要求，导压管的结构应如图 11.1 所示。

在图 11.1 中，切断阀采用直通阀（直通闸阀或球阀）后，从冷凝罐溢出的凝结水就可顺畅地流回母管，两只冷凝罐中的液位可保持等高，管中的蒸汽也可正常地向冷凝罐的上部补充，从而实现正常的汽液交换。但是有不少仪表厂供应的却是如图 11.2 所示的结构，这种导管连接方式的优点是外观漂亮，缺点是会引起差压信号传送失准。

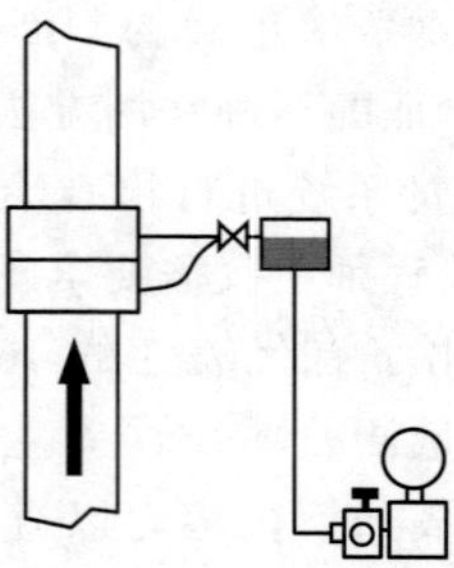

图 11.1 正确的导压管连接

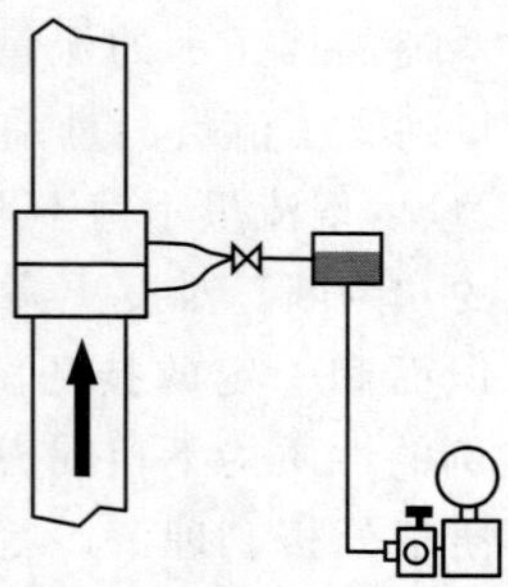

图 11.2 不正确的导压管连接

在图 11.2 中，正端导压管内凝结水仍可顺畅地流回母管，但负端导压管却不能，一定要到冷凝罐内积满凝结水后才会向母管溢出，因此两只冷凝罐中的液位高度不一致，假定负端冷凝罐中的液位高度同导管左端一样高，则负压端冷凝罐中的液柱高度就比正压端高度约高 16.5mm，因为环室上两个管口之间的距离为 33mm。这样就使差压信号出现 −165Pa 的偏移。

(2) 导压管配管不当引入误差的实例之二

图 11.3 所示的差压装置安装在 DN80 的垂直管道上，用来测量甲醇流量。一套差压装置有三对差压信号取压口，分别去三个差压变送器，三个变送器输出分别去 DCS、安全联锁系统和计量系统。三对取压口均为 1 英寸法兰取压，在法兰圆周上的布置相隔 120°，根部阀为法兰式闸阀。A、B、C 三对取压口对应的流量示值各不相同，有时 A 最高，有时 B 或 C 最高。但都比应有值高。应有流量为 32t/h，但最高时为 41t/h。

分析流量示值偏高的原因是负压管坡度不符合要求，以致负压管最高点积气。三对取压口中积气量有多有少，所以流量示值也不相同。开表投运时也曾对引压管线进行排污操作，但因甲醇属有毒有害易燃易爆介质，不允许高流速扫线，因而积气，造成差压信号传送失准。处理方法是对负压管走向按图 11.4 进行改装。

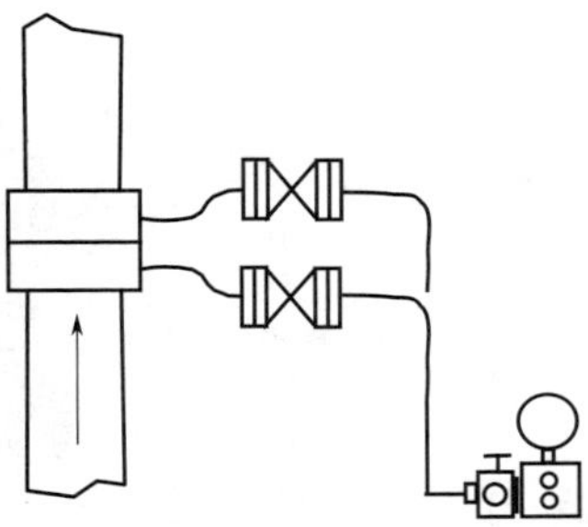

图 11.3　不正确的导管连接

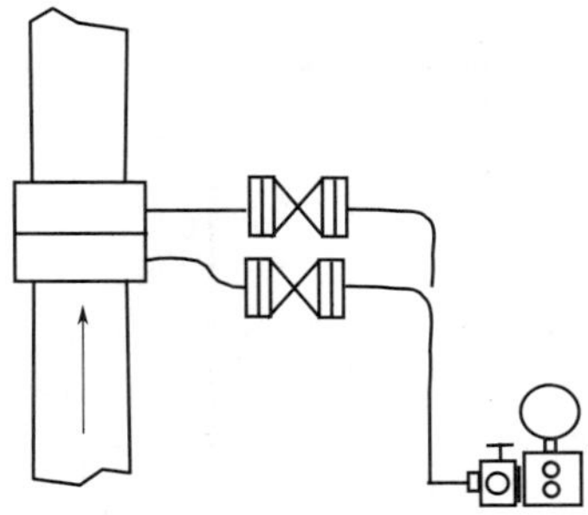

图 11.4　正确的导压管连接

(3) 导压管配管不当引入误差的实例之三

图 11.5 所示为某电厂的大型锅炉进水流量测量系统，因用于安全联锁，所以要求具有高度的可靠性，为此，在水平进水管道上安装标准孔板，在差压装置上设置了三对差压信号取压口，差压信号分别接三台差压变送器。三对取压口在圆周上均布，仪表运行一段时间后，朝天的一对取压口测得的流量总是比另两对取压口测得的流量大，调试人员反复检查了仪表的安装，并对三台差压变送器进行校验，均未发现问题。

分析其原因是朝天的一对取压口的导压管坡度不符合要求。

当管道内的水流经孔板时，撞击在孔板迎流面的水往往会有微量的气体从水中析出，这是因为水中总是溶解有一定量的永久性气体。这些析出的气体从朝天一对取压口中的正压端钻进正压管并越积越多，由于流体静力学的原因，使得朝天的一对取压口送到差压变送器的差压比节流件两边的差压大一些。节流件的背流面因为没有水流的撞击，所以没有气体析出[4]。

整改的方法有两个，一是将朝天的一对取压口移到水平线以下，满足坡度要求如图 11.6 所示。另一方法是在正端导压管的最高点开口，安装气体收集器并定期排气，如图 11.7 所示。

(4) 针型阀导致导压管内积水使仪表产生误差

四川某化工厂有一台 DN300 喷嘴，用来测量 1.3MPa 过热蒸汽流量，如图 11.8 和图 11.9 所示，自投运起，变送器输出时正时负，喷嘴安装在水平管道上，径距取压，引压管从 45°方向引出，EJA110A 差压变送器正负方向连接正确，引压管不堵不漏。但在正常消耗蒸汽时，差压变送器送出 1.6kPa 的反向差压，流量示值为 0。

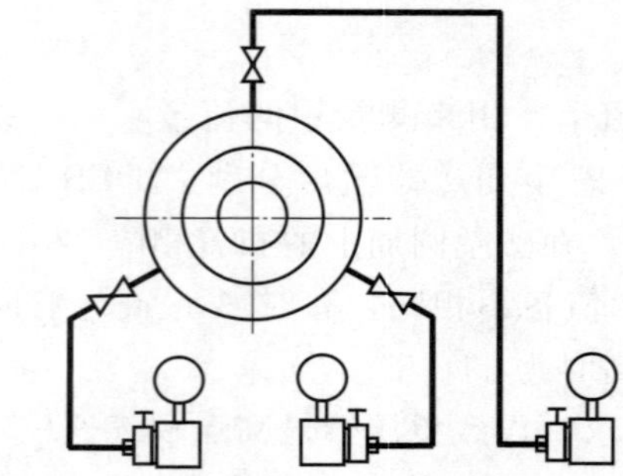
图 11.5 三对取压口在水平管道上的分布

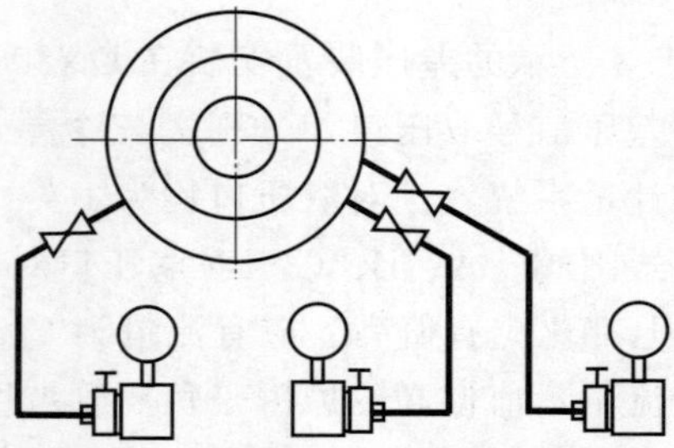
图 11.6 将取压口移到直径线以下

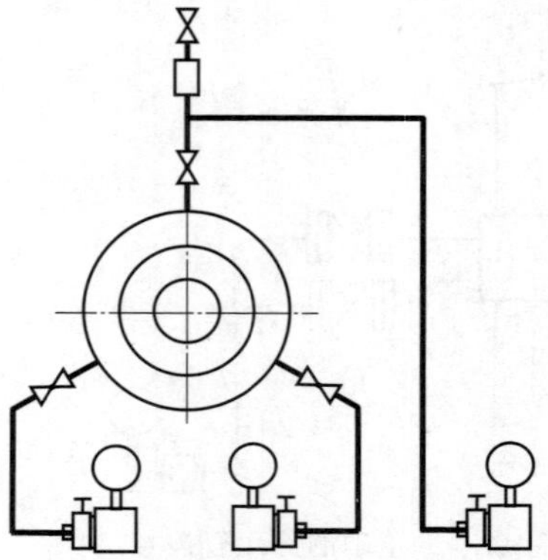
图 11.7 增设气体收集器

图 11.8 引压管走向

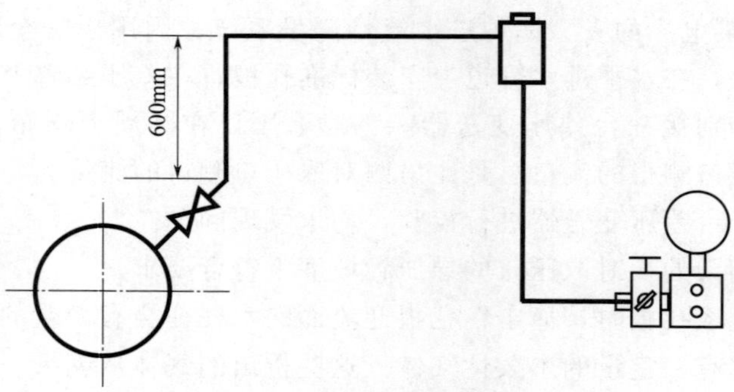

图 11.9 原有布置

经检查分析，差压变送器输出负差压，是因根部阀采用 DN6 针型阀，阀内流道内径仅 4.8mm，而且低进高出转弯，如图 11.10 所示。以致凝结水回流不畅，在正压管内积水，引起差压信号传送失准。

合理安装方法如图 11.11 所示[2]。

(5) 流量计制造环节的其他问题

现在市场上流量计品种繁多，品牌林立，品质良莠不齐。品质不佳主要表现为：承诺的技术指标水分多；该做的补偿不做；零点漂移严重；抗干扰能力弱；环境适应能力差；故障多；等。因此在设计选型时，须进行充分的调查研究，对供应商的夸大宣传，不能偏听偏信，以免木已成舟，损失无法挽回。

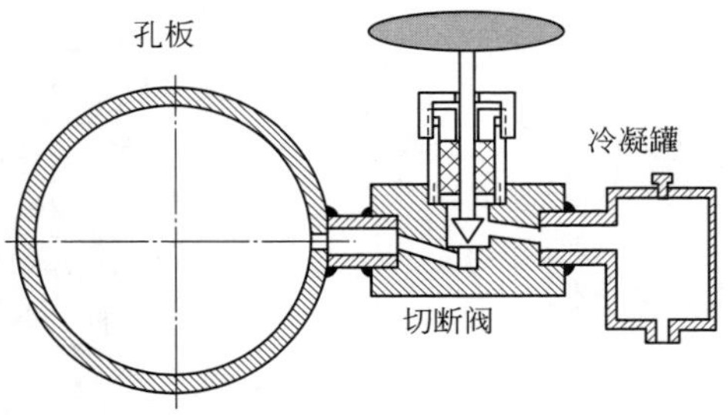

图 11.10　针阀与冷凝罐母管

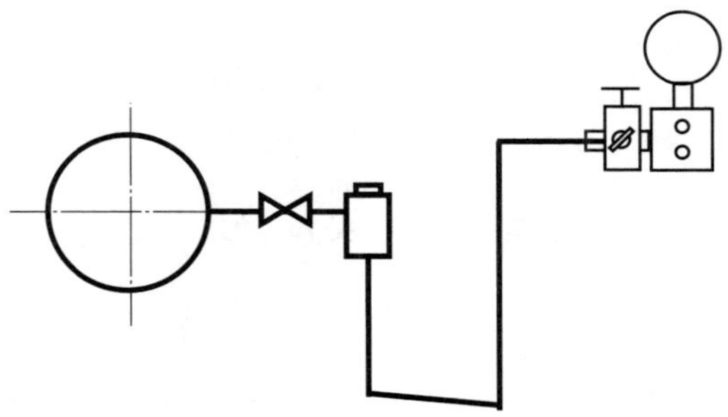

图 11.11　合理的布置

11.4　仪表安装不合理引起流量测量误差

流量测量仪表必须安装到使用现场才能投入运行。这个看似简单的工作却意义重大，很多流量计投入运行后发现误差太大，就是因安装不符合规范引起的。

(1) 管道内径比涡街流量计测量管内径小引起测量误差

与涡街流量计连接的管道，其内径与涡街流量计测量管内径完全一致的情况并不很多，尤其是大家喜欢使用的进口涡街流量计和引进技术生产的涡街流量计，因为外国的无缝钢管管径标准与中国标准不一致。例如公称通径 6 英寸的无缝钢管，国外标准为外径 168mm，而中国为 159mm，相差较多。另一个原因是名义管径标准相同的无缝钢管，由于壁厚规格差别大，内径也产生较大差异。

在实流标定中发现管道内径等于或略大于涡街流量计测量管内径时，流量示值稳定，流量系数正常。由于管径的差异，流体流过台阶时也有二次流产生，但因二次流存在的部件在测量管之外，对仪表的影响不明显，如图 11.12 所示。

当管道内径比测量管内径小时，流量示值出现强烈的噪声，这是因为流体流过台阶时产生二次流，如图 11.13 所示。

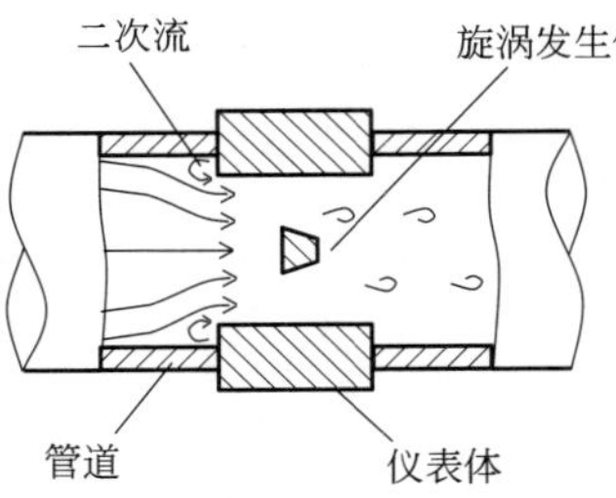

图 11.12　管道内径比测量管内径大

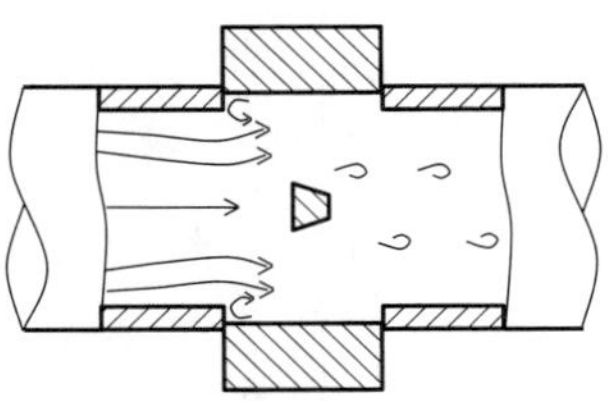

图 11.13　管道内径比测量管内径小

当管道内径小于测量管内径（3%以内）时，流体以很高的流速流经内径较大的测量管，由于流体的惯性作用，流束来不及膨胀，撞击在发生体上，这样就使流量示值偏高。此误差可通过修正流量系数 K_m 来补偿，其修正系数 F_D 的表达式为[5]

$$F_D=\left(\frac{D_1}{D_2}\right)^2 \tag{11.1}$$

式中 D_1——测量管实际内径；

D_2——管道实际内径。

经过修正的流量系数 K'_m 为

$$K'_m=F_DK_m=K_m\left(\frac{D_1}{D_2}\right)^2 \tag{11.2}$$

(2) 管道实际内径与设计计算书上的内径不一致

这种情况经常发生。所以流量计安装时，切开管道后应将管道的实际内径予以精确测量，一旦发现有出入，就应重新计算，予以修正。

(3) 垫片突入管道

流量计上游垫片突入管道，使圆形流通截面管道内的速度分布，从对称变为不对称。对流量测量产生影响。对于环室取压的标准孔板和 ISA1932 喷嘴，影响却不明显，因为它是360°管壁取压。而对其他多种流量计，都会产生显著影响。其中对涡街流量计的影响是使流量示值偏高，原因是流体流过突入的垫片时被显著加速。

(4) 直管段长度不够引起流量测量误差

参考文献［6］中列举了九种流量计对直管段长度的一般要求。GB/T 2624 中列举差压式流量计和对直管段长度的具体要求。如果直管段长度不够，都将引入一定的误差。其中环室取压标准孔板，是使流出系数变小。图 11.14 描述了不同的直管段长度对流出系数影响幅值。如果差压装置为 1in 法兰取压或径距取压，引起误差的方向就与上游阻流件的弯曲方向有关[6]。

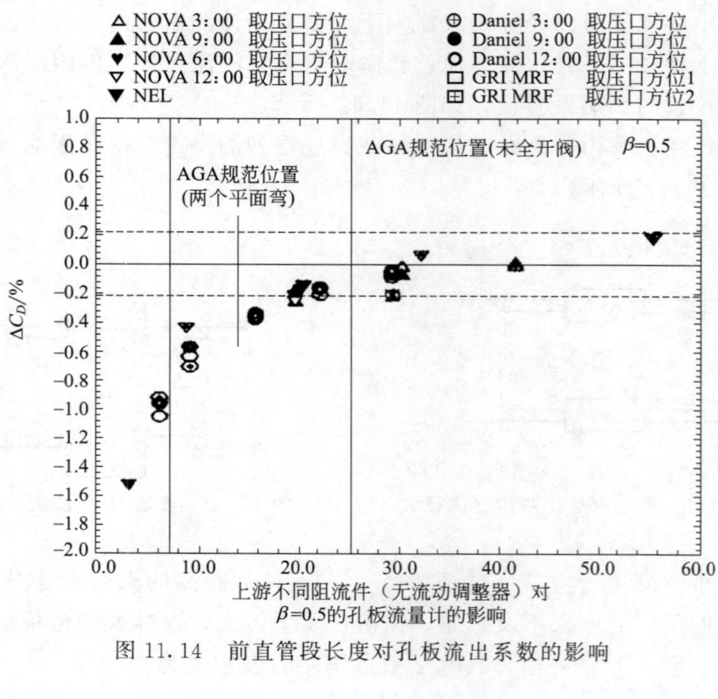

图 11.14　前直管段长度对孔板流出系数的影响

如果是径距取压，由于上游弯头与取压口之间相互位置的不同，会有三种不同的结果。

a. 当取压口处于弯管外圈时，流出系数趋小，引起正向附加误差，如图 11.15 所示。

b. 当取压口处于弯管内圈时，流出系数趋大，引起负向附加误差，如图 11.16 所示。

c. 当取压口处于与弯管所在的平面垂直时，流出系数的偏移应比前两种情况小得多。如图 11.17 所示。

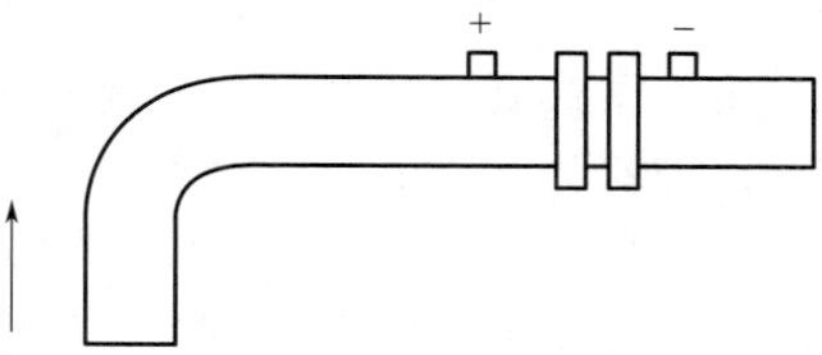

图 11.15　取压口处于外圈

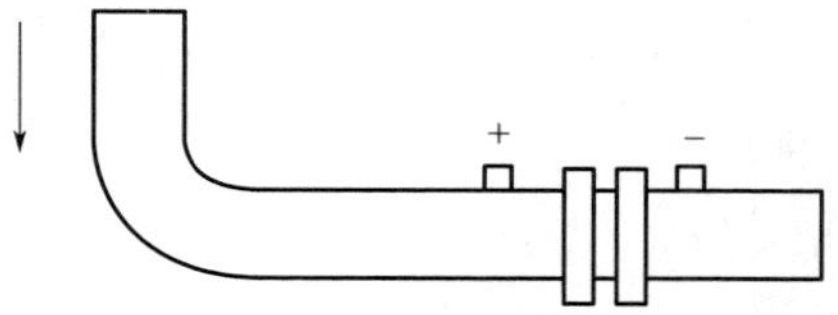

图 11.16　取压口处于内圈

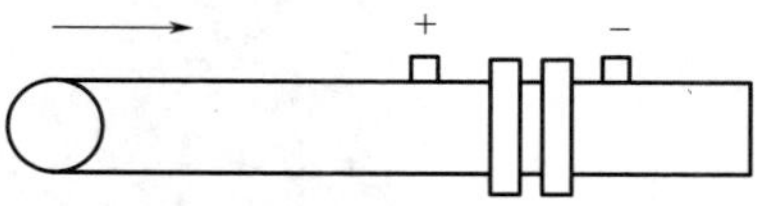

图 11.17　取压口与 90°弯垂直

因此，在确定取压口方位时，应考虑最有利的方案。

在上面的分析中，直管段长度不够引起的附加误差幅值还与节流件的直径比 β 有关，其中，β 较小时，相同的直管段倍数引起的附加误差要小一些。

在如图 11.18 所示的水平管道上要加装一台 DN150 的涡街流量计，按常规的方法将接线盒放在水平管道的上方，直管段长度是不够的，由于最高流速点未对准漩涡发生体，所以示值偏低，如图 11.19 所示。

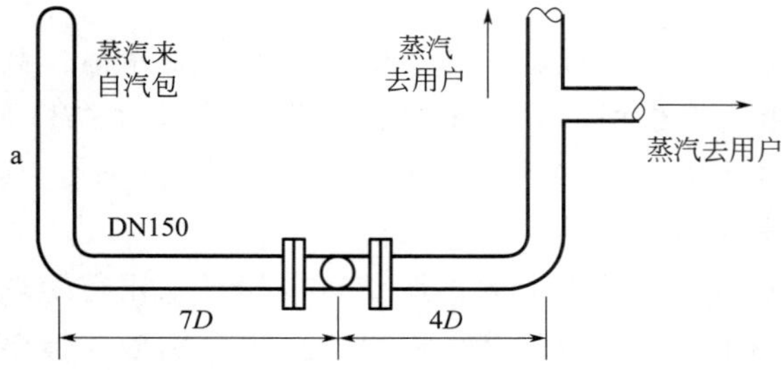

图 11.18　涡街流量计及前后直管段（俯视）

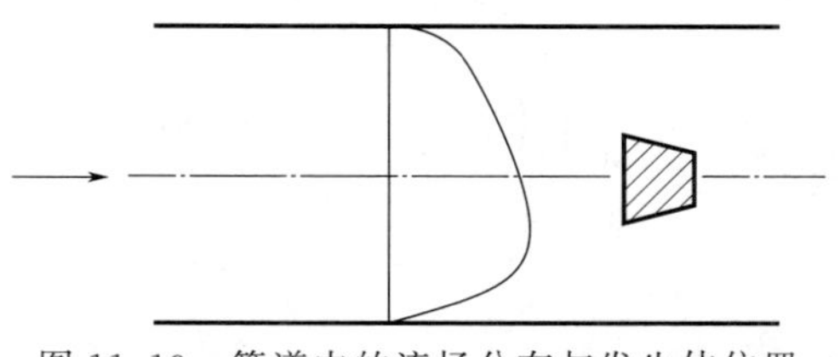
图 11.19　管道内的流场分布与发生体位置

而当旋涡发生体的方向被旋转 90°后，如图 11.20 所示，情况发生了变化，流场的畸变情况虽然无变化，但最高流速点却对准了发生体的中心线。如图 11.21 所示。

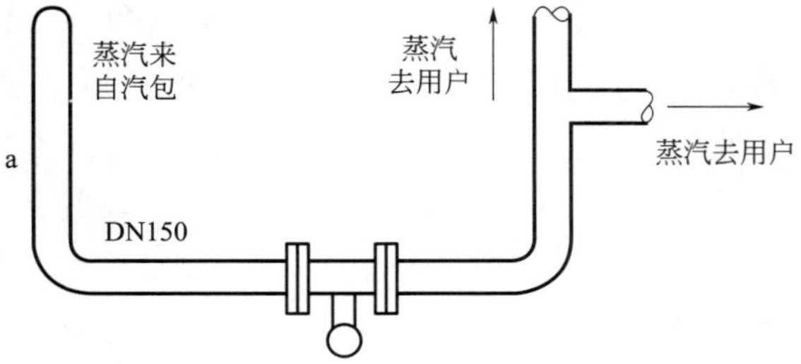

图 11.20　取压口位置安装示意图（俯视）

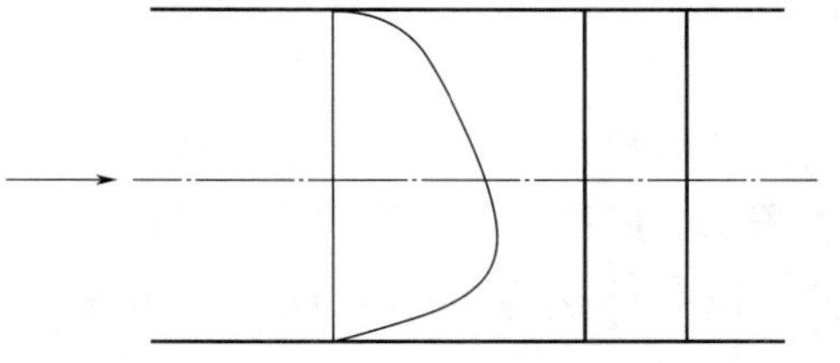
图 11.21　旋涡发生体处于水平位置

(5) 两个冷凝罐高度不一致引入流量测量误差

用差压式流量计测量蒸汽流量时，一般均配有两个冷凝罐，将蒸汽与差压变送器隔离开。仪表安装时要求两只冷凝罐等高，否则将引起差压信号传送失准，如果正压端冷凝罐比负压端冷凝罐高 5mm，将引起 50Pa 的差压信号传送失准。对于长径喷嘴差压装置，由于两个取压口之间距离较大，两个冷凝罐很容易出现高度差，如图 11.22 所示。工程验收时应用水平尺检查。

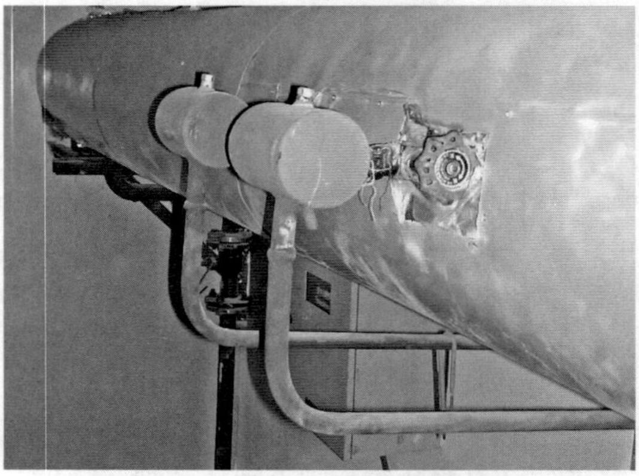

图 11.22 径距取压的现场照片

(6) 线性孔板流量计导压管倾斜引起流量测量误差

ILVA 型线性孔板正负压导压管从圆周的两个水平方向引出，图 11.23 虽然未设冷凝罐，但图中的垂直导压管以下部分管内仍能充满凝结水。

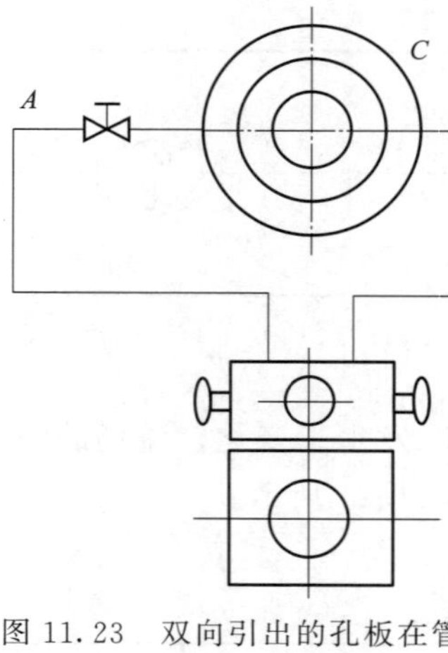

图 11.23 双向引出的孔板在管道上的安装

如果导压管倾斜，则 AB 两端的凝结水液位高度不相等，便引起差压信号传送失准。因为 AB 两点之间距离较大，容易产生高差，工程验收时，须用水平仪器检查。

安装在水平管上的差压装置，如果采用径距取压，两个冷凝罐容易产生高度差，也会引起差压信号传送失准。

(7) 引压管坡度不符合要求

在有关标准中，对差压式流量计的差压信号管坡度提出了具体要求。如果不符合要求，在应充满液体的引压管中，容易积气，在应充满气体的管中，容易积液，从而引起差压信号的传送失准[7-8]。在参考文献［2］的第 2.48 节，给出了差压信号传送失准值与积气部位、积气高度的关系。图 11.24 所示为引压管坡度不符合要求，导致正压管内积水，使得差压信号产生－6kPa 的偏移例子[2]。

(8) 伴热保温不合理引起流量信号传递失真

伴热保温的目的，是防止流量传感器测量管或信号管内介质结冰或结晶、凝固。一般认为，只要做到不结冰、不结晶、不凝固就万事大吉。对于差压式流量计还远远不够，因为伴热的不对称，容易引起差压信号传送失准。尤其是差压上限较小的流量计，例如用均速管流量计或弯管流量计测量液体流量或蒸汽流量，很容易因伴热保温不对称，引起流量计零点大幅度漂移，特别是流量传感器与差压变送器之间位差大的测量对象，位差越大，影响越大[9-10]。

判断伴热保温是否对称，方法很简单，即在实际流量为 0 时，引入伴热保温和无伴热保温，流量计的零点均应合格。

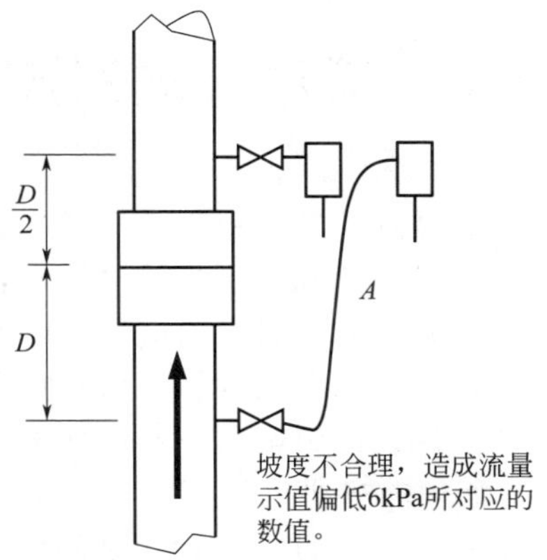

图 11.24　垂直管道上安装的径距取压差压装置

(9) 超声流量计受控制阀干扰，示值升高

超声流量计（USF）容易受控制阀和泵的噪声干扰，要求流量计与控制阀和泵之间保持足够远的距离。有文献披露的案例表明，USF 与控制阀靠得很近，而且布置在阀的下游，控制阀对 USF 造成强烈干扰，使流量示值大幅度升高。阀的前后压降越大，影响越大。解决方法是将 USF 移到控制阀上游，两者之间距离尽量加大。而且在 USF 与控制阀之间增设盲三通[11]，将声学噪声大大衰减，如图 11.25 所示。还可以将控制阀改为多级节流型，降低流速。

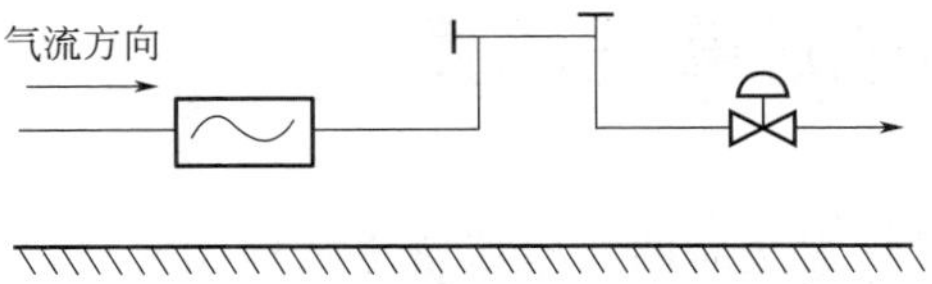

图 11.25　盲三通在地面管道上的安装

11.5　省去必要的补偿引发测量误差

大多数流量计相关的规程或制造厂都要求进行必要的补偿，如果省去这些补偿，必定带来额外的误差。例如：

a. 椭圆齿轮流量计，如果实际使用的介质温度与校准介质温度不一致，须根据齿轮和壳体不同材质所对应的温度膨胀系统，进行温度补偿[12]。

b. 涡轮流量计，须按照实际使用的流体温度，根据叶轮和壳体的材料所对应的温度系数，按公式进行温度补偿。

c. 标准差压流量计，用来测量气体和蒸汽流量时，须进行流体密度补偿。雷诺数补偿和可膨胀性补偿。参考文献［13］介绍某案例，只进行密度补偿，不进行可膨胀性补偿，V 锥流量计在正压法空气流量标准装置上检定，误差增大到 6.5%。

d. 涡街流量计实际使用的流体温度偏离校准温度后，流量系数将产生 4.81×10^{-5}/℃的变化，须补偿[14]。

e. 科里奥利质量流量计中，介质压力变化会引起显著的流量测量误差，须根据不同的通径，按公式进行补偿。参考文献［15］披露，上下游型号规格相同的两台科里奥利质量流量计，由于省去了压力补偿，流量示值出现 1%的差异。

11.6 流动脉动对流量测量产生影响

a. 文献［16］列举了往复泵引发的流动脉动引起差压流量计偏高 41%。

b. 减压阀振荡引发流动脉动，导致涡街流量计示值偏高 10 倍[16]。

c. 系统振荡引发涡街流量计示值偏高 4 倍[16]。

d. 气泡塌陷引起涡街流量计偏高 160%[16]。

e. 搅拌器引起电磁流量计示值大幅度摆动，无法读数。

处理的方法也各不相同，因具体情况而异：

- 在流量计与脉动源之间增设阻尼器。
- 修复减压阀，消除流动脉动。
- 查找系统振荡的原因，消除振荡。
- 在流量与脉动源之间增设隔离器。
- 搬迁流量计，使其远离脉动源，这一方法所以能够奏效，是因为管道的容积与管阻组成一个阻容滤波器，衰减了流动脉动。

11.7 两相流影响测量精确度

众所周知，用普通流量计无法对两相流流量进行准确测量，为什么还存在两相流的流量测量问题。问题常出现在设计选型时，人们公认的液体，由于工况条件下流体温度压力的变化而析出一定量的气体，人们公认的气体，却因损失热量而部分变成凝液，例如：

a. 水中析出气体，导致容积式流量计、涡轮流量计等流量示值偏高。析出的气体积累在电磁流量计测量管的上部，从而使水的流通截面积减小，流量示值升高[17]。

b. 氨水中析出气态氨，使时差法超声流量计无法工作。

c. 过热蒸汽在管道内流动，管道自然散热使其过热度逐步降低，然后进入饱和状态，并有一部分蒸汽凝结成水滴，饱和蒸汽轻度带水时，涡街流量计对水滴基本不响应，故流量示值偏低。当蒸汽中度带水后，涡街流量计出现“漏脉冲”现象，流量示值严重偏低。当蒸汽重度带水后，脉冲被漏完，涡街流量计输出趋零，从而停止测量[18]。这一过程是根据涡街流量计在运行中的显示值与相关仪表显示值的综合分析中得出的结论，而从涡街流量计显示值本身是看不出准确与否的。

d. 饱和蒸汽变成过热蒸汽对流量测量的影响。

现在市场上有一种专门测量饱和蒸汽质量流量的涡街流量计，其原理是根据实测的蒸汽温度查饱和蒸汽密度表。如饱和蒸汽经大幅减压进入过热状态，或因其他原因成为过热蒸汽，则按照温度查出来的蒸汽密度就会明显偏高，使流量示值出现正偏差[19]。

11.8 流体理化特性复杂影响正常测量

a. 气体带水以致孔板前积水，流量系数变大，带来误差。

b. 流体温度太高，将涡街流量计、旋进旋涡流量计的探头烫坏。

c. 流体脏污或含泥沙等，将差压式流量计根部阀等堵塞，无法工作。

d. 介质氢含量高、密度小，以致对涡街流量计探头推力小，无输出。

e. 低温盐水使电磁流量计传感器线圈空腔内气体结露，线圈受潮。

f. 熔盐温度高易结晶，导热油中有焦屑，易将流量传感器磨损。流体温度高，易燃易爆，外泄容易引起火灾[20]。

g. 科里奥利质量流量计测量气液平衡状态液体流量中，测量管内部分液体汽化，引起误差[21]。

h. 液体黏度太高，在科里奥利质量流量计测量管内挂壁，引起流量测量误差。

i. 水汽进入差压变送器高低压室，并在三阀组内积凝结水，使得差压信号产生传送失准，引起误差。

j. 流体的腐蚀性将流量传感器材料腐蚀，以致几何尺寸变化，带来流量测量误差[22]。

k. 易结晶流体因温度低引起结晶，将孔板、楔形流量传感器的角落处堆积[23]，甚至将科里奥利质量流量计测量管完全堵塞，无法正常工作。

l. 流量传感器测量管内壁结焦油、沥青等内径减小，文丘里管喉径变小，圆缺孔板的圆缺孔几何尺寸变化。流体中含有黏稠物及固体颗粒，黏结在旋进旋涡流量计通道内壁，导致流量系数变化，将V锥流量传感器环隙的底部堵塞，导致流量示值增大[10]，流体中的纤维缠在涡轮流量计的叶片上，使流量系数改变，产生流量误差；上游流体带来的焊渣，将气涡轮的叶片打击脱落，导致流量示值偏低。

11.9　气体组分变化影响测量精确度

a. 海上气田每一口井都用孔板流量计计量产气量。流量计投入使用后发现，每一口井的组分都与仪表订货时的气体组分不相同，如果不进行重新计算，就会带来显著误差。必须根据实际组分重新计算[24]。

b. 炼油厂的干气是一种典型的变组分气体，其组分每时每刻都是在变化的。如果按照恒定组分气体的方法测量其质量流量必将带来很大误差[25-27]。

c. 钢铁行业的煤气，其实质也是变组分气体。测量任务是测量其干部分流量。而其含水率是其温度的函数，而温度是在变化的，如果不将水汽进行实时扣除，就要带来很大误差[28]。

11.10　使用环境恶劣影响仪表正常工作

a. 环境或管道振动大，使涡街流量计，旋进旋涡流量计等流量示值大幅偏高。

b. 冬季低温导致天然气中的高沸物部分冷凝呈雾状，以致时差法超声流量计的插入式探头结露，而无法工作。

c. 低温致使用来测量蒸汽流量的差压式流量计的导压管及差压变送器高低压室内凝结水结冰，不仅无法测量，甚至膜盒变形损坏。

d. 流量计安装地点附近有电磁干扰源（含射频干扰），引起流量显示不稳定，示值误差，甚至损坏。

11.11 使用日久仪表零部件被磨损等引起误差

a. 容积式流量计、旋翼式螺翼式水表，机构被磨损，引起误差[29]。

b. 气体涡轮流量计轴承被磨损，叶片被高速移动的异物冲撞，导致脱落引起流量示值大幅偏低。

c. 涡街流量计中的旋涡发生体锐缘被磨损，导致流量示值偏高。标准孔板流量计开孔直角边被磨损，导致流量示值偏低[30]。

11.12 维修和操作不当引入误差

操作不当或检查维修不及时，引起流量计失准的例子不胜枚举。

a. 差压式流量计导压管或根部阀介质外泄，三阀组平衡阀内漏，引起差压信号传送失准。

b. 操作不当将隔离液部分排出，引起流量计零漂。

c. 气体收集器长期不排气，以致液体带气，测量失准。测量饱和蒸汽的流量计，表前疏水阀不开，以致带水严重，致使涡街流量计漏脉冲，差压流量计失准。

d. 有些流量计零点容易漂移，长期不检查校验零点。待想到校零时，已经相去甚远。

e. 轴承被磨损，引起转动部分与外壳摩擦，流量示值偏低。

f. 最后一条看上去好像是笑话，实际上确有此事，将标准孔板进出方向装反，流量示值严重偏低。用于测量湿气体流量的圆缺孔板，圆缺孔被布置到水平管道的上部，以致管内积水，严重失准。

11.13 小结

以上 11.2～11.12 节是根据不同性质罗列的流量测量系统误差生成的不同类型的原因，实际上误差生成的原因远不止这些，列出这些的目的在于帮助相关人员开阔思路，以便解决问题。让我们不断总结，不断探索提高技术水平，争取为我国的节能环保事业及自动化事业作出更大的贡献。

参考文献

[1] 蔡武昌，孙淮清，纪纲．流量测量方法和仪表的选用［M］. 北京：化学工业出版社，2001.

[2] 纪纲，纪波峰．流量测量系统诊断案例分析［M］. 北京：化学工业出版社，2024.

[3] 刘政利，纪纲．流量计小信号切除的最优化［J］. 自动化仪表，2007（10）：51-54.

[4] 纪纲，武因超．流量仪表的现状与发展趋势［J］. 自动化仪表，2020，41（7）.

[5] 池兆明．流量仪表系数K及其影响因素［J］．自动化仪表，1998（3）：8-11.
[6] 谢林，殷家云，纪波峰等．流量直管段适用长度的探讨［J］．石油化工自动化，2014，50（5）．
[7] GB 50093-2013自动化仪表工程施工及质量验收规范．
[8] 孙淮清，王建中．流量测量节流装置设计手册［M］．2版．北京：化学工业出版社，2005.
[9] 纪纲，朱炳兴，王森．仪表工试题集—现场仪表分册［J］．北京：化学工业出版社，2014：72-80.
[10] 能源计量器具应用技术指南编委会．能源计量器具（流量）应用技术指南［J］．北京：中国石化出版社，2011：147-156.
[11] 李方圆，江涛．超声流量计噪声控制技术及应用［J］．油气与石油，2014.7：60-62.
[12] 朱德祥．流量仪表原理和应用［M］．上海：华东化工学院出版社，1992.
[13] 孙江平，戴峥，蔡方明，等．气体的可膨胀性对流量测量的影响及对策研究［J］．石油化工自动化，2018（4）．
[14] 姜仲霞，姜川涛，刘桂芳．涡街流量计［M］．北京：中国石化出版社，2006.
[15] 武胜林．质量流量计计量超差原因分析［J］．石油化工自动化，1999（4）：66-69.
[16] 宋文伟，纪纲．流动脉动对流量测量影响的几个实例［J］．石油化工自动化，2003（6）：75-78，84.
[17] 纪纲，沈创谦．含气液体流量测量的研究［J］．自动化仪表，2023，44（2）．
[18] 纪纲．蒸汽相变对流量测量的影响（一）［J］．医药工程设计，2001（1）：37-39.
[19] 汪里迈，纪纲．蒸汽流量测量中的温压补偿实施方案［J］．石油化工自动化，1998（3）：39-42.
[20] 林明校，刑军，陈俊杰，等．导热油供热系统及其热量测量［J］．石油化工自动化，2016，52（5）．
[21] 肖素琴，韩厚义．质量流量计［M］．北京：中国石化出版社，1999.
[22] 左景伊，左禹．腐蚀数据与选材手册［M］．北京：化学工业出版社，1995.
[23] 邵林，刘畅，纪波峰，等．耐强腐蚀弯管流量计的研发和应用研究［J］．石油化工自动化，2023，59（2）．
[24] 郑传忠，李伟，郑永建．孔板流量计在复杂组分气田生产管理中的应用［C］．2007中国油气计量论文集．太原：2007年11月，27-34.
[25] 袁庆青．瓦斯质量流量及其密度测量［M］．化工自动化及仪表，1994，2：56-57.
[26] 宋文其，叶明，余厚林，等．一种变组分气体流量计的研究［J］．石油化工自动化，2018，54（4）．
[27] 宋文其，纪波峰，纪纲．变组分气体质量流量计的应用与现场验证［J］．石油化工自动化，2022，58（5）．
[28] 文瑞中，谭显义，陈解发，等．煤气湿度检测与流量计量自动补偿技术的研究与开发［C］．冶金自动化信息网站20周年论文汇编．1997：119-123.
[29] 郑灿亭．容积式流量计运行磨损与其测量精度变化的关系［J］．石油化工自动化，2002（1）：69-73.
[30] 横河电机．計装メーカが書いたフイールド機器・虎の巻［M］．工業技術社，2001.

附录

附录 A　气体的物理性质

名称	分子式	分子量	密度 ρ_n /(kg/m³) 20℃ 101.325kPa	理想相对密度 G_i 20℃ 101.325kPa (空气=1)	压缩系数 Z_n 20℃ 101.325kPa	比热容比 κ 20℃ 101.325kPa	沸点 T_b/K 101.325kPa	临界点				偏心因子 ω
								温度 T_c/K	压力 P_c/MPa	密度 ρ_c/(kg/m³)	压缩系数 Z_c	
空气(干)		28.9626	1.2041	1.0000	0.99963	1.4①	78.8	132.42	3.766	317	0.312	
氮	N_2	28.0135	1.1646	0.9672	0.9997	1.4①	77.35	126.2	3.393	312	0.290	0.039
氧	O_2	31.9988	1.3302	1.1048	0.9993	1.397①	90.17	154.78	5.043	426.2	0.288	0.025
氦	He	4.0026	0.1664	0.1382	1.0005	1.66	4.215	5.19	0.227	69.9	0.301	−0.365
氢	H_2	2.0159	0.0838	0.0696	1.0006	1.412①	20.38	32.2	1.297	31.04	0.305	−0.218
氪	Kr	83.80	3.4835	2.893		1.67	119.79	209.4	5.502	909	0.288	0.005
氙	Xe	131.30	5.4582	4.533		1.666	165.02	289.75	5.874	1105	0.287	0.008
氖	Ne	20.183	0.83914	0.6969	1.0005	1.68	27.09	44.4	2.726	483	0.311	−0.029
氩	Ar	39.948	1.6605	1.379	0.9993	1.68	87.291	150.7	4.864	535	0.291	0.001
甲烷	CH_4	16.043	0.6669	0.5539	0.9981	1.315①	111.6	190.555	4.5998	161.55	0.288	0.0115
乙烷	C_2H_6	30.07	1.2500	1.0382	0.9920	1.18①	184.6	305.83	4.880	202.9	0.285	0.0908
丙烷	C_3H_8	44.097	1.8332	1.5224	0.9834	1.13①	231.05	369.82	4.250	216.6	0.281	0.1454
正丁烷	C_4H_{10}	58.124	2.4163	2.0067	0.9682	1.10①	272.65	425.14	3.784	227.7	0.274	0.1928
异丁烷	C_4H_{10}	58.124	2.4163	2.0067		1.11①	261.45	408.15	3.648	220.5	0.283	0.176
正戊烷	C_5H_{12}	72.151	2.9994	2.4910	0.9474	1.07①	309.25	469.69	3.364	237.9	0.262	0.2510

续表

名称	分子式	分子量	密度 ρ_n /(kg/m³) 20℃ 101.325kPa	理想相对密度 G_i 20℃ 101.325kPa (空气=1)	压缩系数 Z_n 20℃ 101.325kPa	比热容比 κ 20℃ 101.325kPa	沸点 T_b/K 101.325kPa	临界点				偏心因子 ω
								温度 T_c /K	压力 P_c /MPa	密度 ρ_c /(kg/m³)	压缩系数 Z_c	
乙烯	C_2H_4	28.054	1.1660	0.9686	0.9940	1.22①	169.45	283.35	5.042	227	0.276	0.0856
丙烯	C_3H_6	42.081	1.7495	1.4529	0.985	1.15①	225.45	364.85	4.611	232.7	0.275	0.1477
1-丁烯	C_4H_8	56.108	2.3326	1.9373	0.972	1.11①	266.85	419.53	4.023	233.4	0.277	0.1874
顺-2-丁烯	C_4H_8	56.108	2.3327	1.9373	0.969	1.1214①	276.85	433.15	4.20	198.9	0.272	0.202
反-2-丁烯	C_4H_8	56.108	2.3327	1.9373	0.969	1.1073①	274.05	428.15	3.99	234.7	0.266	0.205
异丁烯	C_4H_8	56.108	2.3327	1.9373	0.972	1.1058①	266.25	417.85	3.998	234	0.275	0.194
乙炔	C_2H_2	26.038	1.083	0.8990	0.993	1.24	189.13（升华）	309.15	6.247	231	0.270	0.190
苯	C_6H_6	78.114	3.2476	2.6971	0.9326	1.101	353.25	562.16	4.898	302.1	0.271	0.210
一氧化碳	CO	28.0106	1.165	0.9671	0.9996	1.395	81.65	132.85	3.494	300.4	0.295	0.053
二氧化碳	CO_2	44.00995	1.829	1.519	0.9946	1.295	194.75（升华）	304.20	7.382	468.1	0.274	0.239
一氧化氮	NO	30.0061	1.2474	1.036		1.4	121.45	179.15	6.482	52	0.250	0.588
二氧化氮	NO_2	46.0055	1.9121	1.588		1.31	294.35	431.35	10.13	570	0.473	0.834
一氧化二氮	N_2O	44.0128	1.8302	1.520		1.274	184.69	309.71	7.267	457	0.274	0.165
硫化氢	H_2S	34.07994	1.4169	1.1767	0.9911	1.32	212.85	373.2	8.940	338.5	0.284	0.109
氢氰酸	HCN	27.0258	1.1235	0.9331		1.31（65℃）	298.85	456.65	5.374	200		
氧硫化碳	COS	60.0746	2.4973	2.074			222.95	378.15	6.178		0.275	0.105
臭氧	O_3	47.9982	1.9952	1.657			181.2	261.05	5.57	537	0.228	0.691
二氧化硫	SO_2	64.0628	2.726	2.212	0.980	1.25	263.15	430.65	7.885	524	0.269	0.251
氟	F_2	37.9968	1.5798	1.312		1.358	85.03	172.15	5.570	473		0.048
氯	Cl_2	70.906	2.9476	2.448		1.35	238.55	417.15	7.708	573	0.285	0.090
氯甲烷	CH_3Cl	50.488	2.0990	1.7432		1.28	249.39	416.15	6.678	353	0.269	0.156
氯乙烷	C_2H_5Cl	64.515	2.6821	2.2275		1.19［16℃，(0.3～0.5)atm］	285.45	455.95	5.266	330	0.274	0.190
氨	NH_3	17.0306	0.7080	0.5880	0.989	1.32	239.75	405.65	11.28	235		0.250
氟利昂-11	CCl_3F	137.3686	5.7110	4.7430		1.135	296.95	471.15	4.374	554	0.297	0.189
氟利昂-12	CCl_2F_2	120.914	5.0269	4.1748		1.138	243.35	385.15	3.923	558	0.280	0.204
氟利昂-13	$CClF_3$	104.4594	4.3428	3.6067		1.150（10℃）	191.75	302.05	3.864	578	0.278	0.198
氟利昂-113	CCl_2FCClF_2	187.3765	7.7900	6.4696			320.75	487.25	3.413	576		

① 15.6℃，101.325kPa。

附录B 液体的物理性质

名称	分子式	分子量	密度 ρ_{20} /(kg/m^3) 20℃	沸点 t_b /℃ 101.325 kPa	临界点			体积膨胀系数 α_v/(10^{-5}/℃)
					温度 t_c/℃	压力 P_c /MPa	密度 ρ_c /(kg/m^3)	
水	H_2O	18.0	998.3	100.00	374.15	22.129	317	18
水银	Hg	200.6	13545.7	356.95	1460	10.55	5000	18.1
溴	Br_2	159.8	3120	58.8	311	10.336	1180	113
硫酸	H_2SO_4	98.1	1834	340分解				57
硝酸	HNO_3	63.0	1512	86.0				124
盐酸(30%)	HCl	36.47	1149.3					
环丁	$C_4H_8SO_2$	120	1261(30℃)	285				
丙酮	CH_3COCH_5	58.08	791	56.2	235	4.766	268	143
甲乙酮	$CH_3COC_2H_5$	72.11	803	79.6	260	3.874		
酚	C_6H_5OH	94.1	1050(50℃)	181.8	419	6.139		
二硫化碳	CS_2	76.13	1262	46.3	277.7	7.404	440	119
乙醇胺	$NH_2CH_2CH_2OH$	61.1		170.5				
甲醇	CH_3OH	32.04	791.3	64.7	240	7.973	272	119
乙醇	C_2H_5OH	46.07	789.2	78.3	243.1	6.315	275.5	110
乙二醇	$C_2H_4(OH)_2$	62.1	1113	197.6				
正丙醇	$CH_3CH_2CH_2OH$	60.10	804.4	97.2	265.8	5.080	273	98
异丙醇	$CH_3CHOHCH_3$	60.10	785.1	82.2	273.5	5.384	274	
正丁醇	$CH_3CH_2CH_2CH_2OH$	74.12	809.6	117.8	287.1	4.923		
乙腈	CH_3CN	41	783	81.6	274.7	4.835	240	
正戊醇	$CH_3CH_2CH_2CH_2CH_2OH$	88.15	813.0	138.0	315.0			88
乙醛	CH_3CHO	44.05	783	20.2	188.0			
丙醛	CH_3CH_2CHO	58.08	808	48.9				
环己酮	$C_6H_{10}O$	98.15	946.6	155.7				
二乙醚	$(C_2H_5)_2O$	74.12	714	34.6	194.7	3.677	264	162
甘油	$C_3H_5(OH)_3$	92.09	1261.3	290分解				50
邻甲酚	$C_6H_4OHCH_3$	108.14	1020(50℃)	191.0	422.3	5.011		
间甲酚	$C_6H_4OHCH_3$	108.14	1034.1	202.2	432.0	4.560		
对甲酚	$C_6H_4OHCH_3$	108.14	1011(50℃)	202.0	426.0	5.158		
甲酸甲酯	CH_3OOCH	60.05	975	31.8	212.0	5.992	349	124
醋酸甲酯	CH_3OOCCH_3	74.08	934	57.1	235.8	4.697		
丙酸甲酯	$CH_3OOCC_2H_5$	88.11	915	79.7	261.0	4.001		
甲酸	HCOOH	46.03	1220	100.7				102

续表

名称	分子式	分子量	密度 ρ_{20} /(kg/m^3) 20℃	沸点 t_b /℃ 101.325 kPa	临界点			体积膨胀系数 α_v/(10^{-5}/℃)
					温度 t_c/℃	压力 P_c /MPa	密度 ρ_c /(kg/m^3)	
乙酸	CH_3COOH	60.05	1049	118.1	321.5	5.786		
丙酸	C_2H_5COOH	74.08	993	141.3	339.5	5.305	320	
苯胺	$C_6H_3NH_2$	93.13	1021.7	184.4	425.7	5.305	340	
丙腈	C_3H_5N	55.08	781.8	97.2	291.2	4.197		
丁腈	C_4H_7N	69.11	790	117.6	309.1	3.785		
噻吩	$(CH)_2S(CH)_2$	84.14	1065	84.1	317.3	4.835		
二氯甲烷	CH_2Cl_2	84.93	1325.5	40.2	237.5	6.168		
氯仿	$CHCl_3$	119.38	1490	61.2	260.0	5.452	496	128
四氯化碳	CCl_4	153.82	1594	76.8	283.2	4.560	558	122
邻二甲苯	C_8H_{10}	106.16	880	144	358.4	3.736		97
间二甲苯	C_8H_{10}	106.16	864	139.2	346	3.648		99
对二甲苯	C_8H_{10}	106.16	861	138.4	345	3.540		102
甲苯	C_7H_8	92.1	866	110.7	320.6	4.217	290	108
邻氯甲苯	C_7H_7Cl	126.6	1081	159				89
间氯甲苯	C_7H_7Cl	126.6	1072	162.2				
环己烷	C_6H_{12}	84.1	778	80.8	280	4.050	273	120
己烷	C_6H_{14}	86.2	660	68.73	234.7	3.030	234	135
庚烷	C_7H_{16}	100.2	684	98.4	267.0	2.736	235	124
辛烷	C_8H_{18}	114.2	702	125.7	296.7	2.491	233	114

附录 C　水的密度值和质量焓值

表 C1　$P=0.6000$MPa 时水的密度和质量焓（$P\leqslant1.0$MPa 时使用）

温度/℃	密度/($kg \cdot m^{-3}$)	质量焓/($kJ \cdot kg^{-1}$)	温度/℃	密度/($kg \cdot m^{-3}$)	质量焓/($kJ \cdot kg^{-1}$)	温度/℃	密度/($kg \cdot m^{-3}$)	质量焓/($kJ \cdot kg^{-1}$)
1	1000.15	4.7840	9	1000.02	38.411	17	999.01	71.929
2	1000.19	8.9961	10	999.94	42.605	18	998.83	76.114
3	1000.22	13.205	11	999.84	46.798	19	998.64	80.299
4	1000.22	17.412	12	999.73	50.989	20	998.43	84.482
5	1000.21	21.616	13	999.61	55.179	21	998.22	88.665
6	1000.19	25.817	14	999.48	59.368	22	998.00	92.847
7	1000.15	30.017	15	999.33	63.556	23	997.77	97.029
8	1000.09	34.215	16	999.18	67.743	24	997.52	101.21

续表

温度/℃	密度/（kg·m⁻³）	质量焓/（kJ·kg⁻¹）	温度/℃	密度/（kg·m⁻³）	质量焓/（kJ·kg⁻¹）	温度/℃	密度/（kg·m⁻³）	质量焓/（kJ·kg⁻¹）
25	997.27	105.39	61	982.91	255.82	97	960.72	406.83
26	997.01	109.57	62	982.39	260.01	98	960.02	411.05
27	996.74	113.75	63	981.86	264.19	99	959.30	415.26
28	996.46	117.93	64	981.32	268.37	100	958.59	419.47
29	996.17	122.11	65	980.78	272.56	101	957.87	423.69
30	995.87	126.29	66	980.24	276.74	102	957.14	427.91
31	995.57	130.47	67	979.69	280.92	103	956.41	432.13
32	995.25	134.65	68	979.13	285.11	104	955.68	436.35
33	994.93	138.82	69	978.57	289.30	105	954.94	440.57
34	994.60	143.00	70	978.00	293.48	106	954.19	444.79
35	994.26	147.18	71	977.43	297.67	107	953.44	449.01
36	993.91	151.36	72	976.85	301.86	108	952.69	453.24
37	993.55	155.53	73	976.26	306.05	109	951.93	457.47
38	993.19	159.71	74	975.67	310.24	110	951.17	461.70
39	992.82	163.89	75	975.08	314.43	111	950.40	465.93
40	992.44	168.07	76	974.48	318.62	112	949.63	470.16
41	992.06	172.24	77	973.87	322.81	113	948.86	474.39
42	991.66	176.42	78	973.26	327.00	114	948.08	478.62
43	991.26	180.60	79	972.65	331.19	115	947.29	482.86
44	990.86	184.78	80	972.03	335.39	116	946.50	487.10
45	990.44	188.95	81	971.40	339.58	117	945.71	491.34
46	990.02	193.13	82	970.77	343.78	118	944.91	495.58
47	989.59	197.31	83	970.13	347.98	119	944.11	499.82
48	989.15	201.49	84	969.49	352.17	120	943.31	504.07
49	988.71	205.66	85	968.85	356.37	121	942.50	508.31
50	988.26	209.84	86	968.20	360.57	122	941.68	512.56
51	987.81	214.02	87	967.54	364.77	123	940.86	516.81
52	987.35	218.20	88	966.88	368.97	124	940.04	521.06
53	986.88	222.38	89	966.22	373.18	125	939.21	525.32
54	986.40	226.56	90	965.55	377.38	126	938.38	529.57
55	985.92	230.74	91	964.87	381.58	127	937.54	533.83
56	985.44	234.92	92	964.19	385.79	128	936.70	538.09
57	984.94	239.10	93	963.51	389.99	129	935.85	542.35
58	984.44	243.28	94	962.82	394.20	130	935.00	546.61
59	983.94	247.46	95	962.13	398.41	131	934.15	550.88
60	983.43	251.64	96	961.43	402.62	132	933.29	555.14

续表

温度/℃	密度/（kg·m^{-3}）	质量焓/（kJ·kg^{-1}）	温度/℃	密度/（kg·m^{-3}）	质量焓/（kJ·kg^{-1}）	温度/℃	密度/（kg·m^{-3}）	质量焓/（kJ·kg^{-1}）
133	932.43	559.41	139	927.16	585.07	145	921.73	610.81
134	931.56	563.68	140	926.26	589.35	146	920.80	615.11
135	930.69	567.96	141	925.36	593.64	147	919.88	619.41
136	929.81	572.23	142	924.46	597.93	148	918.95	623.71
137	928.93	576.51	143	923.55	602.22	149	918.02	628.02
138	928.04	580.79	144	922.64	606.51	150	917.08	632.33

表 C2　P＝1.6000MPa 时水的密度和质量焓（1.0MPa≤P≤2.5MPa 时使用）

温度/℃	密度/（kg·m^{-3}）	质量焓/（kJ·kg^{-1}）	温度/℃	密度/（kg·m^{-3}）	质量焓/（kJ·kg^{-1}）	温度/℃	密度/（kg·m^{-3}）	质量焓/（kJ·kg^{-1}）
1	1000.66	5.7963	27	997.19	114.67	53	987.31	223.23
2	1000.69	10.004	28	996.91	118.85	54	986.84	227.41
3	1000.71	14.208	29	996.62	123.02	55	986.36	231.59
4	1000.72	18.410	30	996.32	127.20	56	985.87	235.77
5	1000.70	22.610	31	996.01	131.38	57	985.38	239.94
6	1000.67	26.807	32	995.69	135.55	58	984.88	244.12
7	1000.63	31.003	33	995.37	139.73	59	984.37	248.30
8	1000.57	35.197	34	995.04	143.90	60	983.86	252.48
9	1000.50	39.389	35	994.70	148.08	61	983.35	256.66
10	1000.42	43.579	36	994.35	152.25	62	982.82	260.84
11	1000.32	47.768	37	993.99	156.43	63	982.29	265.02
12	1000.21	51.956	38	993.63	160.60	64	981.76	269.20
13	1000.08	56.143	39	993.26	164.78	65	981.22	273.38
14	999.95	60.328	40	992.88	168.95	66	980.68	277.57
15	999.80	64.513	41	992.49	173.13	67	980.12	281.75
16	999.64	68.696	42	992.10	177.30	68	979.57	285.93
17	999.47	72.879	43	991.70	181.48	69	979.01	290.12
18	999.29	77.061	44	991.29	185.65	70	978.44	294.30
19	999.09	81.242	45	990.88	189.83	71	977.86	298.49
20	998.89	85.423	46	990.45	194.00	72	977.29	302.67
21	998.68	89.602	47	990.02	198.18	73	976.70	306.86
22	998.45	93.782	48	989.59	202.35	74	976.11	311.05
23	998.22	97.960	49	989.15	206.53	75	975.52	315.23
24	997.98	102.14	50	988.70	210.71	76	974.92	319.42
25	997.72	106.32	51	988.24	214.88	77	974.32	323.61
26	997.46	110.49	52	987.78	219.06	78	973.71	327.80

续表

温度/℃	密度/(kg·m^{-3})	质量焓/(kJ·kg^{-1})	温度/℃	密度/(kg·m^{-3})	质量焓/(kJ·kg^{-1})	温度/℃	密度/(kg·m^{-3})	质量焓/(kJ·kg^{-1})
79	973.09	331.99	103	956.88	432.87	127	938.05	534.51
80	972.47	336.18	104	956.15	437.09	128	937.21	538.77
81	971.85	340.38	105	955.41	441.31	129	936.37	543.03
82	971.22	344.57	106	954.67	445.53	130	935.52	547.29
83	970.58	348.76	107	953.92	449.75	131	934.67	551.55
84	969.94	352.96	108	953.17	453.97	132	933.81	555.81
85	969.30	357.16	109	952.41	458.20	133	932.95	560.08
86	968.65	361.35	110	951.65	462.42	134	932.09	564.35
87	967.99	365.55	111	950.89	466.65	135	931.22	568.62
88	967.33	369.75	112	950.12	470.88	136	930.34	572.89
89	966.67	373.95	113	949.34	475.11	137	929.46	577.17
90	966.00	378.15	114	948.57	479.34	138	928.58	581.44
91	965.33	382.35	115	947.78	483.58	139	927.69	585.72
92	964.65	386.56	116	947.00	487.81	140	926.80	590.00
93	963.97	390.76	117	946.21	492.05	141	925.91	594.29
94	963.28	394.97	118	945.41	496.29	142	925.01	598.57
95	962.59	399.17	119	944.61	500.53	143	924.10	602.86
96	961.89	403.38	120	943.81	504.77	144	923.19	607.15
97	961.19	407.59	121	943.00	509.01	145	922.28	611.44
98	960.48	411.80	122	942.18	513.26	146	921.36	615.74
99	959.77	416.01	123	941.37	517.51	147	920.44	620.04
100	959.06	420.23	124	940.54	521.76	148	919.51	624.34
101	958.34	424.44	125	939.72	526.01	149	918.58	628.64
102	957.61	428.65	126	938.89	530.26	150	917.64	632.95

注：表C1和表C2中的数据根据“工业用水和水蒸气热力性质计算公式（IAPWS-IF 97）”计算得出。